xiteshucaigongyixue

稀特蔬菜工艺学

李海平　李灵芝　栗东霞　编著

xiteshucaigongyixue
xiteshucaigongyixue
xiteshucaigongyix
xiteshucaigongyi

中国农业科学技术出版社

图书在版编目（CIP）数据

稀特蔬菜工艺学／李海平，李灵芝，栗东霞编著．—北京：中国农业科学技术出版社，2011．5

ISBN 978－7－5116－0196－4

Ⅰ．①稀…　Ⅱ．①李…②李…③栗…　Ⅲ．①蔬菜园艺　Ⅳ．①S63

中国版本图书馆 CIP 数据核字（2010）第 096658 号

责任编辑　张孝安　赵　赟
责任校对　贾晓红

出 版 者　中国农业科学技术出版社
北京市中关村南大街 12 号　邮编：100081
电　　话　（010）82109708（编辑室）（010）82109704（发行部）
（010）82109703（读者服务部）
传　　真　（010）82109700
网　　址　http：//www. castp. cn
经 销 者　新华书店北京发行所
印 刷 者　北京富泰印刷有限责任公司
开　　本　787 mm×1 092 mm　1/16
印　　张　21．5
字　　数　360 千字
版　　次　2011 年 5 月第 1 版　2012 年 3 月第 3 次印刷
定　　价　37．80 元

前　言

自20世纪80年代末我国实施“菜篮子工程”以来，山西省的蔬菜产业快速发展，各地都把蔬菜生产作为调整产业结构、增加农民收入的战略措施来抓，生产规模不断扩大，专业化生产水平明显提高，目前已经成为山西省种植业中最具发展活力的一大产业。

稀特蔬菜是对非本土、非本季节种植以及某些珍稀蔬菜的一种统称，依据来源划分为较新引进的国外蔬菜、国内稀有的地方乡土蔬菜、新型芽苗类蔬菜、天然采集和人工栽培的山野菜等。稀特蔬菜除含有较为丰富的维生素、矿物质、纤维素等营养物质，还含有一些特殊物质，具有较高的食疗价值。近年来，稀特蔬菜已逐渐从供宾馆特需转为普通家庭消费，其需求量迅速增长，栽培种类和面积不断扩大。由于稀特蔬菜产值高于普通蔬菜，不仅给生产者带来可观的经济收益，而且还是重要的出口商品，因此，稀特蔬菜已经成为发展高效农业的一个重要类型。

为使蔬菜产业区的生产者尽快掌握稀特蔬菜的栽培技术，编著者从稀特蔬菜栽培基础理论、生物学特性、品种类型和栽培技术等方面进行了较为详细的介绍，内容丰富，理论联系实际，通俗易懂。书中注重引入最新农业增产增收技术，旨在促进农业资源节约，生态环保和农业可持续发展。

参加编写本书的撰稿人承担《蔬菜栽培学》、《园艺设施与环境调控》、《无土栽培学》和《稀特蔬菜栽培》等课程的教学，同时紧密联系生产实践，从事蔬菜高效栽培的科研与示范推广工作。具体分工是，第一章内容，第二章第二节，第三章第三节、第十节、第十三节、第十四节、第十五节、第十七节、第十八节、第十九节，第十章和第十二章由李海平编写；第二章第一节、第三节，第三章第一节、第二节、第四节、第五节、第六节、第七节、第八节、第九节、第十一节、第十二节，第四章内容，第五章内容，第六章内容，第七章内容，第八章内容，第九章内容和第十一章内容由栗东霞编写；第三章第十六节内容由李灵芝编写，全书最后由李灵芝定稿。

书中难免存在不妥之处，敬请读者批评指正。

编著者

2011年2月

目　　录

稀特蔬菜概述

第一节　稀特蔬菜的概念

稀特蔬菜也称“特菜”，是对非本土、非本季节种植以及一些珍稀蔬菜的统称，包括国内和从国外引进的比较珍稀的名、特、优、新蔬菜品种。稀特蔬菜主要包括国外引进品种，如彩色甜椒、水果黄瓜、抱子甘蓝、球茎茴香等；国内各地的名、优品种，如菜心、紫背天葵、蒌蒿等；人工种植的山野菜，如蒲公英、苋菜等；无公害芽苗菜品种，如香椿芽、萝卜芽、花生芽、苦荞芽等。

中国是世界栽培植物起源中心之一，开辟“丝绸之路”后，中亚细亚、近东、埃塞俄比亚和地中海四个栽培植物起源中心的园艺作物就开始传入我国，例如大蒜、菠菜、胡萝卜、芫荽、黄瓜、苜蓿、西瓜、甜瓜、豌豆、蚕豆等。明清时期，我国从地中海沿岸引进甘蓝，从南洋群岛引入南瓜，从东南亚引入苦瓜，从欧洲引进石刁柏，从美洲引入番茄、辣椒、菜豆、南瓜、马铃薯等。经由海路传入的蔬菜还有菜豆、西葫芦、笋瓜、佛手瓜、豆薯、菊芋、甘薯、结球甘蓝、芜菁甘蓝、香芹、豆瓣菜、四季萝卜、朝鲜蓟和根甜菜等。

稀特蔬菜是一个不断发展的概念，不同地区、不同时期稀特蔬菜有不同的内涵，如在20世纪80年代初期，北京郊区引进的西芹、生菜、芥蓝、紫甘蓝、荷兰豆等称为稀特蔬菜，随着时间的推移，这些引进品种已发展成为大面积的蔬菜，正逐渐退出稀特蔬菜的行列，但在新发展的菜区仍列入稀特蔬菜范围。

中国地域辽阔，气候条件各异，蔬菜栽培的历史悠久，蔬菜种质资源亦极为丰富，不仅栽培的蔬菜种类居世界之最，而且许多蔬菜即原产于中国，还有不少种蔬菜仅中国有栽培，如四川的榨菜，云南及江苏淮安的大头菜，江苏宿迁的金针菜、淮山药，兰州、江苏宜兴的百合，四川的魔芋，广西桂林的荔浦芋，贵州的蕺儿根，浙江温州的盘菜，广东的节瓜、菜心，江苏无锡的茭白，苏州的芡实，太湖的莼菜，宝应的荷藕等特产蔬菜，均在国内外蔬菜市场享有盛名。

第二节　发展稀特蔬菜的意义和现状

一、发展稀特蔬菜的意义

（一）稀特蔬菜具有特殊的风味、品质和食用价值

芥菜包括叶用芥菜、茎用芥菜等，含有较高的蛋白质、糖类、多种矿物质和丰富的维生素，芥菜含有特殊的葡萄糖甙，经水解后产生具有挥发性的芥子油，具有特殊的辛辣味，所以加工后的芥菜产品，其质地脆嫩，清香爽口，食味尤佳。山药以地下块茎供食，富含蛋白质、淀粉等碳水化合物、矿物质和维生素等营养，山药有很高的药用价值，可干制入药，为滋补强壮剂，对虚弱、盗汗、糖尿病、慢性肠炎等疾病有辅助之疗效。魔芋以肥大的球茎供食用，含丰富的淀粉与果胶，可加工成“魔芋豆腐”、“魔芋粉丝”等制品，其球茎中还含有毒性的植物碱，有解毒消肿之功效，可作外用药。荔浦芋含丰富的粉质淀粉，肉质细软，香味浓，品质好，古时曾作为贡品。芦笋被视为保健食品，因其富含多种维生素和氨基酸，还含大量天门冬酰胺和天门冬氨酸等，不仅食味鲜美，还具药用价值，对心脏病、高血压、癌症等疾病有疗效。百合富含淀粉、蛋白质、糖、脂肪等碳水化合物和矿物质，还含有17种氨基酸，可以直接入药，是一种价值很高的保健食品。

（二）发展稀特蔬菜有利于促进农业结构的调整

在全国范围内的农业结构战略性调整中，各地都把发展蔬菜生产作为重点。目前，全国和不少省市菜田面积偏大，生产结构不合理，常规蔬菜生产总量偏多，造成常规蔬菜销售困难，经济效益不高。稀特蔬菜的生产因受地域限制，主要集中在原产地，生产总量不多，某些稀特蔬菜市场上仍供不应求，其发展的空间仍然很大。因地制宜发展具有地区优势的稀特蔬菜，可以取得显著经济效益，对推动当地农业结构的调整将会发挥积极作用。

（三）稀特蔬菜出口外销市场广阔

我国成为WTO成员国后，蔬菜产品以其种类多、资源丰富和价位低等优势跻入国际市场，前景广阔，尤其是我国的稀特蔬菜出口的市场更大。

1999年我国出口蔬菜216.7万吨，在出口数量超万吨的10多种蔬菜中，几种特产蔬菜的出口数量居多。最多的大蒜出口量达29.2万吨，其次是洋葱、青葱20.2万吨，豆类和食用菌年出口量均超过10万吨，芥菜出口量达6.2万吨，生姜出口量4.3万吨，水生蔬菜出口量3.9万吨。据了解日本每年生姜消

费总量约50万吨，其中从我国进口量为20万吨，占总量的40%。又如日本年消费盐渍蔬菜400万吨，其中80%来自中国。大蒜是我国的特产蔬菜，我国是大蒜的生产大国，种植面积26.7万公顷，年产大蒜50亿千克，出口量亦越来越大，1990年2.9亿千克，出口111个国家和地区，其中84%为WTO成员国，创汇1.0亿多美元，1993年我国大蒜出口量增加到3.2亿千克，创汇1.11亿美元，1999年出口量达29.2万吨。据报道，全世界大蒜产品的消耗量平均每年要以20%的幅度递增。

二、稀特蔬菜发展现状

（一）国内稀特蔬菜稳步发展

随着人们生活水平的提高，人们不仅要求品种丰富，还要品质好、质量高、更安全、更保健。饭店是稀特蔬菜供应的主要场所，要求稀特蔬菜能够周年、优质供应，因而形成了稀特蔬菜的供应种植基地，如山东的彩色甜椒、迷你黄瓜、樱桃番茄；昆明的甜豆、直立生菜、香蕉西葫芦、栗面南瓜、朝鲜蓟、抱子甘蓝、菊苣和娃娃菜；河北承德的夏季冷凉季节的特菜，保证特菜能够周年供应。除此以外节日礼品菜也是特菜销售的重要方式之一，销量逐渐增加。

近年来，由于饭店的大量需求一些山野菜，药用稀特蔬菜发展较快，如各种芽苗菜、番杏、紫背天葵、马兰、菊花脑、薄荷、紫苏、蒲公英、荠菜、苦菜、马齿苋、土人参、藤三七、菘蓝、鱼腥草和刺五加等等。

（二）芳香稀特蔬菜需求升温

芳香蔬菜种类很多，并有着广泛的用途，除用作蔬菜或蔬菜调料外，还可以提取香草精油。在食用方面，芳香蔬菜主要用作蔬菜调味菜。我国的香草品种无论是在品种、食用、精油提取等各个方面都有很大的开发空间。目前，国内的芳香蔬菜在北京、上海用量最大，如罗勒、百里香、迷迭香、鼠尾草、香茅、芝麻菜、莳罗、茴蒿等是常用的芳香类蔬菜。

（三）观光农业中稀特蔬菜受宠

现代观光农业集观光、休闲、采摘、娱乐、科普为一体，融现代设施、现代技术、特色品种为一身。五颜六色、形状各异、新奇、新颖的稀特蔬菜品种在现代园区中集中展现，如奇形怪状、色彩丰富的各种南瓜，各种形状的葫芦，散发着芳香的各种蔬菜等，不仅丰富了蔬菜的品种，而且还可以使人们品尝到异乡的佳肴。

第三节 发展稀特蔬菜遵循的原则

一、坚持以市场为导向

稀特蔬菜产品含水量高，鲜嫩多汁，不耐贮运，且以鲜食为主或短期可以贮藏，加之全国性的蔬菜种植面积大，稀特蔬菜也在不断地发展，市场竞争激烈，稀特蔬菜的销售亦存在地区差价、季节差价和品种差价等问题。因此，发展稀特蔬菜也要坚持以市场为导向，要不断研究市场，包括本地区、周边地区、大中城市及全国乃至国际市场的需求，根据市场的需求来确定发展的稀特蔬菜种类、品种、生产季节和种植面积，有条件的可推行订单农业，根据订单来安排生产组织销售。发展稀特蔬菜尤其需要重点瞄准外埠远销的大市场，包括大中城市和国际市场，做到以需定产，产品销售有方向、有渠道，只有这样，才能确保农业增效，农民增收。

二、因地制宜，创建特色品牌

我国各地都有一些既有地区特色，又具食用开发价值的稀特蔬菜，如芥菜中的四川榨菜、儿菜、大头菜，以及不同类型的叶用芥菜；芋的食用价值很高，类型很多，香芋、荔浦芋、魔芋、槟榔芋和红芋各具特色；山药既供菜用又可入药，出口前景很好，江苏、山东、四川都有优良品种，可扩大种植组织外销；百合的食用价值高，我国的资源丰富，如江苏宜兴、甘肃兰州、湖南邵阳、江西万载和浙江湖州都是有名的百合产地，且有特定的优良地方品种，扩大开发条件很好；水生蔬菜是我国特产菜的重要资源，江苏、湖南和湖北的莲藕，太湖、西湖的莼菜，苏州的芡实，无锡的茭白等都可扩大生产与外销；我国的野生蔬菜资源更加丰富，开发利用的前景更广。

在发展稀特蔬菜的过程中，要根据本地的资源优势，选择好重点稀特蔬菜品种，扩大面积形成规模与特色，并在品种、产品质量与服务等方面创建品牌，树立形象。此外还要确保生产出的产品达到绿色食品的标准，力争与国际接轨。

三、大力发展加工龙头企业

稀特蔬菜以鲜食为主，但多数均适宜于加工，通过加工可拉动原料的基地生产，实现加工增值，同时，又可以开发系列品种，扩大市场销售，增加效益。江苏睢宁县通过薹菜系列产品的加工，使产品远销国内外，既促进了农村经济的发展，又确保农民致富。大丰县裕华镇发展大蒜生产，现在通过加工，可开发成蒜片、蒜粉、大蒜胶囊、大蒜油等系列产品，产品可外销日本、韩国和东南亚。宝应为荷藕之乡，在大力发展荷藕生产的同时，他们利用荷藕加工成盐渍藕、藕汁等50多个产品，出口日本等国，获得显著效益。

随着我国稀特蔬菜出口量越来越大，加工产品市场更广阔，如日本每年生姜的消费量很大，其中盐渍嫩姜年需要量就达6万吨左右，此外还需要姜粉、姜泥和姜汁。因此，各地在发展稀特蔬菜的同时，也要注重发展配套的蔬菜龙头加工企业，同时还应组织好贮运与营销，形成产加销、贸工农一体化产业。

稀特蔬菜栽培基础理论

第一节　稀特蔬菜的生长和发育

一、概念

（一）生长

生长一般指营养器官根、茎、叶的生长，生长的结果引起植物体积的增大或重量的增加。蔬菜生长的一般规律是：初期生长速度较慢，中期生长速度逐渐加快，达到高峰，后期逐渐减慢，最后停止，用图形表示植物一生的生长速度变化，呈“S”型。

（二）发育

发育是植物经过一系列质变以后产生与其相似个体的现象，其实质就是茎端的分生组织细胞在一定的环境条件下发生质的变化，由产生营养器官的营养苗端转化成产生花器官的生殖苗端即花芽分化。发育的结果引起生殖器官的产生，形成花、果实和种子。

二、蔬菜的发育条件

蔬菜由营养生长转入生殖生长需要有特定的环境条件，尤其是二年生蔬菜要求的条件更为严格。影响蔬菜花芽分化和抽薹开花的主要环境因素是温度和光照。

（一）温度

一年生蔬菜在能进行良好营养生长的条件下可开花结果，但只有在适宜的温度条件下才能形成好的产量，如果温度过低或过高，或光照不足，植株本身制造的碳水化合物不足等都会导致花器官发育不正常或植株早衰，引起落花落果，影响产量。

二年生蔬菜在抽薹开花前都要求一定的低温条件，这种需要经过一定时间的低温期才能开花的生理过程称“春化现象”或“春化阶段”，通过春化阶段后在长日照和较高温度下抽薹开花。二年生蔬菜通过春化阶段时所要求的条件因蔬菜种类不同而异，基本上可分成两类：

1. 种子春化型蔬菜

如白菜、萝卜和芥菜等，它们在种子萌动起的任何一个时期内，只要有一定时期的适宜低温就能通过春化阶段。大多数蔬菜所需的温度为0～10℃，以2～5℃为适宜，所需低温的时间为10～30天。有些蔬菜通过春化阶段要求的温度范围较宽，所需的时间较短，生产中容易遭遇到这样的条件，所以如果播种期安排不当，比较容易在产品器官形成以前就抽薹开花，这种现象称“先期抽薹”或“未熟抽薹”。但从采种和育种方面看则比较容易人工控制其发育，种子催芽期间人工供给适宜的低温，可以提前通过春化，提早抽薹开花，缩短其生命周期。

2. 幼苗春化型蔬菜

如甘蓝和洋葱等，它们需在幼苗长到一定大小后才能感受低温的影响而通过春化阶段，低温对萌动的种子和过小的幼苗基本上不起作用。这类蔬菜也称“绿体春化型”蔬菜。一定大小的幼苗通常都以叶数、叶宽、茎粗或株高来表示，例如早熟甘蓝品种的幼苗长到3～4个叶，茎粗0.4～0.6厘米，叶宽5厘米左右时才能感受低温影响。它们通过春化阶段要求的低温范围窄，一般为2～10℃，所需的时间较长，为期30～60天，温度适宜或苗株较大时所需的低温期较短。不同的蔬菜品种通过春化阶段时要求的苗龄大小、低温程度和低温时期不完全相同。对条件要求不太严格，比较容易通过春化阶段的品种称冬性弱的品种，春化时要求条件比较严格，不太容易抽薹开花的品种称冬性强的品种。商品蔬菜栽培时，选择适宜冬性的品种，安排好适宜的播种期，避免发生先期抽薹。

（二）光照

光周期—自然界中光期和暗期长短的周期变化，是指一天中日出到日没的理论时数，与纬度有关。光周期现象，即植物在一定的白天和黑夜交替下才能进入开花期的现象。依照光周期反应将植物大致分三类：

1. 长日照植物

通过发育需较长日照，每天具有不少于12～14小时的光照才能开花。长日性植物多数是起源于温带以营养器官为产品的二年生蔬菜，如白菜、甘蓝、萝卜、胡萝卜、芥菜、豌豆、大葱、菠菜和莴苣等。

2. 短日照植物

这一类植物在较短的日照下促进开花，在较高的光照下不能开花或延迟开花，要求12小时以下的光照条件。关键是暗期的长短，每天至少要保证10小时以上的黑暗时间。如豇豆、蕹菜等。

3. 中光性植物

这类植物通过阶段发育对光期和暗期的相对长短要求不严，适应光照长短的范围很大，或长或短都可开花。例如茄果类和黄瓜等，这类蔬菜四季都可以栽培，连年收获。

多数植物经过阶段发育才能进入生殖生长，即：春化阶段→光照阶段→花芽分化。

根据蔬菜花芽分化期的差别，花芽分化有两种类型：

（1）春化以后在较高温度（15～20℃）、较长日照下，开始花芽分化，以后在长日照下开花如：胡萝卜、芹菜和甜菜等。

（2）春化过程中（尤其是中后期）在较低温度下植株缓慢生长过程中开始花芽分化。如白菜、甘蓝和萝卜等。

不同蔬菜的分化期有差别，所以栽培时要分别对待。第一类花芽分化比较晚，定植后的肥水管理对发芽分化影响较大，而第二类定植后花芽分化已经基本定型，应在苗期加强管理。

三、蔬菜的生活周期

生活周期：植物由种子萌发开始，经过一系列的生长发育，最后又获得种子的过程称为植物的生活周期。植物的生活周期可以划分为三个时期：

（1）种子时期。从卵细胞受精开始的胚胎发育期开始到种子成熟→种子休眠→发芽过程。

（2）营养生长时期。从种子萌发子叶展开直到开花为止，包括幼苗期、营养生长旺盛期、营养休眠期。

（3）生殖生长时期。从花芽分化到开花结果。

根据生活周期将蔬菜分三类：

1. 一年生蔬菜

在露地条件下，种子播种后条件适宜时当年就能开花结果，形成种子，如黄瓜、番茄和西胡芦等。这类蔬菜在幼苗期就开始花芽分化，进行一段较短的营养生长期后很快就开花结果，生殖生长时期相当长，茎叶生长和开花结果同时并进。

2. 二年生蔬菜

种子播种后，当年先进行营养生长，扩大体积，形成食用产品，如白菜的叶球、萝卜的肉根、莴笋的嫩茎等，第二年在一定的温度和光照条件下开花结果，产生种子，完成其生命周期。一些生长期短的二年生蔬菜如菠菜、萝卜和莴笋等，播种时期安排不当或管理不善就会在播种当年抽薹开花而成为一年生蔬菜。

3. 多年生蔬菜

种子播种后经过二年或二年以上才开花结籽的蔬菜称多年生蔬菜，如大葱等；也有将种植一次后能连续生长和收获多年的蔬菜称多年生蔬菜，如韭菜、黄花菜和石刁柏和菊花脑等。

四、蔬菜生长发育与环境条件的关系

蔬菜的生长发育以及产量形成受温度、光照、水分、气体、土壤和肥料等因素的综合作用。它们不是孤立存在的，而是相互联系的，互相影响的。

蔬菜栽培者必须了解各种环境条件对特菜生长发育的影响，才能采用正确的栽培管理技术，如保温、遮荫、追肥、浇水、中耕保墒、放风除湿和植株调整等。只有栽培环境与技术得当才能达到丰产的目的。

（一）温度

作物由于原产地不同，生长发育要求的温度条件不同；另外蔬菜在生长发育的不同阶段对温度要求不同。在生产中应将产品器官形成期安排在当地气候条件最适合的时期。

1. 根据蔬菜对温度条件的要求可分为以下几类

（1）耐寒多年生蔬菜：如金针菜、菊苣、石刁柏、香椿、菊花脑、蒲公英和叶用枸杞等，能耐 -15 ~ -20℃，甚至 -30℃的低温，既抗寒又耐热，适应性强。

（2）耐寒性蔬菜：如荠菜、大葱和大蒜等，这类蔬菜耐寒性很强，但不耐热。生长适温为 15 ~20℃，短期可耐 -5 ~ -10℃，长期可耐 -1 ~ -2℃。

（3）半耐寒性蔬菜：如豌豆、羽衣甘蓝、豆瓣菜、叶用芥菜、冬寒菜和大叶茼蒿等。这类蔬菜适宜冷凉的气候条件，生长适温 17 ~20℃，不耐长期 -1 ~ -2℃，可以抗轻霜冻，但耐寒力差。

（4）喜温性蔬菜：如小型黄瓜、樱桃番茄、彩椒和番杏等，这类蔬菜的同化适温为 20 ~30℃。当温度超过 40℃时，生长几乎停止，当温度降至 10 ~15℃时，不能正常开花结实。10℃以下就停止生长，5℃以下受寒害，必须在无霜期栽培。

（5）耐热蔬菜：佛手瓜、豇豆、苋菜、紫背天葵、藤三七、土人参和叶用黄麻等蔬菜。这类蔬菜耐热力强，生长适温在 30℃左右，某些蔬菜如落葵、豇豆和黄秋葵等在40℃的高温下仍能生长。

2. 蔬菜不同生长时期对温度的要求不同

蔬菜丰产的前提条件必须具备健壮的植株体，作物生长最快的温度并不是生长最适宜的温度。在栽培中温度过高往往导致植株徒长。在栽培中温度过高往往导致植株徒长，这种细弱苗将会影响到产量；若温度太低，也影响生长、早熟性。在不同的生育时期都有最适温度及最高、最低温度。一般播种发芽期要求高些，苗期要求低些，抽薹开花及产量形成期给予适宜温度。

3. 低温、高温危害

低温危害可使植物褪色（斑点）、萎蔫，轻者可通过洒水、浇水恢复，重者失水死亡。植株可通过低温锻炼增加抗寒性，如早春育苗后期为了防止倒春寒都要进行炼苗，经低温锻炼的甘蓝幼苗可耐－5℃的低温，但若从温室内直接栽于露地，不经过炼苗的甘蓝田块，在－3～－2℃时有死苗现象发生。喜温蔬菜只能在无霜期内栽培，或人工创造适合其生长的环境，不能通过幼苗锻炼来解决。因为原产地环境条件已经塑造了它的特性，很难改变。原产温带的香椿、菠菜等蔬菜可耐－30℃左右的低温，但在生产中为了保证安全，越冬前也应浇水或进行覆盖。

高温对蔬菜生产也不利，过高温度会使细胞内的蛋白质变性失活，从而影响正常生长。在炎夏，光线直射果实、叶面时会使局部温度增高2～10℃，严重时发生坏死，青椒、番茄常因此而发生日灼。番茄摘心打杈时留2～3叶遮蔽果实，防止发生日灼。

4. 地温对生长发育的影响

多数植物在地温10℃以上时才能发根，如黄瓜10℃、番茄12℃、茄子13℃，耐寒性蔬菜最低温度为2～8℃。土壤温度超过25℃时根系吸收能力减弱；30～35℃时根系生长受抑制，容易感病，引起植株早衰。高温季节应通过小水勤浇、畦面覆盖秸秆等措施降低地温。春天生产时应该采用中耕、地膜覆盖等措施增加地温，另外浇定植水、缓苗水、返青水时都不应浇水太多，防止地温下降太多。夏天不可在中午时浇水，防止温度骤然下降而使植株萎蔫，甚至死亡。

（二）光照

光是植物进行光合作用不可缺少的条件。光对作物的影响分光照强度、光照时数、光的组成等方面。光照强度对蔬菜产量的影响最为重要。光照强度减弱，植株蒸腾作用也减弱，吸收水肥能力下降，光合作用就会降低，最终造成减产。光照强度还影响植物形态的变化，在弱光条件下，叶面积变大，叶片变薄，株高增加等等。根据蔬菜对光照强度的要求可分为：

1. 强光性特菜

南瓜、樱桃番茄、芋头和豆薯等。

2. 中光性特菜

白菜、羽衣甘蓝和豌豆等。

3. 弱光性特菜

莴苣、芹菜和茼蒿等。

在稀特蔬菜生产中，应根据季节、种类不同合理密植，进行间、套、混作，及时整枝绑蔓，并在炎夏进行遮荫，使蔬菜生长处于合适的光强范围，达到丰产的目的。

（三）水分

水是植物生命活动必不可少的条件，是植物光合作用的主要原料，也是组织细胞中的主要成分，蔬菜产品中水占85%～95%。

1. 不同蔬菜种类对水分要求不同

各种蔬菜对水分要求的特性主要受吸收水分能力的大小和消耗水量多少两方面制约。凡根系强大，能从较大土壤体积中吸收水分的蔬菜，抗旱力强；凡叶面积大，组织柔嫩，蒸腾作用旺盛的蔬菜，抗旱力较弱，像西瓜、甜瓜、苦瓜等，根系强大，能吸收深层土壤水分，叶子虽大，但有叶面披蜡质，能减少水分蒸腾，故耐旱力强。茄果类、多数豆类和根菜等蔬菜根系较发达，叶面积稍小，组织较硬，耗水量也较小，属吸收水分和消耗水分多为中等的蔬菜。白菜、甘蓝、黄瓜和绿叶速生蔬菜，根系入土不深，叶面积较大，组织柔嫩，要求较高的土壤湿度和空气湿度，栽培时宜选用保水力强的土壤，并须经常灌溉才能达到优质高产目的。葱蒜类蔬菜的叶子为筒状或带状，叶面积小，叶面披有蜡质，蒸腾作用小，但它们的根系入土浅，根毛少，吸水力弱，吸收水分的范围也小，故耐旱力弱，要求上层土壤中具足够的水分。

2. 蔬菜不同生育期对水分的要求不同

同一种蔬菜在不同的生育期对水分要求不同，要做到合理灌溉，节约用水。

发芽期对水分要求严格，在播种后必须保持苗床水分充足，否则就会影响发芽出苗。直播类蔬菜播种时应确保底墒充足。

幼苗期对土壤水分最为敏感，干湿不均匀不利于培养壮苗，若湿度大、地温低，再遇上土壤通气性不良，很易发生沤根、烂根；若土壤墒情不够会导致幼苗出现发育缓慢、僵化和矮化等现象。

当幼苗期结束，大多数蔬菜为了平衡地上部与地下部的关系，有一段少浇水或控水阶段为“蹲苗期”，次阶段结合中耕锄地保墒，以利提高地温，发根壮秧。

产品器官开始膨大或成熟期，蔬菜进入旺盛生长期，根系吸收水分能力最强，耗水量也最大，这一阶段应保证水分充足供应，保持土壤湿润。对于根系不发达、吸收能力差的蔬菜应小水勤浇。幼苗期和开花期宜适当控制水分，以防徒长，使营养生长过旺而造成落花落果。

（四）土壤肥料

蔬菜的施肥与其他作物相比有一定的特殊性，因蔬菜种类多，复种指数高，应用的肥料种类多，施肥次数、肥料用量和施肥方式都多。为改善土壤的理化性，防止土壤老化，每茬蔬菜都应施用足够数量的腐熟有机肥和适量的磷钾肥作基肥，生长期间结合各种蔬菜的需要追施不同种类和数量的有机和无机肥料。

各类蔬菜对土壤营养的要求不同，根系深广的蔬菜，如南瓜、冬瓜和豆类等蔬菜，根系与土壤的接触面大、能吸收较多的养分，对土壤营养的要求不太严格。根系分布较浅或种植密度大的蔬菜，如黄瓜、白菜和小白菜等，应栽种在肥沃土中而且须勤施追肥。

各类蔬菜在不同生育期内的需肥和施肥规律性也不同。育苗的蔬菜因苗床播种密度大，幼苗生长速度快，消耗养分多，春季育苗时地温偏低，根系活动能力弱，影响对养分的吸收，因此苗床必须施足充分腐熟的有机肥，为秧苗生长创造肥沃疏松的土壤条件。育苗中后期如果幼苗颜色浅，生长势弱时可以叶面喷肥，以补充营养。直播蔬菜苗期营养面积虽大，为使幼苗生长良好，在有机基肥中可加进少量速效性化肥作种肥。

食用营养器官的、一次性收获的蔬菜，如大白菜、马铃薯和大蒜等，先生长同化功能叶，待有一定叶数后再形成产品，其产品和品质与功能叶生长状况密切相关。长叶期适当施肥促叶片长足长好，多制造碳水化合物以提高产量。早熟品种长叶期和产品形成期短：在定苗或缓苗后集中施用一次追肥，产品形成后再施一次；中晚熟品种的长叶期和生长期长，产品形成前施 1 ~2 次追肥，产品形成后再追 2 ~3 次肥，追肥的关键时期在产品生长的前期和中期，以充分发挥肥效。

多次收获的果菜类蔬菜，长叶期较短，较早的进入开花结果和茎叶生长并进阶段，但初期营养生长仍占优势，宜适当控制肥水，多中耕，防止茎叶生长量过大而造成落花落果，待第一个果坐住，植株已形成若干后继果实和花朵，生殖器官和茎叶的生长量基本趋于平衡时开始追肥浇水。以后隔 10～20 天追肥一次，以满足不断开花结果对养分的需求。

速生的绿叶蔬菜，生长速度快，产品形成期不明显，生长期间可根据作物需要随时适量施肥，使叶片肥大鲜嫩，以提高产量。缺肥、干旱时叶色变淡，叶片小，甚至出现先期抽薹而给生产造成损失。

施肥量应适当，如果一次施用化肥太多而浇水不足时，土壤溶液浓度过高，根系不但不能从土壤中吸水，且根内水分反会外渗，造成烧苗现象。过量偏施含氮化肥时，产品容易受硝酸盐污染，叶菜类蔬菜容易积累硝酸盐，收获前一个月应停用含氮化肥。茄果类蔬菜积累硝酸盐轻，收获前 15～20 天少用或停用氮肥。不用硝态氮化肥作叶面喷肥，冬季少施硝态氮肥，因在温度低，光照弱的条件下硝酸还原酶活性低，蔬菜产品中容易积累硝酸盐。氮磷钾配合施用，可促进蔬菜新陈代谢，使硝酸盐氧化还原完全，降低硝酸盐的积累。此外，含氮化肥施用量多，土壤溶液浓度过大，有碍根系吸收养分，产生各种生理障碍，如番茄根部变褐，不长新芽等。

在正常施肥的基础上，蔬菜苗期，产品形成期和植株趋于衰老的中后期，根系吸收力减弱，或因土温过高或过低，影响根部吸收养分时，可给叶部喷施主要营养元素或微量元素，以补营养不足。

（五）气体

影响蔬菜生长的气体主要有氧气、二氧化碳和某些有害气体等。大气中氧气含量为21%，一般可满足蔬菜的需要，但是在土壤黏重地块、雨涝季节，常常出现缺氧烂根死苗现象，这时应采用中耕锄地、雨后排涝的管理措施，提高土壤中氧气含量。二氧化碳是光合作用的主要原料，自然状态下空气中二氧化碳含量为 0.03% 左右，而植物光和所需二氧化碳浓度可达 0.12%，增加二氧化碳浓度可有效提高光和作用的强度，提高蔬菜产量。

露地栽培通过合理密植、间、套作、搭配高低秆作物，及时除草，及时摘叶整枝等方法来调节田间郁闭度，防止封垄后中下部叶片由于通风不畅而引起的光合下降等减产现象发生。温室、大棚等保护设施内，易发生二氧化碳不足，可以人工二氧化碳施肥。

土壤空气是根系呼吸和微生物活动所必需的条件。土壤空气来自大气，其含氧量与空气的组成成分相近，但因受动植物和微生物生命活动的影响，土壤空气中氧气的数量常较大气中少，而二氧化碳的含量则比大气高 5～20 倍。土壤中空气量的多少受土壤水分含量的影响，土壤含水量多时，空气和氧气含量就少。作物根系活动层内的氧气和二氧化碳的含量分别以 16%～20% 和

0.5% ~3% 为好。土壤含氧量低于 10%，二氧化碳含量在 10% 左右时根系常因缺氧而生长不良，呼吸作用减弱，吸收养分和水分的功能降低。

土壤中的多种有益微生物是好气性的，土壤空气中氧气充足时，有益微生物的活动旺盛，有机物质迅速而彻底被分解，形成多量速效态养分。缺氧时，有机质分解缓慢且不彻底，常积累有中间产物，如硫化氢和甲烷等还原性有害物质，对蔬菜生长不利。

湿度大、质地黏重、通气性不良的土壤中二氧化碳含量高而氧气较少，栽培过程中应多中耕松土，促进土壤空气和大气的不断交换，补充氧气。深耕施有机肥也可增加土壤的孔隙度和容气量。土质过于粘重时可掺和垃圾、沙或炉渣等以提高土壤通气性。

五、蔬菜生长发育的相关性

（一）营养生长和生殖生长的相关性

蔬菜植物生长发育过程中，可以划分为以长根、茎、叶为主的营养生长和以开花结果为主的生殖生长阶段。在蔬菜栽培过程中，对于以根、茎、叶为产品的蔬菜，我们要着重关注它的营养生长，防止过早的抽薹开花；而对于以花、果实、种子为产品的各种蔬菜，则要重点关注它们的生殖生长，防止开花结果过迟过早，让营养生长和生殖生长协调发展。

营养生长与生殖生长互相依赖、互相制约。植株必须有一定的营养生长量（茎叶的多少、同化面积的大小等）才能保证有正常的生殖生长。若营养生长不良，茎叶少，叶面积小，则不能制造大量的光和物质，要影响生殖生长；但若营养生长过旺，枝叶太多，生长中心不能及时转移到生殖生长上，则开花结果也要受到影响。反之，如果生殖生长过早，开花结果过多则要耗费大量的营养物质，明显影响营养生长，茎叶生长量小，叶面积小，生长势弱，引起植株早衰，又反过来影响生殖生长的进行。生殖生长是在营养生长的基础上更高一层的生长，以营养生长为基础，要在有一定营养生长的基础上促进生殖生长。

（二）同化器官和贮藏器官的相关性

叶片是进行光合的同化器官，是“源”，肉质根、肉质茎、叶球、果实是贮藏器官，是“库”，在光合中形成“源－库”关系，要求二者都有一个适当大小，源大库小引起植株徒长，源小库大引起落花落果。源是库形成产量的基础，所以前期培育壮苗十分重要。

（三）地上部与地下部的相关性

地下部可以吸收矿物质和水分供给植物地上部的生长，而地上部可以制造光合产物供给地下部和整个植株的生长、扩大，所以地上部和地下部密切关系，互相促进。如果根系生长不良或受到危害，不能吸收充足的无机矿物和水分，则地上部生长受到严重的抑制。如果地上部生长不良，不能制造大量的光合产物供给根系，则根系的继续生长受到抑制吸收面积不能扩大，反过来影响整个植株的生长。

第二节 稀特蔬菜的栽培设施及性能

一、简易保护设施的类型与特点

（一）阳畦和改良阳畦

阳畦又叫冷床，主要用于冬春季露地蔬菜的育苗，也可用于花椰菜、菠菜等秋季晚熟栽培或假植贮藏，或春夏季蔬菜的提早栽培和采种栽培。

阳畦一般长 6 ~7 米，宽 1.5 米，由风障、畦框和覆盖物等组成。风障用竹竿、芦苇、高粱秆或玉米秆做成，立于阳畦北侧或西北两侧，以抵御冬季和早春西北风寒流。畦框用土夯实或用砖砌成，根据阳畦南北框高低不同又可分为槽子畦和抢阳畦两种。槽子畦南北框高度一致，风障较为直立；抢阳畦南低北高，风障向南倾斜，保温性增强。覆盖物有塑料薄膜和草毡两层。抢阳畦内光热条件比槽子畦好。

阳畦内温度分布不均匀，通常靠近北侧温度最高，越往南，温度越低，最南端 30 厘米处由于南框遮光影响温度非常低，早春育苗此处往往缺苗严重或苗子很小。早春育苗时，东西延长的阳畦往往比南北延长的阳畦秧苗大而整齐性差，主要是温度分布不匀所致。

改良阳畦又名小暖窖，是在阳畦的基础上改良而成，由土墙、棚架、土屋顶、覆盖物等组成。改良阳畦的采光面角度大，太阳光线透过率高，气温地温均比阳畦高，而且空间增大，可以进入畦内作业，在防寒保温措施好的情况下，冬季可以生产耐寒性绿叶蔬菜，春季可进行喜温性蔬菜的提早栽培。

（二）酿热温床和电热温床

温床是在普通栽培床的基础上，在土壤中埋设增温材料做成。由于温床可以提高苗床土壤温度，所以在冬春寒冷季节育苗时，可以改善育苗环境，确保培育适龄壮苗。根据温床的热量来源可分为酿热温床和电热温床。

1. 酿热温床

（1）酿热原理。酿热温床是利用酿热物发酵放出的热量提高苗床温度的育苗床。新鲜的马粪（或驴、骡粪）、粉碎的树叶、杂草和作物秸秆等都可用作酿热物。对发热起主要作用的是好气性细菌，酿热物发热的温度高低和持续时间，主要依好气性微生物的繁殖活动情况而定。碳是微生物分解的能源，氮是微生物的营养，在碳氮比约为25：1，含水量为70%，并有10℃的温度和适量氧气时，好气性微生物的活动较旺盛。新鲜的马粪等富含微生物所需要的碳、氮等营养，其有机质丰富，作为酿热物发热快、散热快。树叶和作物秸秆则发热较慢，散热较少，但发热时间较长。因此，选用酿热物时，可以将粉碎的树叶、作物秸秆等与骡、马粪混合使用。

（2）酿热温床的建造。酿热温床可以建在日光温室、塑料大中棚、改良阳畦和阳畦内。例如在建好的阳畦内，先用铁锹将表土层起出、堆放，然后在畦内再挖成南深50厘米、中部凸起、北深30厘米的抛物线形床坑。这样，靠南部和北部可以多填些酿热物，使床温均匀。播种前10天左右，先在床坑底层铺垫4~5厘米厚的碎草，以利于通气和减少散热。然后将新鲜的骡、马粪与粉碎的作物秸秆、树叶等按3：1的比例混合均匀后填入床坑内。为了增强酿热物中微生物数量和氮素营养，以促进发热，在填酿热物时可分层填入，每填一层泼一次稀人粪尿。酿热物填好后，轻踩保持疏松，再覆盖塑料薄膜，夜间加盖蒲席、草帘，使其有良好的通气条件和温度条件，以利于微生物活动。5~6天后，床内酿热物温度可上升到50℃以上，这时选晴天中午揭开薄膜，将床内所填的酿热物踩实，使微生物活动减弱，达到酿热物缓慢发热，加温床土的目的。酿热物踩实、整平后，上面铺盖2~3厘米厚的土。为防治地下害虫，每平方米可撒2.5%的敌百虫粉8~10克。然后把事先配制好的培养土填入畦内，厚10厘米左右，轻踩一遍，耙平畦面。特别注意把畦内四周的培养土踩实，防止浇底水时畦面下陷。

（3）酿热温床的性能。酿热温床温度的高低直接受酿热物放出的热量大小的影响。一般酿热物发酵分两个时期：一是迅速发酵、大量放热阶段；二是缓慢发酵、放热量逐渐减少阶段。例如，新鲜马粪从开始发酵至8~13天时，迅速发酵，大量放热，温度达到高峰，可达60℃以上，从第15~20天后发酵变慢，放出的热量基本稳定，温度稳定在15~20℃。酿热物经过40天发酵后，发出的热量就很少了。因此，在育苗过程中，掌握和利用酿热物的发酵规律，才能创造出适宜的床苗温度，注意以下几点：一是所用的马粪等酿热物是未发酵的；二是苗床内所填的酿热物要有一定的厚度，如果在冬季寒冷季节育喜温蔬菜秧苗，酿热物的平均厚度应不少于30厘米；三是酿热物要有适合的碳氮比，并有充足的氧气和发酵的初始温度，否则微生物活动弱，达不到所要求的温度。另外，在播种前浇底水时不要大水漫灌，否则影响酿热物的通气状况，抑制微生物活动，酿热温床浇水，多采用喷灌，以湿透培养土为度。

2. 电热温床

（1）电热温床的设备。电热温床的设备主要有电热线、控温仪、交流接触器等材料。

电热线又称电加温线，可以给土壤加温和给空气加温。给土壤加温的电热线称土壤加热线，通称地热线，使用的绝缘材料为聚氯乙烯或聚乙烯注聚而成。在生产上应用的土壤加温线工作电压均为220伏，功率多数在800～1 000瓦。给空气加温的电热线称空气加热线，它选用耐高温的聚氯乙烯或聚四氟乙烯注塑。

控温仪是电热温床用以自动控制温度的仪器。使用控温仪可使温度不超过秧苗的适温范围，可以节电约1/3，并能满足不同作物对不同地温的要求。一般一台控温仪可接两条电热线，功率在2 000瓦以下。如果需要多条电热线，功率超过2 000瓦，就需要接交流接触器，交流接解器的线圈电压有220伏和380伏两种。控温仪和电加温线一起使用组成了电热温床的加温系统和控温系统。

（2）电热温床的铺设

①场地选择：电热温床一般设在有保护设施的场地，如设在温室或拱棚里。

②电热温床面积：育苗如维持在22℃左右的地温，每平方米需电能80～100瓦。设每平方米需电能80瓦，采用长160米，功率为1 100瓦的电热线，则每条电热线铺床面积为：温床面积＝电热线功率÷额定功率＝1 100瓦÷80瓦/平方米＝13.75平方米，即此电热线每条可大约铺14平方米左右的温床面积。根据计划育苗所需电热温床面积，可计算出需用的电热线条数：电热线条数＝温床面积（平方米）÷14（平方米）。

例如，一温室使用面积400平方米，则400（平方米）÷14（平方米）＝29条，在实际设汁中若用三相电源，为使各项电源力求平衡，电热线条数是“3”的倍数，那么上例日光温室需用30条此电热线。

③功率的选定：电热温床的功率用“瓦/平方米”表示，指每平方米铺设的电热线的瓦数。如果在一定时间内要达到设定温度，则要求电加温线供给足够的热量，这就要增加功率或者提高基础地温，增温值越高，基础地温越低，功率选择应越大。基础地温指在铺设电热温床时还未加温时的5厘米深土层地温。设定地温指在电热温床通电时应达到的地温。如果要求在较短时间内达到

设定温度，则每平方米应增加功率10瓦左右，如有隔热层功率可降低10%左右。

④布线间距：在计算时先求出每米长的电加温线的瓦数，如800瓦线长100米，则每米的电加温线为8瓦，再根据选定的功率密度瓦/米。

3. 按下式计算出布线间距

布线间距=每米线的功率（瓦/米）÷选定的功率密度（瓦/平方米）

在具体铺线时，为了做到床内各处温度均匀一致，一般畦边密些，中间稀些，但最宽不要超过20厘米，最窄不少于3厘米。

做床布线：布线前先确定电温床的面积、功率密度、布线间距等，然后做床。床深度应考虑床土厚度、隔热层厚度等。做床后铺隔热物（可用碎稻草、稻壳和麦糠等），上面用土盖好、刮平。用旧竹竿、架材棍等按布线间距插于床的两端作挂线柱。布线后要逐步拉紧，以免松动交叉。

电热线铺好后，接通电源，检查电路畅通后再覆土。覆土厚度对气温、地温、土壤水分蒸发、种子发芽出土和幼苗生长都有较大的影响。一般覆土厚度为8~10厘米。

电热温床在布线注意以下几个问题：第一，电热线使用时只能并联，不能串联，不能接长，也不能剪短，否则改变了电阻及电流量，使温度不能升高或烧断电热线；第二，布线时，电热线不能交叉、重叠或结扎，成圈的电热线不得在空气中通电试验或使用，以免积热烧结，短路；第三，不能用地线代替零线，以免发生触电事故。

（三）塑料小拱棚和中棚

塑料小拱棚具有形状结构灵活，使用撤装方便等特点，无论是在温室大棚内，还是在露地，应用都很普遍。根据小拱棚的棚形结构和生产用途，可大致分为两类：

一类是棚体高大、棚膜较厚，棚架多为半圆型或拱圆型，通常用直径2厘米左右的竹竿或3~5厘米的竹片做成，也有6~8毫米粗钢筋等焊接而成，棚高0.8~1.3米，宽1~2米，长10~15米。这类拱棚主要用于多种蔬菜的春提早、秋延后栽培。一般使用一个月左右，可比露地分别提早定植或延后收获15~20天左右。在温室内，也可用于播种出苗期、嫁接苗愈合期或分苗缓苗期间的短期覆盖。此外，在冬季不太寒冷的地方，对于越冬蔬菜加盖小拱棚，不仅可使其安全越冬，而且可提早恢复生长，提早收获上市。

另一类小拱棚是棚体矮小，高0.3~0.6米，宽0.3~1.5米，形状为高拱形或扁弧形，棚膜较薄，棚架就地取材，多用荆条、树枝或细竹竿等，这类小拱棚主要用于瓜类、豆类等直播蔬菜的春提早播种，短期覆盖，防止寒流袭击和晚霜危害。

塑料小拱棚由于棚内空间容积较小，白天增温急速，夜间降温亦快，春季3～4月，最低温度仅比露地高1～3℃，但中午最高温度，如果是晴天密闭，可达到40℃以上甚至高达50℃，这样很容易对作物造成高温危害，重者会烧伤生长点和部分叶片。因此，采用小拱棚时，除播种出苗期和定植缓苗期间外，一定要注意及时通风降温，特别强光烈日的天气更要注意。

塑料中棚，其形状大小介于小拱棚与大棚之间，通常棚宽3～8米，中高1.5～1.8米。

长10～30米。多为竹木结构，也有用钢筋焊成。竹木结构中棚拱架间距50厘米，根据跨度大小可设立2～4排立柱，纵向有3～5道拉杆，用铁丝或细钢丝绳等固定棚架，钢筋棚架则无立柱。中棚常覆盖三幅薄膜，便于两肩通风。中棚的空间和热容量比小拱棚大，棚内温度变化平缓，亦可进入操作，比大棚建造灵活、成本低，适用于搭架果菜类的春提早、秋延后栽培或采种栽培等。

（四）塑料地膜覆盖

塑料薄膜地面覆盖，简称地膜覆盖，是把塑料薄膜紧贴于地表面覆盖进行栽培，是最简单易行的一种保护地形式，其主要作用是提高土壤温度、促进根系发达，从而提高作物产量和产值。此外，地膜覆盖还有保墒、节水、除草、促进有机肥分解以及保持土壤疏松等作用。

塑料地膜覆盖所用薄膜规格种类很多，有透明膜、黑色膜、绿色膜、银色反光膜等。生产上使用最多的是白色透明膜，厚0.015毫米或0.0075毫米（微膜），幅宽80厘米、100厘米或300厘米。地膜覆盖形式多根据栽培季节、作物种类和使用地区等，有高垄（畦）覆盖、半高垄覆盖和平畦覆盖。高垄覆盖一般垄高20～30厘米，其增温、防涝作用好，但费工、费水，宜在多雨季节或地区使用。半高垄覆盖垄（畦）高10～15厘米，垄宽60～80厘米，选用80～100厘米幅宽的薄膜，可种植2～3行蔬菜作物，该种形式增温、节水、除草效果都好，是生产应用最多的形式。平畦覆盖即不起垄，利用宽幅薄膜平铺地面后把两边埋入土中即可，此法省工、省水，但除草和增温效果均不及前两种。

塑料地膜覆盖栽培由于改善了作物地下部环境条件和近地面小气候，故使植株根系发达，吸收能力增强，地上部茎叶花果发育健壮，从而最终致使蔬菜产品提早成熟5～7天，早期产量和全期产量分别提高10%～30%以上。

二、塑料大棚的结构与性能

塑料大棚是在拱架上覆盖一层塑料薄膜，没有墙体和泥顶，只是进行春提早或秋延后栽培的一种设施。塑料大棚除具有透光率高、增温快、防寒、抗风、遮雨等特点外，与日光温室比较，还有骨架轻、结构简单、建造容易、便于移动等优点，国内外普遍应用，在我国北方，除严寒的冬季外，春夏秋三季均可应用，在南方则四季应用，是春提早、夏遮雨、秋延后、冬防寒的重要栽培设施。

（一）塑料大棚的典型结构

1. 竹木结构大棚

大棚骨架由木材、竹竿和竹片等组成。棚宽 8 ~ 15 米，中高 2 ~ 2.5 米，肩高 1.2 ~ 1.5 米，长 30 ~ 60 米。横向有 4 ~ 6 排对称排列的间距为 2 米的主柱。由中柱到边柱其高度逐渐递减，形成拱圆型。一般拱架间距 1 米，每隔 2 道拱架设 1 立柱，即立柱南北之间距离为 3 米，中间两道拱架为减少立柱遮荫和田间作业不便而做成悬梁吊柱式。各拱架之间用拉杆把立柱连接固定。拉杆固定在立柱顶端下面 20 ~ 30 厘米处，不设立柱的拱架下设吊柱，吊柱 25 ~ 30 厘米长，其顶端成凹形，承放拱杆，下端固定在拉杆上，即把小吊柱下端钻孔用铁丝或细钢丝绳横穿连接立柱和小吊柱。在风大雪大的地区，棚内立柱的南北间距也可缩成 1.5 米或 1 米，形成竹木林立式的棚架，以加固棚体。大棚的立柱既可用竹竿，也可用水泥柱做成，竹木柱入土部分需涂沥青防腐，底部钉横木或作脚基石，以防灌水后棚架下沉或刮大风把拱架拔起。棚架拱杆可用竹竿或厚竹片制成，横向与立柱和小吊柱顶端各处固定，形成拱弧形。拉杆可用细钢丝绳、铁丝或竹竿等材料制做。

竹木结构大棚的形状、大小和选材都较为灵活，成本较低，应用普遍。但由于立柱太多易形成遮光，且影响棚内操作，另外竹木材料经风雨侵蚀后，骨架易变形，柱脚易腐朽，抗风雪能力亦较差，使用年限较短。

2. 混合结构大棚

该结构大棚尺寸与上述竹木结构大棚基本相似。一般大棚宽 10 ~ 16 米，中高 2.5 ~ 3.0 米，长 40 ~ 60 米。立柱用断面为 10 厘米 ×8 厘米的钢筋水泥预制件，柱顶端为凹形，承受拱杆。拱杆用直径 6 ~ 8 厘米竹竿或细钢筋做成。拉杆用 6 ~ 8 毫米的细钢筋焊成，梁宽 20 厘米，上下两条横梁之间用细钢筋焊成三角形的小花连接。单片花梁杆上间隔 1 米可焊上小支柱，小支柱用 8 毫米粗钢筋焊接，顶端做成马鞍形支撑拱杆。该大棚骨架坚固、耐用，抗风雪能力强，但成本较高，同时也存在立柱多操作不便等缺点。

3. 装配式镀锌薄壁钢管大棚

这种大棚骨架由厂家定型生产，组装而成，跨度6~10米、长30~60米，高度为2~3米，全棚拱型无支柱。

装配式钢管大棚拱架由两根弧形钢管组成，安装时将拱杆顶部用套管连接，下部插入地下30~40厘米深，拱杆间距50厘米左右。全棚由5~7道纵向拉杆连接固定，拱杆与拉杆交叉处用卡销连接固定，棚两端各有4~6根钢管立柱，用卡销固定在拱杆上，棚膜用镀锌钢卡槽和钢丝弹簧固定，大棚左右两侧都配有手摇卷膜机一个，可卷起侧膜通风，棚模用专用压膜线压紧。

装配式钢管大棚不仅棚型结构合理，棚体整齐规格，抗风雪能力强，而且棚内无支柱，通风透光好，便于机械化操作，拆卸安装方便，一次性投资较大。

（二）塑料大棚的性能

塑料大棚内的光照和温度等性能受大棚的建造方位、栽培季节、气候变化等因素的影响。塑料大棚的建造方位对棚内光照分布影响最大，东西延长的单栋大棚，因南半棚可以进入大量的直射光，光照充足，故作物生长发育旺盛，产量质量均高，而北半棚则由于棚顶没有或极少有直射光进入，只能靠散射光照射，故作物的生长发育明显比南半棚滞后，从而影响作物产量和质量。南北延长的单栋大棚，由于太阳从东方升起，到西方落下，全棚内各部位都可见到直射光与散射光，光照分布相对均匀一致，因此，建造单栋大棚时，一定要注意建棚的方位，如果是建造连栋式大棚，则可建成东西相连的方位，对于其中的一个单栋而言，也是保持了南北延长、东西拱形的方位，从而保证了各部位全天候的直射光透过率。

塑料大棚比日光温室透光均匀，透光率可达60%~80%，仅次于玻璃的性能，并且由于薄膜可透过紫外线，优于玻璃，故对蔬菜作物生长发育更为有利。一般地，棚内光照强度可达到3万~5万勒克斯，可基本满足各种蔬菜作物正常的光合作用。

塑料大棚的保温性能远不及日光温室，由于没有墙体、屋顶和草帘这些防寒保温材料，所以棚内温度基本上是受外界气温所左右。当外界温度低时，棚内增温保温效果极其有限，早春和晚秋，夜间最低温度仅比露地高2~4℃，但白天晴朗时，最高温度可比露地高10~15℃，甚至更高。塑料大棚的温度变化特点是在上午日出之后开始升温，11：00时左右上升最快，12：00~14：00时达到最高温，下午16：00时左右开始下降，傍晚18：00~22：00时下降最快，到凌晨拂晓温度最低。棚温的季节变化是单层膜覆盖的大棚，从12月中旬到1月下旬最寒冷的季节，在华北、西北和东北大多数地区棚内旬平均气温都在0℃以下，不能进行蔬菜生产，从2月上旬到3月中旬，从南到北各地随着外界气温的回升，棚内气温逐渐回升。以山西晋中地区为例，3月上旬，旬平均气温可达10℃左右，最低气温有时可能出现-3~0℃，这时就可开始进行耐寒性蔬菜的生产。3月下旬到4月上旬，随着外界日照增强，棚内温度可比外界高2~15℃，棚内最低气温基本上在0℃以上，只要提前1~2周扣棚覆膜，棚内土壤温度可稳定到8~10℃以上，这时就可定植喜温性蔬菜。5月以后，外界气温骤高，大棚密闭最高气温可达45~50℃，这时需及时放风，6月以后还需进行夜间放风，应防止高温对作物造成的危害。7~9月中旬这段时间，可根据棚内作物种类与长势，将棚膜全部撤除或只留顶部，把四周膜撤除，形成“防雨棚”，有防雨、减光、降温的作用。9月中下旬到10月中下旬，棚内温度随外界温度下降而发生相应地变化，最高温度可达25℃左右，最低温度5~6℃，这期间可种植秋延后蔬菜，以喜温性蔬菜为主。从10月中下旬到12月，夜温渐渐下降至0℃以下，因而只能种植一些耐寒性蔬菜，但这时秋冬露地产的根菜、叶菜很多，大棚一般就不再进行生产。

此外，由于大棚密闭，保湿性很强，早晚和夜间空气相对湿度可达80%~98%，晴天中午亦可达70%。大棚的这种高温高湿环境对一些喜欢空气湿度高的作物（如黄瓜和甜椒等）和绝大多数作物的定植后缓苗很有利，但同时，高湿会引起各种病害的发生和蔓延，也易使植物徒长细弱，因此大棚管理应根据其光、热、湿持性，结合栽培作物的种类和不同的生育期，灵活及时地采取各种技术措施。

三、日光温室的结构与性能

日光温室已成为我国北方地区蔬菜栽培的最主要设施。它不仅可以在冬春寒冷期间生产出多种蔬菜，而且也是为塑料大棚、小棚以及露地蔬菜育苗的重要设施。日光温室，又称节能温室或高效节能型温室，是区别于过去需要燃煤耗能的加温温室而言。日光温室由于其结构的科学改进，所以即使在冬季也不需要耗能加温设施，而只利用太阳光能就可达到蔬菜生长发育所要求的光热条件。日光温室就其屋面性状可大体分为两类，一类是拱圆形屋面，多分布在辽宁中北部、北京市、河北省、内蒙古自治区和山西省中北部等较为寒冷的地区，另一类是一坡一立形屋面，多分布在辽宁省南部、山东省、河南省和山西省中南部等较为暖和的地区。

（一）日光温室的典型结构

1. 竹木拱圆型温室

这种温室是目前各地广泛采用的结构，该温室最早起源于辽宁省海城感王镇，是在长后坡半拱型温室（也叫海城式温室）的基础上改进形成的，该温室有较高的后墙和较厚的后屋顶，既保温又方便作业，前屋面为竹木拱圆形，无前檩和前立柱，造价低廉，透光增温效果好，适宜于纬度较高和较为寒冷的地区选用。

2. 一坡一立型温室

这种温室又叫琴弦式温室，其特点是高度、跨度大，后屋顶较短，室内光照条件较好，前屋面只有一个角度（也称采光角），可达 21°～23°。该温室起源于辽宁瓦房店地区，缺点是后屋顶较短 0.8～1 米，前屋面前中部采光角度较小，夜间保温性差一点，温室内外保险温差为 20～25℃，在高纬度和高海拔地区应谨慎使用。

3. 钢架拱圆型温室

这种温室后墙、后屋顶与上述结构相同，均为竹木结构秸秆草泥顶，前屋架为拱圆型钢架，每隔 1 米一个拱架，无前柱、腰柱，操作方便。该结构增加了前屋面前、中段的采光角度，使中段以前的角度在 23°以上，光热性能均好于同高度同跨度的一坡一立型温室。这种温室可用厚壁钢管或钢筋制作，经久耐用，但一次性投资较大。

4. 无柱拱圆型温室

这种温室采用无支柱、无后屋顶的半椭圆型拱架和砖后墙结构，拱架材料种类较多，有双弦式厚壁钢管和钢筋焊成的钢架，也有钢筋混凝土、竹筋混凝土、玻璃纤维混凝土和硅镁复合材料等组装式预制件。其特点是跨度较小，脊部较高，前屋面采光角度大，透光率高，白天增温效果好，且全室无支柱，便于内挂二重保温幕和机械化作业等。但由于后屋顶无秸草泥土防寒隔热层，散热量大，故夜间和阴天保温效果差，在较寒冷的地方，冬季只能生产芹菜和甘监等耐寒性叶菜，难以生产黄瓜等喜温性果菜。这类温室一次性投资较大，但美观耐用，在经济条件较好和冬季不太寒冷的地方较为适宜。

（二）日光温室的性能

日光温室的光热性能受温室的结构尺寸、材料选用等人为因素和季节变化、地理纬度等自然因素的影响。为保证室内光照条件好，建造温室时必须“座北朝南”，温室南面和东北两侧要避开遮挡阳光的山丘、树木或高大建筑物等，建温室群时，要注意前后两排足够的距离（通常 7.5 米以上）。前屋架材料要尽量选用横截面小的竹竿、拱木等，尽量减少檩木和立柱等，以减少室内阴影面积，前屋面的主采光角应尽量地大，以提高太阳光的透过率。

日光温室内不同的部位，光照分布有一定的差异。通常东、西两侧的栽培床。由于早、晚分别受东、西两侧山墙的遮挡，见光时间短，明显地影响作物的生长发育和产量。在太阳低、光照弱的冬季，栽培床中南部光照较强，而北部光照较弱，由其是拱圆型结构的温室，因此利用反光幕等补光时，常把反光幕悬挂于北侧或后墙上。

日光温室内温度的分布，主要受室内光照分布和温室保温散热效应的影响。一般东西两侧温度较低，特别是西侧因下午见光时间短和夜间西风吹袭，温度更低。同一温室，白天栽培床南部比北部温度较高，夜间则相反，北部较南部温度较高，因此，南部日温差较大，加之，光照较强，紫外光较多，使作物生长缓慢而较为健壮，相反。温室北部由于日温差较小，紫外光较少，则作物生长较快，植株高大而细弱。此外，日光温室内温度主要受栽培季节、覆盖材料等影响。一般而言，日光温室在 9 月中旬以后，当土壤日均温降到 16 ~ 18℃时，需开始覆盖塑料薄膜，但这时白天很易达到 30℃左右，需注意通风。10 月下旬到 11 月中下旬，随外界气温下降，需要在夜间逐渐增盖草帘，以确保凌晨最低温保持在 10 ~ 15℃。从 11 月中下旬到 1 月下旬，外界气温越来越低，夜间需再加盖草帘形成双层草帘或加一层纸被，并结合山墙和后墙外围堆积秸草，前立窗外在夜间加围秸秆草帘等措施，使凌晨最低温度达到 8 ~ 10℃以上，白天达 25 ~ 28℃，这段时间是最寒冷的季节，最好是栽培耐寒性强的叶菜类，如果栽培果菜类，也只能选择较为耐低温的嫁接黄瓜、西葫芦和番茄等，且应确保凌晨最低温度不低于 6 ~ 8℃。从 2 月上旬到 3 月下旬，外温逐渐回升，温室内白天容易达到 30℃左右，夜间可达 10 ~ 15℃，适合种植各种喜温性蔬菜。3 月下旬到 4 月下旬，白天室内达 28 ~ 32℃以上，夜间 15℃左右，且这时太阳升高光照增强，这时除可栽培一般的喜温性蔬菜外，还可栽培需高温和强光的瓜菜等，如西瓜、甜瓜、丝瓜、落葵和蕹菜等。5 月份以后，外界温度已很高，日光温室应加强通风，直至把薄膜全部拆除同露地生产，也可只拆除底部薄膜，留盖顶部作为防雨棚生产。

日光温室内温度日变化规律是，晴天早晚太阳斜射，温度偏低，约 15 ~ 20℃，冬季凌晨 5：00 ~ 6：00 时日出之前，温度最低，为6 ~ 15℃，日出后温度逐渐升高。到 10 ：00 ~ 11 ：00 时，可达 25 ~ 30℃，最高温度出现在 12：00 ~ 14：00 时，若晴天密闭不通风可达 35 ~ 40℃。下午 15 ：00 时以后，随光照减弱，室温亦随之下降，盖草帘后，温度下降速度变缓。

温室的建筑材料和覆盖材料对室温影响也很大。一般土墙比砖墙保温性能好。后屋顶有秸草泥土隔热层的仅是一层薄膜的，可保温5~7℃。聚氯乙烯膜比聚乙烯膜保温性好，可高1~2℃，一层草帘可保温5~10℃，稻草帘比蒲草帘高2℃，盖一层纸被可增温3~5℃，纸被用4~5层牛皮纸做成。盖一层棉被可保温7~10℃，室内加设无纺布二道保温幕可保温1~3℃，室内加扣小拱棚可保温1~3℃。所以，生产中，可根据当地气候、季节及栽培要求等灵活选用保温材料和覆盖方式等，以达到安全生产和高效生产之目的。

四、其他设施材料的应用

（一）反光幕

反光幕全称农用反光幕，是一种复合的聚酯镀铝膜。由于这种特殊的聚酯膜表面镀铝，明亮如镜，所以，利用其反光特性，可有效地增加栽培床的光照强度，不仅使作物的光合作用增强，而且可使温室北部的地温、气温明显提高，最终使作物产量和效益大为提高。

反光幕多用于温室蔬菜栽培，在温室中均随温室走向，镀铝面朝南，东西延长，垂直悬挂。张挂时间一般在冬季11月份开始到翌年3~4月结束。冬季和早春光照强度较弱，特别是对于喜强光性的蔬菜，如番茄、茄子、辣椒和西瓜等，冬季光照明显不足，如果栽培这些蔬菜能悬挂反光幕，其补光效果十分明显，因此，采用反光幕进行补光非常必要。此外，使用反光幕，还具有提高室内温度、加大北部昼夜温差、降低空气湿度等作用。

（二）无纺布覆盖

无纺布，又叫不织布、非织布和丰收布等，是以聚酯或聚丙烯等原料，经过加工切片纺丝直接成网，再以热轧粘合方式制成的一种具有透气性、吸湿性和一定透光性的布状农用覆盖新材料。无纺布与塑料薄膜相比，不但具有透光性，而且还具有透气性、透湿性和吸湿性的特点，它不像塑料薄膜那样表面易形成水滴或在阳光直射下材料本身温度升高对作物产生不良影响等，所以无纺布不仅以拱棚形式覆盖，而且还可直接覆盖于植株上，达到防寒、防霜、防风、防旱、防雨、防虫和防鸟等效果。

无纺布可分为短纤维无纺布和长纤维无纺布，前者多以聚乙烯醇（PAV）、聚乙烯（PE）为原料，后者多以聚丙烯（PP）、聚酯（PETP）等为原料加工而成。短纤维无纺布重量较大，但不及长纤维无纺布结实。目前我国上海产的属长纤维无纺布，其规格有20克/平方米和40克/平方米两种，幅宽有1米、1.8米等几种，颜色以透明为主，也有银灰色、黑色和其他颜色。无纺布覆盖形式大致可分为以下几种类型：

1. 浮面覆盖

即把无纺布直接覆盖于畦面或作物上。覆盖后随着幼苗出土，植株生长，轻飘飘的无纺布会随着植株的生长逐渐向上浮动，故名浮面覆盖。浮面覆盖在播种后幼苗期或定植后大苗期以及产品器官形成期都可使用，但多用于幼苗期。在室内，主要用于严寒期或寒潮期短期覆盖，以防寒防冻。在露地，主要用于越冬蔬菜防寒或夏秋蔬菜苗期防风、防虫以及防暴雨袭击等。

2. 小拱棚加无纺布覆盖

塑料小拱棚内加一层无纺布可有效地缓解夜温过低、湿度过大和薄膜滴水的问题。

3. 温室内二道保温幕覆盖

采用无纺布材料作为温室或大棚内二道保温帘覆盖，可有效地减少热量散失，提高室内温度。

用作保温帘幕的无纺布，宜选用质地致密，材料厚重的类型，这类无纺布具有布状纹理，手感柔软、富有弹性，强度高、耐拉扯，外观上似聚氯乙烯薄膜。使用无纺布二道幕，通常白天拉开，夜间闭合，闭合时四周和顶部都必须密闭，不留空隙，以增强保温效果。张挂保温幕最好是全室无支柱温室，应预先架设好支撑拉线。二道幕距薄膜四周为 15～20 厘米，顶部为 20～40 厘米，要求开闭灵活，闭合时严密少缝。

（三）遮阳网

遮阳网，又叫遮荫网、遮光网等，是以聚烯烃树脂为原料，经加工拉丝后编织而成的一种轻量化、高强度、耐老化的网状新型农用塑料覆盖材料。

遮阳网覆盖栽培，是在我国传统的夏季蔬菜、花卉等草帘草席遮荫育苗栽培的基础上，吸收国外“浮面覆盖”和“防雨棚栽培”的新技术优点，经过精心研究，开发的一项全新的覆盖栽培新技术。遮阳网覆盖栽培，具有遮阳、降温、保墒、防风和防雨等功能。其应用于夏秋蔬菜的遮荫育苗或保护栽培，效果十分良好。

遮阳网规格种类较多，主要有黑色和银灰色，也有少量的绿色、蓝色和黄色等，黑色的遮阳降温效果最好，银灰色的兼有驱避蚜虫、预防病毒病的功能。按产品幅宽，可分为 90 厘米、150 厘米和 200 厘米等不同规格，其网眼密度亦有多种规格，适用于各种作物或不同季节的遮阳减光。一般使用年限为 4～5 年。遮阳网覆盖栽培主要有以下几种形式：

1. 浮面覆盖

也称直接覆盖、畦面覆盖或飘浮覆盖。即用于夏秋播种或移植的蔬菜上，把遮阳网直接覆盖于畦面或作物上，待出齐苗或移植成活后将网揭去。此法主要用于直播根菜类，叶菜类出苗前的覆盖，可有效地防止因暴雨冲刷、强光高温或土壤干旱板结等对出苗、齐苗造成的危害，达到苗齐、苗全、苗壮的效果。用于刚定植的蔬菜，则可缩短缓苗期、提高成活率。

2. 小拱棚覆盖

即利用冬春小拱棚的架材，搭成遮阳网小拱棚。其棚形、大小可灵活掌握，可只盖顶部以遮光降温为目的，也可全部覆盖，增加防虫防病功能。由于小拱棚覆盖内部空间大，故应用范围广，既可用于育苗，也可用于低矮的叶菜或较高的果菜。

3. 矮平棚覆盖

即在栽培畦上先搭制成平棚架，然后将遮阳网覆盖并拉平固定牢。矮平棚既可做成单畦小平棚，也可扎成连片大平棚，高度也因作物种类和抗风要求等可灵活调节。平棚覆盖具有用料简易、搭撤方便等优点，扩大了应用范围，在暴雨冰雹多、大风频繁的地区或珍稀蔬菜栽培、育种采种栽培上应用，都会取得满意的效果。此外，还可利用日光温室、大棚中棚等骨架进行遮阳网覆盖栽培。

第三节　稀特蔬菜的种子与秧苗生长发育

一、种子

（一）概念

生产实践中，广义来讲蔬菜种子指一切播种材料，主要包括：

1. 真正的种子

即植物学所指的种子，由胚珠发育而成，如白菜类、豆类、瓜类和茄果类等蔬菜的种子。

2. 植物的果实

由胚珠和子房共同发育而成，如伞形科、菊科、藜科等蔬菜的种子。

3. 无性繁殖器官

如马铃薯块茎、姜的根状茎等。

4. 菌丝体

真菌的菌丝体，如蘑菇、木耳等。

（二）种子的外部形态与大小

种子上的种脐、种皮、种孔等通常成为从外表鉴定种子的重要依据，同科蔬菜种子的形状、种皮特征等大体相似，同种蔬菜从种皮或种子外部形态上则很难再进一步区分。

蔬菜种子的大小、重量与播种量、播种方法、种子播种前的处理及幼苗生长等有密切关系。实践中一般以 1 克蔬菜种子所含种子数量多少，将蔬菜种子划分为五级：

1. 较大粒种子（千粒重大于 1 千克），如佛手瓜、蒜等。

2. 大粒种子（千粒重 100 ~ 1 000 克），如豌豆、丝瓜和苦瓜等。

3. 中粒种子（千粒重 10 ~ 99. 9 克），如番杏、黄秋葵、网纹甜瓜、落葵和牛蒡等。

4. 小粒种子（千粒重 1 ~ 9. 9 克），如辣椒、冬寒菜、花椰菜、白菜、樱桃番茄和苦苣等。

5. 千粒重很小粒种（千粒重小于 1 克），如苋菜、荠菜和豆瓣菜等。

（三）种子的内部结构

蔬菜种子的内部可分为胚与胚乳两大部分。胚由子叶、胚芽、胚茎和胚根组成。胚芽又称上胚轴，是一未发育的地上植株。胚茎又称下胚轴，介于子叶与胚根之间。萌发后如果胚茎伸长，则子叶出土，如黄瓜、番茄和白菜等；如胚茎不伸长，则子叶留在土内，如蚕豆和豌豆等。胚根为胚中未发育的根，萌发后成为初生根。

种子内的养分主要贮藏在胚乳中，少量在胚中，但并非所有蔬菜种子都有胚乳。番茄、辣椒等种子为有胚乳种子，十字花科、葫芦科和豆科蔬菜的种子在发育时胚乳已经消耗完，称为无胚乳种子。

蔬菜种子的主要化学成有糖类、脂肪、蛋白质、维生素和灰分等，各种种子的化学成分差异很大。除此以外，种子里还含有各种酶系统以及维生素和生长激素等生理活性物质。

（四）种子的寿命

种子的寿命是指植物种子收获以后能保持发芽的期限。影响种子寿命长短的因素很多，可以分为内因（遗传特性、成熟度）和外因（温度、湿度、氧气和微生物等）。在外因上其主导因素是温度和湿度。一般贮藏在高温多湿的条件下，寿命短促；贮藏在低温干燥的条件下，寿命较长。在内因上如莲子等由于种皮致密坚固，寿命较长。

（五）种子的检验

种子检验又称种子鉴定，包括品种品质检验和播种品质检验两个方面。品种品质是指品种的真实性，用纯度表示。蔬菜种子的播种品质可以概括为“净、饱、壮、健、干”五个字。净是指种子清洁，用净度来表示；饱是指种子饱满充实程度，用千粒重来表示；壮是指种子发芽出苗粗壮、整齐的程度，用发芽率、发芽势表示；健是指种子健全完善的程度，用病虫危害率表示；干是指种子干燥及贮藏安全的程度，用水分百分率表示。优良的种子应当是纯度高、清洁、干净、充实、饱满、生活力强、含水率较低、不带病虫及杂草的种子。

1. 净度检验

种子净度是指检验样本中该蔬菜种子的重量，占样本总重量的百分率，用下列公式计算：

净度 = 完整良好的本品种种子重量 / 样本重量 ×100%

好种子的标准是：种子完整、发育正常和饱满；幼根或胚芽虽已突起，但未露出种皮之外；有 2/3 以上的胚乳或种子未受损；种皮微裂，但种子未受损伤。

2. 种子水分测定

种子含水量与安全贮藏有密切关系，超过安全含水量的种子在贮藏期间，会因呼吸作用旺盛和微生物大量繁殖，造成种子发热霉变。

（1）电热干燥箱测定法。将箱内温度提高到 105℃，放入盛样本的干净铝盒烘 30 分钟，称铝盒重量，记下铝盒号码、重量。然后取试样两份，每份 5 克，分别放入称量盒，在 105℃ 电热烘干箱中烘 3 小时，在干燥器内冷却 0.5 小时，取出称重，记下重量。以后再烘 1 小时，在干燥器内冷却后，再称重。如前后两次重量差不超过 0.02 克，用后一次烘干后进行种子含水量计算。

种子水分 =（烘干前样重 - 烘干后样重）/烘干前样重 ×100%

（2）感官检验法。此方法主要是通过眼看、手摸、齿咬、耳听来辨别种子含水量的高低。例如，干燥成熟的种子色泽比较新鲜，且富有光泽；水分含量高的种子色泽比较深暗且缺少光泽。用手插入种子堆中感到有股冷气，用牙齿咬种子发出声音响亮，种子断面光滑，说明比较干燥。感官检验最好与仪器检验做比较，以便得出精确的结果。

3. 种子发芽势及发芽率的测定

种子发芽率指的是样本种子在规定天数内正常发芽种子的百分数。发芽势是在发芽期比较集中的发芽率，表示种子的发芽速度、发芽整齐度及种子生活力的强弱程度。在生产上要选用发芽势、发芽率较高的种子作为播种材料，以获得壮苗、全苗。

发芽率＝规定日期内正常发芽的种子数/供试种子数×100%

发芽势＝在规定的最初几天内正常发芽的种子数/供试种子数×100%

发芽率及发芽势的测定一般在室内进行，用经过净度检验的干净种子，以“十”字形划分法取得平均样本，再从平均样本中随机地取出检验样本2～4份，较大粒种子每份50粒，较小粒种子每份100粒，供发芽试验用。根据蔬菜种类不同而选用清洁的滤纸、纱布、脱脂棉或细沙，铺放在清洁的培养皿、搪瓷盘或陶瓷钵等容器中作为发芽床。然后将数好的种子摆放在发芽床上，种子间保持与种子大小相仿的距离。如用沙子作发芽床，应将种子轻轻压入沙内，使种子与沙面相平再加水，水量以不从发芽床滴出为度。发芽床上可以加盖，防止水分蒸发，但不宜过严，以免影响透气。发芽床贴上标签，按种子发芽所需温度、光线放在适宜的温室或温箱中进行发芽。

在发芽期间，每天检查温度和记录发芽种子数，并适当补给发芽床水分。需光种子的发芽床白天应放于亮处。发现腐败种子应随时拣出登记，有5%以上种子霉变时应更换发芽床。种皮上生霉时应洗净杀菌后再放回发芽床。

按上述公式分别统计各组发芽率、发芽势，最后将两份或四份发芽率和发芽势加以平均，求得平均值，就是该批种子的发芽率和发芽势。两份或四份试样的结果差距不能超过允许范围，如四份试样试验的结果中有一组超过允许范围，则用三组计算，如两组超过允许范围则应重做。

4. 种子生活力的测定

潜在于种子内的发芽能力，称为种子的生活力。许多蔬菜种子，尚未达到生理成熟阶段，处于休眠状态，在休眠期作发芽率试验来判断种子的好坏是不准确的。因此，需要对某些蔬菜种子进行生活力的测定。

（1）靛红染色法。靛红又名靛蓝—洋红，为蓝色粉末，是一种苯胺染料。靛红染色原理是根据活细胞原生质有选择性渗透能力，某些苯胺染料不能进入细胞内部，因此不染色，而死细胞原生质无此能力，故细胞被染成蓝色。

（2）四唑浸染法。目前国际上广泛应用四唑盐类测定种子生活力。四唑盐类种类较多，适用于双子叶植物的有2，3，5-氯化三苯基四氮唑（白色至淡黄色粉末，有毒）。染色的原理是：有生命力的种子的细胞有脱氢酶存在，被还原成为红色较为稳定的三苯基甲臜，而无生命力的种子没有这种反应。因此，可以根据种胚染色情况，区别有生活力和无生活力的种子。

（3）红墨水染色法。其原理与靛红测定法相同。将新买来的红墨水稀释至60～120倍，将剥出并切开的种子浸入，放30～60分钟，用清水冲洗后观察。凡种胚未染色的为有生活力的种子；种胚染成淡红色斑点状的为生活力弱的种子；种胚或胚根染成红色的为无生活力的种子。

（4）感官检验。此方法具有快速、简单、易行的优点，但不够准确，并需有多年实践经验者进行检验。用感官法识别种子有无生活力的标志因各种蔬菜种子不同而有所不同，凡果皮或种皮色泽新鲜，有光泽者为有生活力；反之无生活力；凡胚部色浅，充实饱满，富有弹性者为有生活力，胚部色泽深、干枯、皱缩和无弹性者为无生活力；凡在种子上呵一口气无水气黏附，且不表现出特殊光泽者为有生命力，反之为无生命力；豆科、十字花科、葫芦科和伞形花科等蔬菜种子含油量较高，剥开其种子发现两片子叶色泽深黄，无光泽，出现黄斑，这种种子生活力很弱，或已经丧失生活力。

5. 种子千粒重

种子千粒重是指自然干燥状态的1 000粒种子的重量。千粒重应在测定净度以后取其好种子测定，但数取样本时不能是大粒种子或小粒种子，应随机数取。很大粒种子，如刀豆和蚕豆可以数取100粒，大粒和较大粒种子，如西瓜、黄瓜、甜瓜和菜豆可以数取500粒，称重后折成千粒重。中等以下大小的各种种子要数足1 000粒测定。样本应数取两份，称重以克为单位，很大及大粒种子精确度为0.1克，中等以及以下各级种子应精确到0.01克。两份样本重量的容许差距为5%，如两份样本重量在容许差距范围内，则求出其重量平均数，即得种子千粒重。如超过容许差距时，就应再数取第三份样本称重，然后取差距最小的两份计算平均数。

种子千粒重因种子所含水分不同而有差异，气干种子（即自然干燥状态的种子）含水量是很不一致的，为了便于比较，必须将实测千粒重折算成规定水分时的干粒重。

种子规定水分千粒重＝实测千粒重（克）×（1－实测水分%/1－规定水分）

6. 种子用价

种子用价是指某批种子作播种材料的实际使用价值，即正常发芽种子占试样重量的百分率，其计算方法是：

种子用价（%）＝种子净度（%）×种子发芽率（%）

二、秧苗的生长发育

（一）种子发芽的过程

当种子通过休眠期或解除休眠期以后，给予适当的温度、水分及氧气条件，就能正常发芽。

1. 吸胀

种子吸水膨胀主要是一种物理现象。因为无论是有生命力的活种子，还是无生命力的死种子，一般均可吸水膨胀。种子吸水膨胀力的强弱主要与种皮结构和种子的化学成分有关。

2. 萌动

有生活力的种子吸水膨胀后，种子内部发生一系列的生理和生化变化，如酶的活性加强，呼吸强度提高，贮藏的营养物质开始转化和运转。接着又发生连续的生理吸水，胚部的细胞开始分裂、伸长，胚根的尖端首先冲破种皮从发芽孔伸出，俗称“露白”或“露根”。

3. 发芽

种子“露白”以后，胚根、胚茎、胚芽和子叶生长加快，当胚根长度与种子等长时即为发芽。

（二）种子发芽所需条件

1. 水分

干燥种子细胞内原生质含水很少，呈凝胶状态，只有吸水饱和后原生质由凝胶转变成溶胶状态，各种生理活动如物质的转变和代谢才能正常进行。干燥的种皮不易透气，种子吸水后，种皮结构变松软，氧气容易进入，促进了呼吸作用，促进种子萌发，同时胚根、胚芽才能容易突破种皮。

种子吸水有两个阶段：第一阶段是吸胀阶段，属于物理过程，吸水量可达所需水量的1/2左右，种子有发芽力都可进行这一阶段的吸水。第二阶段是胚吸水，胚吸水在种子吸水膨胀后进行，是种子开始旺盛活动的标志。

种子吸水快慢与种皮结构和种子内含物有密切关系，种皮坚硬、厚、细密的种子，吸水较慢，而种皮软、薄的种子则吸水较快。各种蔬菜种子含蛋白质较多的种子，由于蛋白质有较多的亲水基因，所以吸水快、吸收量大，而以脂肪为主的种子，由于脂肪的疏水性，故吸水较慢。一般吸水量为种子本身重量的50%左右。

2. 温度

种子萌发时，内部要进行物质转化和能量转化，而这些复杂的生理生化反应都需多种酶来催化，因为酶是蛋白质，所以酶催化作用必须在一定的温度范围内进行。

种子萌发过程中，贮藏物质先由复杂的大分子转变成简单物质而后再供给胚的生长。在这一过程中，温度低则转化和运转慢，从而影响发芽速度。种子发芽时，体内的各种物质和能量的转化都是在酶的参与下进行，如果温度太低，则酶的活性太低，各种反应进行很慢，种子不能发芽。如果温度太高，酶蛋白变性，酶失去活性，也导致反应不能进行，种子不能发芽。

耐寒性蔬菜种子的发芽起始温度较低，一般 2～4℃即可，15～25℃下发芽快而好。耐寒性蔬菜中，菠菜、莴笋、芹菜比较特殊，发芽不喜欢较高的温度，20℃以下发芽良好，超过 25℃则不易发芽。在高温下发芽慢而不整齐，夏季播种要注意遮阴降温。

喜温性蔬菜种子发芽起始温度较高，一般 10～16℃。豆类、茄果类 20～30℃适宜，瓜类 25～30℃适宜。

有些蔬菜，如莴苣种子，发芽的适温范围较窄，种子经一段时间低温处理，反而有利于发芽。例如，莴苣种子浸种后在 5～10℃下处理 1～2 天后播种，可提高发芽速度，温度在 25℃以上时则难以发芽。低温处理所以能促进某些蔬菜种子发芽，主要是促进了种子内酶的活性及物质转化。

3. 氧气

种子萌发时体内物质的转化和运输所需的能量都来源于呼吸作用，所以种子发芽必须有足够的氧气。种子发芽一般需要 10% 以上的氧浓度，无氧或氧不足，则易造成无氧呼吸，引起酒精中毒，导致种子不发芽或发芽不良甚至烂种。所以在浸种催芽时，换水不及时透气不良以及播种时覆土过厚，播种后地面积水等都易造成发芽不良或烂种。

4. 光照

光对种子的发芽也有影响，各种蔬菜种子发芽对光有不同的要求。

（1）需光种子。这类种子发芽需一定的光，在黑暗下发芽不良或不发芽，如莴苣、紫苏、芹菜和胡萝卜等。

（2）嫌光种子。这类种子要求在黑暗条件下发芽，有光则发芽不良，如苋菜和葱等百合科蔬菜种子。

（3）光不敏感种子。这类种子发芽时对光不敏感，如豆类。

种子发芽嫌光或需光，不是不变的，同蔬菜种类、品种，种子后熟程度以及发芽条件不同而发生变化。许多嫌光种子发芽所要求的光条件可以为其他条件所代替。如莴苣种子因品种不同而有感光的和不感光的之分，即使同是感光品种也可以由于后熟程度提高而在有无光下均能发芽。有些化学药剂可以替代光的作用促进需光种子发芽，试验表明0.2%硝酸钾、100毫克/升赤霉素处理莴苣等需光种子，可促进其发芽。

（三）种子的休眠

许多蔬菜的种子都有一定的休眠期，种子休眠通常是指种子在温度、氧气、水分和光照都适宜的条件下，还存在发芽阻碍的现象。

种子的休眠与蔬菜种类、品种以及栽培条件等都有关系。菠菜、胡萝卜、黄瓜和马铃薯等的休眠就比较明显。我国的白菜和芥菜基本上没有休眠现象，而国外的白菜、芥菜的休眠期可达2～3个月，并且是大株采种者有休眠期，子株采种者不明显。土地肥沃，种子饱满则休眠期长，休眠程度深。种子的休眠原因：

（1）种子或果实中含有一些抑制性物质，如乙烯、芥子油、有机酸等，抑制物质大多存在于种皮、果皮中，但也有存在于果肉、果汁或胚中、胚乳中。

解除抑制物质生产上一般采用加温、加热等方法加速有毒物质的分解，如热水浸种，太阳光晒种；摩擦破碎果皮和皮；用化学药品处理，解除有毒物质；GA处理等。

（2）种皮坚硬、紧密、有蜡质、角质等，使水分、氧气难以进入种胚，引起休眠。

生产上采用搓破种皮或高温浸种来解除，烫种时，把种子放在盆中，加入5倍于种子的开水，水温可达80～90℃，来回倾倒，迅速搅动，而后马上加入冷水降温，如茄子、西瓜种子的处理。

（3）胚未完全成熟引起的休眠。无限花序蔬菜普遍存在此现象，一个花序花期可达一个月以上，早开花结的种子成熟度高，晚结的种子在收获时尚未完全成熟，故不易发芽，如胡萝卜就有此种现象，种子都是用第二年的种子。可以用后熟来解除此类型种子的休眠，即把植株和花序或果实取下进行后熟而后再收种子；也可以用赤霉素和硫脲等进行处理促进种子的发芽。

（四）秧苗生长发育与环境条件的关系

1. 秧苗的生长发育过程

从整个蔬菜生长周期来看，蔬菜秧苗的生长发育过程大致可以分为发芽期和幼苗期两个时期。从生产角度与幼苗生长发育阶段结合起来，也可以把秧苗的生育阶段划分为发芽期、基本营养生长期和秧苗迅速生长期三个阶段。

（1）发芽期。种子萌发至第一片真叶露心。这一阶段时间不长，但都经历了复杂的由种子到幼苗的生物学及生理生化的变化。以番茄为例，吸足水分的种子在适温下经36小时胚根开始伸长（即开始出芽），胚根伸出后2~3天可见侧根发生，同时胚轴伸长，幼芽出土。出土后3~4天子叶展开，6天左右真叶露心，发芽期结束。为了培育壮苗，必须注意：

①出土前必须保证适宜的土壤温、湿度。防止出苗时间过长，苗芽衰弱甚至烂种、死苗的现象发生，出苗后注意适当降温，保持适宜的昼夜温差，提高白天的光合强度，减少夜间的营养消耗，有效地控制徒长。

②促进根系发育。根系优先生长是种子发芽出土后的突出生长特点，虽然不同生长条件下幼苗的根系总重量差异不大，但主根的生长速度及侧根数却差异显著，这种差异对幼苗的生长发育将会起重要作用。促进根系发育的关键在于保持较高的土壤温度，适当降低空气温度。如土温不足而气温偏高，就会造成幼苗徒长，根系发育不良的后果。

③保持子叶的健全肥大。在出土的幼苗开始独立生活时，子叶担负着最初时期的光合作用，虽然它的同化量少，但却是在种子养分几乎耗尽情况下开始自己制造养分的唯一来源，对幼苗的生长发育具有重要意义。

（2）基本营养生长期。第一片真叶露心到第3或第4片真叶，即果菜类蔬菜花芽分化，十字花科蔬菜“真十字”期（4片真叶）。在这阶段内，地上部的生长量不大，但根系重量增长逐渐明显。随着真叶的陆续发生与叶面积的不断扩大，当叶面积达到一定程度时花芽开始分化。果菜类蔬菜的一生中，只有这一段时间才是真正的营养生长期。基本营养生长期的长短，决定于花芽分化的早晚，而花芽分化开始期又决定于蔬菜种类、品种及育苗环境。番茄花芽分化早于茄子和辣椒；早熟品种花芽分化比中晚熟品种早。

（3）秧苗迅速生长期。如果将秧苗培育到最大苗龄，即达到幼苗期的终止期（如茄果类蔬菜现花蕾、甘蓝“团棵”等），90%~95%的秧苗重量和叶面积是在这一阶段形成的。这一阶段秧苗生长的突出特点是：无论生长量或生长速度，都处于一直上升的阶段。在这一阶段的育苗过程中，应创造良好的育苗环境，促进秧苗生长及发育，不要过分抑制其生长，防止相对生长速度的急剧下降。在秧苗迅速生长过程中，叶面积增长不仅为干物质积累创造条件，同时也可看做秧苗生长量增加或生长速度变化的指标。更重要的是，叶面积的扩展直接关系到果菜的花芽分化，没有足够的叶面积花芽分化的生理基础就不可能建立，花芽不可能形成或分化了的花芽也不能正常发育。

2. 秧苗的花芽分化

果菜类秧苗的花芽分化及发育的状况直接关系到开花结果期的早晚、开花数及着果率，从而影响其早熟性与丰产性，特别是对前期产量的影响更为明显。

番茄幼苗一般在三叶展开期开始分化花芽，从这时起，以每2～3天分化一个花芽的速度持续进行花芽分化形成第一花穗。与此同时，于花穗原始体旁侧出现新的生长点，一面分化叶片，一面伸长生长，分化2或3个叶片后，又像第一花穗那样进行花芽分化。各花穗的花芽分化在时间上是持续不断的，而且次一花穗的花芽开始分化期先于前一花穗最后一朵花的花芽分化期。正常情况下，从播种计算，经25～30天第一花穗开始分化，过10～13天（播后38～43天）第二花穗开始分化，再隔8～10天第三花穗开始分化。茄子、辣椒的花芽分化规律与番茄相似，多数品种在4片真叶期开始花芽分化。适温下，第一花芽在播种后35～40天开始分化，到定植前一般分化3或4节，20～30个花芽，不过每个节上一般只有1个或2个花芽发育，其他花芽在发育过程中或停止发育或中途退化。

黄瓜花芽分化很早，在适宜条件下，播种各15天左右，第一片真叶展开时叶节已分化8节，第3～5节花芽开始分化。秧苗在4叶期，叶子已分化17～19片时，第13～15节的花芽开始分化。一般情况下，从叶芽分化到该叶腋中分化花芽约5天。黄瓜花芽分化初期是两性的，只是在花芽发育过程中，在一定条件作用下发生雌雄的性别分化。从花芽开始分化到雄蕊及雌蕊的发生约10天。一般来说，首先在基部发生雄花，随着植株的生长，形成雌花的能力增强。其他瓜类蔬菜花芽分化的情况与黄瓜相似，但不同种属花芽分化期差异较大。

一些喜冷凉的二年生叶菜，如果苗期接受了足够的低温影响而通过了春化阶段，幼苗的顶端就会过早地停止分化叶原基而转为花芽分化，进而发生先期抽薹，导致严重的减产减收。

3. 环境条件对秧苗生长发育的影响

（1）温度。在蔬菜秧苗生长发育过程中，温度是否适宜，不仅直接影响秧苗生长的速度，而且也左右着秧苗发育的进程。

各种蔬菜幼苗的生长发育都有适宜的温度范围。温度过低，幼苗生长缓慢或停滞，易形成僵化苗（俗称小老苗）；如果温度过高，生长过快，易形成徒长苗。低温，即使温度没有降低到足以使秧苗受到冷害的程度，也会因为温度低而使秧苗的生长迟缓，根系发育不良，花芽分化期推迟或形成畸形花。在适宜的温度范围内，温度升高，光合作用加强，幼苗生长的速度加快。但温度升高超过一定限度以后，光合作用增加缓慢或不再增加，而呼吸作用则随着温度的升高直线上升，消耗大量的营养，则不利于秧苗的正常生长。因此，使蔬菜秧苗生长最快的温度，往往不是培育壮苗所需要的适宜温度。秧苗生育的适温，喜温的果菜类为 20～25℃；耐寒、半耐寒性蔬菜为 13～20℃。蔬菜秧苗对温度条件的要求是复杂的，不同种类的蔬菜，不同育苗阶段以及一天中不同的时间，不同的天气状况等都不相同。

昼夜温差对幼苗生长发育也有一定的影响。在白天光照较强的情况下，较高的温度有利于光合作用的进行，而较低的夜温可减少呼吸消耗，有利于营养物质的积累，这对于培养壮苗是十分重要的。一般来说，昼夜温差在 10℃左右较为适宜。

地温对育苗也有着重要作用，它直接影响着秧苗根系生长和根毛的发生以及秧苗对水分和矿物质营养的吸收。壮苗的生长基础在于发达的根系，而地温对蔬菜秧苗根的生长与根毛的发生，对根部吸收与运输水分和养分，对根部的生理活动和呼吸作用都有影响。一般来说，果菜类根系生长的最低温为 (10±2)℃，而根毛发生的最低土温还要提高 2℃，适宜生长的土温为 20～24℃。从地温和气温对幼苗生育的影响来看，地温对生长的作用比较显著，而气温往往对花芽形成的影响更大一些。在实际生产中，气温与地温的配合很重要，一般在气温低时，应适当提高地温；气温高时，地温应降低一些，这样有利于培育壮苗。在气温和地温都比适宜温度低的情况下，提高 1℃地温，其对幼苗的促进作用相当于将气温提高 2℃。

（2）光照。光是蔬菜幼苗生长发育不可缺少的条件，光照强度、光照时间、光的质量都对幼苗生长发育起着重要作用。

在一定范围内，光照越强光合作用也越强，植株制造的养分越多，秧苗的叶面积、叶厚度、茎粗以及株高、株重等均随着光照强度的提高而增大。如番茄在强光下发育快，花芽分化期提前，着花节位下降。从花芽分化到开花的时间缩短，花器官增大，在弱光下表现则正好相反。光强对叶菜株型有一定影响，如弱光能促进芹菜向上生长，植株型趋向直立，开展度小；光强则转而横向扩展，株型趋向横展，开展度大。果菜类秧苗，一般在 20 000～300 00 勒克斯的照度下可基本满足培育壮苗的要求，叶菜类秧苗对光强的要求还要低些。我国北方冬季在保护地内育苗，由于保护地覆盖物的遮光，再加上秧苗密度过大，光照强度往往不能满足要求。

光强的影响还与温度有关。较高温度下的光强影响不如低温下的影响明显。对于果菜类秧苗，较低温度强光下着花数显著增加，低温弱光下着花数显著减少。

不同的蔬菜植物对光照强度有不同的要求，光饱和点（在适温下光合强度达到最大时的光照强度值，光照强度超过此值光合强度也不会增强）和光补偿点（在适温下，光照强度在此值时光合产物与呼吸消耗相等）不同。在此范围内，光照越强光合作用也越强，植株制造的养分越多，秧苗的叶面积、叶厚度、茎粗以及株高、株重等均随着光照强度的提高而增大。

日照时数对秧苗生育的影响与光照强度及其持续时间，即总光量有关。只有保持较长的有效光照时间，光合产物的合成量与积累量才能增多，促进幼苗生长，同时使花芽分化及开花时间提前。但对大多数的黄瓜品种，在较短日照下能促进雌花的形成，在低温、短日照下效果更明显。日照长度对叶菜类秧苗的花芽分化是必需的条件，如芹菜的花芽分化必须有相当长时间的低温，而感受了低温的秧苗在长日照下才开始花芽分化（称低温长日照植物），少于 8 小时的短日照则对花芽分化有抑制作用。莴苣也是如此，长日照条件下的秧苗均比短日照条件下的秧苗提早抽薹。特别是早熟品种最为敏感。

光质，即光波成分对蔬菜秧苗的生长发育也有一定的影响。波长较长的红橙光是光合作用最有效的光线，可使秧苗生长速度加快，但节间长，茎细弱；波长较短的蓝紫光可使秧苗生长矮壮，其中紫外光对抑制秧苗徒长，促进秧苗健壮生长具有重要作用。

（3）水分。水是构成蔬菜秧苗细胞的重要成分，一般占秧苗鲜重的 90% 左右。水分除了作为光合作用的原料和构成新的细胞外，大部分还用于叶面的蒸腾作用，它是促进根系吸收水分和养分的动力。幼苗所需水分是从床土中吸收的（无土育苗除外），床土中水分的多少影响到土壤的通透性、温度的高低和肥料的分解。床土缺水，幼苗发生萎蔫，导致光合作用下降，正常生理活动受到干扰甚至使秧苗的生育受到明显的抑制，易使秧苗老化。若床土湿度过高，在光照不足及较高的温度条件下秧苗易徒长。在冬季和早春育苗时，如果床土水分过多，床土内通气性差，土温低，不仅影响根系发育及其吸收作用，也容易引起沤根死苗现象的发生。

不同种类蔬菜的秧苗对土壤水分的要求不同。黄瓜根系发育较弱，叶片蒸发量较大，对床土水分的要求比较严格。在茄果蔬菜中，茄子秧苗生长对床土水分的要求比番茄要高。适于蔬菜幼苗生长的床土含水量一般为土壤最大持水量的 60% ~80%。实验证明，保证秧苗正常生长所需的水分并不是造成秧苗徒长的直接因素，只有在光照不足、温度过高等条件下才可能成为蔬菜秧苗徒长的因素。

育苗场所内的空气湿度对秧苗生长发育也很重要。苗床土壤湿度与空气湿度是相互影响的，土壤湿度高，空气湿度增加得快；空气湿度高，土壤的水分蒸发量少，土壤易保持较高的湿度。育苗时，如空气湿度过低，秧苗水分蒸发量过大，很容易造成幼苗体内水分平衡失调或短时间的生理机能下降，影响其正常发育，甚至会出现一些明显的生理障碍。相反，如果空气湿度过高，不仅会抑制蒸腾作用，影响根系吸收机能，而且也很容易发生病害。一般来说，冬、春季节在保护地育苗，为了保温，常用透明覆盖物密闭环境，往往使育苗场所内空气湿度过高。黄瓜育苗场所内适宜的空气相对湿度是70%～80%，番茄适宜的空气相对湿度是60%～70%。

（4）营养

广义的营养条件包括营养面积、土壤营养两个方面。营养面积对幼苗生育的影响很大。幼苗根、茎、叶的生育空间，直接影响到根系的发育状况、吸收能力和地上部光合作用的强弱，营养物质的积累等。这种影响在小苗时差异不大，随着幼苗的生长，影响逐渐加大。如番茄育苗播种密度大时，幼苗密集，单株营养面积小，这时叶片展开迟缓，叶面积增加受到抑制，茎叶鲜重和干重显著减少，第一花序受到影响不大，第二、第三花序分化期差异大，且明显延迟，花芽质量也差，落花率高。因此，育苗时适当控制播种密度，并随着幼苗的生长扩大营养面积，不宜过密，以保证培育壮苗。

试验表明，地上营养面积（光合营养面积）对根系生长的影响稍大于地下营养面积（根系营养面积），而根系营养面积则对地上部分的影响较大。改变地上或地下营养面积都能对秧苗生育产生影响。在地下营养面积相同时，加大地上营养面积后，秧苗质量显著提高。所以，在用营养钵育苗时为经济利用温室，可选适当大小的育苗钵育苗。随着秧苗的生长逐渐拉大育苗钵摆放的距离，增大秧苗单株的光合营养面积，以达到提高秧苗质量的目的。

目前，蔬菜秧苗生产除少量采用无土育苗外，多数还是采用床土育苗，秧苗生长发育所需的水分和矿质营养都是从苗床土壤中吸收。良好的苗床土壤是培育壮苗的基础。床土质量影响到土壤温度、通气、水分和营养等多方面条件，从而影响到秧苗根系发育及其吸收功能。

苗期是植株根、茎、叶生长及花芽分化十分活跃的时期，对土壤矿质营养反应敏感，应及时供应幼苗生长所需要的各种矿质元素。营养元素供应充足不仅能促进幼苗生长，而且对果菜类花芽的分化与发育也有很大影响。氮、磷、钾三要素充足时花芽分化早，从分化到开花的时间短，花数多，花器官大；三大营养元素缺乏时，即使花芽可以分化，也会使分化期延迟，或花芽发育不良。番茄花芽形成延迟、花小，特别是子房更小，落花严重。茄子表现更为明显，短花柱花比例增加，长花柱花比例降低，花芽发育迟缓，开花期延长，落花严重。一般苗期对氮、钾的需要量较多，但磷对幼苗抗性及花芽形成作用显著。不同种类的蔬菜秧苗对氮、磷、钾的吸收量不同。

与成株相比，秧苗的根、茎、叶都较小，单株秧苗所吸收的水分和矿物质营养数量要比成株少得多。同时，秧苗所能忍受的土壤溶液浓度也比成株小得多。例如，番茄秧苗所能忍受的土壤溶液浓度为成株的40%，黄瓜为68%。但是，由于苗床中秧苗密度大，生长速度快，所以，在单位面积的苗床上，秧苗从床土中吸收的水分和矿物质营养的总量很大。因此，苗床土必须具有丰富的营养、良好的理化性状、疏松的透气、保水保肥、酸碱度适中，且溶液浓度又不宜过高，所以，育苗时配制好营养土对于培育壮苗极为重要。

一般要求营养土应富含有机质，速效氮 0.015% ~0.024%、速效磷 0.015% ~0.020%、速效钾 0.010% ~0.015%、酸碱度为 pH 值 5.5 ~7。

（5）气体。秧苗叶片进行光合作用需要吸收二氧化碳，根、茎、叶等进行呼吸作用则需要吸收氧气。良好的营养土一般固相占 40% ~50%、液相占 20% ~30%、气相占 20% ~30%、总孔度占50% ~60%，这样的床土中一般不会缺少氧气。如果土壤板结，积水过多，就会造成气相与液相比例失调，造成缺氧，抑制根系的吸收作用，引起朽根、烂根，甚至死亡。

在幼苗生长过程中适当提高育苗场所内空气中的二氧化碳浓度，对促进幼苗的营养生长和生殖生长都有显著作用。试验表明，当把二氧化碳浓度从普通的0.03%提高到0.8% ~1%时。番茄的第一花序着生节位降低，花芽数增加，第一朵花的开花期可提早 7 ~10 天。黄瓜地下部干重增加 32% ~55%，地上部增重 12% ~65%。在冬、春季密闭的育苗床或温室内，二氧化碳的来源主要是两方面：一是空气中的二氧化碳；二是土壤中有机物发酵分解产生的二氧化碳。由于冬、春季育苗时外界温度低，很少通风，苗床内二氧化碳经常出现不足，因而影响秧苗的光合作用。为此在育苗期间人为地增施二氧化碳，对于培育壮苗是十分必要的。

在育苗过程中，不良的气体如氨气、二氧化硫、亚硝酸气（二氧化氮）、一氧化碳、乙烯和氯气等，如果含量过高，会造成对幼苗的伤害，轻则叶片变黄发焦，重则会造成落叶，甚至死苗。氨气主要因施用未腐熟的有机肥，特别是未腐熟的鸡粪，以及过量施用铵态氮肥而产生的。当氨气的浓度超过 5 毫克/升时就会发生危害，在这些肥料中也会产生亚硝酸气的毒害。在育苗温室烧煤加温或使用燃烧法施用二氧化碳时，由于燃烧不完全，会产生一氧化碳和二氧化硫等有害气体。若在育苗设施中使用有毒的农用塑料制品，经阳光暴晒或在高温下可挥发出乙烯和氯气，其浓度超过100毫克/升时，秧苗叶片就会发生中毒现象。

（五）秧苗质量的衡量

1. 壮苗的概念

育苗的目的，就是要培育质量优良的秧苗，即通常所说的壮苗。蔬菜壮苗的外部形态和内在生理生化性状标准，因蔬菜种类的不同，生产目的和生产习惯的不同而不同。总的来说，对秧苗个体而言壮苗是指株体健壮的秧苗。对秧苗群体而言，应包括无病虫害、生长整齐、株体健壮三个方面。株体健壮的含义是秧苗生活力旺盛、适应力强及生长发育适度与平衡。从生产效果上看，壮苗是指秧苗本身潜在着较强的生产能力，最终反应为产量、产品质量及产值高。

一般来说，壮苗与苗龄大小无关，不论苗龄大小都有健壮与不健壮的问题。但是，在冬、春季保护地育苗，秧苗素质对生产效果的影响又与苗龄的因素密切相关。在这种情况下，壮苗的概念中，又必须包括苗龄这个重要因素。

2. 壮苗的形态标准

秧苗的外部形态因素，一般包括秧苗的高度、茎粗、叶片数、叶色、株型、叶面积、根系大小和株体干、鲜重。这些因素测定比较容易，能直观反映出来。

壮苗的形态特征是：秧苗生长健壮，高度适中，大小整齐，既不徒长，也不老化；叶片大而厚，颜色正常，子叶和叶片都不过早脱落或变黄；根系发达，干物质含量高。一些判断壮苗形态的数量指标，常用的有以下几种：

（1）简单指标。最常用的单项性状指标。依其预测可靠性程度又可分为稳定性指标与参考性指标。前者包括全株干重、叶面积、根重、茎粗等指标。在正常生长的情况下，这些指标能较稳定地反映出秧苗的质量，是组成壮苗指标的基础性指标。其中有的也可单独用作壮苗指标，如全株干重、根干重等。参考性指标包括叶色、叶片数、茎高、花芽（序）分化节位等，这些指标对育苗生态环境的变化比较敏感，不一定具有稳定的可靠性，也就是说，这类指标的变化可以在某种程度上反映出秧苗质量的变化，但指标量的增减不一定与秧苗生育条件的适宜程度以及秧苗素质的优劣完全一致。例如，叶片数增加只能说明秧苗生育进程，但却反映不出秧苗的体积或重量等实际生长量。对这类指标，可以作为判断秧苗质量的参考标准，但一般不能作为主要依据。

（2）相对指标。指两种单项指标之间的比值，是反映幼苗生育状态的一类指标，如茎粗/茎高、根重/冠重、冠重/茎高、叶面积/根体积等。这些相对指标反映了幼苗各器官生长发育的相关性，它们是按一定的比值关系增长的。

但是，环境因子的改变并非对幼苗各部分器官产生同等的影响。从而，相对指标在比值上的变化可以在一定程度上反映出育苗环境的适宜程度及秧苗素质上的变化。例如，随着育苗温度的上升，苗高及茎粗都不断增长，超过一定范围后，茎高生长明显超过茎粗的增长，茎粗/茎高比值逐渐降低，秧苗素质下降。不过，单纯依靠相对指标来鉴别秧苗质量又容易出现片面性。例如，在低地温下，幼苗根系发育差，根重/冠重比值低；而在高温下，由于冠部生长猛增也会出现根重/冠重比值下降，这两种情况下虽然比值可能接近，但两者秧苗的重量却可能相差2~3倍。可见，壮苗应具有相对指标的比值，而具有这样指标比值的幼苗并不一定都是壮苗。所以，应用这些相对指标时，还要和简单指标配合起来，才能形成壮苗指标。

（3）复合指标。以上述性状指标中选择两个以上的代表性指标（其中至少包括一个稳定性数量性状指标）组成一个整体的复合指标，以组合后的数量性状所表达的指标量来评定秧苗质量。与简单指标相比，复合指标更能全面地反映出秧苗的素质；与相对指标相比，提高了指标的稳定性、可靠性。常用的复合指标有：茎粗/茎高+根重/冠重苗干重；茎粗/茎高×苗干重；根重/冠重×苗干重；茎粗/茎高×冠重；茎粗/茎高×苗干重×叶片数。

上述复合指标在实际应用时比较繁琐，特别是一些涉及根重的指标，不易准确测定。从生产应用的角度出发，茎粗/茎高×冠干重或苗幅/苗高×叶片数等复合指标还是比较简便易行的。

3. 壮苗的生理生化标准

秧苗的生理活动主要包括物质转变、能量转变和形态转变等，是衡量秧苗生命活动的内在标志。由于育苗方法的不同，育苗环境条件的不同，育成的秧苗差异很大，很多秧苗的外部形态相似，但它们的苗龄及生理生化性状大不相同，秧苗定植后的生长发育表现和产量也不相同。因此，单从秧苗的外部形态反映不出秧苗的确切素质。为了能更全面评价秧苗素质，有必要在测定外部形态指标的基础上，进一步测定秧苗的生理生化性状指标，使壮苗的标准更具有科学性。目前常用的秧苗生理生化性状有以下几种：

（1）光合能力。壮苗的光合能力强，同化率高，在相同的条件下，壮苗体内积累的干物质较多。光合能力的强弱是反映秧苗素质的重要理化指标。

（2）根系活性。秧苗生长发育速度与根系吸收、供应地上部所需要的水分和矿质元素密切相关。根系的吸收能力受根系量和活性两方面的影响。根系量越大，体积越大与水分、养分接触的表面积就越大，为更好地吸收水肥提供了可能性。根系活性，反映了根系真正具有吸收功能的面积，与根毛的多少呈正相关，与秧苗体内生理功能的强弱也有关。根系活性常用根系活跃吸收面积的大小来表示。

（3）叶绿素含量。叶绿素含量有两种表示方法：一是单位重量的鲜叶片所含有的叶绿素数量；二是单位叶面积鲜叶片所含有的叶绿素数量。无论哪种表示方法，其数值越大，表明叶片中叶绿素密度越高，潜在的光合能力越强，是壮苗的标志之一。

（4）碳氮比例。秧苗体内的不溶性氮（蛋白质）的含量过低时，秧苗生长缓慢，发育不良。当氮含量较高，而碳素化合物（碳水化合物）含量较低时，秧苗虽然生长旺盛，但花芽分化推迟。碳素含量较高，而氮素含量较低时，秧苗花芽分化虽然较早，但生长缓慢。

4. 壮苗指标的应用

蔬菜种类多，栽培时期及方式多样，对秧苗质量及规格的要求难以统一，只能根据具体栽培期对秧苗质量的要求研究简单易行、预测性较强的壮苗指标。在确定数量性状指标及其取值范围时，立足点是既要有利于成苗标准的评定，又能用于指导育苗生产。

在生产中，通常对壮苗指标的认识往往有片面理解，例如，由于壮苗和劣苗相比时，壮苗叶色较深，植株较矮壮，但并非叶色越深，植株越矮越好。因为这除与不同的品种特性有关外，还与育苗的环境和技术有关。当幼苗长期在10℃以下的低温环境中，叶片内会形成大量花青素而使叶色加深，并抑制叶片中叶绿素的生理功能，形成幼苗的僵化或老化现象。当过于利用水分、温度等控制手段使植株矮小，也往往会抑制地上部与地下部的正常发育。因此，在生产实践中应当根据育苗方式以及环境因子综合分析评价秧苗质量。

在培育壮苗的过程中，由于温度、水分、营养等多种条件的综合影响，使幼苗的株型表现出不同形态，这种形态表现对于区别壮苗或劣苗以及有针对性地采取措施，使劣苗转变为壮苗，或防止壮苗退化为劣苗都是很重要的。例如，番茄子叶期，子叶大而宽厚，表示生育状态正常，若胚轴长达3厘米以上，子叶小而细长，是由于高温、高湿引起了徒长；反之，胚轴过短，子叶瘦小，则是由于低温、干燥妨碍了生长所致。番茄在成苗期，叶形手掌状，小叶大小适中，叶柄较短，叶色发绿为正常苗；当叶形呈长三角形，各小叶大而浓绿，顶部叶片显著地弯曲展开，茎的节间长，自下向上的节位顺次变粗，整个植株呈倒三角形，则为徒长状态。其原因是氮素过多，夜温和地温过高，使光合产物过多地分配到地上部所致；反之，叶形小，叶色淡，小叶片也小，节间短，不能正常伸长的是老化苗，主要原因是夜温、地温过低，肥料不足等造成。

5. 苗龄与壮苗的关系

苗龄是表示秧苗生长发育程度的统称。目前，对苗龄的确切定义尚有不同看法，一般以日历苗龄和生理苗龄两种方式来表示。

生理苗龄，是以秧苗生长发育到某种状态来表示。不同的蔬菜种类或同一种蔬菜不同的品种，秧苗的适宜生理苗龄标准不同，通常同一种蔬菜中早熟品种比晚熟品种要小些，如早熟甘蓝以 5 叶龄，中晚熟品种以 8 叶龄为宜。同一品种蔬菜秧苗的生理苗龄在不同地区，不同栽培季节，不同栽培方式也不相同。

蔬菜秧苗适宜的生理苗龄受育苗环境和设备的限制。育苗面积大，秧苗密度小时，生理苗龄可以大些；反之，则易引起徒长，降低了秧苗的素质。因为苗龄大小与秧苗各项指标密切相关。在一定的密度下（10 厘米 ×10 厘米）生理苗龄与秧苗的干重和开展度成正相关，即生理苗龄越大，全株干重或开展度越大。根系活跃吸收面积与苗龄之间存在一临界点，即苗龄大于、小于这一点根系活跃吸收面积都呈逐减趋势，这是因为在一定的土地面积上，根系的容纳量有一定的极限。苗龄过大，根系量超过这一极限后就会造成交叉拥挤，抑制了根系的吸收功能，活跃吸收面积反而降低；反之，苗龄过小时，根系生长量小，活跃吸收面积必然小。秧苗的生理苗龄与叶绿素含量也有一定的相关性，秧苗过大，叶片遮阴郁闭，下部叶片因光照不足而黄化，降低了叶绿素含量；生理苗龄过小时，叶片正处于生长时期，叶绿素含量也不高。同样，在一定面积下，秧苗体内有机氮含量也有一临界点，高于或低于这一点含氮量也逐渐下降。

日历苗龄，是指从种子播种到定植于大田前所经过的天数，也称育苗期。一般来说，日历苗龄长的秧苗较大；反之，秧苗较小。但在实际生产中往往是同样的育苗天数而秧苗的发育程度却大不相同，而不同的育苗天数也可以培育出发育程度相似的秧苗。这种现象的出现是由育苗技术、育苗条件的不同而形成的。例如，同一品种的番茄需要达到 8 片叶，现花蕾的生理苗龄，在一般阳畦育苗条件下需 70 ~ 80 天，而采用温室电热温床育苗时仅需 50 ~ 55 天。造成秧苗的生理苗龄相同而日历苗龄差异较大的诸多因素中以温度条件影响最大。在温度条件适宜时，秧苗生长迅速，日历苗龄就会缩短；而在育苗温度较低时，日历苗龄就会延长。尽管日历苗龄相差很大，但有效积温并无显著差异。可见，秧苗的生理苗龄与有效积温是一致的。

育苗期的长短与壮苗的关系是复杂的，长苗龄不一定是壮苗，短苗龄的苗也不一定是徒长苗。对于连续结果和采收的果菜类蔬菜，增大苗龄（指生理苗龄）主要增加前期产量而对总产量影响不大，一方面，受到秧苗根系活力的限制，即苗龄增大，结果期虽能提前，但由于根系活力降低，植株的相对生长速度下降，易引起植株早衰，而较小苗龄的苗进入结果期稍晚，但定植后，根系活力较旺，植株的相对生长速度较快，为中、后期结果打下了良好的基础；另一方面，秧苗生长与结果的矛盾也是一个重要原因，苗龄越大，定植后结果越早，营养生长也就越早地受到抑制，这就有可能导致第一批果实采收后出现果实产量下降的现象，待秧苗生长量上升后，产量得以恢复，相反，较小苗龄的秧苗定植后进入结果期较晚，营养生长较旺盛，虽然始收期稍有延迟，但产量上升较快。所以，在生产上不宜片面强调育大苗，而是要培育适龄壮苗。

稀特蔬菜栽培技术

第一节　整地做畦技术

一、整地

整地是定植前非常重要的一项工作，整地质量的好坏直接影响生长期间浇水、追肥等农事操作，也就会影响到作物的生长、产量及品质。通过整地可以给作物生长尤其是根的发育创造适宜的土壤条件。

（一）平整土地

土地平整是种植物生长一致的先决条件，对高低不平的地块，种植蔬菜前必须整平。一般人要立于距离要平整的地块5～10米处，面对地块中部，用眼左右扫视便知何处高低。对于一般的菜地，进行小平地即可。如果土地严重不平，调运土的距离远，数量多，需要用手推车运土或用竹筐抬土。在本地块内取土平地时，为避免造成地力不均，要“花插”取土，不要在局部大量取同一层次的土壤。

（二）施入底肥

一般每667平方米施优质腐熟有机肥5 000千克、磷酸二铵50千克、硫酸钾15～20千克/667平方米，底肥2/3普施、1/3沟施。

（三）翻耕土地

表层土壤在机械、物理化学、生物学等因素作用下，土壤结构被破坏，变得板结、透气不良，所以在种植前或采收后要土地进行耕翻，达到提温、促进矿质释放、保墒和杀虫卵的作用。底肥普施后，进行翻耕，一般耕深25厘米左右。耕翻土地有机械耕翻、牲畜耕翻和人力耕翻。一般菜园面积较小时，往往需要人力翻地，翻耕的同时，要拍碎土块，使肥料和土壤混合均匀，最终翻过的地面要平整。

（四）耙耱碎土

碎土是翻地后进行的，将翻地形成的大块坷垃压碎、波状地面变平整的一项工作。便于以后做畦等工作的进行。土地耕翻后，为将土壤整细弄平，需要进行耙耱。人工翻地后先用三齿碎土块，而后用铁耙进一步碎土、搂平地面。或用小型旋耕机，机械旋耕后要二次平整土地。

地块整好的最终原则是：土壤膨松，透气性强，氧气充足，微生物活动加强，促进分化作用肥力均匀，持水保肥能力提高；田园干净卫生，杂草少。

二、做畦

做畦的目的除了便于灌溉或排水，对土壤温度和作物根系也有一定的调节和促进作用。菜田做畦形式可根据当地的地理地势、降雨量和所栽培的作物等而异。在雨量适宜或主要靠灌溉供水的地区，一般多用平畦栽培；在多雨易涝的地区，宜用高畦栽培，在缺水少雨又难以灌水的地区，可采用低畦栽培。此外，在早春为提高地温，或栽培根菜类，只要灌水方便，也宜作成高垄或半高垄。菜田栽培，畦宜小不宜大，特别是灌水频繁的情况下，更应做小畦，一般畦宽 1～3 米，依栽培作物的行距而定，搭架作物通常每两行为一畦。低矮型作物较灵活，畦长多依地段或灌水渠道等确定，常为 5～15 米。栽培畦（或垄）的方向一般以南北延长为宜，特别是在冬季或早春栽培搭架或高秆作物时，更需注意。但在风力较大的地方，栽培高秆作物时最好让畦向与风向平行，以防刮风倒伏。此外，平畦畦埂在踏实能满足灌水的前提下，不宜过大，一般为 15～20 厘米高即可，若栽培搭架作物在畦埂上行走的，可适当地粗大一些，但应整齐一致。

第二节 灌溉浇水技术

菜田灌溉的主要目的是供给蔬菜作物水分，保证作物顺利地生长发育。因此，应根据不同蔬菜作物及其不同的生育期对水分需求的特点，及时适量地进行灌溉。但是，由于灌水时的环境条件不同，灌水的同时往往还会起到抗寒保温、消暑降温等积极作用，也可带来降低地温、传播病害、增大空气湿度、导致土壤板结等不良影响，所以灌水时，不同季节不同环境时应综合考虑、灵活运用。

一、早春低温期灌水

早春季节，大地处于温度回升的时期，当播种或定植耐寒性蔬莱时，需要谨慎浇水，由于这时灌水会伴随着地温下降，所以应在保证作物不发生干旱的情况下，尽量减少灌水次数和灌水量，应注意作小畦、浇小水，并选择在晴天的上午浇水，最好是根据天气预报，选择在今后将是几天连续稳定的晴天时浇水，因为晴朗的天气，日照强温度高，既有利于蒸发掉过多的水分，又可促使地温迅速回升。

二、终霜寒流期灌水

春末夏初气温已明显升高，到了露地定植喜温性蔬菜的时节，但这期间天气并不太稳定，偶尔还会出现寒流、低温甚至伴有最后一次霜冻。当天气预报夜间可能出现"霜冻"天气时，可利用"水的热容量大"的原理，于当日下午普浇一水，即可减轻其当晚温度骤然下降，起到防霜防冻的效果，从而使喜温性蔬菜免受冻害之灾。

三、炎夏多雨期灌水

在炎夏酷暑季节，往往会出现突降大雨、暴雨的情况，由于这些雨水中容藏着大量的热量，所以暴雨后会对浅根性蔬菜（如黄瓜、甜椒、辣椒、大葱和洋葱等）的根系产生高温热害，根据菜农经验，如果暴雨之后能立即灌一次较凉爽的井水（俗称"涝浇园"），则会有效地减轻热雨造成的危害。

四、夏末残暑期灌水

夏末秋初播种萝卜、白菜等喜凉怕热的蔬菜时，正值酷暑烈日，地表温度很高，对种子发芽及幼苗生长十分不利，因此，发芽出土期和幼苗期常常采用井水勤浇的措施。这时候浇水，应快速轻浇（俗称过堂水），地要平，畦要小，浇水的目的主要是降低地面温度，其次才是供给水分。如果对大白菜能做到"三水齐苗、五水定苗"，就会对其苗齐、苗全、苗壮起到决定性的作用。

五、秋末越冬前灌水

一般越冬茬蔬菜在大地封冻前都要浇一次越冬水（或叫冻水），其目的是满足冬季水分供应，减轻冬季寒风袭击或因温度剧变造成的危害，对稳定土壤温度、保护作物根系起到积极的作用。但这一水灌溉的时间必须掌握好，若灌溉过早，易导致作物贪青狂长难休眠，当遇寒流袭击时发生冻害；若灌溉过晚，则地表已封冻，浇水后，易形成结冻，招致作物缺氧死亡。所以，适宜的灌水时期是作物地上部已停止生长，大部分养分回流到根部，植株表现为颜色加深，茎叶收缩。地面特征为昼消夜冻。

六、温室寒冷期灌水

温室内的冬季和早春灌水时，为避免灌水后土壤温度下降和空气湿度增大的不良影响，一方面需在室内设立蓄水坑或蓄水缸等，把较为寒冷的灌溉用水提前置于坑或缸内预热，另一方面可采用“地膜下暗沟灌水”新技术，以减轻或避免上述不良影响。

七、病害发生期灌水

当菜田发生土壤传染性病害（如黄瓜枯萎病、西瓜枯萎病、茄子黄萎病、番茄茎枯病和甜椒枯萎病等），或者浇水可传染的细菌性病害（如大白菜腐烂病和甘蓝黑腐病等）时，若大水漫灌，往往会传染病菌，加重病情的发展。如果采用小畦轻浇，病区隔离等灌水技术，就会明显地抑制病害的扩散蔓延而造成的损失。此外，由于在温室、大棚等设施内，浇水会明显地增大空气湿度，因此，当以气流传播的真菌性病害发生时，也要谨慎浇水，最好是在阳光充足的上午浇水，浇水后配合大通风，尽量排除室内过多的湿气，降低空气湿度，这样，对抑制真菌病菌（孢子）的传播和萌发效果显著。

第三节　施肥技术

蔬菜生产过程中要求蔬菜产品中硝酸盐、亚硝酸盐含量不能超过质量安全指标。造成蔬菜产品硝酸盐、亚硝酸盐含量过高的主要原因是在生产过程中，由于氮肥施用量过高，氮、磷、钾比例搭配不合理，有机肥施用偏少等施肥不合理而造成的。科学合理施肥是提高蔬菜产品产量和品质的保证，是改善和平衡产品营养组成和含量，提高蔬菜商品价值的重要手段。因此，要使蔬菜硝酸盐及其他有毒有害物质的含量不超过标准，必须通过科学的施肥技术来解决。要做到科学合理施肥，必须了解蔬菜对土壤肥力的要求、不同蔬菜种类对营养元素的要求及蔬菜的营养失调症状等知识，才能做到对症施肥、合理施肥、有效施肥。

一、蔬菜对土壤肥力的要求

蔬菜是高度集约栽培的作物，而且复种指数高，因此需要肥沃的土壤。但不同的蔬菜对土壤营养元素吸收量不同，其吸收量主要取决于根系的吸收能力，产量的多少，生长时期的长短，生长速度的快慢，以及环境条件总体中的其他条件好坏。一般言之，凡根系入土深而广，根系发达，分枝多的，与土壤的接触面大的蔬菜，能吸收多量的营养元素；而根系柔弱的，浅根系的蔬菜，对营养元素吸收量就少。产量高的蔬菜在吸收营养元素的数量上，要比产量低的蔬菜多。同种蔬菜当它的产量高时，从单位面积土壤中吸收的矿物质数量就有所增加，但其单位产量所需的矿物质营养数量则相对减少，所以单位面积的产量越多，肥料的生产效率就越大。在一般情况下，蔬菜生长的时间越长，它所吸收的矿物质营养越多。但是，栽培时间长的蔬菜种类，常是生长发育缓慢的，所以它的单位时间内所吸收的营养物质而要比生长期短的蔬菜种类少。因此，蔬菜的早熟品种在栽培期中所吸收的营养物质，要比晚熟品种在同一时期内吸收量多，所以栽培早熟品种，需要勤施速效肥料。

各种蔬菜对土壤营养元素的总吸收量是不同的，吸收量最大的有甘蓝、大白菜、胡萝卜、甜菜和马铃薯等；吸收量中等的有番茄、茄子等；吸收量小的有菠菜、芹菜和结球莴苣等；吸收量很小的有黄瓜、水萝卜等。

蔬菜在幼苗时吸收的营养较少，例如，甘蓝苗期只吸收等于成株1/5～1/6的营养元素，但幼龄的蔬菜对土壤条件要求较高，要求数量多、浓度低而易被吸收状态的元素。在形成食用器官时，对土壤营养的需要量最大，例如，成长的植株比幼苗忍受土壤溶液的浓度大2～2.5倍。施肥的效果及耐肥性因蔬菜种类和栽培条件而有显著差别。例如营养面积大小、日照强弱等条件，都对耐肥性有很大影响，茄子最耐高浓度土壤溶液，番茄次之，黄瓜、菜豆耐肥性最低。

二、不同蔬菜种类对营养元素的要求

蔬菜种类不同，对营养元素的要求有一定的差异，各种蔬菜在其不同发育时期所需要的营养元素也不同，只有了解了这些生理特性，才能对蔬菜进行正确的施肥。现以根茎菜类、叶菜类、果菜类对营养元素的要求简要说明如下：

（一）根菜类蔬菜

这类蔬菜都以肥大的肉质根供人们食用。为了获得膨大的根系，首先要使地上部茂盛地生长，才能促进地下部的发育，但是如果地上部过于繁茂，又会降低根系膨大的速率。因此，掌握不同时期需肥种类，有针对性地施肥，才能起到促进增产，提高品质的作用。根茎菜类在幼苗期需要多量的氮，适量的磷，少量的钾。在根茎肥大时，则需要多量的钾，适量的磷和较少的氮。如果前期氮肥不足，则生长受阻，发育迟缓；如果后期氮素过多，而钾供应不足，则植株地上部容易徒长。如胡萝卜，每生产1 000千克胡萝卜，其养分吸收量为氮 2.4～4.3 千克，五氧化二磷 0.7～1.8 千克，氧化钾 5.7～11.7 千克，其吸收比例为 1∶0.4∶2.7。由此可见，根菜类蔬菜与其他类蔬菜相比，对钾的要求特别突出，因此，这类蔬菜增施钾肥是不可忽视的增产措施。

（二）叶菜类蔬菜

叶菜类蔬菜要求较高的土壤含水量和肥沃的土壤。由于这类蔬菜是靠增加叶片数量和叶面积来提高产量的，因此，供应充足氮素尤为重要。这类蔬菜中，小型叶菜，生长全期需要氮最多；而大型叶菜需要氮也多，但到生长盛期则需要增施钾肥和适量磷肥。如果全生育期氮素不足，就会造成植株矮小，组织粗硬。后期磷、钾不足时不易结球（对结球叶菜类）。如大白菜，结球期间如果肥料供应不足，就会造成生长缓慢、结球不实，对产量和品质影响极大。实践证明，保证全生育期供应充足氮素，是大白菜丰产的关键。如果氮素供应不足则植株矮小，叶片少，茎基部叶片易枯黄脱落，组织粗硬。但是氮素供应过多时，则组织含水量高，不利于贮存，而且容易遭受病害。后期磷、钾供应不足时，往往不易结球。以大白菜为例，每生产 1 000千克大白菜，其养分吸收量为氮 0.8～2.6 千克，五氧化二磷 0.8～1.2 千克，氧化钾 3.2～3.7 千克，其吸收比例为 1∶0.5∶1.7。

（三）果菜类蔬菜

这类蔬菜均以果实供人们食用。这类蔬菜的共同特点是边现蕾，边开花，边结果。因此，在生产上要注意调节其营养生长与生殖生长的矛盾，才能获得较好的收成。茄果类蔬菜在生长过程中需要供应充足的氮、磷养分。氮、磷不足时，不仅会导致花芽分化推迟，而且会影响花的发育。只有氮素供应充足，才能保证正常的光合作用，保持干物质持续增长。但氮素过多易造成营养体生长过旺，开花晚，易脱落，果实膨大受到限制。生育前期缺氮，下部叶片易老化脱落，而生育后期缺氮，则导致开花数减少，坐果率低。进入生殖生长期后，对磷的需要量剧增，而对氮的需要量略减。因此，应注意适当增施磷肥，控制氮肥用量。充足的钾，可使蔬菜的光合作用旺盛，促进果实膨大。如番茄生育后期缺钾，往往形成棱形果和空心果，从而降低商品质量。从养分吸收的趋势来看，甜椒属高氮、中磷、高钾类型的蔬菜，茄子和番茄属于中氮、中磷、中钾类型的蔬菜。如番茄，每生产 1 000千克番茄，其养分吸收量为氮 3.18 千克，五氧化二磷 0.74 千克，氧化钾 4.83 千克，其吸收比例为 1∶0.2∶1.5；甜椒，每生产 1 000千克甜椒，其养分吸收量为氮 4.91 千克，五氧化二磷 1.19 千克，氧化钾 6.02 千克，其吸收比例为 1∶0.2∶1.2。由此可见，这类蔬菜在施肥上要重视磷、钾肥的施用，并保证氮、磷、钾养分的平衡供应，这是茄果类蔬菜高产、优质的保证。

三、蔬菜营养失调症状

蔬菜正常生长发育需要吸收各种必需的营养元素，如果缺乏任何一种营养元素，其生理代谢就会发生障碍，使蔬菜不能正常生长发育，使根、茎、叶、花或果实在外形上表现出一定的症状，通常称为缺素症。不同蔬菜缺乏同一种营养元素的外部症状不一定完全相同，同种蔬菜缺乏不同营养元素的症状也有明显区别，只有正确识别蔬菜缺素症状和营养元素过剩症状，才能做到对症下药，科学施肥，满足蔬菜正常生长发育的需要。

（一）蔬菜营养缺乏症状

1. 蔬菜缺氮症状

绝大多数蔬菜缺氮或氮素不足的症状是很相似的，一般表现为植株矮小、瘦弱、直立，叶片呈浅绿或黄绿。最初显现部位主要在叶子上，缺氮时叶子呈浅绿或黄绿，失绿叶片色泽均一，一般不出现斑点或花斑，茎秆不久也发生同样的变化，这种现象通常是从老叶片开始，而后便迅速地扩展至整个叶族。缺氮严重时下部叶片枯黄早落，最后，整个植株变成淡黄色或褐色，导致花和果实量少，种子小而不充实，成熟提早，产量下降。主要蔬菜缺氮症状如下：

黄瓜缺氮：植株矮化，叶子由绿转变为黄绿色，严重时叶呈浅黄色，茎细而脆，全株呈黄白色。果实细而短小，果皮颜色呈亮黄色或灰绿色，多刺，果蒂呈浅黄色，有时果实呈畸形。

甘蓝缺氮：幼叶灰绿，老叶变为橙、红到紫色，终至叶子脱落。

番茄缺氮：植株瘦弱，生长缓慢，顶端幼叶首先褪绿，而后整个植株叶子也逐渐变成淡绿色到灰黄色，叶小而薄，基部叶子变黄而脱落；叶脉由黄绿色变为深紫色，茎秆变硬并呈紫色；花芽变为黄色，易脱落，果小而少。

茄子缺氮：初期对茎部生长影响不大，但下部叶老化、脱落，如能及时补充则可很快恢复。如缺氮时间较长，表现为叶色淡黄，茎枝细弱，长柱花减少，生育后期开花数量减少，开花结果期推迟，结果率下降，会造成严重减产。

马铃薯缺氮：叶片小，淡绿至黄绿色，中下部叶边缘褪色呈淡黄色，并向上卷曲，提早脱落。植株矮小，茎细长，分枝少，生长直立。

大白菜缺氮：生长缓慢，植株矮小，叶片小而薄，叶色变淡，严重时叶片发黄，植株停止生长，包心期缺氮，叶球不充实，叶片纤维增加，品质降低。

2. 蔬菜缺磷症状

蔬菜在其生命周期中，有2个时期最需要磷，即植株生长的初期及果实和种子成熟期。磷的缺乏症状多见于生长初期，缺磷时，生长缓慢，矮小瘦弱，直立，分枝少，叶小易脱落，色泽一般呈暗绿或灰绿色，叶缘及叶柄常出现紫红色，根系发育不良，成熟延迟，产量和品质降低，缺磷症状一般先从茎基部老叶开始，逐渐向上发展。主要蔬菜缺磷症状如下：

黄瓜缺磷：植株矮化，严重时幼叶细小僵硬，并呈暗绿色。子叶和老叶出现大块水渍状斑，并向幼叶蔓延，斑块逐渐变褐枯，叶片凋萎脱落，果实暗绿并带有青铜色。

番茄缺磷：早期叶片背面呈现红紫色，脉间先出现一些小点，随后扩展到整个叶片，叶脉及叶柄最后变成紫红色。茎细长，叶片小，后期出现卷叶，老叶有不规则褐色或黄色斑块，植株生长缓慢，结果晚，果小，成熟延后。

甘蓝缺磷：叶子变为暗绿，背面带紫色，叶小，叶缘枯死。

油菜缺磷：植株瘦小，出叶迟，上部叶片暗绿色，基部叶片呈紫红色或暗紫色，有时叶片边缘出现紫色斑点或斑块，易受冻害。分枝小，延迟成熟。

大白菜缺磷：叶小而厚叶色变暗，毛刺变硬，其后叶色变黄，植株矮小。

马铃薯缺磷：植株瘦小，严重时顶端停止生长，叶片、叶柄及小叶边缘有些皱缩，下部叶片向上卷，老叶提前脱落；块茎有时产生一些锈棕色斑点。

3. 蔬菜缺钾症状

蔬菜缺钾最初是老叶和叶缘发黄，进而变褐，焦枯似灼烧状。叶片上出现褐色斑点或斑块，但叶中部、叶脉和近叶脉处仍为绿色。随着缺钾程度的加剧，整个叶片变为红棕色或干枯状，坏死脱落。根部发育不良，呈褐色；茎细长，变硬，易早衰，易倒伏。主要蔬菜缺钾症状如下：

黄瓜缺钾：植株矮化，节间短，叶片小，叶呈青铜色，叶缘渐变黄绿色，主脉下陷。后期叶脉间失绿严重，并向叶片中部扩展，随后叶片枯死。症状从植株基部向顶部发展，老叶受害最重。果实发育不良，易产生“大肚瓜”。

番茄缺钾：番茄对钾的吸收量最大，缺钾时发育受阻，生长慢，产量低。幼龄叶片轻度皱缩，老叶叶缘卷曲，脉间失绿，有些失绿区出现边缘为褐色的小枯斑，以后老叶脱落。茎变粗，木质化，根细弱。果实成熟不均匀，背部常绿色不褪，并呈不规则的形状，果实中空，比正常果实软，缺乏应有的酸度，风味差。

甘蓝缺钾：早期的表现是沿叶缘处呈青铜色。这种色泽的变化向内扩展，当极度缺钾时叶缘枯焦，在叶的内表面上形成褐色斑点。

大白菜缺钾：外叶的边缘先出现黄色，逐渐向内发展，然后叶缘枯黄易脆。

马铃薯缺钾：生长缓慢，节间短，叶面积缩小，小叶排列紧密，与叶柄形成较小的夹角，叶面粗糙、皱缩并向下卷曲。叶片暗绿，以后变黄，再变成棕色，叶色变化由叶尖及边缘逐渐扩展到全叶，下部老叶干枯脱落，块茎内部带蓝色。

4. 蔬菜缺钙症状

蔬菜缺钙，导致蔬菜营养生长减缓，生长点首先出现症状，轻则呈现凋萎，重则生长点坏死，幼叶变形，叶尖呈弯钩状，叶片皱缩，边缘卷曲。叶尖和叶缘黄化或焦枯坏死。植株矮小或簇生，早衰、倒伏，不结实或少结实。主要蔬菜缺钙症状如下：

黄瓜缺钙：叶缘似镶金边，叶脉间出现透明白色斑点，多数叶脉间失绿，主脉尚可保持绿色。植株矮化，节间短，顶部节变矮明显，新生叶小，后期从边缘向内干枯。严重缺钙时叶柄变脆，易脱落，植株从上部开始死亡，死组织灰褐色。花比正常小，果实小，风味差。

番茄缺钙：表现在上部叶片上呈现黄色，下部叶片保持绿色，生长受阻，顶芽常死亡。幼叶小，易成褐色而死亡。近顶部茎常出现枯斑。根粗短分枝多，部分幼根膨大，且呈深褐色，花少脱落多，顶花特别容易脱落。果实膨大初期，脐部果肉出现水浸状坏死，以后病部组织崩溃、黑化、干缩和下陷。在水分供应不足，钙运输受阻时，果实易发生脐腐病。

大白菜缺钙：缺钙的典型特征是内叶叶间发黄，呈枯焦状，俗称“干烧心”，又叫心腐病。从结球初期到中期，在一些叶片的叶缘部发生缘腐症。

甘蓝缺钙：幼叶呈杯状并发皱，叶尖呈灼伤状，心叶停止生长，叶缘枯死，上部叶片叶脉间黄化。

芹菜缺钙：心叶生长明显受到抑制，近心的叶柄上有纵向凹陷状坏死斑，部分叶片上发生与病毒相似的黄化现象。

5. 蔬菜缺镁症状

蔬菜缺镁，叶片通常失绿，始于叶尖和叶缘的脉间色泽变淡，由淡绿变黄再变紫，随后向叶基部和中央扩展，但叶脉仍保持绿色，在叶片上形成清晰的网状脉纹。严重时叶片枯萎、脱落。主要蔬菜缺镁症状如下：

黄瓜缺镁：症状从老叶向幼叶发展，最终扩展至全株。老叶脉间失绿，并从叶缘向内发展。轻度缺镁时，茎叶生长均正常。极度缺镁时，叶肉失绿迅速发生，小的叶脉也失绿，仅主脉尚存绿色。有时失绿区似大块下陷斑，最后斑块坏死，叶片枯萎。

番茄缺镁：新生叶有些发脆，同时向上卷曲，老叶脉间呈黄色，而后变褐、枯萎。缺绿黄化逐渐向幼叶发展，结实期叶片缺乏症状加重，但在茎和果实上很少表现症状。

马铃薯缺镁：老叶的叶尖及边缘褪绿，沿脉间向中心部分扩展，下部叶片发脆。严重时植株矮小，根及块茎生长受抑制，下部叶片向叶面卷曲，叶片增厚，最后失绿叶片变成棕色而死亡脱落。

油菜缺镁：苗期子叶背面及边缘首先呈现紫红色斑块，中后期下部叶片近叶缘的脉间失绿，逐渐向内扩展，失绿部分由淡绿变为黄绿，最后变为紫红色，植株生长受阻。

（二）蔬菜营养元素过剩症状

蔬菜营养元素过剩主要通过破坏细胞原生质，杀伤细胞和抑制对其他必需元素的吸收，伤害作物导致生长呆滞、发僵，严重的甚至死亡。常见症状有叶片黄白化、褐斑、边缘焦干，茎叶畸形，扭曲，根伸长不良，弯曲、变粗或尖端死亡，分枝增加等。如氮素过剩，作物枝叶生长旺盛，营养生长过旺，茎秆细弱，纤维素、木质素减少，易倒伏，组织柔嫩，抗病虫能力下降，后期贪青晚熟，产量和品质下降。如番茄氮素过多，易使植株徒长，落花落果严重，抗病能力下降，尤其是铵态氮过多毒害叶片，叶片变黄死亡；磷过剩，蔬菜一般不出现磷过剩症，但大量施磷会使茎叶转为紫色，早衰，磷素过多，常以缺铁、锌、镁等失绿症表现出来；钾过剩，蔬菜一般不会出现钾过剩症。如大量施用，黄瓜出现叶缘上卷呈凹凸状，或是叶片黄化，脉间失绿，而叶脉仍保持绿色；锌过剩症，多数情况下蔬菜幼嫩叶片表现失绿、黄化，茎、叶柄、叶片下表皮出现赤褐色。

四、施肥对环境和农产品造成的污染

由于菜农缺乏绿色生产知识，为了获得较高产量，常常不加节制地使用化学肥料，不仅严重浪费了肥料资源，增加农业成本，同时造成土壤养分的严重失衡，加之在施用化肥过程中，存在的施肥量和施肥比例不当、施肥方式不合理、肥料质量不合格等问题，使得化肥给环境造成了一定程度的污染，降低了农产品品质，尤其是大棚蔬菜生产，大量使用氮肥，导致部分蔬菜产区地下水硝酸盐超标，蔬菜的硝酸盐和亚硝酸盐含量增加、重金属含量超标，食用后，严重影响人体健康。大量施用氮肥，还影响蔬菜对钾、钙养分的吸收利用，导致蔬菜生理病害的发病率增加，瓜菜中的含糖量下降，病虫害发生加重等现象发生。因此，必须讲求科学合理施肥，控制化肥带来的污染问题。

五、绿色蔬菜生产施肥技术

施肥是绿色蔬菜生产中的一项技术性、科学性很强的综合农业技术。控制蔬菜中硝酸盐的过多积累，是绿色蔬菜生产的关键。蔬菜积累硝酸盐的根本原因在于吸收量超过同化量。因此，改进施肥技术，科学合理施肥，是有效控制硝酸盐积累，提高蔬菜产品产量和品质，改善和平衡产品营养组成和含量，实现蔬菜优质高产高效的重要手段。

（一）增施有机肥

有机肥是指主要源于植物或动物，以提供植物养分和改良土壤为主要功效的含碳物料。有机肥料含有丰富的有机物质和植物所必需的各种营养元素，还含有促进植物生长的有机酸、维生素和生物活性物质，以及各种有益微生物，是养分最齐全的天然肥料。因其一般不含有人工合成的化学物质，直接来源于自然界的动植物，被认为是生产绿色农产品的首选优质肥料。有机肥具有良好的肥效和作用，因此，在绿色蔬菜生产中要提倡增施有机肥，用于培肥地力，改善蔬菜产品品质，减少环境和蔬菜产品的污染。绿色蔬菜生产应以施有机肥为主，有机肥与无机肥的纯养分比例不能少于1∶1。增施有机肥可降低蔬菜硝酸盐的含量，这是由于有机肥通过生物降解有机质，养分释放慢，有利于蔬菜对养分的吸收；同时，有机质促进了土壤反硝化过程，减少了土壤中硝态氮浓度。有机肥的最大施用量应以满足作物营养需要为标准。有机肥料种类很多，允许使用的有沤肥、厩肥、沼气肥和饼肥等。生活垃圾应在剔除工业废弃物、堆集发酵无害化处理后方可使用。畜禽粪便经过生物发酵、脱水加工制成商品有机肥后，不仅施用方便，而且降低对环境的污染。未经腐熟处理的畜禽粪便不可直接施人菜田。腐熟处理后的人粪尿可用作基肥。有机肥主要作基肥施用。若以鸡粪为主的堆肥作基肥，在甜瓜、西瓜、番茄和豆类等少肥型蔬菜上施用，每667平方米施用量不宜超过500千克，在黄瓜、茄子和辣椒等多肥型蔬菜上每667平方米施用量不宜超过1 000千克。没有利用作物秸秆培肥的田块，由于耕作层浅、土壤环境不良，若基肥采用营养元素较高的饼肥、鸡粪等有机肥，施用量更不能大。营养元素高的有机肥可用作追肥。

（二）施用微生物肥

微生物肥料是指应用于农业生产中，能够获得特定肥料效应的，含有特定微生物活体的制品。微生物肥料是以微生物的生命活动及其产物来改善作物的营养条件，促进蔬菜吸收营养，刺激作物生长发育，增强作物抗病抗逆能力，提高蔬菜产量，改善蔬菜产品品质，改良土壤，降低生产成本，减少环境污染。微生物肥可扩大和加强作物根际有益微生物的活动，改善蔬菜营养条件，是一种辅助性肥料。微生物肥料一般不含化学物质，对环境基本没有污染，是生产绿色蔬菜的理想肥料。绿色蔬菜生产允许使用的微生物肥包括根瘤菌肥、固氮菌肥、磷细菌肥、硅酸盐细菌肥、复合微生物肥和光合细菌肥等。使用微生物肥料时应选择国家允许使用的优质产品。氨基酸微肥、腐殖酸肥料等，也是绿色蔬菜生产的辅助性肥料，应根据生产的实际需要选择使用。

（三）合理施用氮肥

氮素是植物的生命元素，氮肥是蔬菜生产上施用量最多的化肥，也是对蔬菜品质影响最大，施肥中存在问题最多的肥料。绿色蔬菜生产禁止使用硝态氮肥。碳酸氢铵适应性广，不残留有害物质，任何作物都适宜施用，但施用时要尽量避免挥发损失，防止氨气毒害作物。氯化铵中的氯离子能减弱土壤中硝化细菌活性，从而抑制硝化作用的进行，使土壤中可供作物吸收的硝酸根减少，降低作物硝酸盐含量。氯化铵属生理酸性肥料，酸性土壤要慎用，薯类和瓜类等忌氯品种不宜多施。尿素、硫酸铵也都是绿色蔬菜生产允许使用的氮素肥料，生产上应根据实际情况选择应用。追施氮肥后要间隔一段时间采收，使蔬菜在收获前吸收的硝酸根被同化掉。容易累积硝酸盐的速生叶菜，追施氮肥的间隔期最好是一周以上。低温季节光照弱，蔬菜体内的硝酸盐还原酶活性下降，容易积累硝酸盐，追施氮肥的间隔期还应稍长。

（四）平衡施肥

所谓平衡施肥，就是根据土壤肥力状况及蔬菜对各种营养元素的需求进行合理施肥。既要满足绿色蔬菜高产和改善品质的要求，又要做到不断提高和保持土壤肥力，防止环境污染。在绿色农产品生产中，提倡平衡施用氮、磷、钾肥，适度降低氮肥比例，减轻氮肥对土壤、水、农产品造成的污染，降低病害发生率。实际生产上应根据蔬菜的需肥规律、土壤的供肥特性和实际的肥料效应，制定确保蔬菜绿色的平衡施肥技术。

（五）改进施肥技术

科学合理的施肥技术和方法能提高肥料的利用率，最大限度地发挥肥料的功效，从而降低过量施用及不合理施肥对环境和农产品的影响。因此，要大力提高施肥技术，改进施肥方法。首先要选择合格优质的肥料，防止因肥料产品不合格对土壤和蔬菜产品造成的污染和伤害。二要优化肥料品种和结构，改进氮肥品种，减少碳铵施用比例，增加尿素使用比例，大力开发改性氮肥如大颗粒氮肥、长效碳铵、涂层尿素等新品种。三要提倡土壤施肥与叶面喷施相结合，减少土壤肥料的施入量（叶菜类不宜喷施）。四要根据肥料性质合理施用，如推广氮磷钾肥深施技术，施到耕作层并覆土，从而达到提高肥料利用率，减少挥发、淋失和反硝化等造成的环境污染。

第四节　中耕除草技术

一、中耕

中耕俗称锄地，中耕和除草也是菜田管理作业的重要内容。生产中，往往把中耕与除草作业同时进行，但中耕除了有除草作用之外，还有松土通气、提温保墒、排湿除涝等作用。

中耕作业，在不同的季节和背景下，具有不同的作用和效果。冬季和早春，土壤温度偏低，土温成为左右蔬菜生长发育的主要限制因子，这时，田间管理重点是处理好浇水和提高地温的关系，大面积的栽培中，唯一的办法就是少浇水多中耕，中耕松土后，一方面可增强地面吸热、蓄热能力，起到提高地温作用，另一方面，松土后切断了土壤上下散失水分的通道，抑制了水分蒸发，起到了保墒增温的作用。因此，冬季温室或早春露地蔬菜定植后到封垄（植株茎叶完全遮挡地面）前，应进行多次中耕，特别是灌水后应及时中耕松土，达到提温保墒之目的。在低温的季节，若浇水过多，或在湿润的土壤上降水量过大，或在雨季讯期出现多雨洪涝的情况下，中耕可不同程度地减轻或缓解湿涝对作物造成的危害，起到排涝散湿的作用。

中耕的目的不同，操作时应灵活掌握。倒如早春苗床低温多湿时，可用小铁丝钩浅略地划锄；若在夏季菜田出现多雨涝情时，可在株行之间大锄深翻，以促尽快散湿，待大量水分已散失，土壤墒情适宜时，再仔细中耕，碎土整严，达到蓄墒保墒之目的。

中耕的深浅、粗细因蔬菜种类及其生育期而异。像黄瓜、甜椒和葱蒜类等浅根性蔬菜，中耕宜浅宜细，像樱桃番茄、茄子、西葫芦和南瓜等可适当深粗一些；各种蔬菜的苗期，定植初期应当浅中耕、细中耕，待植株长大、根群发达后可适当深一些、粗放一些；距植株远处宜深，近处宜浅；直根性蔬菜宜深，须根性蔬菜特别是地下茎、地下根匍匐生长的薯芋类蔬菜宜浅。

浅中耕一般入土 3 ~5 厘米深，深中耕为 8 ~12 厘米，苗床浅划锄仅划破表面 1 ~2 厘米深即可。中耕次数则可依作物种类、栽培季节和杂草多少等灵活掌握。

培土常是伴随着中耕进行的一项作业，即在作物生长期间，将植株行间已中耕松动的土堆积于植株的根部。其作用是促进大葱、芦笋等入土部分的茎叶软化，提高产量和品质，或者促进马铃薯、芋、姜等蔬菜地下茎膨大，增加产量，也可在防止植株倒伏、防寒和防热等方面应用。

二、除草

除草在菜田管理中也很重要，由于菜田肥水条件好，所以杂草生长亦很快，尤其是在夏秋多雨季节很易形成草荒，所以除草工作应及时、高效地进行。目前，我国菜田除草，除在胡萝卜等少数菜田上使用除草剂外，大多数菜田仍以中耕除草为主，在育苗床上则主要是手工拔草。为提高人工除草的效率和质量，操作时应注意做到以下几点：

（1）除草要及时，特别是在夏秋多雨季节，杂草长得很快，如果形成草荒，不仅除草费工费时，而且会明显影响蔬菜作物的生长发育，严重的造成病虫害加剧和减产减收。

（2）晴天除草，提高效果。如果是阴雨天或者是难以除死的马齿苋等杂草，应及时把杂草清理出田外，否则，下雨后又会复活。

（3）如果是夏秋清除草荒，必须在杂草结籽成熟前清除完毕，否则来年更易形成草荒。

（4）畦埂、田边、水渠和道路旁的杂草应一并及时除掉，否则不仅易传染各种虫害、病害，而且也是来年杂草发生的源泉。

（5）夏秋播种的苗床，一定要及早除草，趁小草时及时拔掉，并多次进行，特别是播种后出苗时间长、苗期生长缓慢、幼苗细弱的韭菜和芹菜等苗床或胡萝卜田等更应注意，否则很易形成草荒。

（6）用除草剂除草，目前只在胡萝卜田使用最多，效果也好，适宜的除草剂有除草醚和扑草净等。除此之外，其他蔬菜上应用除草剂很少，其原因是蔬菜茎叶柔嫩，很易发生药害，甚至上茬使用除草剂后对后茬蔬菜生长还可能发生影响，或者邻近地块使用除草剂，因刮风等因素也有可能发生药害，加之蔬菜种类较多，适合蔬菜专用的除草剂品种还很少。喷洒除草剂，必须使用专用喷雾器，严格操作，防止药害。绿色蔬菜生产限制性使用的除草剂如表 4 –1、表 4 –2、表 4 –3、表 4 –4、表 4 –5、表 4 –6、表 4 –7 和

表4－8所示。

表4－1　苯氧羧酸除草剂

农药名称	急性口服毒性	允许的最终残留量（毫克/千克）	最后一次施药距采收间隔期（天）	常用药量克/次·667平方米或毫升/次·667平方米或稀释倍数	施药方法及最多使用次数
禾草灵（Diclofop-methyl）	低毒	0.1（麦粒）	野燕麦3～5叶期	35%乳油130～170毫升	喷雾1次
		0.1（甜菜根）	杂草2～4叶期喷施肥	35%乳油130～200毫升	喷雾1次
吡腐禾草灵（稳杀得）Fluazifop-butyl）	低毒	1（大豆籽粒）	作物苗期杂草3～5叶期喷施	35%乳油30～100毫升	喷雾1次
		1（花生仁）		35%乳油50～100毫升	喷雾1次
精吡腐禾草灵（精稳杀得）（Fluazifop-p-butyl）	低毒	0.1（大豆籽粒）	作物苗期，杂草3～5叶期喷施	15%乳油50～65毫升	喷雾1次
		0.1（花生仁）	花生苗期，杂草1～4叶期喷施	15%乳油50～100毫升	喷雾1次
		0.1（油菜籽）	油菜苗期，杂草3～5叶期喷施	15%乳油30～40毫升	喷雾1次
		0.1（甜菜）		15%乳油50～65毫升	喷雾1次
喹禾灵（禾草克）Quizalotop-ethye）	低毒	0.2（大豆籽粒）	大豆1～4片复叶期	10%乳油65～85毫升	喷雾1次
		0.2（甜菜根）	甜菜4～5叶期	10%乳油65～85毫升	喷雾1次

注：除草剂表格中允许的最终残留量与我国使用得最大残留限量值相同。

表4－2　苯甲酸类除草剂

农药名称	急性口服毒性	允许的最终残留量（毫克/千克）	最后一次施药距采收间隔期（天）	常用药量克/次·667平方米或毫升/次·667平方米或稀释倍数	施药方法及最多使用次数
麦草畏（百草枯）（Dicamba）	低毒	0.5（麦粒）	小麦3叶期至分蘖末期	48%水剂20～25毫升	喷雾1次
		0.5（玉米）	玉米4～6叶期	48%水剂25～40毫升	喷雾1次

表4－3　二苯醚除草剂

农药名称	急性口服毒性	允许的最终残留量（毫克/千克）	最后一次施药距采收间隔期（天）	常用药量克/次·667平方米或毫升/次·667平方米或稀释倍数	施药方法及最多使用次数
三氟羧草醚（杂草焚，达克尔）（Acifluorfen sodium）	低毒	0.1（大豆籽粒）	大豆花生地防除阔叶杂草，大豆播后杂草1～4叶期喷施	24%水剂60～100毫升	喷雾1次
氟磺胺草醚（虎威，除豆）（Fomesafen）	低毒	0.05（大豆籽粒）	大豆苗后1～3复叶期，杂草2～5叶期	25%水剂65～130毫升	喷雾1次
乙氧氟草醚（果尔）（Oxyiluorfen）	低毒	0.05（糙米）	水稻插秧后5～7天，拌细土10～15千克撒施	23.5%乳油10～35毫升	喷雾1次

表4－4 酰胺类除草剂

农药名称	急性口服毒性	允许的最终残留量（毫克/千克）	最后一次施药距采收间隔期（天）	常用药量克/次·667平方米或毫升/次·667平方米或稀释倍数	施药方法及最多使用次数
丁草胺（马歇特）（Butachlor）	低毒	0.5（糙米）	水稻插秧前2～3天或插秧后4～5天	60%乳油85～140毫升 5%颗粒剂1000～1600克	喷雾或撒毒土
异丙甲草胺（都尔）（Melo lachlor）	低毒	0.1（大豆籽粒）	大豆芽前土壤喷施1次，避免在多雨沙性及地下水位高地区使用	72%乳油25～75克	喷雾1次
		0.5（花生仁）	花生播前或播后苗前土壤喷雾	72%乳油100～150毫升	

表4－5 氨基甲酸酯及硫代氨基甲酸酯类除草剂

农药名称	急性口服毒性	允许的最终残留量（毫克/千克）	最后一次施药距采收间隔期（天）	常用药量克/次·667平方米或毫升/次·667平方米或稀释倍数	施药方法及最多使用次数
禾草丹（杀草丹）（Thiobencarb）	低毒	0.2（糙米）	秧田1次或水稻播前或插秧后5～7天喷雾或毒土1次	50%乳油330～500毫升高禾苗丹 90%乳油150～220毫升	喷雾1次 喷雾1次
野麦畏（阿畏达）（Triallate）	低毒	0.05（麦粒）	春小麦播种前5～7天喷雾或毒土1次	40%乳油150～200毫升	喷雾1次
灭草锰（卫农）（Vernolate）	低毒	0.1（大豆籽粒）	播种前土壤施1次，覆土5～7厘米	88.5%乳油170～225毫升	喷雾1次

表4－6 三氮苯类除草剂

农药名称	急性口服毒性	允许的最终残留量（毫克/千克）	最后一次施药距采收间隔期（天）	常用药量克/次·667平方米或毫升/次·667平方米或稀释倍数	施药方法及最多使用次数
嗪草酮（Metribuzin）	低毒	0.1（大豆籽粒）	播前或播后苗前土壤喷施	70%可湿性粉剂25～75克	喷雾1次
西草净（Simetryne）	低毒	0.02（糙米）	播后苗前土壤处理	25%可湿性粉剂100～200克	喷雾后毒土法施药1次

表4－7 磺酰脲类除草剂

农药名称	急性口服毒性	允许的最终残留量（毫克/千克）	最后一次施药距采收间隔期（天）	常用药量克/次·667平方米或毫升/次·667平方米或稀释倍数	施药方法及最多使用次数
苄嘧磺隆（农得时，londax）（Bensulfuron-methyl）	低毒	0.02（糙米）	插秧后5～7天施药，保水1周	10%可湿性粉剂13～25克	喷雾1次

表4－8　其他除草剂

农药名称	急性口服毒性	允许的最终残留量（毫克/千克）	最后一次施药距采收间隔期（天）	常用药量克/次·667平方米或毫升/次·667平方米或稀释倍数	施药方法及最多使用次数
百草枯（克芜踪）(Paraquat)	中等毒	1（柑橘，全果）	杂草生长旺盛时，压低地面喷施，避免喷到橘树上	20%水剂200～300毫升	喷雾1次
稀禾定（拿捕净）(Sethaxydim)	低毒	2（大豆籽粒） 2（花生仁） 1（油菜籽，亚麻） 0.5（甜菜）	作物苗期，一年生禾本科杂草3～5叶期喷施	20%乳油60～100毫升， 12.5机油乳剂65～100毫升 20%乳油65～120毫升 20%乳油85～1000毫升 20%乳油100～150毫升	喷雾1次 喷雾1次 喷雾1次 喷雾1次 喷雾1次
二甲戊乐灵（除草通）(Pendimethalin)	低毒	0.1（玉米籽粒） 2（叶菜） （花生）	玉米播后或苗前5天土壤喷雾 叶菜移栽前土壤喷雾 花生播后苗前喷雾	33%乳油150～200毫升 33%乳油100～150毫升	喷雾1次
氟乐灵(Trifluralin)	低毒	05（玉米籽粒） 0.01（大豆籽粒）	玉米大豆播种前土壤喷施，后耙匀	48%乳油75～100毫升 48%乳油125～175毫升	喷雾1次 喷雾1次
灭草松（苯达松）(Bentazone)	低毒	05（糙米） 0.05（大豆籽粒）	水稻插秧后20～30天杂草3～5叶期田间排水后喷施1次，防治一年生阔叶杂草及莎草 大豆2～3复叶期喷施1次	48%液剂150～200毫升 48%液剂160～200毫升	喷雾1次
恶草酮（恶草灵，农思它）(Oxadiazon)	低毒	05（糙米） 2（稻草） 0.3（花生仁）	播后返青施用 苗前喷施	25%乳油，北方旱直播165～230毫升，南方插秧田65～100毫升 25%乳油100～150毫升	喷雾1次 喷雾1次
普杀特(Pursuit imazethaphr)	低毒	（大豆籽粒）	大豆播种前进行混土处理，播后苗前或苗后早期土壤处理	5%水剂100～134毫升	喷雾1次
燕麦枯（野燕枯）(Difenzoquat)	中等毒	0.05（麦粒）	野燕麦3～5叶期喷施1次	64%可湿性粉剂75～150克，对水50升	喷雾1次

注：该标准是由中国绿色食品发展中心制定的标准。

第五节　引蔓压蔓技术

一、引蔓

引蔓是指对一些蔓性、半蔓性蔬菜进行攀援引导的方法。常见的引蔓方法有直立引蔓和水平引蔓两种，直立引蔓主要是支架，水平引蔓主要是压蔓。

（一）支架种类

支架种类主要包括单杆架、篱式架、四角架、花架、人字架及塑料绳吊架等。单杆架一般是在每一植株附近直立插一立杆，各个单杆之间不相互连接固定。篱式架就是在单杆架的基础上，用横杆把每一行的各个单杆架联结在一起，每栽培畦或邻近的两行的两头和中间再用若干小横杆相互联结。四角架是每棵植株插1根支柱，每相邻的两排各相对的4根支柱联结在一起，形成塔形或是伞形。花架是每两行绑在一起，在田间将4根架材扎在一起，而在畦的两端是将6根架材绑在一起。人字架就是将竹竿或树条等按株、行距交叉绑成人字形，让茎蔓沿人字斜架生长、结果。塑料绳吊架就是在温室或塑料棚内的骨架（如横梁、拱杆和立柱等）或在单独立的支架上拴挂塑料绳、尼龙线披或尼龙网等，让植株茎蔓沿塑料绳生长和结果。这种架式通风透光条件比篱式架和人字架都好，且不需竹竿或树条等，成本较低，但植株易在空中晃动，而且这种架式只适于在温室或有骨架的大棚内采用，不像篱式架和人字架在露地也能适用。

（二）选择架材

架材可选用竹竿、细木棍、树枝等，立杆可选用较直立的3～4厘米粗的竹竿或木棍，长度因生产的实际需要而定，插地的一端要削尖。辅助材料可选用细铁丝、尼龙绳和塑料绳等。粗而直立的架材可用作立杆，细长的可用作横杆、腰杆。吊架的主要材料就是塑料绳。

（三）搭架

根据栽培场地（温室、大棚、中棚或露地等）、作物种类、品种、密度、栽培季节、栽培制度及架材等决定支架方式、架的高度及开始绑蔓时期。篱式架、单杆架、四角架和立杆要垂直插入土中，深度为20～25厘米；如人字架，立杆要按交叉角度倾斜插入土内，深度可适当浅些（15～20厘米）。无论哪种架式，架材都要插牢稳。

搭篱式架、单杆架、四角架时，立杆要沿栽培行等距离垂直插入土内。篱式架为了节约架材，可每隔2～3株插入1根立杆。每畦的两行立杆都要平行排齐，使其横成对，纵成行，高低一致。在每行立杆的上、中、下部位各绑1道横杆，这样就构成篱式架。在整个篱式架的纵横杆交叉处均应用绳绑紧。为了增加篱式架的抗风能力和牢固程度，可每个畦的两头和中间用横杆将两个篱式架连接起来。单杆架和四角架与篱式架相似，单杆架和四角架均是在每个植株附近垂直插入一立杆，单杆架适合于单行种植的栽培模式，每行独立成架，而四角架则是双行组合成一架，两行之间一般通过一排横杆固定。

搭人字架时，可用1.5～2.0米左右的竹竿，在每畦的两行植株中，每隔2～3株相对斜插2根（黄瓜等可以每株插1根），使上端交叉呈“人”字形，两根竿的基脚相距65～75厘米，再用较粗的竹竿绑紧上端构成横梁。在人字架两侧，沿秧苗行向，距地面50厘米左右处各绑一道横杆，也叫腰杆（如果每株均插入一杆则可考虑不用腰杆），各交叉点均用绳绑紧。为了提高人字架的牢固性，可在每个人字架的两端各绑1根斜柱。

吊蔓需要注意以下几点：一是吊绳一般不直接绑到拱架上，宜单设支撑；二是为了以后沉秧方便，宜把吊绳或吊网预留出下放的部分；三是吊绳的下端要与共用固定绳连接，最好不要直接绑到瓜秧上，如果绑在茎蔓上则注意不要系得过紧，应留出茎蔓增粗生长的余地。

吊挂绳线或网兜时，尽量使其不和温室拱架直接连接，最好独立支架。吊挂用的尼龙线披应在上部多留一部分，以便沉秧时续用。

（四）上架绑蔓

上架绑蔓不宜过晚，如黄瓜蔓长到23～27厘米、西瓜蔓长到60～70厘米时，就应陆续上架绑蔓。上架过晚瓜蔓生长过长互相缠绕，易拉伤茎蔓叶和花蕾。

上架的同时进行整枝。单蔓整枝时，将主蔓上架，其余侧蔓全部剪除。双蔓整枝时，每株选留两条健壮的瓜蔓（通常主蔓和基部1条健壮侧蔓）上架，其余侧蔓全部剪除。无论采用何种整枝方式，除选留的茎蔓以外的其他侧枝都要随时剪除。

随着茎蔓的生长要及时将茎蔓引缚上架。可用塑料绳等将茎蔓均匀地绑在架面的立杆和横杆上。绑时要一条蔓一条蔓的引缚，切不可以将两条蔓绑为一体。同时不要将蔓绑得太紧，以免影响植株生长。瓜类和豆类蔬菜蔓的走向根据支架高低、茎蔓多少及长短等，分别采用“S”形、“之”字形、“A”字形或“N”形。秧蔓较长时，可以采用“S”形曲线上升的绑蔓方法，也可以先直立绑蔓，要到架顶时再将下部茎蔓回落，同时摘除底部无光合能力的老叶和病叶。秧蔓较短，而支架较高时，则可直立绑蔓。蔓生大架番茄也可采取多次回落龙头（生长点）的绑蔓方式。

西瓜支架栽培，当支架较高且留蔓较少时，可将蔓沿着架材呈“S”形曲线上升，每隔30～50厘米绑一道，瓜类蔬菜坐瓜部位的瓜蔓处要绑牢，最好绑在横杆上，以便将来吊瓜。当支架较低、蔓较少时，可采用“之”字形绑蔓法。当支架较高、蔓较多时，可采用“A”字形绑蔓法，即将每条瓜蔓先沿着架材直立伸展，每隔30～50厘米绑一道，当绑到架顶后再向下折回，沿着右下方斜向绑蔓，仍每隔30～50厘米绑一道，使瓜蔓在架面呈“A”字形排列。当支架较矮、瓜蔓较多时，可采用“N”形绑蔓法，即先将每条蔓引上架向上直立绑满，当第二雌花开放坐瓜时，将坐瓜部位前后数节瓜蔓弯曲成“N”形，使其离地面 30 厘米左右，当幼瓜退毛后，将瓜把连同瓜蔓固定绑牢，然后随着瓜蔓的生长再直立向上继续绑蔓。

西瓜支架栽培，当幼瓜长到 0.5 千克左右时开始吊瓜。吊瓜前，预先做好吊瓜用的草圈和吊带（通常每个草圈 3 根）。吊瓜时，先将幼瓜轻轻放在草圈上，然后再将 3 根吊带均匀地吊挂在支架上。支架较矮时，一般不吊瓜，可先在坐瓜节位上方用塑料条将瓜蔓绑在支架上，幼瓜长到 0.5 千克以上时，再将坐瓜节位的瓜蔓松绑，将瓜小心轻放于地面，并在瓜下垫一层麦秸或沙土，以减轻病虫害，利于西瓜发育。近来已采用特制的塑料网兜吊瓜，使用极为方便。

除少数直立品种外，番茄均需要支架栽培。当植株长到 30 厘米时需要搭架支撑。在每株番茄离根部 7 ~ 10 厘米左右直插一根小棍，其上方紧绑横竹，形成篱式联架，在植株的第 6 节位处，用塑料绳等将植株与竹竿连接成“∞”形，宽松地缚牢，以后每一果穗下绑一道绳，使番茄不倒伏。主茎封顶或摘心后，须将茎的上部绑好。无限生长类型的大架番茄也可采取多次回落龙头的绑蔓方式，即当番茄的生长点长到架顶端时，将基部茎蔓落下或盘于根际或成“N”形向前延伸，根部的无光合能力的叶片一般要摘除。

用尼龙绳对番茄吊架时操作要轻，小架和中架番茄栽培只要将番茄蔓绕在尼龙绳上即可；大架栽培番茄当龙头长到架顶端时则需要将龙头适当地放下。

黄瓜支架栽培一般在 23 ~ 27 厘米时开始引蔓上架，用塑料绳绑蔓，以后每隔 3 ~ 4 片叶绑 1 次，绑在瓜下 1 ~ 2 节。插架绑蔓时，为防止瓜蔓过早达到棚顶，开始 1 ~ 2 次绑蔓可采取“S”形迂回绑法，也可先直绑，待往上绑时，再将瓜蔓下沉调整为“S”形。吊蔓时先不用做这种处理，待龙头即将长到架顶的时候向下落蔓就可以了。绑蔓和沉蔓都要调整使植株高度基本一致，或依栽培设施的形状而定。

黄瓜吊架引蔓技术与大架番茄的原理与操作基本相同，让每条茎蔓沿着塑料绳生长。生育期长的黄瓜一般可长到 40 ~ 50 节，高者可达 80 ~ 90 节，栽培设施的高度有限，生长一段时间就要把瓜蔓沉落下来，为了沉蔓方便，一般都采用尼龙线和布条吊挂，或尼龙网支架，这样可大大减少架材的遮荫。一次下沉的蔓也不要过多，更不要损伤叶片。要使叶片在空间分布均匀，不互相遮挡。同时，还要摘除下部黄叶、侧枝、卷须、雄花、畦形瓜和病瓜等。将落下的茎蔓有规律地盘于地面，未种过瓜类蔬菜的地块可用土将地面上的茎蔓埋上，已经种过瓜类植株的地块则不可使茎蔓与土地密切接触。

蔓性或半蔓性豆类蔬菜在植株高 30 厘米左右时开始立支架，注意防止植株在行间过道上缠绕。

二、压蔓

压蔓的方法有明压和暗压两种。明压是指用土块把瓜蔓压在畦面；暗压是在蔓的走向下面划一浅沟，沟深 6 厘米左右，将茎蔓埋人沟中，培土，压紧，叶柄和叶片留在外面。压蔓时应注意雌花的节位，在坐果节位的前后二节不能进行压蔓，以免损伤幼果；同时，压蔓应在中午前后进行，不能在早晨压蔓。压蔓能调节、控制植株的生长势；如果压的部位距生长点较远，则促进蔓的伸长，只不过蔓不够粗壮；相反，如果压的部位较生长点较近，则蔓的伸长慢但较粗壮。所以，如果植株生长势较旺，则压重或压大土块，以抑制蔓的伸长，起到防止徒长的目的；若长势较弱，则可轻压或压小土块，以促进蔓的伸长。

压蔓主要在伸蔓后，南瓜在蔓长 40 ~ 50 厘米开始压蔓，其后间隔 4 ~ 5 节压第二道，这样压蔓 3 ~ 4 道即可。西瓜在植株具6 ~ 7 片真叶，开始由直立状态转向匍匐生长时在根际压土，帮助其卧倒，并使所有植株的瓜蔓向同一方向伸长，以后间隔 4 ~ 5 片叶子压一下，一般进行 2 ~ 3 次。结果处前后 2 ~ 3 节不能压，以免影响瓜的发育。一般瓜前压 2 道，瓜后压 2 ~ 3 道。侧蔓不留瓜时也参照主蔓节数进行压蔓，一般侧蔓压 3 ~ 4 道。北方地区用暗压多，中部湿润地区用明压多，华南和华中部分湿润地区由于土壤湿润不宜压蔓，可在畦面铺草。

第六节　整枝技术

整枝主要的技术环节是通过打杈和摘心等操作来完成的。打杈是整枝的一个必要措施，一般应待长到 3 ~ 6 厘米长时分期分次地摘除，植株生长过弱时可在侧枝上留 1 ~ 2 片叶摘心，以扩大其同化面积。一般用手掰除侧枝，第一次打杈掌握在第一档果坐果后自下而上逐次进行，视植株长势而定。以后几次打杈时的侧枝要及时去除。打杈时要将健康株和病株分开进行，并不宜使用剪刀，以防人为传播病毒。上述植株调整工作应在晴天进行，不能在雨天进行，也不能在露水尚未干时进行，否则容易诱发病害。另外，摘除无用的病叶、老叶等也是整枝的辅助内容。

一、番茄整枝方式

（一）单干整枝

只保留主干，将叶腋内生长的侧枝全部摘除。这种方式适于密植，适宜于无限生长型品种增加前期产量，在生长期较短的条件下可获得较高的单位面积产量。一般春番茄的早熟栽培在生长季节较短的地区普遍采用。对无限生长型品种小架栽培时，留3～4层果穗，中架栽培留4～5层果穗摘心，大架栽培可根据当地生长期的长短确定留果穗数，于拉秧前45～50天摘心。为提高摘心效果，应掌握稍早勿晚的原则。摘心时应于顶部果穗上留2片叶。

自封顶类型的番茄品种不宜采用这种整枝方式，如果该类型品种采取单干整枝一般也不需要摘心。

改良单株整枝法：为克服单干整枝的缺点，大棚生产的早熟自封顶品种常用此法，即在主杆第一花序下留一个侧枝，侧枝上留1～2穗花后摘心，而主干仍为单干整枝，留2～3穗果后自封顶或摘心，可提高单株产量。与此类似这种整枝方法多种多样，可根据栽培需要灵活掌握。

（二）双干整枝

具体做法是除保留主枝外，再留第一花序下的一个侧枝，该侧枝生长势强，很快与主枝并行发展，形成双干，其余侧枝全部除去。这种整枝方法适用于生长期较长、生长势旺盛的中晚熟品种。植株生长健壮，抗逆性较强，前期产量低，但总产量高，可节省秧苗。为兼顾单双干整枝的优点，可采用苗期双干整枝法，即在幼苗长到4～5片叶时摘心，促使侧枝发生，留两个健壮侧枝，形成双干。为达到早熟目的，应提前16～20天育苗，并扩大幼苗营养面积。

（三）多次换头整枝

是先在主枝上留3穗果，然后在上面留2片叶摘心，待主枝上第二穗果采收结束时，选择植株上部发出的健壮侧枝留1～2个，然后每侧枝上留2～3穗果后再次摘心，待侧枝上1～2穗果采收结束后，再选择植株上部发出的健壮侧枝留1～2个，以此类推。可根据需要留5～10穗果。

二、辣椒整枝技术

（一）去内不去外

重点去除内膛枝，保留植株外侧强枝。去除内膛枝，目的是避免植株间郁闭，使田间通风透光良好。植株外侧枝所处空间大，采光好，长势强，可作为结果枝培养，以提高总体产量。

（二）去老不去新

把植株下部老叶、病叶、黄叶和残叶摘除，保留植株中上部有效叶，一方面可减少植株营养消耗，另一方面可防止病害发生。

（三）去弱不去强

即把细弱的主枝去除，保留壮旺的主枝。辣椒中后期，植株比较高大，枝叶相互遮挡，需按照上述整枝打杈原则，变四主枝为三主枝，从而减少养分消耗，保证植株正常生长。

另外，由于病毒病可通过人为整枝打杈接触传播，故需单独“对待”病毒病植株；在整枝打杈过程中，发现病果、病叶或病秆时，要及时处理。

三、茄子整枝技术

（一）双干整枝

将第一次分杈下的侧枝全部抹掉，只保留第一次分杈时分出的两条侧枝，以后每条侧枝上再长出的分枝全部打掉。温室内的空气湿度大，易引发多种病害，故茄子的抹杈要安排在晴暖天的上午进行，下午抹杈以及阴天里抹杈，抹杈后侧枝的疤口不轻易愈合，轻易感染病菌而发病。此外，抹杈时不能将侧枝紧靠枝干抹掉，要留下 1 厘米左右长的短茬，使疤口远离主干，避免主干发病。

（二）“V”型整枝

由于“V”型整枝主枝生长旺盛，因此畦面宽较一般水平整枝方式宽，畦宽 1.8 ~2 米，畦高 0.3 ~0.4 米，采每畦中央种植，株距 0.7 米。茄子自主干高约 60 厘米处留 4 枝主枝，以此为结果母枝，其下的各侧芽均应及早摘除，以节省养分及保持通风透光。由结果母枝上结果短枝结茄果后留一叶去除，以充分供应养分，促进生育。茄子结果量多，须用竹子于茄子主干两边斜插成“V”字型，高度约为 2 米，再用细竹纵横架住，结缚于“V”型支架上，为结果母枝支架用，以防果实靠地发生腐烂，并可促进果实发育，以利着色，提高品质。

四、酸浆整枝技术

酸浆生长期为了抑制营养生长，促进生殖生长，避免枝叶过多影响通风透光，避免结果延迟，应及时进行整枝打杈。整枝分为双干式、三干式、多干式等，双干式为每株留 2 个主干向上延伸，余侧枝及早摘除。三干式为每株保留 3 个主干，余侧枝及早摘除。多干式为每株保留 4 ~5 个主干向上延伸，余侧枝及早摘除。在整枝过程中，主干越少，越有利于早熟，但总产量不高。多干式整枝，总产量较高，但成熟较晚。结合绑蔓，应及时摘除侧枝、杈枝。在拔秧前40天摘去顶心，使停止生长，集中养分结果。摘心后及时打杈，防止侧枝丛生。

五、瓜类整枝技术

（一）黄瓜整枝技术

我国黄瓜的整枝方法有架瓜和地爬两种。架瓜有大架、中架和小架3种架形。地爬瓜多采用单干整枝，结瓜期较短的春黄瓜一般采用单干整枝，生长期长的也可采取双干整枝。整枝一般与引蔓同时进行。

单干整枝是只保留主蔓结瓜，侧蔓一般均摘除，雄花和卷须如果有时间也最好摘除，但不要伤及茎蔓和叶子。侧蔓结瓜能力强的品种在第一瓜以上的中上部侧枝可留2片叶摘心，以利用其结瓜。一般在距设施顶部30厘米处摘心；如果采用塑料绳吊架则可不摘心，把底部无效老叶摘除，将瓜蔓向下调整为“S”形；生长季节长的可不摘心，而是任其自然生长，尽量达到延后的目的。北方地区黄瓜栽培多采用此种整枝方式。

双干整枝是适合于生长期长的大架栽培，除主蔓外选留一健壮的侧蔓。

另外，小架栽培时，可以在20～25片叶摘心，去除底部黄化老叶，若要延长生长期则可在下部选留健壮侧蔓，促进回头瓜的发生。

露地黄瓜栽培多搭人字架，架高2米左右。主蔓50厘米以下的侧枝摘除，以上的侧枝留2片叶摘心结瓜。一般在拉秧前20天左右摘心。

（二）甜瓜整枝技术

我国普遍栽培的甜瓜主要包括薄皮甜瓜和厚皮甜瓜两个生态型。甜瓜的整枝比较复杂，应根据情况灵活掌握。甜瓜整枝的基本原则：对于主蔓上雌花发生早而连续发生的品种，可以不行摘心。对于在主蔓上雌花发生晚而在子蔓上发生较早的品种，可行采取主蔓摘心以促使子蔓早发。对于主蔓和子蔓雌花发生均较晚而在孙蔓上发生较早的品种均行主蔓和子蔓两次摘心，以促使孙蔓的发生。目前生产上甜瓜的整枝方式主要有单蔓整枝、双蔓整枝和多蔓整枝。

1. 单蔓整枝

单蔓整枝亦称一条龙整枝法，新疆哈密瓜早熟栽培均采用这种方法，即主蔓不进行摘心，而只除去主蔓基部侧芽，早熟品种从第4节的子蔓即可出现雌蕾（即果杈）。子蔓于雌花前留2片叶及早摘心，开花坐果期内伸出不带雌蕾的子蔓（即疯杈），应及早摘除或留1片叶摘心，以利于调节养分分配，促使坐果。保护地搭架直立栽培或单畦双行定植的甜瓜，都采用子蔓结瓜，主蔓晚摘心（在20节以后摘心）的单蔓整枝法。一般在主蔓留24～26节摘心，视长势确定11~13节或13~15节的子蔓作果枝，子蔓留1~2片叶摘心，其余全部除去。薄皮甜瓜中少数能主蔓结瓜（如楼瓜等）整枝极不严格，一般主蔓可以不进行摘心，亦能正常结果。

2. 双蔓式整枝

双蔓式整枝是目前各地爬地栽培厚、薄品种与一般薄皮甜瓜品种常用的方法，采用直立架式栽培，若单行定植于畦中间者也可采用此法，即当幼苗3~4片真叶时进行主蔓摘心，子蔓伸出后选留2根最健壮的子蔓，其余子蔓全部摘除，这样逐步形成以这两根子蔓为骨干的双蔓整枝方式。地爬栽培当每根子蔓伸延到畦边时（有10片真叶左右）即进行摘心，以促使孙蔓伸出，选留适当部位孙蔓留瓜，早熟品种选留近基部孙蔓留瓜，中晚熟品种选留中、上部孙蔓结瓜，有雌花的孙蔓留2片叶摘心，无雌花的孙蔓及早摘除。有的瓜农甚至在2片叶期就用竹签小心拔除主蔓生长点，可促使子蔓提早伸出。立架栽培时主蔓留4片叶后摘心，留2条子蔓引蔓上架，在子蔓的第24~26节（含原主蔓4节）摘心。子蔓上长出的孙蔓，根据长势确定坐果枝，长势良好的选择第11~13节（含原主蔓4节）发生的孙蔓留2~3叶摘心，其余的孙蔓一并除去，若长势稍次者可提高2~3节作果枝。

3. 多蔓式整枝

多蔓式整枝只有部分薄皮甜瓜品种（中晚熟）与有些地区厚皮甜瓜品种一起应用。在4~8片真叶时进行主蔓摘心，随后从伸出的子蔓中选留3~4条健壮子蔓，均匀引向四方，其余子蔓全部摘除，每一条子蔓长至适当部位（薄皮甜瓜在12节左右）及时摘心。山东益都银瓜与兰州白兰瓜采用四蔓式整枝比较特殊，益都银瓜的具体整枝方法是当幼苗长至2片真叶时进行主蔓摘心，并同时摘除第2片真叶，使第一叶腋伸出子蔓，定植时每穴栽2株，以后从每株上伸出的子蔓分别引向栽植沟的相反两侧，当子蔓具有5~8片真叶时进行第2次摘心，再从子蔓上部留3~4条健壮孙蔓，当每一孙蔓具有12~15片真叶时，其基部1~2节叶腋内伸出的2次副侧蔓上的幼果已经坐稳，此时即可进行第三次摘心或将顶端埋入土中，这是特殊的孙蔓四蔓式整枝法。兰州白兰瓜的整枝方法也与众不同，当主蔓长至8~9片真叶时，即行摘心促使其基部叶腋尽快抽出子蔓，待子蔓长出后，先将最基部的4条子蔓均匀拉向四方，为了不让植株随风翻动，应挑选条形卵石压在伸出的每条子蔓的中部，使之固定。当子蔓长出3~4片叶时打顶，促使孙蔓抽生，各条孙蔓长出2~3个叶片时，最基部的孙蔓留3个叶片打顶，中间孙蔓留2片叶打顶，最外边的孙蔓只留1片叶打顶，主蔓顶部还要抽出4条子蔓，对从基部往上数的第5和第

6 两条子蔓各留 2 片叶打顶，对第 7 和第 8 两条子蔓仅留 1 片叶片，若是当年雨水充沛，植株生长健旺，第 7 和第 8 两条子蔓还可全部摘除，以利植株内部通风透光；这样整枝后，使每一植株的中部突起 20 厘米左右，株幅有 70 ~ 80 厘米，形成一个半球反扣于地面。

另外，在整枝操作时要注意不同品种和植株间的差异，哈密瓜的坐瓜节位应比其他厚皮甜瓜推迟 2 节左右。如果厚皮甜瓜的长势较差，可在坐果后，于上部节位留 1 根孙蔓，作为叶面积不足的补充。

作为整枝手段的补充，应进行摘叶处理。在进入果实膨大期后，可摘去基部 2 ~ 4 片叶片，以增加植株基部的通风量，减少病害的发生。但要注意的是整枝和摘叶要求在晴天上午 9：00 时到下午 13：00 时进行，以保证当天伤口风干，减少病菌侵染的机会。

（三）西瓜整枝技术

西瓜应用较多的整枝方式有单蔓、双蔓和三蔓整枝。单蔓整枝只保留主蔓，摘除所有侧蔓。除保留主蔓外，在主蔓的第 3 ~ 5 节叶腋处再选留 1 条或 2 条健壮侧蔓作为副蔓与主蔓共同生长，摘除其余所有侧蔓，则分别称为双蔓整枝和三蔓整枝。整枝的方法各地有所差异，而且每株保留蔓的数量还需考虑品种特性、栽培密度、土壤肥力及施肥水平等因素。整枝应分期进行，每次整枝的强度不宜太大，第一次整枝时间不能过早，也不能过迟，一般在主蔓长 50 ~ 60 厘米、侧蔓长 15 厘米左右时开始整枝，以后每隔 3 ~ 5 天进行一次，共 3 ~ 4 次。坐果以前除所选的枝条外，其余杈子均应及时摘除，坐果以后可视长势决定是否继续整枝。

（四）南瓜整枝技术

中国栽培的南瓜主要有南瓜、笋瓜和西葫芦，西葫芦一般不进行摘心。笋瓜和南瓜一般在真叶出现 5 ~ 7 片时进行摘心，按照有效空间，留 3 ~ 4 条侧蔓，其余侧枝均去掉。所留侧蔓向四方引蔓。侧蔓一般留瓜 1 ~ 2 个，其余副侧蔓亦需摘除。南瓜整枝也可采用单蔓整枝，即只留一条主蔓，其余侧枝均去掉。

第七节　蔬花保果技术

一、蔬菜的疏花疏果技术

蔬菜生产中往往由于开花或开花结果过多，而影响蔬菜的正常生长和产品的形成。生产中可以通过对植株的疏花和疏果来调节蔬菜作物的生长和发育，使植株的生长向有利于产品器官形成的方向发展，从而有利于提高产品的品质，增加产量。但在生产中由于蔬菜种类的不同，以及同种蔬菜生育时期的不一样，反映在疏花疏果的作用上存在一定的差异。

（一）无性繁殖蔬菜花蕾去除

无性繁殖蔬菜的生殖器官退化，繁殖器官是营养器官，生产中开花结果会影响产品器官的形成。在无性繁殖蔬菜的生产中，为减少营养消耗，促进营养器官的形成，使产品达到高产优质，需要把无性繁殖蔬菜的生殖器官去除，就是无性繁殖蔬菜的疏花疏果。生产中一般在无性繁殖蔬菜的花蕾出现时，及时把花蕾疏掉，像马铃薯、百合和豆薯在植株出现花蕾时，及时摘除花蕾，可有利于地下产品器官的膨大。有些蔬菜在花薹形成时及时采摘花薹不仅有利于产品器官的形成，而且采摘的花薹又可作为蔬菜上市，像大蒜的蒜薹和韭菜的韭莛及时采摘不仅可作为高级蔬菜上市，而且也有利于蒜头的形成和韭菜的生长。

（二）果菜类蔬菜的疏花

对于番茄、黄瓜、西瓜和菜豆等一些果菜类蔬菜，生产中开花（瓜类指雌花）较多，但不是所有的花都能形成果实；或者虽然能形成果实，果实也较小，品质不好。因此在这些作物的生长过程中应及时疏掉一部分花，以有利于营养的合理分配，不仅有利于植株的营养生长，而且有利于产品器官的形成和膨大，有利于产品品质的提高。番茄的疏花一般在每个花序上出现花蕾时就可进行，根据种植的品种、种植时期和土壤肥力的情况，摘除生长不良的花朵，选留生长健壮的花朵即可，选留的花朵在 3 ~6 朵范围内。对于黄瓜、西瓜和菜豆等蔬菜，可根据植株长势的情况而疏掉一部分花朵，留下生长健壮的花朵。

（三）果菜类蔬菜的疏果

果菜类蔬菜果实的生长中存在着营养的竞争，先形成的果实影响着后面果实的生长，同时果实之间的营养竞争也影响了每个果实的正常生长，因此在果菜类蔬菜生长中要进行疏果，或进行果实的提前摘除，以促进其他果实的生长。番茄的疏果是在每穗果保留 3 ~6 个生长良好的果实的基础上，摘除其余的果实。黄瓜、茄子和辣椒等蔬菜的第一个果实竞争营养的能力强，如不及时采摘，会出现“坠秧”现象，生产中在第一个果实达可食用大小即行采摘。西瓜在主蔓上选留第二或第三个瓜，同时选留侧蔓上一、二个雌花备用，当幼瓜长到鸡蛋大小时，即可选瓜留果，疏掉果形不正、病果和发育不良的劣果，保留生长良好的一个果即可。

（四）二年生蔬菜采种时的疏花疏果

二年生蔬菜在春季采种时，由于采种植株开花过多，结果过多，而影响植株的正常开花结果，最终影响种子的质量和产量。为此在二年生蔬菜采种时，要对花枝上的花和果进行疏花和疏果，以保证种子的顺利形成。具体做法是人工去除花枝顶部较小的花朵和果实，保留生长健壮的花朵和种子，达到产出高产优质种子的目的。

二、蔬菜的保花保果技术

蔬菜生产中除了要疏花疏果，更重要的是要保花保果，这一点在果莱类蔬菜生产中更为重要。蔬菜的保花保果是通过各种措施对植株的发育进行调节，使其有利于生殖发育的进行。蔬菜生产中保花保果的措施主要有：

（一）调节环境条件，改善肥水管理

蔬菜生产中，往往由于植株生长环境不适，肥水管理不当，而引起植株营养供应不良，生长较弱，最终引起植株的落花落果。因此，蔬菜生产中的保花保果就要调节植株生长的环境条件，改善肥水管理水平，促进植株旺盛生长。

（二）花期叶面喷肥

由于营养不足而引起的落花落果，可通过增加肥料的施用量来得到补充，特别是在植物开花的时候进行叶面的喷肥，可很好地促进植物营养的积累，有利于保花保果。生产中可利用0.2%的尿素，或0.1%的硼酸在花期进行叶面喷肥，可有效地防止落花落果，达到保花保果的目的。

（三）人工辅助授粉

蔬菜生产中，没有授粉受精的花朵，由于缺少营养而易出现落花落果。人工辅助授粉可加强植株的授粉受精，改善植株的营养状况，提高坐果率，起到保花保果的作用。人工辅助授粉可以采取雄花的花粉涂抹在雌花的柱头上，也可在设施内人工释放昆虫来辅助授粉。

（四）喷施植物生长调节剂

施用植物生长调节剂是很好的防止落花落果的措施。蔬菜生产中可利用10～20毫克/升的2，4-D在番茄开花时蘸花或涂花，防止番茄落花；利用25毫克/升的防落素药液喷洒番茄花序，也可有效地防止番茄落花；用5～25毫克/升萘乙酸溶液喷花或蘸花，可很好地防止茄子、辣椒、菜豆的落花落果；用20～30毫克/升2，4-D或30～40毫克/升防落素药液涂抹西葫芦雌花花柱的基部，可很好地防止西葫芦的落花落果。

第八节　温室保温技术

日光温室冬季生产喜温性蔬菜，特别是高纬度严寒地区，当室外温度出现－15～－20℃低温时（1月中下旬），必须想方设法确保室内最低温度不低于8℃以下，才能维持作物正常的生长发育，因此，温室栽培常从以下几方面采取一些措施。

（一）防御寒风

严寒期（12月下旬至1月下旬）到来之前，可收集一些秸秆、稻草等堆放于后墙外和后屋顶上，可阻挡寒风吹袭后墙和后屋顶，减少室内从后墙和后屋顶的热量散失。若秸草不足，也可在后墙外培土防寒，尤其是对于砖石筑成的墙体，效果更好。并在风大的地方，温室东西两侧、山墙外和后墙北侧加扎一道风障，可缓和寒风侵袭，减少温室热量散失。风障可用玉米秆、高粱秆、芦苇秆、芦苇席、蒲草席、稻草帘或蓬布和塑料薄膜制作。

温室前立窗外围立一层草帘或秸草也有一定的防寒保温效果，因为温室南部前立窗塑料薄膜面积大，当内外温差增大时，尤其在夜间寒流伴有大风时，易产生低温危害，所以在前立窗外夜间围一层草帘或立放稻草捆等，防寒保温效果较好。

在温室南端外侧，于土壤冻结之前，挖一条宽、深各50厘米的沟（防寒沟），内填秸草、马粪或锯末等防寒隔热材料，表面填盖8～10厘米厚的土层，以阻止温室土壤中热量横向向外传导散失，这样可以提高温室南部的地温。

（二）多层覆盖

严寒期可增加一层草帘或在原草帘下增加一层纸被形成双层覆盖。纸被可用4～6层牛皮纸缝制或粘糊而成。纸被与草帘同宽便于操作。纸被虽薄，但如同棉袄内加衬衫，具有填充缝隙、阻风隔热的效果。若草帘不足两层，也可把草帘之间重叠部分加宽，这样也可以提高保温能力。有条件者可用棉被代替一层草帘或纸被。

钢架温室内，有条件者在寒冷期间可增设无纺布二道幕覆盖，如果是育苗床或定植后植株尚矮小时，可加设小拱棚覆盖，并且必要时可在小拱棚上面加盖纸被、草帘等保温材料，形成多层覆盖。此外，在严寒期还应调整揭盖草帘时间和改进通风方法，通常冬季温室草帘在日出半小时后揭开，下午室温降至

18℃时盖住，当严寒期外界最低温度降至 -15 ~ -20℃以下时，清晨揭草帘时，薄膜里面易结成冰层，并使室温迅速下降，所以宜适当迟揭1小时左右，下午也应相应地早盖，即当室温下降到20℃左右时，开始盖帘。这样虽作物见光时间缩短，但可避免严寒期的低温危害。严冬期通风换气不宜使用扒缝式放风，而宜采用筒袋式通风。通风筒设在前屋面顶部，每间温室（3米）1个，通风筒用塑料薄膜焊接而成，长50厘米左右，直径30~35厘米，两端各用铁丝或竹条绷成圆形，下端固定于棚膜上，通风时用竹竿撑起成烟囱状，闭风时放下撑杆即可。

（三）应急加温

在严寒地区，为防止寒风阴雪等灾害性天气对温室蔬菜袭击，也可采用临时应急加温措施，缓解寒流期低温寒害。临时加温方式有临时炉火加温、热风炉加温、电暖气加温和短时明火加温等。

炉火加温用煤作燃料，火炉须用铁皮做成或用铸铁炉，以利散热，并用铁皮烟囱。烟囱从后墙上部或后屋顶伸出。每3~4间温室设一火炉，重点是凌晨5：00~7：00时生火加温。

热风炉加温亦是用煤作燃料，热风炉设在温室一侧的作业间，形如茶水炉。炉身中部是填燃料的炉膛，周围为空气加热流动腔。底部设冷空气入口，与温室下相通，上部装有鼓风机，并连结热风输送带。采用此法，还可促进室内空气流动，降低空气湿度，减少病害发生。

电暖气加温是采用市售的电暖气片作为加热源，当寒流侵袭时，在温室临时加温驱寒，电暖气安全方便，易于挪动，但成本较高。

明火加温是利用干透的木材或易燃的秸秆等点燃明火短时加温。当寒流袭击，凌晨室温太低，一时又不便采用其他措施时，可作为一种应急措施使用。明火加温升温效果十几分钟可升高3~4℃，而且简便易行。但要注意尽量减少烟雾并控制火势，防止烟害和火灾事故。

第九节　温室补光技术

温室冬季生产喜光性蔬菜（如番茄、茄子、辣椒和西瓜等）光照不足的问题，应适当地采取一些增光补光或改善光照的技术措施，不仅会直接改善室内光照条件，作物光合作用，而且对提高室内温度、降低空气湿度、抑制病害发生等有积极的影响生产中可采取以下几方面措施。

（一）清扫棚膜，挂反光幕

冬春刮风频繁，棚面易落尘埃，加之每日揭盖草帘易掉落稻草等杂物，这些尘埃、杂积于棚面，严重影响薄膜的透光率，所以每天早晨揭草帘后，用笤帚、鸡毛掸或用物布条做成的托把等清扫一次棚面，效果非常好，特别是光照很弱的冬季。这样做费工、费时，但增光效果显著，用过的人满口称赞，在实际生产中，如果劳力紧张、忙不过来，至少每隔两三天清扫一次，最好是天天清扫。利用聚酯镀铝膜，作为反光幕，悬挂于温室脊柱位置或后墙上，可将射到温室后墙太阳光反射到栽培床，可使栽培床北部的光照强度增加25%左右（距反光幕越近增多，反之越少），并提高温度2℃左右。据试验，使用反光幕一般每667平方米增加投入200元，每667平方米增产值700余元；使用反光幕特别是对于培育健壮的秧苗和栽培喜强光性的蔬菜效果明显。

（二）减少阴影，注重采光

冬春季节，太阳较低，温室大棚内的立柱、架材等阴影面积大，搭架作物的垄向对采光影响亦大，所以，温室大棚内应尽量减少立柱架材的阴影，尽可能减少立柱或横截面小的材料作立柱，搭架方式采用吊架、网架或直立架等，栽培垄作成南北延向。

（三）应急补光，维护光合

当严冬期出现连续阴天，或连续寒流致使草帘迟揭早盖造成温室内光照严重不足时，很可能会使作物叶绿素破坏，光合机能减退，因此，在这种情况下要采取应急补光措施，维护作物光合功能。

温室补光的光源有白炽灯、日光灯、荧光灯和农用高压水银灯等。白炽灯（即普通的电灯泡）灯光虽弱，但因可产生一定热量，所以补光的同时也可发热提高温度，在苗床使用时要注意防止烤伤幼苗。其余三种灯省电，发光强度高。40瓦的日光灯，三根合在一起距苗床45厘米处，其光强为3.0～3.5千米烛光；荧光灯40瓦三根合照苗床，其45厘米处的光强为1.0～1.5千米烛光。100瓦的高压水银灯离苗床80厘米处的光强为0.8～1.0千米烛光。蔬菜上宜选用3千米烛光的水银灯或2千米烛光以下的荧光灯。

第十节　设施土壤消毒技术

设施种植是进行周年性生产，设施内长期处于高温、高湿的微环境下，适宜的环境条件有利于土壤中病原菌和害虫的繁殖，特别是一些专业化生产基地，多年连茬种植，难于轮作倒茬，常造成土壤中的病原菌和虫卵连年积累，一些土传病虫害发生越来越重。严重制约了设施种植业生产的发展，发生时一般减产20%～40%，严重时减产达60%以上甚至绝收。对于有些土传病虫害，有针对性的使用选用良种、实行轮作、嫁接等方法可以解决，进行土壤消毒是比较广谱、有效的方法。目前，土壤消毒常采用氯化苦消毒法，溴甲烷消毒法，太阳能消毒法，灌注热水消毒法，大水浸泡，冷冻消毒和药剂消毒法等方法。

（1）氯化苦消毒。一般适合于地温高于7℃时应用：先将土堆成30厘米厚、200厘米宽，长不限的堆，堆上每隔30厘米打一深10～15厘米的孔，孔内用注射器注入氯化苦5毫升，随即将孔堵住。第一层打孔放药后，再在其上堆同样厚的一层床土，打孔放药，共2～3层，然后盖上塑料薄膜，熏蒸7～10天后揭膜，晾7～8天，即可使用。保护地土壤消毒时，隔30厘米挖一深10～15厘米的小洞，每洞注入5毫升氯化苦溶液，用塑料薄膜覆盖，冬季封7～10天，夏季封3大，然后揭除薄膜，翻地，使毒气挥发后再定植。

氯化苦处理可有效地杀死土壤中的线虫、真菌和细菌，但对病毒基本无效。氯化苦对植物组织和人体有毒，要注意安全，不可吸人过多。

（2）溴甲烷消毒。一般在地温较低的季节使用，可杀死土壤中的病毒、细菌、真菌和线虫等。因其有剧毒，并是强致癌物质，因而必须严格遵守操作规程，并且要向其中加入2%的氯化苦，检验是否泄漏到周围环境中。加入溴甲烷有两种方法，一是将床土堆起，用塑料管将药剂喷注到床土上，每立方米基质用药100～150克，与土混匀，随即用塑料薄膜盖严，5～7天后揭膜，再晒7～10天，即可使用。二是将床土堆成30厘米厚、200厘米宽，长自定的土堆。土堆上设支架，上放一空脸盆，盆与土壤保持10～15厘米的距离，装上溴甲烷，盖上盖子，盆内设自动开口器，使开口器自动打开消毒。保护地土壤消毒时，在地面上搭塑料小拱棚，每平方米注入40～50克溴甲烷，一般封闭7～10天，再揭除薄膜，翻地，过3～4天，方可播种。

（3）太阳能消毒。又叫高温闷棚，是近年来温室栽培中应用较普遍的一种最廉价、最安全和最简单实用的土壤消毒法。又是以太阳、生物和化学所产生的三大热能综合利用为基础，通过高温闷棚，使耕作层土壤形成55℃以上的持续高温，有效灭除致病微生物及部分地下害虫；同时，利用高温闷棚技术，充分腐熟土壤内有机肥，提高吸收利用率；通过增加土壤有机质含量，促使次生盐渍土脱盐；能够改善土壤团粒结构、培养有益微生物群落。

在高温闷棚过程中，石灰氮（别名碳氮化钙、氰氨化钙，分子式为$CaCN_2$，俗称“庄伯伯”、乌肥和黑肥）是一种高效的农用化学肥料，曾一度被广泛应用于调节土壤酸性，补充钙素等农业生产。石灰氮，遇水分解后所生成的气态单氰胺和液态双氰胺对土壤中有害真菌、细菌等生物具有广谱性的杀灭作用，可防治多种土传病害及地下害虫，设施农业生产的根结线虫，也有一定的防治效果。石灰氮分解的中间产物除生石灰外，单氰胺和双氰胺最终都进一步生成尿素。石灰氮消毒技术的突出作用是促进有机物腐熟，改良土壤结构，调节土壤酸性，消除土壤板结，增加土壤透气性，减轻病虫草的危害，降低蔬菜中亚硝酸盐含量，补充土壤钙离子等。

一般选择阳光充足和气温最高的月份，棚内蔬菜收获后，拔除植株残体，保持棚架完好，棚膜完整，深翻土壤 25 ~ 30 厘米后整平地面。将植株残体、麦、稻、玉米秸秆利用铡草机铡成3 ~ 5 厘米长的寸段，并与菇渣、鸡粪或猪圈粪及牛栏粪等有机肥、石灰氮 40 ~ 80 千克，充分混合后均匀撒施于土壤表面，进行人工或机械翻混 1 ~ 2 遍。每隔 1 米培起一条宽 60 厘米、高 30 厘米、南北向的瓦背垄，还可按下茬蔬菜作物的定植株行距要求直接培垄。对无支柱的暖棚可用整块塑料薄膜覆盖，对有支柱的暖棚，须根据具体情况覆盖薄膜，但要密封薄膜搭接处。塑料薄膜可重复使用。棚内灌水至饱和度，密封整个棚室的棚膜及通风处，以提高闷棚受热、灭菌、杀虫效果。高温闷棚可进行至蔬菜苗定植前 5 天揭膜晾棚，闷棚时间不得少于 25 天。定植前可用生菜籽检验是否正常出苗，若能出苗即可定植。

其防控效果可明显减轻根结线虫病的侵害，重病黄瓜棚内对根结线虫病的防效达 73% 以上，黄瓜增收 50% 以上。连作障碍较重的暖棚，严格处理后，能够恢复到新建棚时的蔬菜产量与品质水平。显著减少因重茬土传引发的枯萎病、根腐病、黄萎病、疫霉病、灰霉病、茎基腐病以及细菌、病毒性等 10 余种病害。高温快速沤腐有机肥，丰富蔬菜所必需的土壤营养成分，降解肥料中的有毒、有害成分，为实现无公害生产创造了有利条件。合理选用石灰氮，显著降低产品硝酸盐含量，减轻土壤酸化，又可除草，杀灭病虫害。

同时，低量使用石灰氮（30 千克/每 667 平方米）的处理，比农民习惯施肥每 667 平方米减少成本 1 505元；高量使用石灰氮（60 千克/每 667 平方米）的处理，比农民习惯施肥每 667 平方米减少成本 1 640元的情况下，每 667 平方米纯收人增加 1 960元。

（4）灌注热水消毒。这是韩国推广的技术，消毒方法是：在消毒前，将土壤深翻 60 厘米。在地面上铺设耐热滴灌管，并在土壤和滴灌管上面覆盖一层薄膜保温。将燃油锅炉加热至 90℃ 以上后，通过 5 厘米的耐热塑料软管灌注到土壤。每平方米每次用水量 50 升，并持续相应时间，直至 60 厘米内土层温度升至足以杀死根结线虫等害虫和病菌，达到消毒的目的。利用容量0.5吨的锅炉，每班工作8小时，可消毒667平方米的耕种土壤。

（5）大水浸泡。大水浸泡兼有土壤消毒和除盐作用。在夏季或其他闲置期进行大水浸泡，提高地温，保持还原状态。浸泡时间越长，杀菌杀虫效果越明显，如果浸泡20天以上，可基本控制线虫危害，灌水后保持流动可有效除盐。另外，冷冻消毒的，冬季严寒，深翻土壤，可冻死部分病虫卵。

（6）药剂消毒。真菌性病害可选用30%噁霉灵水剂500～800倍液，或30%瑞苗清（24%噁霉灵+6%甲霜灵）1 000倍液，或50%敌磺钠可溶性粉剂600倍液，或5%井冈霉素水剂500～800倍液淋施土壤。还可选用根腐宁（敌磺钠）或噁霉灵500～1 000倍液，或50%多菌灵、70%托布津500～800倍液淋施土壤，或按每667平方米用药2～3千克，拌适量细土均匀撒施再耕翻。对于细菌性病害，如青枯病、软腐病，可用88%水合霉素1 000倍液，或72%农用链霉素可溶性粉剂3 000～5 000倍液淋施土壤。根结线虫每667平方米用10%苯线磷5千克沟施或穴施，整地后3～5天定植。

此外，还可以采取酒精土壤消毒法。土壤消毒法是日本千叶县农业综合研究中心等机构的研究人员开发出了一种简易土壤消毒方法，具体操作步骤是，在土壤上喷洒浓度为2%左右的酒精水溶液，然后用塑料薄膜覆盖1～2周。酒精能降低土壤内含氧量，从而起到灭虫效果，消毒效果几乎等同于溴甲烷。酒精几天后就会在土壤中分解，不会对环境造成影响。

第十一节 温室二氧化碳施肥技术

冬季和早春，温室大棚通风换气少，很容易出现二氧化碳亏缺，目前温室大棚内增施二氧化碳气肥的效果，已被国内外所公认，在日本、荷兰等国家，施用二氧化碳已经普及，适宜施用的作物种类也较多，有黄瓜、网纹甜瓜、甜椒、番茄等蔬菜。

一、二氧化碳的来源

二氧化碳的肥源及其生产成本，是决定在设施生产中能否推广和应用二氧化碳施肥技术的关键。解决肥源有以下几种途径：

（一）通风换气法

在密闭的设施内，由于作物的光合作用，中午前后二氧化碳浓度会降至很低，甚至达到150微升/升，最快、最简单补充二氧化碳浓度的方法就是通风换气，在外界气温高于10℃时，这是最常采用的方法。通风换气有强制通风和自然通风两种。强制通风是利用人工动力如鼓风机等进行的通风，自然通风就是利用风和温差所引起的压力差进行的。但这种方法有局限性，表现在设施内的二氧化碳浓度只能增加到与外界二氧化碳浓度相同的水平，浓度再增高受到限制；另外，在外界气温低于1℃时，直接通风有困难，会影响室内气温。

（二）土壤中增施有机质法

土壤中增施有机质，在微生物的作用下，能不断地被分解为二氧化碳，同时土壤中有机质增多，也会使土壤中生物增加，进而增加了土壤中生物呼吸所放出的二氧化碳。在不同的有机质种类中腐熟的稻草放出的二氧化碳量最高，稻壳和稻草堆肥次之，腐叶土、泥炭、稻壳熏碳等相对较差。

（三）人工施用二氧化碳

目前，国内外采用的二氧化碳发生源主要有燃烧含碳物质法、施放纯净二氧化碳法、化学反应法。

1. 燃烧含碳物质法

这种方法又分为3种碳源。一是燃烧煤或焦炭，1千克煤或焦炭完全燃烧大约可产生3千克二氧化碳，这种方法原料容易得到，成本低，在广大农村发展潜力较大，并可在一定条件下实现温室供暖与二氧化碳施肥的统一。但是，如果煤中含有硫化物或燃烧不完全，就会产生二氧化硫和一氧化碳等有毒气体，而且产生的二氧化碳浓度不容易控制。因此，在采用此法时，应选择无硫燃煤，并注意燃烧充分，避免烟道漏烟。二是燃烧天然气（液化石油气），这种方法产生的二氧化碳气体较纯净，而且可以通过管道输入到设施内，但成本较高。三是燃烧纯净煤油，每升完全燃烧可产生2.5千克（1.27立方米）二氧化碳，这种方法易燃烧完全，产生的二氧化碳气体纯净，但成本高，难以推广应用。

2. 施放纯净二氧化碳法

这种方法又分为两种，一是施放固态二氧化碳（干冰），可将其放在容器内，任其自由扩散，而且便于定量施放，所得气体纯净，施肥效果良好。但成本高，而且干冰贮运不便，施放后易造成干冰吸热降温，所以只适于小面积试验用。二是施放液态二氧化碳，液态二氧化碳可以从制酒行业中获得，可直接在设施内释放，容易控制用量，肥源较多。液态二氧化碳经压缩装在钢瓶内，可选用直径1厘米粗的塑料管通入设施内。因为二氧化碳的比重大于空气，所以必须把塑料管架离地面，并每隔1～2米在塑料管上扎1小孔，然后把塑料管接到钢瓶出口，出口压力保持在1～1.2千克/厘米，每天根据情况放气即可，使用成本适中，在近郊菜区便于推广。

3. 化学反应法

利用强酸（硫酸、盐酸）与碳酸盐（碳酸钙、碳酸氢铵）反应释放二氧化碳。近几年，山东、辽宁等地相继开发出多种成套的二氧化碳施肥装置，主要结构包括贮酸罐、尾应罐、提酸手柄、过滤罐、输酸管和排气管等部分，工作时将提酸手柄提起，并顺时针旋转90°使其锁定，硫酸便通过输酸管微滴于反应罐内，与预先装入反应罐内的碳酸氢铵进行化学反应，生成二氧化碳气体。二氧化碳经过滤罐（内装清水）过滤，氨气溶于水，二氧化碳气体被均匀送至日光温室供农作物吸收。通过硫酸供给量控制二氧化碳生成量，二氧化碳发生迅速，产气量大，操作简便，较安全，应用效果较好。

此外，二氧化碳的固体颗粒气肥以碳酸钙为基料，有机酸作调理剂，无机酸作载体，在高温高压下挤压而成，施人土壤后可缓慢释放二氧化碳。据报道，每667平方米一次施用量40～50千克，可持续产气40天左右，并且一日中释放二氧化碳的速度与光温变化同步。该类肥源的优点是使用方便，省时省力，室内二氧化碳浓度空间分布较均匀。但是，颗粒气肥对贮藏条件要求严格，释放二氧化碳的速度慢，产气量少，且受温度、水分的影响，难以人为控制。

二、二氧化碳的施用浓度和时期

（一）施用时期

从理论上讲，二氧化碳施肥应在作物一生中光合作用最旺盛的时期和一天中光温条件最好的时间进行。但是，早春及严冬季节温度较低，通风较少，施用二氧化碳也会起到较好的效果。果菜苗期以2片真叶展开到移植前效果较好，定植的蔬菜从缓苗后开始，连续放30天以上效果明显。韭菜、芹菜、蒜苗和菠菜等叶菜类，在收获前20天开始，需连续施放到收获。黄瓜等果菜类蔬菜在结果初期至采收初期施放，可促进果实肥大，施用过早容易引起茎叶徒长。施用时间，一般温室在揭苫后30～50分钟内施用，放风前30分钟停止。大棚在日出后30～50分钟内施用，放风前停止，下午一般不施用。阴、雨、雪天不宜施用。

（二）施用浓度

从光合作用的角度，接近饱和点的二氧化碳浓度为最适施肥浓度。但是，二氧化碳饱和点受作物、环境等多因素制约，生产中较难把握；而且施用饱和点浓度的二氧化碳也未必经济合算。很多研究表明，二氧化碳浓度超过900微米/升后，进一步增加施肥浓度收益增加很少，而且浓度过高易造成作物伤害和增加渗漏损失，因此，800 ~ 1 500 微米/升可作为多数作物的推荐施肥浓度，具体依作物种类、生育阶段、光照及温度条件而定，如晴天和春秋季节光照较强时施肥浓度宜高，阴天和冬季低温弱光季节施肥浓度宜低。

三、二氧化碳施肥注意事项

（一）采用化学反应法施用二氧化碳时，由于强酸有腐蚀作用，不要滴到操作者的衣服和皮肤上，也不要滴到作物上。一旦滴上应及时涂小苏打和碳酸氢铵或用水清洗。

（二）施放二氧化碳要有连续性，才能达到增产效果，禁止突然停止施用，否则黄瓜等果菜类会提前老化，产量显著下降。若需停用时，要提前计划，逐渐降低二氧化碳浓度，缩短施用时间，以适应环境条件变化。

（三）施用二氧化碳的作物生长量大，发育快，需增加追肥和灌水次数。

（四）二氧化碳发生器应用东西遮盖，以防太阳直射而老化，影响密封性和使用寿命。发生器的密封反应罐最好用塑料薄膜绕扣缠一圈再拧紧，免得漏气。

（五）阴、雨、雪天不宜施用二氧化碳。

第十二节　设施节水技术

一、灌溉系统的组成

温室大棚中的滴灌系统是由水泵、仪表、控制阀、施肥罐、过滤器等组成的枢纽及担负着输配水任务的各支、毛管组成的管网系统和直接向作物根部供水的各种形式的灌水器三部分组成的。

（一）首部枢纽

1. 过滤设备

滴灌要求灌溉水中不含有造成灌水器堵塞的污物和杂质，而实际上任何水源都不同程度地含有各种杂质，因此，对灌溉水进行严格的净化处理是滴灌中的首要步骤，是保证滴灌系统正常进行、延长灌水器使用寿命和保证灌水质量的关键措施。过滤设备主要包括拦污栅（筛网）、沉淀池、离心式过滤器、沙石过滤器、滤网式过滤器等。可根据水源的类型、水中的污物种类及杂质含量来选配合适的类型。

2. 施肥装置

施肥装置主要是向滴灌系统注入可溶性肥料或农药溶液的设备。将其用软管与主管道相通，随灌溉水即可随时施肥。还可以根据作物需要，同时增施一些可溶性的杀菌剂、杀虫剂。常用的是压差式施肥罐，规格有10升、30升、60升和90升等。

3. 闸阀

在滴灌系统中一般都采用现有的标准阀门产品，按压力分类这些阀门有高、中、低3类。滴灌系统中主过滤器以下至田间管网中一般用低压阀门，并要求阀门不生锈腐蚀，因此，最好用不锈钢、黄铜或塑料阀门。

4. 压力表与水表

滴灌系统中经常使用弹簧管压力表测量管路中的水压力。而水表是用来计量输水流量大小和计算灌溉用水量的多少。水表一般安装在首部枢纽中。

5. 水泵

离心泵是滴灌系统应用最普遍的泵型，尽量使用电动机驱动，并需考虑供电保证程度。可根据灌溉面积来选择适宜功率的水泵，一般667平方米选用370瓦的水泵即可满足需要。

（二）管网系统

管网是输水部分，包括干管、支管、毛管等。常用于管材料有PVC管、PP管和PE管，主要规格有直径160毫米、110毫米和90毫米3种，使用压力为0.4～1.0兆帕，可根据流量大小选择合适的规格。支管一般选用直径为32毫米、40毫米、50毫米和63毫米的高压聚乙烯黑管或白管，以黑管居多，使用压力为0.4兆帕。毛管与灌水器直接相连，一般放在地平面，多采用高压聚乙烯黑管，要求耐压0.25～0.4兆帕，多用直径为25毫米、20毫米和16毫米的管。支管与毛管连接时配有各种规格的旁通、三通等，只需在支管上打好相应的孔，就能连接。但是，打孔必须注意质量，否则会密封不严而漏水。

（三）灌水器

灌水器包括滴头、滴灌管和滴灌带等。有补偿式滴头、孔口滴头、内镶式滴灌管、脉冲滴灌管以及迷宫式滴灌带等。可根据种植作物的种类、灌溉水的质量、工作压力以及经济条件来选择合适的形式。

二、节水灌溉系统的安装

（一）安装前规划设计

根据使用要求、水源条件、地形地貌和作物的种植情况（农艺要求），合理布置引、蓄、提水源工程，首部枢纽设置和输配水管网及管件配置，提出工程概算。

1. 水源工程的设置

一般来说，设施连片栽培或集中的基地水源工程应该配套，做到统一规划、合理配置，尽量减少输水干管、水渠的一次性投资，单个棚室用井、水池作为水源时，尽可能将井打在设施中间，水池尽量靠近设施。

2. 系统首部枢纽和输水管网配置

首部枢纽通常与水源工程一起布局设计，对于设施连片的基地，输水干管应尽量布置在设施中间，并埋入地下 30 厘米左右，每一或二个大棚（温室）处留一出水口接头，当田面整理不平时，干管应设置在田块相对较高的一端。

（二）施工安装

1. 首部安装

必须认真了解设备性能，设备之间的连接必须安装严紧，不得漏水，施肥器安装时应注意其标示的箭头方向进水，需要用电机作动力时，应注意安全。

2. 滴灌管网的安装

安装顺序是先主（干）管再支、毛管，以便全面控制，分区试水。支管与干管组装完成后再按垂直于支管方向铺设毛管。在作物定植之前或定植后均可铺设，以定植之前安装、铺设质量最高。

支管一般选用直径为 25 毫米的 PE 管，安装时按大棚、温室的实际长度，用钢锯截取相应长度。支管一般安装在设施内垂直于畦长方向布置，对于温室，一般在南底角处；对于大棚，可安装在大棚中间或一端。若大棚、温室长度在 50 米以下，可直接由大棚或温室的较高的一端向另一端输水；棚室长度在 50～60 米以上时，最好从大棚或温室中间的支管进水，向两头输水，以减少系统水头损失，并提高灌水均匀度。支管用三通连接起来，三通的一通与滴灌软管连接，注意在支管上留好进水口并接上进水管。

根据温室、大棚中作物的种植方式：一畦一行、一畦二行或者垄作等，铺设毛管（滴灌软管）。首先要精细整地，使畦面平整，无大土块，将软管与畦长比齐后剪断，可以在两行作物之间安装 1 根软管，同时向两行作物供水；也可以每行作物铺设 1 根软管；还可以把软管按照大于双倍畦长截断，将软管的一头接在支管上，顺在畦的一侧，不要在外侧（离畦外缘 15 厘米左右），然后在畦的另一端插 2 根小竹棍，小竹棍的间距略小于作物的行距，使滴灌软管绕过小竹棍折回，至支管端，用细铁丝将其末端卡死。需要注意软管在铺放时一定不能互相扭转，以免堵水。另外，如果结合地膜覆盖，在铺放软管时滴孔要朝上。

待整个系统安装完毕后，通水进行耐压试验和试运行，并检查管网是否漏水，确认无漏水，回填地下输水干管沟槽；检查首部枢纽运行是否正常。观察软管喷水的高度即检查软管出水是否均匀平衡，支管与软管之间是否畅通，确认没有问题后，再在畦上覆盖地膜。

三、滴灌系统的管理与维护

为了确保滴灌系统的正常运行，延长滴灌设施的使用年限，关键是要正确使用、维护和良好的管理。

（一）初次运行和换茬安装后，应对蓄水池、水泵、管路等进行全面检修、试压，以确保滴灌设施的正常运行。对蓄水池等水源工程要进行经常维修养护，保持设施完好。对蓄水池沉积的泥沙等污物应定期洗刷排除。开敞式蓄水池的静水中藻类易于繁殖，在灌溉季节应定期向池中投施绿矾，使水中的绿矾浓度在0.1～1.0微米/升左右，以防止藻类滋生。水源中不得有超过0.8米的悬浮物，否则要安装过滤装置。

（二）对水泵要按运行规则进行维修和保养，在冬季使用时，注意防止冻坏水泵。

（三）滴灌运行期间，要定期对软管进行全面彻底的冲洗，洗净管内残留物和泥沙。冲洗时，打开软管尾端的扎头或堵头。冲洗好后，再将尾端扎好，进入正常运行。

（四）每次施肥、施药后，一定要灌一段时间清水，以清洗管道。

（五）每茬作物灌溉期结束，用清水冲洗后，将滴灌软管取下。然后应将软管按棚、畦编号分别卷成盘状，放在阴凉、避光、干燥的库房内，并防止虫（鼠）咬、损坏，以备下次使用。

（六）对滴灌设施的附件，如三通、直通和硬管等，在每茬灌溉期结束时，三通与硬管连接一般不要拆开，一并存放在库房内。直通与软管一般不要拆开，可直接卷入软管盘卷内。

（七）软管卷盘时，原则上要按原来的折叠印卷盘，对有褶皱的地方应将其整平后再卷盘。

（八）由于软管壁较薄，一般只有0.2毫米左右，因此，平时田间劳作和换茬收藏时，要小心操作，谨防划伤、戳破软管。并且卷盘时，不要硬拖、拉软管。

第十三节　育苗设施及技术

一、育苗床类型

（一）露地苗床

1. 平畦与高畦

平畦或称低畦，是指育苗床的高低而言。露地苗床应选择地势高燥、排水通畅、土壤疏松、肥沃、无病虫危害的地块。在北方或在干旱的地区育苗，需要经常浇水，大都做成平畦。在南方或在雨水较多的地区，一般都做成高畦或半高畦，以利于排水防涝。

2. 遮阳棚苗床

在高温多雨的季节育苗，为防止烈日或暴雨对蔬菜幼苗的伤害，在露地苗床上，覆盖遮光、隔雨的草帘等物。

遮阳棚的形式多样，所需材料可就地取材，也可在各种棚架下做苗床，在架上覆盖遮阳、隔雨的覆盖物形成遮阳棚。

（二）保护地苗床

1. 风障苗床

耐寒蔬菜如洋葱、莴笋等在秋、冬季节育苗时，为安全越冬，需在畦的北侧立风障。风障高 2 米，向南倾角 75°左右。有些蔬菜如芹菜、莴笋等在夏季育苗时，由于气温、土温过高，致使出苗困难，幼苗生长纤弱，采用遮阳棚外，也有利用风障遮阴的。这种风障与冬季的不同，是立在育苗畦的南侧向北倾斜，也称“倒阴障”。

2. 阳畦苗床

阳畦一般指冷床，是在风障畦的基础上四周建有土框，上面覆薄膜等覆盖物而形成的一种半地下、封闭式苗床。阳畦的长度一般 6 ~ 7 米。在北京地区畦内旬平均地表最高温度可达 20℃左右，旬平均地表最低温度也有 2 ~ 3℃，适于耐寒蔬菜，如甘蓝类、莴苣等冬季播种育苗，也适于苗龄短的黄瓜、西葫芦等露地栽培育苗或茄果类露地栽培的分苗。

3. 改良阳畦苗床

传统的阳畦覆盖农膜后温、湿度不易控制，而且管理也不方便。改良阳畦有较高的后墙，内部空间增大，不仅改善了温、光、湿、气等环境条件，而且管理工作也比较方便。改良阳畦内的气温与地温都比阳畦要高，且改良阳畦内每天低温的持续时间缩短。改良阳畦不仅适宜各种耐寒蔬菜在冬季育苗，也可作为喜温的果菜春大棚栽培和露地早熟栽培播种育苗。

4. 塑料大棚苗床

目前生产上应用的大棚形式种类较多，跨度一般 10 ~ 15 米，长 30 ~ 60 米，中高 2 ~ 2.5 米。塑料大棚具有面积大、土地利用率高、光照条件好、空间大、管理方便等优点。但是由于其不便加盖不透明保温覆盖物，所以，其保温性能较改良阳畦差。北京地区从 12 月下旬至翌年 1 月下旬棚内气温一般仅比露地高 3 ~ 5℃，基本上不能从事生产。2 月下旬以后，棚温回升日趋显著，旬平均气温可达 10℃以上，直到 3 月中下旬最低气温仅 0 ~ 3℃，比露地高 2 ~ 3℃。

在塑料大棚内做育苗床一种是在棚内建平畦或半高畦苗床。在北方春季用于各种蔬菜分苗，夏季用于秋菜播种育苗，在南方也可用于喜温蔬菜播种育苗；另一种是在棚内苗床上再支小拱棚，加盖薄膜及草帘，1 ~ 2 月份苗床内温度接近改良阳畦。可用于华北地区各种蔬菜的早春分苗，在南方可进行各种蔬菜的播种。

5. 日光温室苗床

日光温室的类型很多，目前主要推广节能型日光温室，如矮后墙、长后屋面拱形温室；高后墙、矮后屋面拱形温室；一坡一立式温室和钢拱架无柱温室等。

短后墙长后屋面拱形温室，因后墙矮，后屋面仰角大，前屋面主要受光面角度在 30°以上，所以，冬季室内光照比较充足。后屋面长且厚，后墙外侧又培有防寒土，故保温性能也好，冬季晴天时可比室外温度平均高 23 ~ 25℃，但由于后屋面过长，春季太阳高度角升高时，造成的阴影弱光区大。一坡一立式温室空间大，采光面大，光照条件好，保温性稍差。高后墙短后屋面拱形温室和钢拱架无柱温室的采光、保温性能相似，冬季晴天时比室外温度平均高 15 ~ 18℃，从 12 月份至翌年 2 月份的低温季节，室内晴天白天气温可达 20℃以上，夜间一般不低于 8 ~ 10℃以下。这几种日光温室在黄河下游及温暖些的地区适宜各种蔬菜播种或分苗。华北地区在严寒季节播种喜温果菜类可采取补充加温措施或加盖小拱棚。

6. 加温温室苗床

各种类型的加温温室与日光温室比较，由于加温温室的温度可以人为控制，能保证各种蔬菜育苗的需要。一般来说，加温温室育苗时苗龄较短，如果在露地定植，适应性较差，必须注意秧苗锻炼。

二、常规育苗方法

（一）常规育苗特点

常规育苗也称普通育苗，优点是因地制宜、就地取材、设备简单、育苗相对成本较低。常规育苗存在的主要问题是：

1. 苗期长

育苗床气温、土温均低，幼苗出土和生长缓慢，苗龄长。如茄果类一般要在1月下旬播种，苗期在90～120天。瓜类一般在惊蛰前后播种，苗龄也达50～60天。因此，苗期管理用工也多。

2. 秧苗生活力弱

由于秧苗要在苗床中度过整个冬季，这期间的气温、地温常常满足不了秧苗生长需要，特别是阴雨、雪天，只能维持不受冻害。因此，秧苗常处在生长停滞状态，往往成为小老苗，质量差。

3. 劳动强度大

从建床开始就要筑土框、夹风障、翻晒苗床土壤等。秧苗在100天的生育期中，天天都要揭盖草苫、放风等，劳动强度大，而且时时处处需谨慎小心。

4. 土地利用率低

由于阳畦土框占地面积较大，加上风障、晾晒蒲席占地等，一般苗床面积仅为占地面积的1/3左右，即使在苗床内，也由于床框的遮阴和局部温差的影响，床面实际利用率也只有2/3左右。

5. 风险大

冷床的热源主要靠太阳光，如遇上寒流、阴雨、雪天，特别是长期的连续阴雪天，易发生沤根、倒苗，造成大片死苗，甚至全部死苗。

（二）常规育苗步骤

1. 育苗床土准备

（1）床土材料的选择。育苗床土通常是用松软、体轻、有机质含量较高，又含有一定肥分的有机肥等材料与园田土配合而成。马粪的有机质含量高，孔隙度大、物理性状良好，是许多地方配制床土常用的有机肥料。草炭又叫泥炭，具有体轻、孔隙度大，有机质含量高和含有较多营养的优点。稻壳重量轻、疏松，将稻壳与马粪混合使其发酵，充分腐熟就可应用，直接用稻壳和园土配制床土培育番茄秧苗效果也不错。森林腐叶土，是枯枝落叶和杂草残体经多年腐烂后与林地表土的混合物，有机质含量高，富含营养，理化性质良好，也是配制床土的好材料。各种畜粪、堆肥、秸秆等充分发酵分解腐熟后也可用来配制床土。此外，炉渣、甘蔗渣等经过加工处理也可作配制床土材料。园土的选择主要应注意选病原菌和害虫少、肥力高的土壤，一般是在近几年内没有栽种过茄果类、瓜类、甘蓝等蔬菜的地块上挖取园土，也可在栽培大豆、玉米的大田地里取土。

（2）床土的配制。播种床和分苗床的配方稍有不同。播种床的床土疏松度应稍大些，即有机肥等材料的体积比例大些，园土的体积比例稍小些，有利于提高土温，保水，利于发根、出苗。分苗床的床土有机肥等材料的比例比播种床土小些，园土比例大些，床土要有一定黏性，防止起苗时散坨。

A. 播种床按体积计算常用配方

配方Ⅰ：2/3 园土、1/3 马粪；

配方Ⅱ：1/3 园土、1/3 细炉渣、1/3 马粪；

B. 分苗床按体积比计算常用配方

配方Ⅰ：1/3 园土、1/3 马粪、1/3 稻壳（黄瓜、辣椒）；

配方Ⅱ：2/3 园土、1/3 稻壳（番茄）；

配方Ⅲ：2/3 园土、1/3 马粪（通用）；

配方Ⅳ：腐熟草炭和肥沃园土各 1/2（结球甘蓝）；

配方Ⅴ：腐熟有机质堆肥 4/5、园土 1/5（甘蓝、茄果类）；

配方Ⅵ：2/3 园土、1/3 森林腐殖质土（通用）。

如果马粪等发酵时没有加入粪尿或园土肥力不高，还应在配制的床土中掺入适量化肥，一般每立方米床土加入尿素 200 ~ 300 克，过磷酸钙 1 ~ 2 千克或复合肥 1 ~ 2 千克。各种元素土壤溶液总浓度不应过高，一般不超过 0.2%，床土 pH 值为 6 ~ 7 为好。生产中往往由于分苗床面积大，人工配制床土工作量大，可以把苗床表土过筛，每平方米苗床施入充分腐熟的优质有机肥 25 ~ 30 千克，充分混合并加少量速效化肥。

（3）床土消毒

为了防治苗期病虫害，还应进行床土消毒。床土消毒的方法目前主要采用药剂消毒。

敌克松主要用于防治蔬菜苗期立枯病、猝倒病、软腐病和黄萎病等。每立方米营养土用药 50 克充分混匀，或每平方米苗床用药 5 克，对 20 倍细土混匀撒于浇过底水的苗床。

65% 代森锌粉药剂能杀灭猝倒病菌，每立方米床土用 65% 代森锌粉药剂 60 克，或用 50% 多菌灵粉剂，每立方米床土用药 40 克药土混拌均匀后用塑料薄膜覆盖 2 ~ 3 天，然后撤去塑料薄膜，待药味散后铺于苗床。

溴甲烷消毒，能防治土壤传播的病害、烟草花叶病毒病和线虫，对防治黄瓜疫病有特，但对镰刀菌杀灭效果稍差。先把床土堆成30厘米高长方形土堆，整平表面，其宽度为能扣上塑料小棚为准，在土堆中间位置放一个盆，在盆中放一个小钵，向小钵里放人溴甲烷，然后用带孔的盖子盖上小钵，每平方米床土用药量100~150克。在土堆上扣上塑料小拱棚，四周塑料薄膜基部的外侧用土封严，使挥发出气态药在土内扩散，防止外逸。封闭处理10天后撤掉小拱棚，充分翻倒床土，再经2~3天，药气扩散完了就可以使用床土。

2. 种子处理

（1）精选种子。育苗的蔬菜种子必须先进行晾晒、精选，剔出腐烂、破损、瘪粒和虫蛀的种子。经过精选的种子播种后出苗率高，出苗整齐，长势强。精选种子的比较简易可行的方法有：风选、水选、筛选和人工手选等。大量种子利用鼓风机和空气吸力把轻瘪种子与饱满种子分离，种子与重量轻的杂质分开。水选是利用饱满种子与瘪种子和其他杂物的比重不同，把漂在水面上的瘪种子、果荚碎屑、枯枝碎叶和沉在最下面的泥沙、石砾等与饱满的种子分离。筛选是选适宜孔径筛眼的筛子，把同一种类、同一品种的大粒和小粒种子分开，也能筛去泥土和其他杂物。人工手选适用于大粒蔬菜种子，如豆类和瓜类等，可以挑除瘪种子、病虫危害的种子、破损种子及其他杂物。

（2）种子消毒处理。主要是用药剂、热水烫种和温汤浸种等杀灭种子所带病菌，达到预防通过种子传播病害的目的。药粉拌种是安全、简便的药剂消毒的方法之一，可根据所防治的病虫害选用不同的药剂，如用福美双可湿性粉剂，或克菌丹可湿性粉剂，或百菌清可湿性粉剂进行拌种可防治猝倒病，一般用药量为种子重量的0.2%~0.3%。具体方法是将浸种完毕后的种子，取出稍晾干种子表面的水分，放入药粉均匀拌种，使每粒种子表面都粘有一层药粉。经过拌种的种子通常适于直播。

药液浸种是把种子浸入药液中，杀死种子上的病原菌，药液浸种前，先用清水浸种3~4小时，然后浸入药液中，按规定时间捞出种子，再用清水反复冲洗至无药味为止。

常用的药液消毒法有：①番茄、茄子用福尔马林（40%甲醛）100倍水溶液浸种15~20分钟，取出后用湿布包好，放入盆钵内密闭2~3小时，然后用清水洗净，可减轻或控制番茄早疫病和茄子褐纹病的发生。②黄瓜种子用福尔马林100倍水溶液浸种30分钟后取出，用清水冲洗干净后催芽，可预防黄瓜枯萎病和炭疽病的发生与传播。③辣椒种子浸入1%的硫酸铜水溶液中5分钟后取出，再放到浓度为1%的石灰水中浸一下以中和酸性，然后清洗，继续用清水浸种，可防止辣椒炭疽病和细菌性斑点病的传播。④将番茄种子浸入10%的磷酸三钠溶液中，或2%的氢氧化钠溶液中20分钟。取出后用清水洗干净，继续用清水浸种，可减轻番茄花叶病毒病。

（3）清水浸种。浸种是保证种子在有利于吸水的温度条件下，在短时间内吸足从种子萌动到出芽所需水分的主要措施。根据浸泡水温，浸种可分为温水浸种、温汤浸种和热水烫种。

温水浸种是用25～30℃的清水浸种，方法简单，但没有消毒作用。温汤浸种所用水温为病菌致死温度55℃。具体方法是先向盛有种子的容器倒入少量温水，把种子浸没，再倒入开水，边倒水边顺着一个方向搅动，使容器中水温达到55℃，并随时补给热水，保持55℃水温10～15分钟后。加入冷水使水温下降，耐寒蔬菜降至20℃左右，喜温蔬菜降至30℃左右，进行浸种。浸种时间可比温水浸种缩短0.5～1小时。

热水烫种是70～80℃甚至更高温度的水进行烫种，主要用于难于吸水的种子，如冬瓜、苦瓜、丝瓜等。种皮薄的种子一般不宜烫种。取干燥的种子放入容器中（种子越干燥越能忍受高温刺激），用80～90℃的热水徐徐倒入，边倒边顺着一个方向搅动，当水温降至70～75℃，并保持1～2分钟，加冷水降至55℃时再继续搅动，并保持这样的水温8～10分钟，再加冷水至30℃左右继续浸种。

无论何种方法浸种，都应注意搓洗种皮外表上的黏物，并淘洗干净，以促进种子吸水。温汤浸种和热水浸种，除能加快种子吸水外，还有一定的杀菌消毒作用。

（4）催芽。催芽是指种子在浸种消毒之后，人为的控制条件，促使种子中的养分迅速分解转化，供给幼胚生长、发芽的措施。

常用的催芽方法有瓦盆催芽、沙床催芽和电热催芽室催芽等方法。瓦盆催芽法是在种子充分吸水后，控去种子表面浮水，用清洁无油渍的湿布包好，盆底部垫上秸草等，把包有种子的湿布包放在盆里，上面再盖上棉垫等并放于温暖处，这样既能防止盆底积水泡坏种子，又能保温、保湿。沙床法是把洗净的河沙摊放在麻袋或塑料薄膜上，厚度2～3厘米，上面均匀摊放1～2厘米厚的种子，种子上面再盖上1～2厘米厚的湿沙，放在适温下催芽。电热催芽箱催芽法是把装有待催芽种子的容器或湿布包放在电热控温的催芽室或催芽箱里，由于温度能自动控制，管理方便，所以出芽日期准确，而且出芽整齐茁壮。

无论哪种催芽方法，所用的容器和包布都应当清洁，不能有油污和积水，种子不能铺得过厚，防止因缺氧影响种子呼吸而引起烂种和出芽不整齐。催芽期间，每天要用清水将种子冲洗1或2次，以补充水分和氧气。当有75%左右种子破嘴或露芽时，即停止催芽等待播种。一般耐寒蔬菜催芽的温度为20～22℃，喜温蔬菜为25～30℃，开始稍低，逐渐升高，当露白时再降低，使胚根茁壮。催芽的种子在胚根突破种皮时给予一定时间的0℃以下的低温处理，称“胚芽锻炼”或称“变温锻炼”。具体方法是把刚破嘴的种子连同包布或容器先放在－3～－1℃低温下12～18小时（喜温蔬菜取温度高限，耐寒蔬菜取低限），再放到18～22℃下12～16小时，反复经过2～3天。变温过程中，低温控制胚根伸长，减少养分消耗；较高温度时促进营养物质分解，保持种子的活力。通过胚芽锻炼能提高抗寒能力，有较明显的早熟高产效果。

（5）打破种子休眠和促进发芽的药剂处理方法。在温、湿度和氧气等条件都适宜的情况下，有生活力的种子仍处于不萌发状态称为种子休眠。其原因一是种胚本身未成熟；二是种子贮藏物质有抑制萌发的物质存在；三是果皮或种皮不透气也不发芽。用双氧水处理种子，使果皮或种皮受轻度腐蚀，改善其通透性，又能提供较多氧气，从而解除休眠。用0.01%的赤霉素水溶液浸泡处在休眠状态的黑籽南瓜种子1～1.5小时，可以打破休眠。

硫脲和赤霉素能有效促进某些种子发芽，适宜的浓度分别为0.1%和0.01%。用硫脲或赤霉素处理芹菜、菠菜、莴苣等种子，可以代替它们要求的冷凉条件。

微量元素是酶的组成部分，又参与酶的活化作用，对植物的一系列代谢过程起着重要的作用。用于浸种的微量元素主要有硫酸铜、硼酸、钼酸铵和高锰酸钾等，一般应用其0.02%～0.1%浓度的水溶液，单独或混合浸种，浸种时间要比清水浸种时间略长些。

（6）其他处理。蔬菜种子在播种前除进行上述处理外，有时还会根据需要进行机械处理、物理处理、丸粒化等处理。

种子播种前利用不同波长的光线、声波、电磁辐射等物理技术处理，可以改变植物体的生理机能和代谢过程，打破植物固有特性的限制，从而影响蔬菜秧苗的生长发育。试验表明，用红外线处理番茄及甘蓝种子5分钟，发芽率平均提高10%。宋元林等人利用磁场处理番茄、茄子、甜椒种子，比对照品种可以提早出苗24小时，小苗期苗质健壮。

种子包衣也称种子丸粒化处理，是蔬菜育苗现代化的新技术之一。其主要作用是机械化播种时，便于精确掌握播种量，提高播种质量，节省种子用量，减少间苗次数。另外，由于包衣中含有杀菌剂和肥料，所以可以减轻病害，秧苗健壮。

种子包衣，一般多用于比较小的种子，如甘蓝、芹菜、番茄和黄瓜等。有些种子如菠菜、胡萝卜、芹菜和芫荽等种子，或因种皮（果皮）厚透水、透气性差，或为聚合果影响播种均匀，或种子上有附属物（茸毛等），需进行人工搓、磨等处理。

3. 苗床播种

（1）播种量。实际播种量 = 每亩需要苗数/（每克种粒数 × 种子用价）× 安全系数（1.5 ~2）

育苗面积依据单位苗床面积的播种密度来计算。播种密度主要决定于各种蔬菜秧苗生长速度、苗龄，还要考虑种子发芽率、育苗技术和育苗条件等因素。

（2）苗床播种技术。常规育苗苗床，也称冷床，根据育苗期间的气候条件，可以分别在露地、风障、阳畦、改良阳畦、塑料大棚、日光温室或加温温室等场所设置。苗床宽 1 ~1.5 米，长 6 ~8 米不等，装入预先配制好的营养土，或就地配制床土。冬、春季节育苗，床土要充分暴晒，提高土温，播种前搂平并稍加镇压。

苗床准备好后，播种前浇透底水，使床土含有充足的水分，以供种子出苗和幼苗生长所需水分。北方冬、春季节育苗，为防止浇水降低地温，一般播种后到分苗前不再浇水。底水也不能过多，底水过大易发生烂籽或幼苗猝倒病，一般以湿透床土 10 厘米为宜。在浇水过程中如果发现床面下陷有不平处，应当用床土填平。底水渗完后在床面撒一薄层床土或药上，称之为底土。撒底土后就可播种。番茄、辣椒等蔬菜等种子较小宜用撒播，先育子苗，到苗一定大小后再分苗；瓜类、豆类等种子较大，多数采用点播。无论撒播还是点播均要求种子分布均匀。为保证播种均匀，撒播时可把种子拌上细沙或细土，点播的应在床面划上方格，间距则根据不同种类蔬菜要求而异，一般 6 ~10 厘米见方。播种后立即覆土。覆土要用过筛的床土，如果床土黏性较大。可以掺少量细沙。覆土厚度依不同蔬菜种子大小而异，标准为种子厚度的 5 ~10 倍，种子较薄的为 10 倍左右，种子较厚的为 5 倍左右。一般覆土 0.5 ~1.5 厘米。瓜类、豆类种子可在 2 厘米左右。如果覆土过薄，床土易干，影响出苗，且种皮易粘连，出现“戴帽”出土现象；覆土过厚，地温升高缓慢，出苗延迟，且因种子发芽过程中养分消耗多，因而幼苗纤弱。播种覆土后，在冬、春季节育苗最好用地膜覆盖床面，可起到增温、保湿的效果。

4. 苗期管理

从播种到定植的整个育苗过程大致可分为四个阶段：播种到齐苗；齐苗到

真叶露心；真叶露心到分苗；分苗到成苗。

（1）出苗期的管理。播种至出全苗为出苗期，这阶段主要是胚根和胚轴生长，要创造适宜种子发芽和出苗的环境条件，促进早出苗、早齐苗。

在冬、春寒冷季节，维持和保证苗床的温度是管理措施的中心，播种后到出苗前要维持较高的温度。番茄、黄瓜最好是25℃左右，茄子和辣椒最好是30℃左右，喜冷凉的蔬菜是20℃左右。冬、春季节在没有加温设备的冷床育苗，往往是温度偏低，因此发芽慢，出苗迟缓，出苗期拖长，致使出苗不齐。温度过低甚至造成烂种，但温度也不能过高，过高的温度条件，长出的幼苗瘦弱，很难育成壮苗。

在幼苗拱土时，凡是覆盖地膜的应及时撤去，防止烤伤幼苗。当大部分幼苗出土后要适当通风降温，以防止胚轴过长而成为高脚苗。另外，此时还应在苗床上覆一层细土，一方面能起到保墒作用，另一方面也能防止“戴帽”出土。若床土过干可用喷壶喷水，喷水后覆一层薄土（厚约0.5厘米）以防土表板结。这一阶段容易出现的主要问题：

A. 不出苗：播种后种子不出苗的原因主要有两方面：一是种子质量低劣，失去发芽力的种子，或者染有病菌的种子，均不能正常出苗。一般播种前应进行发芽实验和进行催芽就可掌握种子发芽率和发芽势，就可以判断种子播种后的出苗状况。二是苗畦的环境条件不良。在冬、春季节主要是温度太低和湿度太大两个因素。如遇到这种情况，应采用一切措施改善温、湿度条件，满足出苗的要求。

B. 出苗不整齐：种子质量、播种技术和苗床管理不善等都可造成出苗不整齐，种子采收时成熟不一致。一部分不充实的种子发芽势弱，出土缓慢；或是在贮藏中一部分种子受潮或受病虫侵害削弱了发芽和出苗的能力；或是由于新、陈种子混合，新种子生活力强，发芽势强，出苗快，陈旧种子生活力减退，发芽和出土较迟；或是由于催芽时的温、湿度和空气条件不均匀，造成种子发芽参差不齐等缘故。

苗床管理技术不善，造成苗床不同部位的环境条件不一致，致使出苗时间不一致。在苗床内温、湿度，空气条件适宜的地方，种子出苗速度较快，而环境条件较差的地方出苗就较慢。一般情况下，苗床的中部地带温度较高，出苗较早；苗床的南端温度较低，出苗较晚。床苗不平，或覆土厚度不均匀也会造成出苗不整齐。

为保证出苗整齐、均匀，应采用发芽势、发芽率高的种子。床土要平，提前浇好底水。播种均匀，覆土厚薄一致。苗床通风、覆盖等措施尽量使环境条件一致。

C. 顶壳出土：有时幼苗出土后，种皮不脱落，称为“戴帽”出土。由于子叶不能在出土后及时展开，妨碍了光合作用，使幼苗营养不良，成为弱苗。这种现象在茄果类和瓜类蔬菜幼苗出土时经常发生。幼苗顶壳出土主要是两个方面的原因：一是种子成熟度不足，贮藏过久，使种子生活力降低，出土时无力脱壳；二是播种时底水不足或覆土薄，种子尚未出苗，表土已干，使种皮干燥发硬，往往不能顺利脱落。此外，瓜类种子播种时如果种子平放，种子上部承受的土壤压力较大，种皮吸水也均匀，出苗时子叶容易从种皮里脱出来。如果把瓜子竖直插入土中，瓜子上部接触的土壤面积减少，承受的土壤压力很小，加上接近土表面的种皮易干燥，整个种子吸水不均匀，出苗时顶壳现象增多。

防止幼苗顶壳出土的方法主要是利用质量好的种子，浇足底水，覆土厚度适宜，瓜类种子应当平放；播种覆土后床面覆盖地膜保湿，出苗期进行第二次覆土等措施。

（2）齐苗到真叶露心期的管理。出苗至真叶展开前又称为苗期。这是幼苗易徒长的时期，管理技术以防徒长为中心。子苗徒长的主要原因是夜间气温偏高和床土湿度较大，所以，管理应当以“控”为主。齐苗后应适当降温，喜温果菜类夜间 10 ~ 15℃，白天 25℃ 左右；耐寒蔬菜夜间 7 ~ 10℃，白天 20℃ 左右比较适宜，有利于光合产物的积累，能有效防止徒长，此期一般不应轻易浇水，以免降低地温。若床土过干可用喷壶喷水一次，喷水后覆细土 0.5 厘米左右。

播种过密，子苗拥挤，受光不良也容易徒长。适当间苗和改善苗床光照条件，有利于防止徒长。改善光照条件的措施主要是注意选择透光率高的透明覆盖物，保持透明覆盖物的清洁等。如在冬、春寒冷季节育苗，棚室塑料薄膜宜选用透光率高的聚氯乙烯无滴防老化膜；在温度条件允许的情况下，对保温覆盖物尽量早揭、晚盖，延长苗床内的光照时间。喜温性果菜类蔬菜子苗在低温多湿条件下易得猝倒病，而甘蓝、芹菜等喜冷凉蔬菜在高温、高湿条件下易发此病。除了种子和床土消毒外，还要通过温、湿度调节来防止发病，一旦发病应尽快分苗，防止扩散蔓延。另外，为了尽量多接受光照，阴天也要揭帘子，雪后应立即扫雪揭帘子。如雪后突然暴晴，应先少揭帘子，过一段时间再全揭帘子，防止突然升温引起子叶萎蔫。子叶是子苗唯一的光合器官，子叶受伤会严重影响其生长发育。因此，必须注意保护子叶，防止子叶受伤或脱落。

（3）真叶露心到分苗前的管理。第一片真叶露心至 2 或 3 片真叶展开，又称小苗期。此期幼苗根系和叶面积同时扩展，是培育健壮秧苗的重要阶段。管理的原则是控制温度，增强光照，调节湿度，适当追肥。

冬、春季节育苗时，这一时期育苗场所温度与秧苗所需的温度差距很大。因此，控制温度仍是管理的关键，此期秧苗温度控制在生育适温内，番茄苗床白天维持在20～25℃，夜间在10～15℃。黄瓜、辣椒、茄子可比番茄高3～5℃。耐寒蔬菜白天20～22℃，夜间10～12℃。分苗前2～3天要适当降低苗床温度。分苗前应对秧苗进行适当低温锻炼，具体降温情况应根据不同种类蔬菜和苗床条件而定，一般以降低3～5℃为宜。

苗床的地温对秧苗发育有重大影响。一般来说，气温与地温呈正相关，但是秧苗对土壤温度的要求和它对空气温度的要求毕竟有差异。此阶段地温，喜温果菜最好能维持在18～20℃以上，耐寒蔬菜维持在15～18℃，并基本上保持日夜均衡，才会促进秧苗根系的旺盛生长，培育壮苗。提高地温的措施，主要是尽量不浇水或少浇水，防止浇水降温，提高土壤通透性，提高床土吸热、蓄热的能力。此期苗床水分管理主要是通过覆土来调节，根据时间长短，可覆土1～3次，床土干覆土宜湿润，床土过湿覆土应稍干。覆土时间应在中午温度较高、幼苗叶面没有露水时进行，每次覆土厚0.5厘米左右。对于点播直接育成苗的瓜、豆类蔬菜等，可行中耕插苗2或3次，注意一定要认真、细致，表土细碎，不伤苗。若床土过干，可在浇水后2～3天松土，松土时还可适当追肥。除了土壤湿度外，空气湿度对秧苗的生长发育也有很大影响，空气湿度太大不仅使秧苗易发生病害，而且降低了秧苗的蒸腾作用，影响根系对水分和养分的吸收。空气湿度太小，又会使秧苗发生生理干旱现象。适宜的空气湿度是相对湿度60%～70%。冬、春寒冷季节育苗中，由于温度低，通风量小或不通风，经常出现的问题是湿度太大，在土壤湿度大、没有通风的苗床内，夜间的空气相对湿度经常在100%，白天也在90%左右。这样的湿度条件对秧苗生长是十分不利的，应及时采取措施降低空气湿度。降低空气湿度的措施基本同降低土壤湿度的措施。此外，在必要时于白天气温高时进行通风排湿。

在幼苗期间追肥很不方便，不仅费工，而且随着操作通风、浇水，还有降低苗床温度和增加苗床湿度的不利影响。所以，这一时期尽量少施追肥。如果床土不肥沃，秧苗确实表现营养不良，如茎细、叶小、色淡等症状就应及时追肥。但追肥应当注意在晴天上午10～12时，追肥后及时浇水或随水浇施。用量不要大，以每10平方米面积苗床施尿素150～200克为宜。用0.1%的磷酸二氢钾或0.2%～0.3%的尿素水溶液进行叶面喷肥，不但施用方便，而且效果显著，是一种很好的追肥方法。

充足的光照条件对培育壮苗十分重要，光照不足，光合作用削弱，秧苗营养不足，表现出叶色淡，叶柄长，茎细长，子叶和下部叶片发黄早脱落。这种苗抗逆性差，也不具丰产潜力。改善光照条件的措施基本同子苗期。此外，有条件的地方采用人工补光的措施，对培育壮苗有明显作用。试验表明，用荧光灯对几种果菜补光育苗，其总产量增加10% ~14%。

补光的灯具有日光灯、白炽灯、高压汞灯、生物效应灯和农用荧光灯等，以生物效应灯和农用荧光灯补光效果好。生物效应灯光色为日光色，产生连续光谱，光照强度均匀，光谱成分比例与太阳光相似，如和白炽灯搭配使用效果更好。

补光成本高，一般只在幼苗阶段应用，补光强度应在作物光补偿点以上才能有效。每平方米苗床上，距秧苗1 ~1.5 米处悬挂80 ~150 瓦灯。番茄补光，开始2 周每天光照12 ~14 小时（含日照及人工补光），后2 周每天10 ~12 小时。黄瓜从子叶展开起补光2 ~3 周，第一周光照12 ~14 小时（包括日光及人工补光），以后每周减少1 小时。补光时间为黎明前或日落后，补光时的气温应在18℃以上，16℃以下效果较差。

（4）分苗。分苗是在育苗过程中的移植，主要目的是扩大幼苗的营养面积，使秧苗有足够的生长空间和足够的床土体积供根系发展；其次分苗还有节省种子用量，充分利用苗床设施，管理方便，有利于保持幼苗期适宜的温、湿度，便于改进光照条件和减少病虫害的发生等作用。分苗起苗时，由于主根被切断．可以促进发生更多的侧根，使根群比较集中，在定植起苗时，减少根系受损伤，容易成活。通过分苗还能改善苗床营养状况，对培育壮苗有重要意义。当然分苗也有一定的缺点，主要是由于根系受伤后，秧苗有短期的生长停顿期，从而延长了育苗时间，且分苗工作要求细致，用工较多。是否需要分苗要看不同种类蔬菜幼苗对移植的反应，定植苗龄大小和育苗设施条件等来决定。一般种子较小，移植后根系再生能力强的甘蓝类、茄果类蔬菜在育苗中都进行移植。黄瓜等瓜类的根系再生能力较差，且种子较大便于点播，一般在育苗设施面积允许的情况下可以不经过移植，而是直接育成苗，又称“子母苗”。豆类根系再生能力更差，适宜小苗定植，育苗过程中基本不移植。

分苗时间的确定，应当以幼苗的营养面积不明显阻碍其生长和果菜类花芽分化为原则。提倡早分苗，伤根少，新根发生快，缓苗迅速，受移植对幼苗的抑制作用小。分苗时间与分苗次数也有密切关系。一般以分苗1 或2 次为宜，设施条件允许提倡一次分苗。分苗次数过多，不仅费工，而且影响秧苗的生长发育。多数秧苗如若分苗一次，应当在 2 或 3 片真叶期分完；如果分苗 2 次，一般第一次在真叶破心前后分完，第二次在 3～4 片叶时分完。对于瓜类育苗，若需分苗，应当在子叶展平后进行，不宜过晚。总之适宜分苗的时期，依蔬菜种类、播种和出苗密度、分苗次数、设施条件等具体情况而定。出苗密度大，分苗次数多，设施保温条件好的可以早分苗；反之可适当晚分苗。但何时分苗，最好能保证最后一次分苗后有 30 天以上的成苗和锻炼时间，保证秧苗有充足生长和锻炼时间。

分苗方法可根据条件因地制宜，目前一般菜农仍以苗床分苗较多。无论哪种方法分苗都应选晴天，这样分苗后地温高，易缓苗。分苗过程中各次操作都要小心，为了减少伤根最好在起苗前一天浇水。起苗时要注意少伤根，搬运时不要碰伤茎叶，更不要受冻。栽苗前要大小苗分开，淘汰病、劣苗。苗床移栽可采用穴栽或沟栽。无论用什么方法移栽，都要使根系在土壤中舒展，勿使根系挤成一团或卷曲扭结。栽植深度比幼苗原来生长深度略深些，子叶一定在地表上，千万不可埋住。栽植过深不但伤害子叶，而且影响根系发育；栽植过浅，秧苗容易倒伏，且根系外露也不易缓苗。沟栽的可行“暗水”移栽，即先开沟，浇水，摆苗，浇水，封土；或开沟，摆苗，覆少量土，再浇水。水渗后再封土。穴栽的则先栽苗后浇水，最好分 2 次浇水。即栽苗后先点水，一畦栽完后再普遍浇一次水，以防浇水不透，影响缓苗。栽苗距离要根据不同种类蔬菜对营养面积的要求区别掌握。

（5）分苗到定植前的管理。由于分苗时根系受伤，分苗后一般有 3～5 天的缓苗期，主要是根系恢复生长，而新根的发生要求有较高的地温。因此，缓苗期主要是适当提高苗床温度，尤其是地温。

喜温果菜类地温不能低于 18～20℃，白天气温 25～28℃，夜间地温不低于 15℃。耐寒性蔬菜比喜温果菜相应低 3～5℃。在具体管理措施上应加强保温、保湿。分苗后应在苗床上覆盖小拱棚，基本上不放风，中午前后若气温过高可以短时“回席”遮阴。

缓苗后至秧苗定植前为成苗期。缓苗后秧苗生理机能恢复并增强，此时，外界温度也逐渐升高，秧苗生长逐渐加快。若管理不当容易育出徒长苗或老化苗。因此，此期管理的中心是保证秧苗稳健生长，争取培育壮苗。

刚缓苗后的一段时间，外界气温还比较低，秧苗生长较慢，苗床管理仍以防寒保温为主。秧苗旺盛生长期则既要防止徒长又要保证秧苗有较大生长量，应适当控制温度。白天要逐渐加大放风量，不透明覆盖物要早揭、晚盖，到后期甚至可以不盖，特别要防止夜温过高。较低的夜温有利于营养物质的积累和果菜类秧苗的花芽分化，但不能低于10℃，以免影响花芽的正常发育。耐寒叶菜夜间温度应更低，但不能长期低于5℃，否则易通过春化，造成定植后未熟抽薹。

刚缓苗时若床土干燥可浇一次缓苗水，促进秧苗生长，但水量以润透床土为宜，以免降低床土温度，或因湿度过大引起病害蔓延。浇水时间要选晴天的上午，2～3天后，表土稍干时，要进行细致的中耕，起到保持土壤水分，提高土壤通透性的作用，不仅有利于秧苗根系的生长，而且能减少浇水次数。在秧苗旺盛生长期，视床土情况可再浇1～2次水，注意浇透，不能小水勤浇。在苗床底肥不足的情况下，可随水追肥1～2次速效化肥，但量不要大，以防烧苗，一般每10平方米苗床每次施尿素100～150克，并叶面喷施0.2%的磷酸二氢钾溶液2～3次，对培育壮苗效果显著。

光照不足是秧苗徒长的一个重要原因。为提高光照强度和延长光照时间，在温度条件允许的情况下，要尽量早揭、晚盖不透明覆盖物，同时要经常清除透明覆盖物上的灰尘和草叶等，以提高透光率。阴雪天也要尽可能使苗床见光，如遇连阴天，每天气温较高的中午前后也要揭开不透明覆盖物，必要时也可进行人工补光。

5. 定植前秧苗锻炼

定植前对秧苗进行适度的低温、控水处理称为秧苗锻炼。为了增强秧苗对定植田不良环境的适应性，在定植前需要对秧苗进行一般适应性锻炼。经过锻炼的秧苗体内干物质、糖、蛋白质含量增加。细胞液浓度增加，茎叶表皮增厚，角质和蜡质增多，叶色变浓，茎变坚韧，提高了秧苗抗寒、抗风和耐旱能力。经锻炼的喜温果菜秧苗可耐短时间0℃左右低温，定植后缓苗快，成活率高。露地和大棚、中棚、小棚栽培在定植前都需锻炼秧苗。因为露地和大棚、中棚、小棚的栽培环境条件与育苗保护地环境差异较大。而日光温室栽培应根据育苗保护地环境与定植日光温室的差异是否明显，确定定植前是否进行秧苗锻炼。秧苗锻炼程度应以能适应定植后的环境为标准。

秧苗锻炼的措施主要是降温、控水，并结合进行囤苗。具体方法是在秧苗定植前5～7天给苗床浇一次透水，第二天铲切起苗坨，整齐排放于原苗床内，注意苗坨间缝隙要尽量小些，如缝隙过大可撒入潮湿细土，以防止苗坨失水过多，影响根系恢复。经过囤苗，到定植时秧苗断根得到恢复，大量新根发生，增强根系吸收能力，定植后缓苗快。据调查，经过囤苗5～7天比不囤苗的早收7～10天。同时经过囤苗，使苗坨土变得稍干，便于搬运，不易散坨伤根。用营养钵或营养土块育苗的在定植前5～7天停止浇水，搬动营养钵或营养方，并适当拉开间距。切坨后的前两天保持较高温、湿度，促进断根恢复，以后逐渐加大通风量，降温排湿，特别是要加大昼夜温差，进行秧苗锻炼。喜温果菜类定植前2~3天夜间最低气温可降到7~8℃，其中番茄可降到5℃，耐寒蔬菜可降到0~2℃，直到定植为止。遇冷空气侵袭要注意防风、防冻，雨天要防雨淋。囤苗期不宜过长。囤苗期过长，秧苗锻炼过狠，会因低温、缺水造成茎叶组织老化，形成"老化苗"或"僵巴苗"，如黄瓜常发生茎顶部节间聚缩，叶片变小，花和花蕾丛聚于顶端，俗称"花打顶"。一般茄果类囤苗7天左右，黄瓜5天左右。

（三）温床育苗

温床育苗是在冷床苗的基础上，采用人工加热设备，使床土温度由日光热和人工补热两个来源供给，以提高苗床土壤温度，改善育苗环境，确保培育适龄壮苗。温床育苗技术中人工加热的方法很多，有的地区利用厩肥、秸秆等有机物作发酵物，发出的热量供给苗床加温；有的地区利用地下温泉热水或工厂排出的热气、热水做温床的热源。

1. 酿热温床

（1）酿热温床育苗特点。酿热温床除具有阳畦的防寒保温性能外，苗床培养土下由于有酿热物缓慢发热供给热量，可使床温和畦温升高。据测定，在播种后的20~30天内，填30~35厘米厚酿热物的温床，其床土温度可比阳畦高1~6℃。所以，在寒冷的冬、春季节用来培育喜温蔬菜的秧苗比较安全可靠。

酿热温床育苗时，出苗期和幼苗期均比冷床苗缩短，整个育苗期的育苗天数也不同程度地减少，在决定播种期时也应比冷床育苗相应推迟。酿热温床中的热量有限，后期床温与冷床差不多，管理技术也与冷床育苗基本相同。

（2）酿热温床育苗技术

酿热温床一般前期苗床温度较高，后期和冷床温度相差不大。因此，在设置酿热温床时，床温较高的阶段应在外界寒冷的季节，床温逐渐降低时，外界的气温应逐渐升高。如果酿热温床的高温阶段安排在寒冷季节之前，等床温开始下降，寒潮再来侵袭，这样的酿热温床和冷床基本一样，很容易发生冻害。如果酿热温床的高温阶段在寒冷季节以后，在温暖季节，不但起不到作用，反而会因床温过高，造成秧苗徒长或烧苗。利用酿热温床育苗，一定要经常观察床温，当床温下降到播种适温的上限时立即播种，这样才能利用床温的较高阶段，促进迅速出苗。过早播种，往往因温度过高而造成幼苗徒长；播种过晚，则因床温下降而延迟出苗，起不到应有的作用。

2. 电热温床

（1）电热温床育苗特点。电热温床育苗是利用电能，使用特制的绝缘电阻线发热，提高苗床的温度，创造适于秧苗生长发育的土壤温度条件。电热温床的主要优点是：①能有效地提高地温，解决了冬、春季育苗地温显著偏低的问题，播种出苗时间缩短，出苗率提高；②秧苗质量高，定植后增加产量和产值；③所需的电热线、控温仪等设备简单，体积小，只要将控温仪及电器开关挂在育苗场所某一位置就可以，育苗成本较低；④电热设备易于拆装，利用率高，一个冬、春季可先后多次分期播种在同一个电热温床土，或同一根电热线先后多次在不同位置铺设电热温床；⑤应用控温仪后，可以按照种子发芽出土及幼苗生长要求的温度加以自动控制。

（2）电热温床育苗技术。利用电热温床主要是培育小苗，分苗后由于育苗面积大，而且外界温度回升，一般不再铺地热线。在分苗前 3 ~ 15 天，苗床停止通电降温锻炼秧苗，使苗床温度略低于分苗床温度，这样有利于分苗后的缓苗，并提高秧苗的抗逆性。一般电热温床播种出苗快而整齐，从播种至分苗，番茄 18 ~ 20 天，辣椒、茄子25 ~ 30 天。

电热温床培育小苗，时间较短，育苗畦内应施足底肥，一般不需追肥。如有条件可喷 0.2% 的磷酸二氢钾 2 ~ 3 次，作为根外追肥。电热温床内由于地温高，水分蒸发较多，应注意适当浇水，防止干旱。另外，还要注意因温度过高造成秧苗徒长，一般在出苗后要逐渐减少通电时间，以使秧苗生长健壮。

（四）容器育苗

1. 容器育苗的特点

利用各种容器培育蔬菜秧苗是现代育苗技术发展的特点之一。利用容器培育便于机械化生产，便于秧苗运输和保护秧苗根系。蔬菜秧苗定植后缓苗情况如何，除了与外界条件及秧苗质量有关外，还与秧苗根系的保护情况有很大关系。保护根系的最有效措施就是容器育苗。此外，在现代化的育苗设施中，只有应用容器育苗才能实现大批量的商品化秧苗生产。由于容器育苗有上述优点，而且容器成本低廉，近几年在生产上发展很快。

2. 育苗容器的种类

育苗容器的种类和型号可分为两大类：一是容器只具有容纳基质和秧苗的作用，本身没有秧苗生长发育所需的营养成分，这类容器称为育苗钵；二是容器不但能容纳秧苗生长发育，其本身还具有供给秧苗生长发育营养的作用，这类容器通称为营养块。

（1）育苗筒。育苗筒是塑料或纸制成的无底筒形容器。用塑料筒育苗，当定植时将筒取下洗净收藏，可多次利用。纸筒定植时连同秧苗一起栽植于田间。育苗筒由于没有底，筒内营养土与摆放处的土壤直接接触，具有能调节筒内土壤水分和通透性好的优点，它比其他容器育苗秧苗长势好。但由于秧苗根系常扎入筒下的土中，移动定植时会将扎入土壤中的根断掉，因此，筒的高度不能太矮，以 10 ~ 12 厘米为宜。

（2）塑料钵。塑料钵在蔬菜育苗上应用非常广泛，国内目前用聚乙烯或聚氯乙烯制成的单个半软体育苗钵，有圆形和方形两种。一般钵的上口直径 5 ~ 12 厘米，高 6 ~ 12 厘米，生产上要根据秧苗的种类和苗龄选用相应口径的育苗钵。北方早熟栽培的果菜秧苗个体都较大，以选用上口直径 8 ~ 10 厘米，高 10 厘米以上的育苗钵为宜。

连体钵是由多个倒立的四棱锥台形小钵联接而成。每个钵的上口径是 2.5 ~ 4.5 厘米，高 5 ~ 8 厘米，由 50 ~ 100 个钵联成一套。

（3）纸钵。用纸浆和亲水性维尼纶纤维等制成，在育苗期间不会腐烂和破碎。纸钵展开时呈蜂窝状，由许多上下开口的六棱形纸钵连接在一起而成，不用时可以折叠成网。

在用纸钵育苗时，为了使钵中的培养土不散开，而相邻钵间的土块又易分开，在纸钵下要用垫板。要求垫板的透水性要好，又不至被根穿透，所以板的表面要平，且具有弹性，厚度要适当，板上要有多数小孔，以便育苗时调节钵土中的水分。

生产实践中，农民用旧报纸做成直径 8 ~ 10 厘米，上下开口的圆形纸筒，装入营养土后育苗，效果也很好，且价格低廉。

（4）育苗盘。目前生产中用的育苗盘基本上是用塑料制成，其大小一般为 60 厘米 ×30 厘米 ×50 厘米或 40 厘米 ×30 厘米 ×50 厘米，盘底部设有排水小孔。这种育苗盘既可用于播种育小苗，还可用于芽苗菜的生产。利用育苗盘育苗，它便于搬运，适于立体育苗，既能充分利用育苗场所空间，又可随时移到不同温度、光照的地方，使秧苗生长均匀一致。有的在塑料盘中设纵横格板，使盘中成一个个小方格，装入培养土，每格育一株小苗，育苗效果也很好。

（5）营养土块。将配制好的营养土制成圆柱形或方块形土块，用于蔬菜育苗。土块大小要根据蔬菜种类、苗期是否分苗和育苗条件而定，常用的土块大小为 6 ~ 8 厘米，高 8 厘米的圆柱形或方块形。营养土块的配制成分主要是有机质，一般就地取材。不管用什么材料制成的土块，都应松紧适度，不硬不散。其效果好坏与配方和制作均有密切关系，主要注意有机质材料比例要占

60% ~70%，以保证其通透性，如用50%草炭、20%马粪、30%园土或60%马粪、10%膨化鸡粪和30%园土等。马粪等有机肥都必须充分腐熟，而且草炭、有机肥和园土都要过筛。果菜类育苗，按营养土重量再掺入0.1% ~0.2%的磷酸二铵或复合肥。

苗养土块的制作分机制法和人工切割法。机制法是把混合好的营养土均匀喷湿，装机压制。人工切割法一般是先把配好的营养土和成干泥，平铺在事先整平的畦面上，用泥板抹平，再用刀或玻璃板按要求切成方块，并向缝隙中撒一些细沙，防止土块粘连。在每个土块中央播深0.5 ~1.5厘米的小孔，作为播种穴或分苗移栽孔。

目前国际上应用一种“压缩营养块”。这种营养块在未播种使用前是一个直径为4.5厘米，厚约7毫米的圆形小块，是用泥炭和纸浆或泥炭和海绵合成树脂加上化学肥料与发泡剂压缩制成，每小块的外面包上具有弹性的尼龙丝网。使用时把小块放在盛有浅水的盆中，由底部慢慢吸水。因原料不同吸水膨胀的速度也不同，膨胀速度快的小块在数分钟内慢慢膨胀为直径5厘米，高4.5 ~5厘米的圆柱状营养块。这样的营养块具有体积小，使用和搬运方便、省工等优点，育苗时除了浇水外，不需追肥。

3. 容器育苗的技术要点

（1）利用容器育苗。培养土与土地隔开，秧苗的根系局限在容器内，不能吸收利用土壤里的水分。因此，浇水次数与浇水量远多于常规育苗。一般宜掌握“控温不控水”，即主要以控制温度来调节秧苗生长。每次浇水时要浇透，以减少浇水次数。在定植前炼苗时，要注意适当控制浇水，炼苗期不宜太长，当幼苗出现白天萎蔫时则需浇水。

（2）利用营养土块育苗。前期土坨之间的缝隙要撒土弥合，以利保墒、护根。育苗期间搬坨、倒坨后要适当提高场所内温度，以利于根系复生长。

（3）合理搭配使用不同育苗容器。以提高容器的利用率，降低育苗成本。如用育苗盘培育小苗，然后分苗于营养土块或塑料钵内育成苗。

（4）塑料育苗钵、育苗盘。使用后要及时冲洗干净，晒干后保存，一般可用3 ~5年。如果多年连续使用，再使用前应该消毒，可用浓度为1%的漂白粉溶液浸泡8 ~12小时，也可用0.5%福尔马林溶液浸泡30分钟后取出，用塑料薄膜密封5 ~7天后揭去薄膜待用。

（五）无土育苗

1. 优点

无土育苗又称营养液育苗，是应用配合的无机营养液在特制的容器内培养秧苗的方法。一般选用通气良好的固形材料作为育苗基质，定期、定量浇营养液育苗，也可以直接在营养液中培养秧苗。它与床土育苗的根本不同在于用营养液取代土壤供给蔬菜秧苗营养。无土育苗的主要优点是：

（1）秧苗生长快，根系发达，整齐一致，素质好。较床土育苗可缩短育苗期7～10天。

（2）苗期病害少。床土育苗分苗和定植极易伤根，因此，病虫侵害机会多，易发病。无土育苗很少伤根，特别是减轻了土传染病害和地下害虫对秧苗的伤害。据调查春茄子床土育苗苗期猝倒病发病率为18%，无土育苗发病率仅为5.3%。

（3）省工、省肥、省种子。床土育苗配制营养土及苗床准备等费工、费时，秧苗栽植时运苗更是需要大量人工。无土育苗播种、运苗人工可以大量节省，而且定植成活率高。由于无土育苗出苗率、成苗率和定植成活率高，因此，较床土育苗可节省种子1/3～1/2。

（4）便于规模化育苗。无土育苗技术易于标准化，适于大规模工厂化育苗，且便于大规模远距离运输，有利于秧苗的商品化生产。

无土育苗的主要缺点是：成本相对较高，需要良好的育苗基质、无机盐、容器、营养液供液系统和测试仪表等。

2. 育苗基质

基质是无土育苗中用以固定秧苗的固形物质，它同时具有吸附营养液、改善根际透气等功能。

（1）基质的选择。蔬菜育苗用的基质种类很多，为了降低育苗成本，在选择育苗基质时应就地取材，经济实用。

育苗基质必须有良好的物理性质。容重以0.7～1为宜，容重过大，搬动育苗器具不便，影响操作。如果基质的容重过小，秧苗出土时很容易发生带壳出土，而且压不住根系，浇水时易倒苗。基质的总孔隙度为60%～80%，其中大孔隙度占20%～30%为宜，基质的总孔隙度过大时，基质颗粒过于松散，种子和根系在基质中呈悬浮状态，容易失水，而且吸水困难。总孔隙度太小则基质的容水量少，空气通透性不良。基质的大孔隙度较大时，有利于空气通透，但是也加速了基质水分的蒸发，而且大孔隙度增加，往往带来了小孔隙度减少的弊病，使基质内的毛细管水大大减少，在育苗时这种基质容易干燥。相反，大孔隙度过小时，基质内的空气通透不良，对秧苗根系的生长不利。

基质要有稳定的化学性质。基质溶出物不能危害秧苗生长；不能产生对人有毒害的物质；不能与营养液的盐类发生影响秧苗正常生长的化学反应；不能使酸碱度上升到使秧苗发生生理障碍的程度；且对盐类要有一定的缓冲能力。

（2）常用育苗基质的性能

A. 草炭。草炭是古代低湿地带留存的植物残体所构成的疏松堆积物，多数是水生、沼泽地生、藓沼生或沼泽生等植被的分解或半分解状。

按草炭在自然中的存在状态划分为：①现代草炭，即现代沼泽地里仍处在形成或积累状态的草炭。②埋藏草炭，即很久以前埋藏在沼泽中形成的草炭。

按草炭养分含量的多少划分为：①富养型草炭，又称低位草炭。其灰分较高，植物残体分解程度较好，养分的有效性较高和腐殖酸含量也高，适合混合基质使用。②贫养型草炭，又称高位草炭。其灰分和养分含量较低，植物残体分解程度较差，不适合直接使用。③中养型草炭，又称中位草炭，是介于以上两种草炭类型之间的草炭。

按植物残体及分解状况划分为：①藓类草炭。包括水藓草炭或真藓草炭，颜色呈浅棕色至棕色，是最不易被分解的草炭种类。在所有草炭中，这类草炭持水力最高，可达自身干重的 10 倍；酸性最高，pH 值可达 3。其中，水藓草炭的 pH 值为 3 ~4. 5，真藓草炭的 pH 值在 5. 2 ~5. 5 之间；真藓草炭在粒径的一致性和保持养分的能力上不如水藓草炭。这类草炭含有少量的氮，不含磷和钾，适宜作基质。由于大量的水分是附着在基质颗粒的表面，而气体则存在于基质颗粒间的空隙中，因此藓类草炭在使用时不应被粉碎得太细。②芦苇类草炭。呈棕色至红棕色，主要由一些水生植物如芦苇、沙草、沼泽草、香蒲等残体分解形成，通常比藓类草炭易分解。这类草炭的颗粒越细，结构越差，性能越低。这类草炭的保水力低于泥炭，pH 值为 4 ~7. 5。③泥炭。呈深棕色至黑色。主要是由水藓或芦苇草衍生而来，是最易分解的草炭种类，所以通常称之为泥炭或泥炭土。持水力小于其他基质，pH 值范围为 5 ~7. 5。泥炭土多分布于冷湿地区的低洼地，地表可有厚 20 ~30 厘米的草根层。草根层下为泥炭层和矿质潜育层，有时泥炭层下还有腐殖质过渡层。泥炭土可划分为 3 个亚类：低位泥炭土分布于低湿地，其造炭植物属富营养型，主要为灰分含量较高的苔草类草本植物，泥炭层有机质含量多为30% ~70%，pH 值 6 ~7；中位泥炭土属过渡类型，分布于山地森林中的沼泽化地段，造炭植物为中营养型的乔木及莎草、泥炭藓等，有机质含量为 50% ~80%，pH 值 5 ~6. 7；高位泥炭土属贫营养型，造炭植物主要为泥炭藓，水分靠大气降水补给，泥炭层有机质含量为 60% ~90%，pH 值 4 ~5，分布于山地的阴湿地段。如果泥炭中腐殖质含量过多，释放的氨态氮会对幼苗生长产生危害，所以不宜于单独使用。

总的来说，草炭是迄今为止被世界各国普遍认为是最好的一种育苗基质。

蔬菜穴盘育苗的大多数基质中含有 30% ~70% 的草炭。为了增加基质的排水性和透气性，草炭系基质中通常添加有蛭石、珍珠岩。

B. 蛭石。蛭石是建筑上的隔热保温材料，是云母族矿物中片状结构的天然矿石，经 600 ~900℃ 的高温烧制，膨胀爆裂成颗粒碎片，内部具有很多细小空隙，具有隔热保温的作用。蛭石多呈褐色、黄色或金黄色。各地的蛭石化学成分并不相同，主要化学物质是含水硅铝酸镁等，质轻、孔隙大、吸水力强（0.5 ~0.6 克/立方厘米）、容重小（0.09 ~0.16 克/立方厘米），总孔隙度可达 90%，阳离子代换量可达 100 毫摩尔/100 克，多为中性。蛭石颗粒有较大的表面积，因而有较高的持水力；在蛭石的颗粒间有较大的空隙，因些通气性和排水性也比较好，是一种较好的育苗基质材料，在基质中的混合量一般是 20% ~30%。蛭石有不同的大小和级别，使用时应用同一规格，最好选用粒径为 3 ~5 毫米的。混合基质中用蛭石的主要作用是增加基质的持水力，而不是孔隙度。也有人倾向于用较少的蛭石和较多的珍珠岩，目的是为了增加基质的孔隙度、减少持水力。

C. 珍珠岩。珍珠岩为铝硅酸盐类物质，由火山熔岩流形成的矿物，在 980℃ 高温下挤碎，形成类似蜂窝状、质轻的白色颗粒，粒径 1.5 ~3 毫米，容重 0.03 ~0.16 克/立方厘米。呈中性，能保持超过自身重量 3 ~4 倍的水分。无菌、无缓冲作用，亦无阳离子交换性能，不含矿物质营养。水分是吸附在珍珠岩表面而不是被珍珠岩吸收，所以将珍珠岩与其他基质混合，可以增加基质的透气性和保持良好的通气状况，也是一种较好的基质材料。珍珠岩易于破碎，使用时粉尘较多，需要淋湿后混合。

D. 陶粒。陶粒又称膨胀陶粒。由陶土物质在 1 100℃ 的陶窑中烧制聚集而成的多孔粒状物，比重较水轻、形状不规则、坚硬的颗粒。pH 值受陶土成分的影响，变化范围在 4.9 ~9 之间。阳离子代换量在 6 ~21 毫摩尔/100 克之间。陶粒由许多细小颗粒组成，形成了各种各样的贮水小孔。依据草炭的持水力，可在基质中混合 10% ~15% 的陶粒，以增加基质颗粒的体积，提高基质的排水性、透气性以及疏松性。陶粒能够增加基质的持水力和钠元素的水平，但在使用前一定要对陶粒的理化特性进行测试。

3. 无土育苗容器及育苗床

（1）育苗盘。多用塑料制成。盘内装基质，用于播种或培育成苗。

（2）育苗钵。用塑料制作。育苗钵内装基质培育成苗。

（3）育苗槽。用混凝土制成。槽内装基质用于播种或培育成苗。

（4）育苗床。有条件的利用钢制骨架，周围用塑料板围成槽状，槽宽

1.2～1.5米，长10～20米，深0.1米左右，槽内铺上0.1毫米厚的聚乙烯塑料薄膜。为了节省投资也可直接在地上挖一个深0.1米，宽1.2～1.5米，长10米左右的地槽，用两层0.1毫米厚的塑料薄膜铺在槽底并延伸到槽框上来。做槽时，槽底的一端要比另一端高出3～5厘米，使槽底呈一单倾斜面，以便营养液循环流动。在槽底低的一端设开口和积存营养液的容器，回收营养液。育苗槽内装入基质或育苗钵育苗。在低温季节育苗时，在苗床下或基质内铺设电热加温线加温，铺设方法与电热温床相同。

4. *营养液*

蔬菜秧苗生长发育大约需要16种必需元素，其中大量元素有碳（C）、氢（H）、氧（O）、氮（N）、磷（P）、钾（K）、钙（Ca）、镁（Mg）、硫（S）；微量元素有铁（Fe）、氯（Cl）、锰（Mn）、硼（B）、锌（Zn）、铜（Cu）和钼（Mo）。碳、氢、氧是从植物周围的空气和水中获得的，氯大多数情况下是从水中获得的。所以，在配制营养液时不考虑碳、氢、氧、氯4种元素，只配制含有其他12种元素的营养液。

（1）无土育苗营养液的成分配比。营养液成分和配比是根据蔬菜作物生长最好的土壤溶液浓度及组成，各种蔬菜植株含元素成分的浓度范围，蔬菜健壮生长所吸收的成分等方面的材料，通过大量测定分析及试用后加以确定的。蔬菜作物对微量元素的需要量很少，但它们对蔬菜的生长是十分重要的。

营养液浓度的表示方法有百分比浓度、当量浓度、克分子浓度、百万分比浓度等。在营养液育苗时以百分比浓度最为常用。百万分比浓度就是100万份溶液中所含有溶质的份数，常用毫克/千克表示。如百万分之一浓度的锰，就是1千克溶液中含有1毫克锰。

（2）常用营养液配方。蔬菜秧苗生长所需营养液配方国内外已有很多，下面介绍几种常用的配方。配方中的营养物质数是在1 000千克水中加入的克数。另外，每个配方中加入微量元素量都是一样的，即硼酸3克、硫酸锰2克、钼酸铵3克、硫酸铜0.05克、硫酸锌0.22克、螯合态铁40克。

①尿素450克、磷酸二氢钾500克、硫酸镁500克、硫酸钙700克。

②硝酸钙950克、硝酸钾810克、硫酸镁500克、磷酸二氢铵155克。

③复合肥（N15P15K12）1 000克、硫酸钾200克、硫酸镁500克、过磷酸钙800克。

④硝酸钾411克、硝酸钙959克、硫酸铵137克、硫酸镁548克、磷酸钾137克、氯化钾27克。

⑤硝酸钙950克、磷酸二氢钾360克、硫酸镁500克。

⑥硝酸铵 320 克、硝酸钾 810 克、硫酸镁 500 克、过磷酸钙 1 160克。

(3) 营养液的配制 上述配方中各种营养物质数是指 1 000 千克水的用量，在实际育苗中一般不会正好是 1 000 千克溶液，此时应按实际配液量与 1 000 千克的比值乘以每种物质数算出具体用量，然后称取配制。比如采用第 1 个配方，用 500 千克水配制营养液，需用尿素的克数为：500 ÷ 1 000 × 450 = 225（克）

无土育苗的环境条件不同于土壤育苗，不存在氮素的硝化过程，因此，使用的氮肥应以硝态氮为主。铵态氮因易使秧苗徒长，组织柔嫩，用量不能超过总氮量的 25%。含氯的肥料，如氯化铵、氯化钾等，因含氯的成分对作物生长不利，应控制使用量，一般营养中氯离子的浓度应不超过 0. 35 毫克/千克。

在配制营养液过程中应防止沉淀的发生。如硫酸镁和硝酸钙，硝酸钙和磷酸铵在高浓度的原液混合时，很容易产生硫酸钙及磷酸钙的沉淀。因此，最好先将各种肥料分别溶解，然后再加入盛水容器中，充分搅拌。微量元素用量少，一般先配成原液，在暗处保存，使用时按一定比例取出原液加入营养液中。

为了控制营养液适宜的 pH 值，应进行测定，然后矫正。如降低 pH 值可用硫酸，如提高 pH 值用氢氧化钠或氢氧化钾。大部分有效营养液的 pH 值为 4. 5 ~ 6. 5，以 5. 5 ~ 6. 5 为最适。前述六种配方，如果营养液不回收，且化肥纯度较高，一般不需矫正。

配制营养液的水质一般问题不大，但在沿海或盐碱地区的地下水有的含盐量较高。用这种水配营养液经过一段时间后，盐分浓度容易超过允许界限，导致秧苗受害，所以使用前应进行测定，盐分以不超过 200 ~ 400 毫克/千克为限。

5. 无土育苗技术要点

(1) 播种前的准备。育苗用单一基质或混合基质都可以。近年来，一些实验表明，应用混合基质育苗效果更好，表现缓冲能力大，秧苗长势好。如炉渣 + 炭化稻壳或炉渣 + 珍珠岩（均按体积等量）。把选好的基质铺在育苗盘或播种床上，厚度 3 厘米左右，把基质压实。如果使用已用过的育苗用具和基质应该进行消毒，用 50 ~ 100 倍液的福尔马林或 0. 05% ~ 0. 1% 高锰酸钾溶液都可以，但用福尔马林消毒后要反复冲洗。在严寒季节育苗，应采用电热温床，备好种子及配制营养液的容器和各种盐类。

(2) 播种。无土育苗，秧苗生长速度快，播种期应适当延后。种子处理同床土育苗，以浸种催芽播种为好。播种密度一般较床土育苗略大些，如果子叶期分苗，每平方米播种量：番茄6 ~ 8 克，辣椒15 ~ 20 克，黄瓜 50 ~ 80 克，甘蓝、花椰菜6~8克，芹菜8~10克。如果分苗延后，播种量必须相应减少。

播种前将基质用清水充分湿润，然后将种子均匀撒播在基质上，播后再用基质覆盖，厚度以种子大小（厚度）的2~3倍为宜，覆盖用基质的颗粒不宜太大。催芽后播种气、地温都适宜时的出苗天数为：黄瓜和花椰菜1天；番茄和菜豆2天；茄子、辣椒和冬瓜3天。

出苗后及时降低温度，地温18~22℃，喜温蔬菜白天气温23~28℃，夜间15~18℃，以防止幼苗徒长。

（3）幼苗管理。出苗后要及时浇营养液，不宜延长，否则会影响幼苗正常生长。

冬季或早春地温低时，浇的营养液预热到25~30℃，以免降低苗床的温度。幼苗对营养需求量较少，供液浓度可偏低些，避免溶液浓度高影响胚根的正常发育，营养液浓度以0.15%~0.18%为宜。如在子叶期分苗，每3天左右供液一次即可。供液方法很多，有喷雾法、流灌法和滴液法等，应根据苗床种类灵活选用。

（4）分苗及成苗期管理。如果用床土育成苗，分苗前应注意幼苗的锻炼，适当降低温度和减少营养液的供给，以利于分苗后迅速缓苗，分苗后的管理同床土育苗。

如果继续用营养液培育秧苗即育成苗，在管理上应注意：①分苗前提早准备好基质，苗床基质厚度8~10厘米，用塑料钵育成苗效果更好。②分苗时尽可能少伤根，最好是边取苗，边移栽，避免幼苗长时间日晒。分苗后，及时浇营养液或浇水，防止基质干燥。③所用营养液要采用全元素配方，防止缺素症发生。根据基质及幼苗的蒸发量一般3天左右供液一次。营养液的浓度可随秧苗生长适当提高，但最高不能超过秧苗生长允许值，如黄瓜为0.25%，番茄为0.3%。④缓苗后秧苗生长速度加快，要注意防止徒长，加强通风降温，温度应比床土育苗降低1~2℃。

（5）定植前的秧苗锻炼。在定植前5~7天减少供液量，加大放风量进行炼苗，使叶色变深，茎秆坚挺。起苗时要尽量减少伤根，不要故意抖落基质。起出的苗避免长时间日晒，最好用塑料薄膜包好，防止根系失水过多而干枯。定植前整地要细，有机肥要充分腐熟。定植应在早晚进行，采用稳水栽，水量稍大些，定植后及时浇缓苗水，不蹲苗。

（六）工厂化育苗

1. 蔬菜工厂化育苗的特点

蔬菜工厂化育苗，是在人为控制的最佳环境条件下，充分利用自然资源，采用科学化、标准化的技术管理措施，运用机械化、自动化手段，使蔬菜秧苗生产达到快速、优质、高产、高效率，成批而又稳定的生产水平。蔬菜工厂化育苗是现代化蔬菜育苗技术发展到最高层次的一种育苗方式，其特点是：①主要育苗环境因子完全或基本上可以按照育苗的要求进行调节与控制；②育苗技术规程完全实现标准化、规范化，环境因子按设定的指标实行调控；③育苗的主要环节或全部环节实行机械化或自动化操作，并向自动化作业线方向发展；④按照育苗程序，分阶段作业，按计划时间及秧苗规格成批生产秧苗；⑤实行全年秧苗生产，成为独立的专业化、商品化秧苗生产的现代化企业。

2. 工厂化育苗的设施

工厂化育苗的设施目前在我国有两种类型：一种是由国外引进的完全机械化、自动化控制的大型育苗工厂，我们称之为“引进型”；另一种是根据我国实际自行研制的设备，其生产规模较小，自动化水平较低，我们称“国产型”。主要特点是育苗基质的机械混拌与装盘、播种、覆盖、淋水等均由自动系统控制，与主机配套的有全日光钢架玻璃温室和塑料大棚。此外，还有采暖设备以及仓库、办公楼等附属设备。

3. 工厂化育苗程序

（1）种子丸粒化。种子丸粒化就是给种子外面加上“包衣物质”硅藻土，使形成丸粒，便于机械播种。包衣物质中还含有吸湿剂、肥料杀菌剂等，能促进苗齐、苗壮。一般从种子入锅到加工完约需 3 小时）→用烘干机烘干（机内热风温度 40℃左右，烘烤 1 小时即干）→进行防潮包装保存（取 0.5 ~ 1 千克合格丸粒种子，以塑料袋或纸袋包装，保存于阴凉、干燥、无虫、无鼠害的库内）。

（2）基质混拌与装盘。基质混拌装盘车间的生产程序可归纳如下：基质料的准备（采购、测定并调整其 pH 值为 5.5 ~ 6.5）→送入混拌机拌匀→送入盛料斗→装盘（盛料斗的阀门受光电系统的控制，当育苗盘由传送带送过来遮挡住光束时，阀门便自动打开，基料装入盘内，苗盘过后光束恢复，阀门关闭，停止装料，苗盘继续往前送）→刷平（毛刷将装上基质料的苗盘刷平）→压痕（靠压痕器的转动准确地在苗盘每格的中心部位轻轻地压出一个凹下去的播种穴）。

（3）播种程序。装好基质并压好播种穴的苗盘被传送人播种器（苗盘传送行进的速度与播种器的播种圆盘转动速度保持同步）→精量播种（保证每穴或每格播一粒，已丸粒化的种子，一穴一粒的准确率达 95% 以上）→覆盖（以看不见种粒为宜，基质厚度 0.1 ~ 1 厘米）→喷水（要求均匀喷透全部基质)。

(4)培苗程序。播种后的苗盘送入温室出苗(要求保持最适宜的出苗温度)→送到塑料大棚培苗(基本齐苗后,要适当降温,增强光照,定时、定量或根据实际需要供给营养液)→成苗炼苗(控制浇水,降低温度)→起苗、包装(将苗盘运至包装车间的滚动台上,使秧苗松动,取苗包装)。

(七)嫁接育苗

1. 嫁接育苗的概念

将植物体的芽或枝(称接穗)接到另一植物体(称砧木)的适当部位,使两者接合成一个新植物体的技术称嫁接。采用嫁接技术培育秧苗称嫁接育苗。嫁接的原理是接穗与砧木的切口处细胞受切伤的刺激,形成层和薄壁细胞旺盛分裂,在接口处形成愈伤组织,使接穗和砧木结合生长。同时,两者切口处的输导组织的相邻细胞也分化形成同型组织,使输导组织相连,形成新的个体。砧木吸收的养分和水分输送给接穗,接穗又把光合产物输送到砧木,形成共生关系。

2. 嫁接育苗的优点

嫁接育苗既能保持接穗的优良性状,又能发挥砧木的某些特性。因此,具有以下优点:①在连作重茬地块栽培嫁接苗可以有效地防止枯萎病等土传病害。②根系发达,生长势强,根系抗低温能力增强,能更好地适应冬季保护地栽培。③根系发达,吸收能力强,延长生育期,提高产量和产值。④改善品质,提早成熟。

3. 嫁接苗的培育过程

(1)苗床的选择。冬、春季节的育苗苗床,应该选择加温温室、日光温室等设施;秋季延后栽培,苗床可选在有遮阳、防雨设备的露地。

(2)育苗容器。可以选择上口径 7 ~8 厘米、高 10 ~12 厘米塑料营养钵。

(3)营养土配制。用肥沃、无重茬的营养土和腐熟的优质有机肥按 6:4 的比例混匀,每立方米加入氮、磷、钾复合肥 15 千克、草木灰 5 千克,混匀过筛,装在育苗容器内。

(4)砧木与接穗的选用。黄瓜、西葫芦的砧木选用黑籽南瓜;西瓜是瓠瓜;茄子是赤茄、托鲁巴姆。接穗:黄瓜是密刺和津春系列;西瓜是四倍体、西农八号、新红宝;西葫芦是早春一代;茄子是汾茄一号、丰研二号等品种。

(5)播种。冬、春季节育苗一般在晴天的上午点播。茄果类蔬菜育苗盘每个穴孔点 3 ~4 粒,瓜类蔬菜每个穴孔点 2 粒,播后盖 0.5 ~1 厘米的细土。为防止表土板结,可在上部应撒一层细沙。

（6）播后管理

①播种至心叶期：白天的温度要求在25～30℃之间，夜间一般20℃，地温18℃。当第一片心叶微露时，适当的通风降温，控制水分，增强光照，防止幼苗徒长，白天温度要求25℃，夜间15℃。心叶期是瓜类嫁接苗培育的关键时期。

②从心叶期到分苗前：这段时间主要是促进幼苗生长，此期是培育茄果类蔬菜嫁接苗的关键时期，白天要求温度25～30℃，夜间15～17℃，苗床干时，可适当喷水。

③分苗：育苗盘每个穴孔只留一株，将多余的幼苗移在其他育苗盘中。分苗前要浇足水分，分苗后一周保温保湿不通风，白天25～28℃，夜间15℃。茄子一叶一心开始，番茄2或3叶进行。

④炼苗：嫁接前2～3天适当通风，增强光照，提高幼苗的适应能力，为嫁接成活培育壮苗。

4. 嫁接方法

（1）插接法

a. 砧木、接穗的准备。第一片真叶展开为嫁接适期。先用竹签剔掉砧木的真叶及生长点，然后用竹签（竹签粗与接穗下胚轴粗相同，尖削成楔形），从砧木右侧子叶的主脉向另一侧子叶方向朝下斜插，深度1厘米，以不划破砧木皮为度。接穗选用“西农八号”，比瓠瓜晚播8天。当接穗2片真叶展开，用刀片在子叶节下1.5厘米处削成长度为1厘米的楔形面。b. 嫁接。将插在砧木上的竹签拔出，随即将削好的接穗插入孔中。接穗子叶与砧木子叶呈“十”字状。

（2）劈接法

①砧木、接穗的准备。砧木选“赤茄”。砧木有5～6片真叶为嫁接适期。嫁接时将上方3片真叶切下，用刀在断茎顶面自上而下垂直切一刀，深度1厘米。接穗选“汾茄一号”，比完成的嫁接苗砧木晚播一周。接穗4～5片真叶为嫁接适期，嫁接时接穗留上部3片真叶，并削成楔形，长度1厘米。②嫁接。将接穗对齐砧木茎一方插入，用嫁接夹固定。

（3）靠接法

①砧木、接穗的准备。当第一片真叶半展开、下胚轴长度6～7厘米时为嫁接适期。具体方法是用刀片剔除生长点，在子叶下方1厘米处呈30°向下斜切，切口长0.5厘米，深度是下胚轴粗的1/2，切口平滑。接穗选“津春3号”，比砧木早播4天，当子叶展开、真叶显露时为嫁接适期。接穗削法与砧

木相反，在生长点1厘米处向上斜切，深度为下胚轴粗的2/3，切口平滑，切口长度0.5厘米。②嫁接。接穗切口插入砧木下胚轴的切口，二者紧密结合，用嫁接夹固定。

5. 影响嫁接成活率的因素

影响嫁接成活率的因素很多，归纳起来有以下几个方面：①接穗与砧木的亲和能力。即接穗与砧木嫁接以后，正常愈合及生长发育的能力，这是嫁接成活最基本的条件。一般来说，亲缘相近，亲和力较强；亲缘较远，亲和力较弱，甚至不亲和。②接穗与砧木的生活力。这是影响嫁接成活率的重要因素。幼苗健壮，发育良好，其生活力强，这是影响嫁接成活率的重要因素。幼苗健壮，发育良好，其生活力强，嫁接容易成活；弱苗、徒长苗生活力弱，嫁接不易成活。③环境条件的影响。温度、湿度和光照等对嫁接成活率也有较大的影响，一般来说，嫁接后较高的温、湿度有利于伤口愈合，成活率高；低温、干燥不利于伤口愈合，成活率低。嫁接初的2~3天，适当遮阴可减少秧苗失水萎蔫，有利于成活，但光照过强或过弱会因秧苗失水过多萎蔫，或因湿度过高伤口霉腐而降低成活率。④嫁接技术和嫁接后的管理对嫁接成活率也有很大影响。不管用什么方法嫁接，操作时切口用的刀片要干净，切口要平直，切面要贴紧，固定要牢，不松动，不移位，不损伤子叶及接穗茎叶等都会提高成活率。嫁接后秧苗的栽植、管理等都要精心，以提高成活率。

6. 嫁接后的管理

（1）伤口愈合期的管理

①温度：适宜的温度有利于伤口组织的形成和愈合。瓜类白天要求25~28℃，夜间18~22℃；茄果类白天25~26℃，夜间20~22℃。

②湿度：室内空气湿度大，可防止接穗萎蔫有利于接穗成活。一般采用向苗床喷水，并移人密闭的小拱棚内。冬天浇温水，夏天浇凉水。密闭时间，瓜类3~4天，茄果类5~6天。

③光照：嫁接后适当遮光，防止接穗因阳光直射而萎蔫影响成活。一般接后3~4天全天遮光，以后逐渐增加透光时间，8~10天恢复正常光照。

（2）成活后的管理

①断根：采取靠接法，嫁接成活后对接穗及时断根。在接口下1厘米处用刀片将接穗下胚轴切断。

②分级管理：把伤口愈合好的、恢复生长快的大苗放在一起；伤口愈合略差、生长缓慢的小苗放在温度、光照条件较好的位置集中管理，使其逐渐赶上大苗；伤口不能愈合、难以恢复生长的苗子全部淘汰。

③除萌：嫁接苗成活后，应及时摘除砧木的萌芽，确保接穗的生长发育。

④去固定夹：顶接、劈接接穗成活后一周去掉固定夹子，靠接可在定植后去除。

⑤低温炼苗：嫁接苗成活后，温度、水分、光照按常规育苗管理，在定植前一周，逐渐增加通风时间和次数进行低温炼苗，为提高定植成活率奠定基础。

第十四节　微肥营养及施用技术

一、植物的硼素营养

（一）植物体内硼的含量及分布

植物体内的含硼量因其种类而异，一般在 2 ~ 100 毫克/千克（干重）之间。通常双子叶植物含硼量比单子叶植物高，具有乳液系统的双子叶植物如蒲公英、大戟属、罂粟含硼量更高，所以双子叶植物要比禾本科植物容易缺硼。

植物体内的硼，在不同器官中分布各异。通常繁殖器官高于营养器官，叶片高于枝条，枝条高于根。可见，硼对繁殖器官的形成有重要作用。

（二）硼的生理功能

硼与糖或糖醇络合形成硼酯，这是硼的一切生理功能的基础。

硼酯复合体的形成需要具有相邻的顺式二元醇构型的多羟基化合物。植物体内许多糖及其衍生物如糖醇和糖醛酸、甘露醇、甘露聚糖和多聚甘露糖醛酸均具有这种构型，这些硼化合物可能参与一系列代谢过程。

1. 促进分生组织生长和核酸代谢

植物缺硼最明显的症状是分生组织的生长受阻，根尖和茎尖首先受害。由于缺硼症状首先出现在分生生长上，由此认为硼与核酸代谢有关。

2. 硼与碳水化合物运输和代谢

最近有研究表明，硼能促进糖的吸收和运输，或由于缺硼植株的筛板中形成的愈伤组织（胼胝质）阻碍了糖的运输；或由于严重缺硼植株的根尖和茎尖库的活性减弱所致。因此，缺硼植株造成叶片中同化产物明显累积。

硼不仅与细胞壁的组分牢固地络合，而且是细胞壁结构完整性所必需。它与钙共同起着“细胞间胶结物”的作用。

3. 硼与酚代谢和木质素的形成

硼与顺式二元醇形成稳定的硼酸复合体（单酯或双酯），从而能改变许多代谢过程。

硼还参与木质素的形成，这是因为木质素是由P-香豆醇、松柏醇和芥子醇聚合而成。而在产生过程中的中间产物，能和硼反应形成络合物，从而促进木质素的形成。双子叶植物的木质素形成过程中需要有较多的硼参与。而单子叶植物木质素组分以香豆醇为主，故需硼较少。

4. 硼与生殖器官的建成和发育

在植物器官中，以花的含硼量为高，花中又以柱头和子房组织最高。花粉萌发和花粉管伸长必需硼，硼对受精作用也具有重要影响，因为硼能增加花蜜的质量分数和改变花蜜中糖的组分，使虫媒花更易吸引昆虫。硼还影响花粉粒的数量和生活力。

（三）植物硼素营养失调症状

1. 植物缺硼症状

植物缺硼时，会出现以下症状：①茎尖生长点受抑，甚至枯萎、死亡。②老叶增厚变脆，色深无光泽。新叶皱缩、卷曲失绿，叶柄短而粗。③根尖伸长停止，呈褐色，侧根加密，根颈以下膨大，似萝卜根。④蕾花脱落，花少而小，花粉粒畸形，生活力弱，结实率低。甜菜“褐心症”、油菜“花而不实”症、棉花“蕾而不花症”、芹菜“茎折病”、苹果“缩果病”、柑橘“石头果”、油橄榄“多头症”等，都是典型的缺硼症状。

2. 植物硼中毒症状

受害植株一般是在中下部叶尖或叶缘褪绿，而后出现黄褐色斑块，甚至焦枯。双子叶植物叶片边缘焦枯如镶“金边”；单子叶植物叶片枯萎早脱。一般桃树、葡萄、无花果、菜豆和黄瓜等对硼中毒敏感，所以施用硼肥不能过量，以防受害。

3. 植物硼素营养的诊断指标

为了维持植物的正常代谢活动，体内需要有一定的含硼量。一般植物适宜的硼水平在20～100毫克/千克干重。当硼低于15毫克/千克时，可能出现缺硼症状，当硼大于200毫克/千克时，可能产生硼中毒。不同植物需硼量不同，因而其诊断指标有较大差异。

（四）硼肥施用技术

1. 基施

硼泥价格低，适宜作基肥使用。大田作物每公顷施硼泥225千克，可与过磷酸钙混合使用。柑橘等果树，每株用1.5～2.0千克，与过磷酸钙或有机肥混合使用。用硼砂作基肥时，每公顷施7.5～12.0千克，先与干细土混匀，进行条施或穴施，但不要使硼肥直接接触种子或幼根，以免造成危害。当硼砂用量超过 37.5 千克时，会降低种子出苗率，甚至会产生死苗。

2. 浸种

浸种宜用硼砂，一般施用浓度为 0.02% ~0.05%。先将肥料放到 40℃温水中，待完全溶解后，再加足水量，而后将种子倒入溶液中，浸泡 4~6 小时，捞出晾干后即可播种。

3. 叶面喷施

用 0.1% ~0.2% 的硼砂或硼酸溶液，每公顷施 750 千克。也可和波尔多液或 0.5% 尿素配成混合液进行喷施。硼在植物体内运转能力差，以多次喷施为好，一般要求喷施 2~3 次。不同作物喷施时期不同。棉花以苗期、初蕾期、初花期；油菜以幼苗后期（花芽分化前后）、抽苔期、初花期；蚕豆以蕾期和盛花期；果树以蕾期、花期、幼果期喷施为宜。

二、植物的锌素营养

（一）植物体中锌的含量及分布

植物正常含锌量一般在 25~100 毫克/千克，主要分布在生长点及幼嫩叶片中，下部叶片质量分数较少，当植物开花时，锌主要集中在花粉中，可见锌对繁殖器官形成也有重要作用。

（二）锌的生理功能

锌是许多酶的组分，如碳酸酐酶、乙醇脱氢酶、谷氨酸脱氢酶、羧肽酶、苹果酸脱氢酶、醛缩酶、乳酸脱氢酶、RNA 聚合酶等，这些酶参与了体内一系列代谢过程。含锌的 SOD 酶在清除超氧自由基的毒害、保护膜脂和蛋白质不被氧化方面起着重要作用。

1. 参与光合作用

缺锌菜豆上部叶片基粒构造破坏，叶绿体液泡化，因而影响叶绿体形成。存在于叶绿体中的含锌的碳酸酐酶，可催化 CO_2 的水合作用。

锌还是醛缩酶的组分，在叶绿体中使 1，6-二磷酸果糖进入淀粉合成途径；在细胞质中，使之向糖酵解支路—蔗糖合成途径转移。

2. 锌与蛋白质代谢

缺锌时蛋白质合成速率和蛋白质质量分数下降，原因是：a. 锌是 RNA 聚合酶的组分，如果缺锌，该酶失去活性；b. 锌是核糖蛋白体结构完整所必需，缺锌时，核糖蛋白质解体；c. 缺锌时核糖核酸酶活性增加，使 RNA 降解加快，导致蛋白质质量分数降低。

锌是谷氨酸脱氢酶的组分，能促进含氮物质代谢的最初产物谷氨酸的形成，并成为合成维生素、生物碱、多肽及蛋白质等含氮化合物的基本原料。

3. 锌参与生长素的合成

锌参与生长素吲哚乙酸的合成。在此过程中，锌能促进丝氨酸和吲哚合成色氨酸，最后形成吲哚乙酸。缺锌时，植物体内的色氨酸和生长素质量分数均降低，尤其是芽和茎中的质量分数减少明显，导致植物生长发育出现停滞状态，叶小呈簇生状。最近的一些研究者发现，缺锌还使植株体内赤霉素减少，脱落酸质量分数增加。

4. 促进生殖器官的发育

锌大部分集中在种子胚中。澳大利亚的试验发现，三叶草增施锌肥，其营养体产量可增加 1 倍，而种子和花的产量可增加近 100 倍。

（三）锌的营养失调症状

1. 植物缺锌症状

植物缺锌的共同特点是：植株矮小，叶小畸形，叶片脉间失绿或白化，并常有不规则斑点。①番茄和青椒呈小叶丛生状，新叶发生黄斑。②果树顶枝或侧枝呈莲座状，并丛生，节间缩短。

2. 植物锌中毒症状

植物锌中毒主要表现在根的伸长受阻，叶片黄化，进而出现褐色斑点。大豆锌过量时叶片黄化，中肋基部变赤褐色，叶片上卷，严重时枯死。小麦叶尖出现褐色的斑条，生长延迟，产量降低。

3. 植物锌素营养的诊断指标

为了维持植物的正常代谢活动，体内需要有一定的含锌量。一般植物的正常含锌量在 25 ~ 100 毫克/千克之间。如低于 20 毫克/千克就可能缺锌，而大于 400 毫克/千克就可能产生锌中毒。然而不同植物需锌量不同，因而其诊断指标有较大差异。

（四）锌肥施用技术

1. 基施

旱地一般每公顷用硫酸锌 15 ~ 30 千克，用前与 150 ~ 225 千克细土混合后撒于地表，然后耕翻入土。用于水田可作耙面肥，每公顷用硫酸锌 15 千克，拌入细土后均匀撒在田面。也可与尿素掺和在一起，随掺随用。作秧床肥时，每公顷用硫酸锌 45 千克，于播种前 3 天撒于床面。

2. 追肥

水稻一般在分蘖前期（移栽后 7 ~ 20 天），每公顷用硫酸锌 15 ~ 22.5 千克，拌干细土后均匀撒于田面。也可作秧田“送嫁肥”，在拔秧前1~2天，每公顷用硫酸锌20~30千克施于床面，移栽带肥秧。玉米在苗期至拔节期，每公顷用硫酸锌15~30千克，拌干细土150~200千克，条施或穴施。

3. 浸种

把硫酸锌配成0.02%~0.1%的溶液，将种子倒入溶液中，溶液以淹没种子为度。一般水稻浸48小时，晚稻浸6~8小时。浸种浓度超过0.1%时，会影响种子发芽。

4. 拌种

每千克种子用硫酸锌2~6克，先以少量水溶解，喷于种子上，边喷边搅拌，用水量以能拌匀种子为度，种子晾干后即可播种。水稻也可在种子萌发时用1%的氧化锌拌种。

5. 叶面喷施

水稻以苗期喷施为好，施用浓度为0.1%~0.3%硫酸锌溶液，连续喷2~3次，每次间隔7天；玉米用0.2%硫酸锌溶液在苗期至拔节期连续喷施2次，每次间隔7天，每次每公顷用液量为750~1 125千克；果树叶面喷施硫酸锌溶液，以在新芽萌发前施用比较安全，落叶果树喷施浓度为0.1%~0.3%，常绿果树为0.5%~0.6%。

三、植物的钼素营养

（一）植物体中钼的含量及分布

植物含钼量为0.1~300毫克/千克（干重），但多数植物质量分数不到1毫克/千克。据报道，豆科作物含钼量明显高于禾本科作物，生长在中性或碱性土壤中的植物，平均含钼量为11毫克/千克，而同一植物品种生长在酸性土壤或低钼土壤中，分别只有0.9毫克/千克和0.2毫克/千克。

钼在体内的各器官中的分布因作物而异。菜豆是根>茎>叶，而番茄则是根>叶>茎。此外，繁殖器官中积累较多的钼，这对受精及胚的发育有重要作用。

（二）钼的生理功能

1. 参与氮代谢

钼是硝酸还原酶和固氮酶的成分，它们是氮代谢过程中不可缺少的酶。植物缺钼时，硝酸还原酶活性降低，造成叶片中硝酸盐积累，从而影响叶菜类蔬菜的品质。

钼也是植物体中固氮酶的组分。氮的固定过程需要有含钼的固氮酶催化，还参与氨基酸代谢。当植物缺钼时，不仅硝酸还原酶活性降低，而且谷氨酸脱氢酶活性也有所下降。

2. 钼的其他作用

钼对维生素 C 合成有良好影响。缺钼时，植株体内维生素 C 含量明显减少，这可能是由于缺钼导致体内氧化还原反应不能正常进行所致。钼与磷代谢也有密切关系。缺钼时，体内磷酸酶活性明显提高，不利于无机磷向有机态磷的转化。此外，施钼还能增加烟草对花叶病的免疫性，并使患有萎缩病（病毒感染）的桑树恢复健康。

（三）植物钼的营养失调症状

1. 植物缺钼症状

缺钼的共同特征是叶片出现黄色或橙黄色大小不一斑点，叶缘向上卷曲呈杯状；叶片发育不全。

（1）十字花科作物花椰菜缺钼的特异症状是“鞭尾叶”；萝卜缺钼时，叶肉退化，叶裂变小，叶缘上翘，呈类似鞭尾状。

（2）豆科作物叶缘褪绿，出现许多灰褐色小斑并散布全叶，叶片变厚，发皱，有的叶片向上卷曲呈杯状。

（3）番茄在一二片真叶时，叶片发黄，卷曲，继而新叶出现花斑，缺绿部分向上拱起，小叶上卷，最后小叶叶尖及叶缘均皱缩死亡。

2. 植株钼中毒症状

植物能忍受相当高的钼，只有当体内钼超过 200 毫克/千克时，才出现毒害症状。茄科表现为叶片失绿；番茄和马铃薯小枝上产生红黄色或金黄色；花椰菜植株呈深紫色。

3. 植物钼素营养的诊断指标

为了维持植物正常代谢活动，体内需要有一定的含钼量。植物正常含钼量一般在 0. 1 ~0. 5 毫克/千克。大多数植物含钼量低于 0. 1 毫克/千克时，就可能出现缺钼。当体内钼高于 200 毫克/千克时，才抑制生长。

（四）钼肥施用技术

1. 基施

钼矿渣因价格低廉，常用做基肥，每公顷用 3. 75 千克左右。用时可拌干细土 150 千克，拌均匀后施用，或撒施耕翻入土，或开沟条施或穴施。钼酸铵因价格昂贵，加之用量少，不易施用均匀等原因，通常不做基肥。

2. 拌种

每千克种子用钼酸铵 2 克，先用少量水溶解，对水配成 2% ~3% 的溶液，用喷雾器喷施在种子上，边喷边搅拌，溶液不宜过多，以免引起种皮起皱，造成烂种。拌好后，种子晾干即可播种。如果种子还要进行农药处理，一定要等种子晾干后进行。但不能晒种，以免种皮破裂影响发芽。

3. 叶面喷施

先用少量温水溶解钼酸铵，再用凉水对至所需浓度，一般使用 0.05% ~ 0.1% 的浓度，每次每公顷喷溶液 750 ~ 900 千克。由于钼在作物体内难以再利用，所以除苗期喷施外，还应在初花期再喷施一次。

四、植物的锰素营养

（一）植物体内锰的含量及分布

植物正常含锰量多在 20 ~ 100 毫克/千克（干重），但植物种类与生长条件不同，含锰量相差很大。

吸收到植物体内的锰有两种存在形式：一种是无机离子状态，主要是 Mn^{2+}；另一种则是 Mn^{2+} 与蛋白质（包括酶蛋白）牢固地结合在一起而存在。植物体中的锰主要存在于茎叶中，籽粒中含锰较少。

（二）锰的生理功能

1. 参与光合作用

在光合作用中，水的裂解和氧的释放系统都需要锰。缺锰时光合电子传递链的第一步受阻碍。因此，测定新叶的光合放氧量是表征植物锰营养状况的一个适合又灵敏的方法。此外，缺锰不仅叶片光合速率降低，而且叶绿体的片层结构也受损。

2. 酶的组分及对酶活性的调节

锰作为羟胺还原酶的组分，参与硝态氮的还原过程，可以催化羟胺还原成氨。缺锰时，作物体内硝态氮的还原作用受阻，硝酸盐不能正常转变为铵态氮，造成体内硝酸盐积累，使氮代谢受到阻碍。

锰还是许多非专性金属复合体的活化剂，被锰活化的各种酶可促进氧化还原过程及脱羧、水解或转位等反应。锰能活化 IAA 氧化酶，促进 IAA 氧化，因而有利于体内过多的生长素降解。

3. 调节植物体内的氧化还原过程

锰在植物体内存在着二价和三价的不同化合物形式，能直接影响体内的氧化还原。当锰呈 Mn^{3+} 时，它能使体内 Fe^{2+} 氧化成 Fe^{3+}，或抑制 Fe^{3+} 还原为 Fe^{2+}，减少有效铁的含量。所以植物吸收锰过多，容易引起缺铁失绿症。

此外，锰还能促进种子萌发和幼苗早期生长，加速花粉萌发和花粉管伸长，提高结实率；活化莽草酸途径的合成酶，促进酚类化合物、类黄酮、木质素、香豆素的形成，从而增强抗病虫能力。

（三）植物锰的营养失调症状

1. 植物锰的缺乏症

一般表现为叶片失绿并产生黄褐色或赤褐色斑点，但叶脉仍为绿色，有时叶片发皱，卷曲甚至凋萎。不同植物症状各异。

（1）麦类。燕麦新叶脉间呈条纹状黄化，并出现淡灰绿色或灰黄色斑点，称为“灰斑病”；大、小麦新叶脉间褪绿黄化，继而黄化部分逐渐变褐坏死，形成与叶脉平行的长短不一的线状褐色斑点，叶片变薄，柔软萎蔫，称为“褐线萎黄病”。

（2）豆类。菜豆、蚕豆和豌豆形成的种子小而开裂，畸形，并有褐色斑点。

（3）甜菜。叶片呈三角形，脉间有黄化斑点，称“黄斑病”。严重缺锰时叶片坏死。

（4）棉花和油菜。幼叶失绿，脉间呈灰黄或灰红色，有明显网状脉纹，有时叶片还出现淡紫色或浅棕色斑点。

（5）苹果。脉间失绿呈浅绿色，兼有斑点。严重时，脉间变褐并坏死，叶片全部为黄色。

2. 植物锰中毒症状

典型症状是在较老叶片上有失绿区包围的棕色斑点（即 M_nO_2 沉淀），但更明显症状往往是由于高锰诱发其他元素如钙、铁、镁的缺乏症。如棉花、菜豆皱叶病，就是锰中毒诱发的缺钙症。

3. 植物锰素营养的诊断指标

一般认为，植物正常含锰量为 20 ~ 500 毫克/千克。当含锰量低于 20 毫克/千克时为缺乏，大于 500 毫克/千克时为过剩。

（四）锰肥施用方法

1. 基施

难溶性锰肥适宜作基肥，如工业矿渣等，每公顷用 150 千克左右，撒施于土表，而后耕翻入土。如条施或穴施作种肥，要与种子保持 3 ~ 5 厘米的距离，以免影响种子发芽。施用硫酸锰，每公顷用 15 ~ 30 千克，可与干细土或与有机肥混合施用，这样可以减少土壤对锰的固定。

2. 浸种

用 0.1% ~ 0.2% 的硫酸锰溶液浸种 8 小时，捞出晾干后播种。

3. 拌种

每千克种子需用硫酸锰 4 ~ 8 克，拌前先用少量温水溶解，然后均匀地喷撒在种了上，边喷边翻动种子，拌匀晾干后播种。

4. 叶面喷施

在花期、结实期各喷一次，每次每公顷用 0.1% ~ 0.2% 的硫酸锰溶液 750 ~ 900 千克。在溶液中加入 0.15% 生石灰，可避免烧伤植株。

五、植物的铜素营养

(一) 植物体中铜的含量及分布

植物对铜的需要量很少，大多数植物含铜量为 2 ~ 20 毫克/千克干重。植物含铜量因植物种类、器官而异。一般豆科植物质量分数高于禾本科作物；在同种作物的不同器官中，铜主要积累在根部，特别是根尖和根中部，其次是叶片，而茎秆最低。

(二) 铜的生理功能

1. 酶的组分

铜是植物体内许多氧化酶的组分，如细胞色素氧化酶、多酚氧化酶、抗坏血酸氧化酶等。

近年发现的铜与锌共存的超氧化物歧化酶（CuZn—SOD）具有催化超氧自由基歧化的作用，可保护叶绿体免遭超氧自由基的伤害。

2. 参与光合作用

铜对光合电子传递有重要作用。现已知道，铜是叶绿体蛋白—质体蓝素的组分。质体蓝素是构成联结光合作用电子传递链的一部分。

铜对叶绿素和其他色素的合成及稳定性也有重要作用。缺铜还能改变类囊体膜上脂类，特别是多肽组成，从而影响质体醌在光合系统中的电子传递效率。

3. 参与氮代谢

铜对氨基酸活化及蛋白质合成有促进作用。缺铜时，蛋白质合成受阻，从而导致可溶性含氮化合物增加，游离氨基酸和硝酸盐积累。缺铜还会影响 RNA 和 DNA 的合成。铜能促进豆科植物根瘤形成，参与豆血红蛋白的合成和氧的传递。豆科作物缺铜将降低根瘤中细胞色素氧化酶的活性，导致根瘤细胞中氧分压增加而不利于固氮作用进行。

4. 影响花器官发育

缺铜使禾本科植株花药形成受阻，花粉发育不良，生活力差，因而造成不结实。小麦缺铜敏感期是在花粉开始形成的孕穗期，这是造成在生殖生长时期对铜较为敏感的重要原因。

（三）植物铜的营养失调症状

1. 植物缺铜症状

一般表现为顶端枯萎；节间缩短；叶尖发白，叶片变窄变薄，扭曲；繁殖器官发育受阻，结实率低。不同作物症状各异，现分述如下。

（1）禾本科植物。表现为植株丛生，顶端逐渐发白，症状从叶尖开始，严重时不抽穗或穗萎缩变形，结实率降低，籽粒不饱满，甚至不结实。

（2）豆科植物。新生叶失绿、卷曲，老叶枯萎，易出现坏死斑点，但不失绿。蚕豆花由正常鲜艳的红褐色变为白色。

（3）果树。缺铜时发生枯梢，树皮开裂，有胶状物流出，呈水泡状皮疹，称“郁汁病”或“枝枯病”，果实小而僵硬，严重时果树死亡。

2. 植物铜中毒症状

表现为主根伸长受阻，侧根变短；新叶失绿，老叶坏死，叶柄和叶片背面变紫。铜中毒症很像缺铁，这一方面可能是铜从植物生理代谢中心置换出铁；另一方面是过量铜可能使二价铁氧化成难溶性三价铁，从而导致铁失活所致。

3. 植物铜素营养的诊断指标

大多数正常生长的植物含铜量在 5 ~20 毫克/千克之间。当叶片含铜量低于 4 毫克/千克时可能出现缺铜，当含铜量高于 20 毫克/千克时，则可能出现毒害。但不同植物或同种植物不同生育期或不同部位的含铜量各异，因而其诊断指标有较大差异。

（四）铜肥施用方法

1. 基施

含铜矿渣作基肥，一般在冬耕时翻入或早春耕地时。

2. 拌种

每千克种子用硫酸铜 1 克。先将肥料用少量水溶解后，均匀喷撒在种子上，晾干后播种。

3. 叶面喷施

在泥炭土、沼泽土及腐殖土上，因土施后容易被土壤固定，需采用叶面喷施，硫酸铜浓度为 0.02% ~0.1%，每公顷喷 750 千克左右。

六、植物的铁素营养

(一) 植物体内铁的含量及分布

植物含铁范围在100～300毫克/千克(干重),并随着植物种类、器官及发育阶段而异。通常豆科作物、蔬菜作物含铁量比禾本科作物高。同为禾本科作物,水稻其体内含铁量高于玉米。由于铁主要存在于叶绿体中,所以植株不同部位的含铁量也不相同,叶中含铁量较高,而籽粒、块根、块茎中质量分数较低。

(二) 铁的生理功能

1. 叶绿素合成所必需

叶绿素结构中并不含铁,但植株体中含铁量,特别是活性铁质量分数与叶绿素质量分数之间有良好的相关性。

缺铁时,叶绿体片层重叠结构消失,叶绿体基粒减少,间质部分增大。严重时基粒会消失,叶绿体崩解或液泡化,导致叶绿素质量分数及酶活性降低。

2. 参与体内氧化还原反应和电子传递

在植物体内,铁通过自身的氧化还原来完成电子的传递,构成一个可逆的氧化还原体系。铁与卟啉结合为血红素,其氧化还原能力可提高1 000倍;再与蛋白质结合为血红蛋白,其氧化还原能力可提高10亿倍。

3. 参与核酸和蛋白质代谢

缺铁会降低叶绿体中核酸,特别是核糖核酸的质量分数;铁还参与蛋白质合成。缺铁时体内硝酸盐,氨基酸和酰胺积累,蛋白质质量分数减少,并导致叶绿体的解体。

此外,缺铁还会降低还原糖,有机酸(如苹果酸和柠檬酸)以及维生素B_2等,这说明铁与碳水化合物,有机酸和维生素的合成有关。

(三) 植物铁素营养失调症状

1. 植物缺铁症状

植物缺铁的典型症状是顶端和幼叶缺绿黄白化,甚至白化,叶脉颜色深于叶肉,色界清晰。双子叶植物形成网纹花叶,单子叶植物形成黄绿相间的条纹花叶。不同植物症状各异。

(1) 果树。新梢叶片失绿黄白化,称“黄叶病”,失绿程度依次由下而上加重,夏、秋梢发病多于春梢,病叶多呈清晰的网目状花叶,通常不发生褐斑、穿孔、皱缩等。严重黄白化的,叶缘呈灼烧、干枯,提早脱落,形成枯梢或秃枝。

（2）花卉。网状花纹清晰，色泽清丽。一品红枝条丛生，顶部叶片黄化或变白；月季顶部幼叶黄白化，严重时生长点及幼叶枯焦；菊花严重缺铁时，上、中部叶片几乎呈纯白色或乳白色，叶脉也变白色，下部叶片多呈棕色。

（3）蔬菜。果菜类及叶菜类蔬菜缺铁，顶芽及新叶黄白化，仅沿叶脉残留绿色，叶片变薄，一般无褐变、坏死现象；番茄叶片基部还会出现黄灰色斑点。

（4）禾本科植物。玉米和麦类缺铁，叶片脉间失绿，呈条纹花叶，症状越近心叶越重。严重时主叶不出，甚至不能抽穗。

2. 植物亚铁中毒症状

植物铁中毒往往发生在通气不良的土壤上。所以，铁中毒实际上是亚铁（Fe^{2+}）中毒。其中毒症状因植物种类而异。亚麻表现为叶片变为暗绿色，地上部及根系生长受阻，根变粗；烟草叶片脆弱，呈暗褐至紫色，品质差；水稻下部老叶叶尖，叶缘脉间出现褐斑，叶色深暗，称之“青铜病”。

3. 植物铁素营养的诊断指标

大多数正常生长的植物含铁量为50～250毫克/千克。当含铁量低于50毫克/千克时属于缺乏，大于300毫克/千克时为过量。不同植物对铁的需求量不同。

（四）铁肥施用方法

1. 基施

常用铁肥品种为硫酸亚铁。硫酸亚铁施到土壤后，有一部分会很快被氧化成不溶性的高价铁而失效。为避免被土壤固定，可将硫酸亚铁与20～40倍的有机肥料混匀，集中施于树冠下，也可将硫酸亚铁与马粪以1∶10混合堆腐后施用，对防止亚铁被土壤固定，有显著效果。

2. 叶面喷施

喷施可避免土壤对铁的固定，但硫酸亚铁在植物体内移动性差，喷到的部位叶色转绿，而未喷到部位仍为黄色。中国农业科学研究院果树研究所提出，采用注射器快速向树枝内注射0.3%～1%硫酸亚铁溶液，或在树干上钻一个小孔，每棵树用1～2克硫酸亚铁塞人孔中，均有较好效果。另外，还有人提出，用0.4%～0.6%硫酸亚铁溶液在果树叶芽萌发后喷施，每隔5～7天喷一次，连续喷施2～3次，效果也很好。用有机态的黄腐酸铁（0.04%～0.1%）进行叶面喷施，其效果优于硫酸亚铁。

七、植物的氯素营养

（一）植物体内氯的含量和分布

植物生化功能需要的氯浓度仅为340～1 200毫克/千克（干重），属微量元素水平。然而，由于氯在土壤、雨水、肥料和空气中广泛存在，植物体内含氯量远高于这一水平。一般正常含氯量达0.2%～2%，相当于植物体内大量元素的质量分数。据研究，在同样不施氯的情况下，不同植物成熟叶片含氯浓度大小不同。籽粒及可食或可利用部分中含氯量较高的作物有莴苣（0.77%）、甘薯（0.38%）等，而较低的有玉米、谷子、油菜（0.038%～0.02%）。植株含氯量还受到环境中含氯量的影响。以每千克土施氯1 600毫克与不施氯处理比较，红麻、油菜茎叶含氯增幅分别达到12.1倍和14.1倍，籽粒也达到4～7倍。

同种植物不同生育期和不同器官中的含氯量也有较大变化。一般生育前期尤其是苗期含氯量高于成熟期；茎叶含氯量高于籽粒。

（二）氯的生理功能

1. 参与光合作用

在水的光解放氧反应中，氯的作用位点在光系统Ⅱ，是光合放氧必需的辅助因子。许多研究表明，在介质中增加Cl^-含量，可使植物类囊体放O_2活性增加。然而，Cl^-也不能过量。马国瑞等（1990）用马铃薯试验表明，当水培氯离子（Cl^-）高于550毫克/千克时，不仅光合产物降低，而且光合产物向块茎运输数量减少20%～40%，导致块茎小而少，产量明显降低。

2. 酶的活化剂及某些激素的组分

植物体内的某些酶，如α-淀粉酶、β-淀粉酶，只有在Cl^-的存在下才具有活性。在原生质小泡及液泡的膜上存在的一种质子泵ATP酶，同样需Cl^-来激活。

氯还是某些激素的组分，从豌豆中分离出含有氯的生长素，并证明它是4-氯吲哚-3-乙酸。乙烯质量分数也受Cl^-的促进，据马列克（1984）报道，甜瓜果实用$CaCl_2$处理与其他钙盐处理相比，能使果实产生更多的乙烯，从而使果实呼吸高峰提早出现，加速果实成熟。

3. 调节细胞渗透压和气孔运动

氯能与植物体内阳离子保持电荷平衡，维持细胞渗透压和膨压，有利于从环境中吸收更多的水分，提高植株抗旱能力，而植物细胞膨压的提高可使叶片直立，功能期延长。

氯对植物气孔的开闭有调节作用，间接影响光合作用和植物生长。缺氯时，由于气孔不能自如的开关，而导致水分过多的损失。对于保卫细胞中叶绿体发育不良的植物，Cl^-作为K^+输入的平衡离子，有特别重要的意义。

4. 提高豆科植物根系结瘤固氮

适量供氯，对根瘤数、根瘤干重和根瘤固氮酶活性均有良好的影响。当土壤中Cl^-在100～400毫克/千克时，有利于花生根瘤生长和固氮，当土壤中Cl^-为600毫克/千克时，对生长及根瘤固氮酶活性有明显不良影响。

5. 施氯能减轻多种真菌性病害

现已查明，至少有十余种不同作物的十余种叶、根病害因施氯而减轻。关于氯抑制植物病害的确切机理，主要有：①氯能抑制铵态氮向硝态氮转化，使大多数铵态氮肥以NH_4^+广形式保存在土壤中，植物在吸收NH_4^+的同时释放出H^+，使根际酸度增加，从而抑制了病菌的滋生。②Cl^-能抑制植物对NO^{3-}的吸收，而NO^{3-}质量分数低的作物较少发生根腐病。③植物组织中Cl^-积累，会引起植物水势降低，低水势可削弱病原体在寄主植物上的浸染和扩展能力。

（三）植物氯营养失调症状

植物除了从土壤吸收Cl^-外，也可从雨水、灌概水以及空气中吸收氯。因此，在田间很难见到缺氯症状。在生产中，常因施用含氯化肥过量而引起的氯害是时有发生的。其毒害症状表现为叶尖、叶缘呈灼烧状，并向上卷曲，老叶死亡，并提早脱落。不同植物的氯中毒症状介绍如下。

1. 莴苣

生长受阻，叶小皱缩，出现紫红色斑点，并逐渐扩展，产量降低，品质下降。

2. 萝卜

出苗少，幼苗生长缓慢。株矮，出叶率低，新生叶片小，老叶萎蔫，心叶皱缩变脆，呈蓝绿色，产量低。

3. 黄瓜

株矮，叶片发黄，叶小且边缘焦黄，生长受阻。

4. 马铃薯

症状始于老叶，表现出叶尖向上卷曲青枯，同时在叶片边缘、叶茎出现细小黄斑，新叶变小，根系少。严重时，老叶黄枯，从叶柄处脱落，新叶不能展开，根系腐烂。在脱落老叶处的分枝，未见受害症状。

5. 甘蔗

叶尖和叶缘失绿，而后叶片死亡。当幼叶中Cl^-浓度达到3 459～3 924毫克/千克时，出现严重毒害症状。

6. 茶树

老叶受害时，先是叶尖出现红褐色枯焦，然后向边缘方向发展。再沿叶脉向主脉方向延伸，待整张叶片发黑时，开始脱落。

7. 烟草

叶色浓绿，叶缘向上卷曲，叶片肥厚，脆性，易破碎。

8. 葡萄

施高氯后 1 周，叶片边缘开始失绿，呈现淡褐色，并逐渐扩大到整叶，10～15 天后开始落叶。先是叶片脱落，然后再叶柄脱落。受害严重时，造成整株落叶，并随之果穗萎蔫，青果转为紫褐色后脱落。新梢枯萎，新梢上抽生的副梢也受害，引起落叶、枯萎，最终整株枯死。

（四）含氯化肥的施用

氯作为一种肥料，可以对一些“喜盐植物”，如菠萝、椰子、油棕、甜菜、羽衣甘蓝和菠菜等产生良好作用。已证明，在一些地区对这些作物施用氯化钾的效果优于硫酸钾。然而在一般情况下，土壤、灌溉水和空气中都含有足够量的氯化物，已能满足需要，没有必要施氯。在生产中对氯敏感的植物，如茶树、甘薯、马铃薯、莴苣、烟草等，应慎用含氯化肥，以免产生危害。合理施用含氯化肥，除根据土壤含氯量多少外，还应注意以下几点：

1. 优先用在耐氯性强的作物上

含氯化肥首先应分配在椰子、油棕、甜菜、黄花苜蓿、菠菜、南瓜、甘蓝、水稻、棉、麻、油菜和大麦等作物上，马铃薯、甘薯、苋菜、莴苣、烟草和茶树等对氯离子敏感，应严格控制用量。

2. 重点用在降雨量较多的地区和季节

土壤胶体不易吸附带负电荷的氯离子。因此在多雨的地区和季节使用，氯离子可随水流失，而在没有灌溉条件的旱地以及排水不良的盐碱地和干旱缺雨地区最好不用含氯化肥。

3. 掌握适宜用量

随含氯化肥带入的 Cl^-，要比硫酸盐肥料更能提高土壤溶液中的盐浓度，这是因为氯化铵或氯化钾施于土壤后，NH^{4+}、K^+ 被土壤胶体吸附，而氯离子与钙结合生成易溶于水的氯化钙（100 毫升冷水中可溶解 65.3 克氯化钙）使土壤溶液中盐浓度迅速增高。控制含氯化肥用量，无疑会降低土壤中的盐浓度从而减少或避免氯离子的危害。据马国瑞等研究，在降雨量为 1 500 毫米条件下，甘蔗、甘薯、马铃薯在分别每公顷施氯离子为 330 千克、195 千克及 135 千克时，对产量和品质并无不良影响。可见，以往认为的这些“忌氯作物”，并非不能施用含氯化肥，关键是要掌握一个适宜用量。

4. 讲究施用方法

氯化铵和氯化钾不宜作种肥和秧田基肥，尤其不要和种子接触，更不能和种子拌在一起，否则会影响种子发芽及造成烧苗现象。因此含氯化肥宜作基肥深施（用于土表在4～6厘米之间）或条施在植物行间，以免接触种子及幼苗根系。作旱地追肥时，可对水（肥：水=1：5～10）或对稀薄粪尿浇施。用量高时，可分成2～3次施用。

5. 配制复混肥料

用氯化铵和氯化钾与尿素、磷铵、重过磷酸钙或普钙制成二元或三元复混肥，可减少因含氯化肥施用不当而引起的危害。而且氮、磷、钾配合使用，可以起到相得益彰的效果。

八、合理施用微量元素肥料需要注意的问题

（一）土壤中微量元素的供应状况

微量元素肥料使用应根据土壤中的丰缺状况，采用缺什么补什么，不可盲目施用和过量施用。此外，土壤微量元素的有效质量分数与酸碱度有密切关系，土壤pH值过高，能降低土壤中铁、锰、锌、铜、硼等元素的有效性，而在酸性土壤常会引起作物缺钼。

（二）植物对微量元素的需求特性

不同植物对微量元素的需求量不同，应把微量元素用在需要量多的作物上，这样才能获得较高的经济效益。

（三）天气状况

主要指温度和雨量，因为它们影响土壤中微量元素的释放和植物对它们的吸收。早春遇低温时，早稻容易缺锌；冬季干旱，会影响根系对硼的吸收，翌年油菜容易出现大面积缺硼；降雨较多的砂性土壤，容易引起土壤铁、锰、钼的淋洗，会促进植物产生缺铁、缺锰、缺钼症。但在排水不良的土壤又易发生铁、锰、钼的毒害。

第十五节 植物生长调节剂应用技术

一、植物生长调节剂的概念

植物在生长发育过程中，除了需要一般的营养物质如水分、无机盐、有机

物外，还需要一些含量甚微对生长发育有特殊作用的物质。这类物质极少量存在就可以调节和控制植物的生长发育及各种生理活动，称为植物生长物质，包括植物激素和植物生长调节剂。

植物激素是植物体内源产生的活性物质，是植物生命活动中不可缺少的物质，它由合成器官或组织运转到别的器官或组织上，参与调节植物的各种生理活动。植物的发芽、生根、生长、器官分化、开花、结果、成熟、脱落、休眠等都受到植物激素的调节控制。

植物从种胚的形成，种子萌发，营养体生长，开花结实到植株衰老、死亡，都受到植物激素的调控。不同的植物激素具有不同的生理功能，同一激素往往又具有多种生理作用，植物的同一生理过程一般受多种植物激素的调控。植物激素间既相互促进、相辅相成，又相互对抗，它们共同协调和控制整个植株的生长发育。

目前公认的植物激素主要有5大类，即生长素类、赤霉素类、细胞分裂素类、脱落酸和乙烯。此外，科学家也发现了其他一些具有植物激素作用的内源生长调节物质，如油菜素内酯（芸苔素内酯）、水杨酸、茉莉酸等。

植物内天然存在的激素含量很少，从植物体内提取激素，应用于农业生产是很困难的，于是通过用化学方法合成与植物激素的化学结构不相同，具有与植物激素类似的生理效应的物质，也能对植物的生长发育起重要的调节作用，称之为植物生长调节剂。植物生长调节剂可分为植物生长促进剂、植物生长延缓剂、植物生长抑制剂。

二、植物生长调节剂的作用

（一）促进插条生根与苗木繁育

利用生长素类物质可促进插条生根，2，4-D、α-萘乙酸、萘乙酰胺、吲哚乙酸、吲哚丁酸等，都具有不同程度促使插条形成不定根的作用。由于生长素类在植物体内可极性运输，所以在生长素的参与下，插条维管束形成层和基部组织的韧皮部、木质部的薄壁细胞形成愈伤组织，分化根的原基，使之成为具有分生能力的细胞，最后形成不定根，提高了插条的成活率。

（二）促使种子和块根块茎发芽

种子发芽，除了需要适宜的温度、水分和氧气等条件外，还须打破种子的休眠。当赤霉素、细胞分裂素等植物生长调节剂处理种子后，诱导了各种水解酶的活性，导致种子萌发。生产上利用植物生长调节剂，如赤霉素、细胞分裂素、油菜素内酯、三十烷醇等，打破种子休眠，提高种子发芽率。

（三）促进细胞的分裂和伸长

生长素、赤霉素、细胞分裂素、油菜素内酯等都有促进细胞伸长的作用。赤霉素可促进茎、叶生长，在芹菜、菠菜、莴苣等作物上已大量应用。细胞分裂素除了促进细胞伸长，使细胞体积加大外，更重要的是促进细胞分裂，它和生长素配合，能控制植物组织的生长和发育，应用于农业生产，主要是促进植物组织分化、抑制衰老等。

（四）诱导花芽分化与无籽果实的形成

当植株施用细胞分裂素之后，由于细胞分裂素具有对养分的动员作用和创造“库”的能力，可促使营养物质向应用部位移动，例如，叶面喷施细胞分裂素类物质，可使其他部位的代谢物质向处理部位移动，抑制细胞的纵向伸长而允许横向扩大，因而可促进侧芽的萌发，这对于利用侧枝增大光合面积和结果的作物效果极为显著。生长素和赤霉素类物质还能够诱导无籽果实的形成。

（五）保花保果与疏花疏果

利用植物生长调节剂，可调节和控制果柄离层的形成，防止器官的脱落，达到保花、保果的目的。在生长素、细胞分裂素、赤霉素等植物生长调节剂中，有多种化合物都具有防止器官脱落的功能，如防止果树生理落果，提高茄果类蔬菜的坐果率等。吲哚丁酸、萘乙酸、2，4-D、赤霉素等已被广泛应用于蔬菜、果树等作物的保花和保果。

（六）调控雌雄性别

调控植物花的雌雄性别，是植物生长调节剂的特有生理功能之一，应用最广泛、效果显著的是乙烯利和赤霉素。乙烯利的作用在于当瓜类植株的发育处于“两性期”时，抑制了雄蕊的发育，促进了雌蕊的发育，使雄花转变为雌花。赤霉素调控花的性别与乙烯利相反，它抑制雌花的发育，促进雄花的发育，因此，用赤霉素处理后，花的性别表现是，每节都不生雌花，而只生雄花。利用乙烯利控制瓠瓜、黄瓜雌花的发生，利用赤霉素诱导雄花的产生，在黄瓜的育种上，使全雌株的黄瓜产生雄花，然后进行自交或杂交，为黄瓜品种保存和培育杂种一代提供有效的措施。

（七）抑制植株徒长与矮化整形

如果植株营养生长过旺，影响生殖生长，会造成光合产物的消耗而减产。运用植物生长调节剂进行化学调控，抑制徒长，调整株型，可收到良好的效果。如多效唑、助壮素、比久、三碘苯甲酸等都可以不同的作用方式使植物株型矮化紧凑，提高光合作用强度，加速光合产物的运输和贮存，为生殖生长提供充分的营养来提高作物产量。

（八）增强植株的抗逆力

棉花在秋季遇低温，会影响吐絮，我国北方棉区在临收获或低温来临时，喷施乙烯利可促进纤维素酶的活性，使棉铃早熟开絮。在西南地区“倒春寒”前用生长调节剂促进水稻秧苗健壮、多发根、早返青，可提高对低温的抗性。在北方为预防“倒春寒”对冬小麦的冻害，可在有降温趋势之前，喷施矮壮素来缓解冻害对小麦的危害。

（九）促使早熟丰产与改善品质

在番茄转色期用乙烯利处理后，可使番茄提早成熟 6 ~8 天，同时可增加早期产量和改善果实风味。在西瓜上应用细胞分裂素浸种及花期喷施，使西瓜提前成熟 3 ~7 天，并使含糖量提高。

（十）贮藏保鲜防衰老

用6-苄基腺嘌呤处理甘蓝、抱子甘蓝、花椰菜、芹菜、莴苣和菠菜等都能有效地保持采收后的新鲜状态，对提高食用品质和商品价值十分有利。应用比久、矮壮素、2，4-D 等植物生长调节剂处理大白菜、洋葱、大蒜和马铃薯等作物，防止在贮藏期间变质、变色、发芽有较好的效果。

三、生长调节剂在蔬菜生产中的应用

利用植物生长调节剂防止器官脱落、打破休眠、控制徒长、促进成熟、提高坐果率以及嫁接育苗、保鲜贮藏等已成为蔬菜生产的重要措施。细胞分裂素、丁酰肼、矮壮素、萘乙酸等常用于蔬菜保鲜贮存，但不同种类和品种的蔬菜，具有不同的遗传特性，由此决定了它们不同的新陈代谢方式和强度，表现出不同的品质特征和生长特性，因而在植物生长调节剂的施用上也各有特点。如叶菜类富含多种维生素，但体表面积大，代谢旺盛；块茎、球茎等类蔬菜，有一个生理上的休眠阶段。又如菠菜以尖叶有刺品种耐寒，适宜冻藏；圆叶品种叶肉厚，丰产，但耐寒性差，不耐贮藏；圆叶与尖叶杂交品种既耐寒又丰产，是耐藏的优良品种。

蔬菜生理性状与耐贮性的关系极为密切，其中成熟度是蔬菜生理性状的主要标志。因而常据需要用乙烯释放剂或抑制剂来调节蔬菜的成熟度。成熟过度或成熟不足的蔬菜不耐贮存，因为过熟的蔬菜已处于生理衰老状态，贮藏器官的贮存特质已经消耗；而不到成熟期的幼嫩蔬菜，其中的内容物不充足。各种蔬菜的成熟度常以风味品质的优劣作为采收的首要依据。对某些果菜类如茄子、黄瓜等，是按开花后的天数作为采收标准的，过早采收果嫩，营养与风味淡薄，易萎蔫；而过晚采收，皮厚籽老风味差，贮藏时易老化。植物生长调节剂赤霉素、助壮素等可用于调节生长速度，以确定最佳的采收时间。

采前喷洒一些植物生长调节剂、杀菌剂或其他矿质营养元素，是栽培上改进蔬菜品质，增强耐藏力，防止某些生理病害和真菌病害的辅助措施之一。常用的植物生长调节剂如萘乙酸和二氯苯氧乙酸，高浓度对植物生长起抑制作用，低浓度则有促进作用；比久（B9）和矮壮素（CCC）是生长抑制剂；赤霉素（GA）促进植物细胞分裂和伸长；乙烯和乙烯利促进果实成熟等。许多植物生长调节剂就用于保花保果。如防落素、6-BA（6-苄基氨基嘌呤）、萘乙酸用于黄瓜保花保果；2，4-D、赤霉素、防落素用于茄子的保花保果等。

育苗移栽是集约化蔬菜栽培的主要特点之一，除个别蔬菜外，绝大多数蔬菜均需育苗。吲哚乙酸、萘乙酸、矮壮素等常用于培育壮苗，提高移栽苗的发根力。保护地栽培也是蔬菜栽培的特点之一。用植物生长调节剂三十烷醇、芸苔素内酯、喷施宝等来调控保护地蔬菜生长，也有许多成功的例子。

此外，用乙烯利、草甘膦等有利于番茄、马铃薯催熟和茎叶的干燥；用青鲜素、细胞分裂素等可抑制叶菜、根菜类的抽薹；用赤霉素可促进胡萝卜、菠菜、甘蓝等的花芽分化和抽薹；用乙烯利、吲哚乙酸、矮壮素、激动素等可调控瓜类的性别。植物生长调节剂在蔬菜中的应用十分广泛，效果明显。

四、合理应用植物生长调节剂

（一）植物生长调节剂与环境条件的关系

植物生长调节剂的效果与温度、湿度和光照等外界环境条件有着密切的关系。在一定温度范围内，对植物使用植物生长调节剂的效果，一般随温度升高而增大。温度较高时叶片的蒸腾作用和光合作用较强，植物体内的水分和同化物质的运输也较快，这也有利于植物生长调节剂在植物体内的传导。

番茄等在低温或高温下会大量落花，这时使用2，4-D或防落素，防止落花的效果会非常明显。而在适宜的温度下，由于落花不严重，因此使用2，4-D或防落素的效果也就不明显。

光能促进植物光合效率的提高和光合产物的运转，并促进气孔张开，有利于对药液的吸收，同时还促进了蒸腾，又有利于药液在植物体内的传导，因此植物生长调节剂多在晴天使用。但是，光照过强则叶面的药液易被蒸发，留存时间短，不利于叶面对生长调节剂的吸收，故夏季使用植物生长调节剂时，要注意避免在烈日下喷洒。

空气湿度大，可以延长药滴的湿润时间，有利于吸收与运转，叶面上的残留量相对较少，能够提高使用效果。施药时或施药后下雨会冲刷掉药液。在一般情况下，要求喷洒后 12 ~24 小时不下雨，才能保证药效不受影响，否则应重施。

风速过大，植物叶片气孔关闭，且药液易干燥，一般不宜在强风时施用。

植物生长调节剂的应用效果同农业措施密切相关。例如，萘乙酸、吲哚丁酸处理插条后可以促进生根，但是如果不保持苗床内一定的湿度和温度，生根是难以保证的。用防落素、2，4-D、萘乙酸和比久等防止落花落果，还需加强肥水管理，保证营养物质的不断供给，才能获得高产。如乙烯利处理黄瓜，能多开雌花、多结瓜，这就需要对它供给更多的营养，才能显著地增加黄瓜产量。但如果肥水等营养条件不能满足，则会造成黄瓜后劲不足和早衰，反而降低产量。

（二）植物生长调节剂的施用方法

溶液喷洒是生长调节剂应用中常用的方法，根据应用目的，可以对叶、果实或全株进行喷洒。先按需要配制成相应浓度，喷洒时液滴要细小、均匀，药液用量以喷洒部位湿润为度。为了使药液易于粘附在植物体表面，可在药液中加入少许乳化剂，如中性皂、洗衣粉、烷基磺酸钠，或表面活性剂如吐温 20、吐温 80，或其他辅助剂，以增加药液的附着力。为了使药液在植物体表面存留时间长，吸收较充分，喷药时间最好选择在傍晚，气温不宜过高，使药剂中的水分不致很快蒸发。如处理后 4 小时内下雨，叶面的药剂易被冲刷掉，降低药效，需要重新再喷。

喷洒植物生长调节剂时，要尽量喷在作用部位上。如用赤霉素处理葡萄，要求均匀地喷于果穗上。用乙烯利催熟果实，要尽量喷在果实上。用萘乙酸作为疏果剂，对叶片和果实都要全面喷到；而作为防止采前落果时，则主要喷在果梗部位及附近叶片上。

种子处理时浸种的用水量要正好没过种子，使种子充分吸收药剂。浸泡时间 6 ~24 小时。如果室温较高，药剂容易被种子吸收，浸泡时间可以缩短到 6 小时左右；温度低时，则时间适当延长。要等种子表面的药剂晾干后播种。

促进插条生根可将插条基部长 2. 5 厘米左右浸泡在含有植物生长调节剂的水溶液中。浸泡时间的长短与药液浓度有关。如带叶的木本插条，在 5 ~10 毫克研吲哚丁酸中浸泡 12 ~24 小时，较为适宜。如药剂浓度改为 100 毫克/升，则只需浸泡 1 ~2 小时。浸泡时应放置在室温下阴暗处，空气湿度要大，以免蒸发过快，插条干燥，影响生根。浸泡后可将插条直接插入苗床中，四周保持透气，并有适宜的温度与湿度。也可用快蘸法，操作简便，省工。将插条基部长2.5厘米左右放在萘乙酸或吲哚乙酸酒精溶液中，浸蘸5~10秒钟，药剂可以通过组织或切口很快进入植物体，待药液干后，可立即插入苗床中。另外还可用粉剂处理，将苗木插条下端2厘米左右先在水中浸湿，再蘸拌有生长素的粉剂。为防止扦插时蘸在插条上的药粉被擦去，可先挖一条小沟，把插条排在沟中，然后覆土压紧。

催熟果实是将成熟的果实采摘下来后，浸泡在事先配制好的药液中，浸泡一段时间，取出晾干后放在透气的筐内。如用乙烯利催熟，果实吸收乙烯利后，有充分的氧气才能释放出乙烯气并诱导生成内源乙烯，达到催熟的目的。

涂抹法是用毛笔或其他工具将药液涂抹在植物的某一部分。如用2，4-D涂布在番茄花上，可防止落花，并可避免其对嫩叶及幼芽产生危害。香蕉催熟时，可用乙烯利水溶液直接涂抹果蒂。

如是溶液培养，可将药剂直接加入培养液中。在育苗床中处理时（如番茄）除叶面喷洒外，可随着灌溉将药剂徐徐加人流水中，供根系吸收。大面积应用时，可按一定面积用量，与灌溉水一同施入田中。另外，土壤的性质和结构，尤其是土壤有机质含量多少对药效的影响较大，施用时要根据实际情况适当增减用药剂量。

为促进开花，控制植株茎、枝伸长生长等，可将水溶液直接注入筒状叶中，如玉米、凤梨和郁金香等。如处理叶腋或花芽，为防止药剂流失，可事先放一小块脱脂棉，将药剂滴注在棉花上，使其能充分吸收，而不致流失。

萘乙酸甲酯可用于窖藏马铃薯、大蒜、洋葱等。将萘乙酸甲酯倒在纸条上，待充分吸收后将纸条与受熏物体放在一起，置于密闭的贮藏窖内。取出时，抽出纸条，将块茎或鳞茎放在通风处，待萘乙酸甲酯全部挥发后即可。

用杀菌剂、杀虫剂、微肥等处理种子时，可适当添加植物生长调节剂。拌种法是将试剂与种子混合拌匀，使种子外表沾上药剂，如用喷壶将药剂洒在种子上，边洒边拌，搅拌均匀即可。

（三）应用植物生长调节剂应注意的问题

1. 先进行预备试验

有许多药剂会产生同一个效果，根据所用的药剂，最好做一次对比试验，一周后就能观察到效果。然后选择一种药效显著、没有副作用、使用简便、价格便宜的药剂作大面积应用。同一药剂，由于厂家不同，批号不同，存放时间长短不同，都有可能出现问题。因此，在大规模试验或处理作物之前，一定要做预备试验。

2. 选定适宜的使用时期

使用植物生长调节剂的时期至关重要。只有在适宜时期内使用植物生长调节剂才能收到应有的效果。使用时期不当，则效果不佳，甚至还有副作用。植物生长调节剂的适宜使用期主要取决于植物的发育阶段和应用目的。黄瓜使用乙烯利诱导雌花形成，必须在幼苗 1～3 叶期喷洒，过迟用药，则早期花的雌雄性别已定；达不到诱导雌化的目的。

由于作物生育的不同时期，对外施生长调节剂的敏感性不同，为了防止果蔬的落花落果，必须在发生落花落果前处理，过迟则起不到防止脱落的作用。对果实的催熟，应在果实转色期处理，可提早 7～15 天成熟，若处理过早，果实品质受影响，反之催熟作用不大。

3. 正确的处理部位和施用方式

根据实际需要决定处理部位。例如，用 2，4-D 防止落花落果，就要把药剂涂在花朵上，抑制离层的形成，如果用 2，4-D 处理幼叶，则会造成伤害。同样的浓度对根有明显的抑制作用，而对茎则可能有促进作用；对茎有促进作用的浓度往往比促进芽的高些。如 10～20 毫克/升的 2，4-D 药液对果实膨大生长有促进作用，而对于幼芽和嫩叶却有明显的抑制作用，甚至引起变形。因此，使用时必须选择适当的用药器具，对准所需用药的部位施药，否则会产生药害。

4. 防止药害，保证安全施用

药害是由于生长调节剂使用不当而引起的与使用目的不相符的植物形态和生理变态反应。如使用保花、保果剂而导致落花、落果；使用生长素类调节剂引起植株畸形、叶片斑点、枯焦、黄化以及落叶、小果、裂果等一系列症状变化，均是属于药害的范畴。

药害产生的原因很多，如与气候就有很大关系。温度高低不仅影响到使用植物生长调节剂的效果，而且常是导致作物药害的重要因素。2，4-D、防落素、增产灵等苯氧乙酸类调节剂使用时对温度要求较为严格，温度过高、过低都将引起不良后果。又如番茄在气温高于 35℃以上时，用 2，4-D 点花保果很易产生药害。

5. 正确掌握施用浓度和施药方法

首先，要根据作物的种类来确定药剂的浓度，如使用赤霉素在梨树花期用 10～20 毫克/升，甘蔗拔节初期用 40～50 毫克/升。其次，要根据药剂种类确定使用浓度。如柑橘保花、保果，使用赤霉素可掌握在 50 毫克/升，防落素为 15～25 毫克/升，2，4-D 是 10 毫克/升为宜。其三，要根据气温确定药剂浓度，在番茄植株上使用2，4-D点花保果，气温在15℃左右时，浓度宜控制在15毫克/升；25℃左右时，以10毫克/升较好；30℃时应降至7.5毫克/升，当气温超过35℃时，不宜采用2，4-D点花保果。其四，要根据药剂有效成分配准浓度，由于生长调节剂种类繁多，有效成分含量各不相同，如有85%赤霉素晶体，也有4%赤霉素乳剂，在配制时，要根据有效成分加适量的水稀释。

正确掌握生长调节剂的施药方法也很重要。以点花法施用生长调节剂时，要选好药剂和浓度，避免高温点花，并在药液中适当加入颜料，防止重复点花。浸蘸法施药，要注意浓度与环境的关系，如在空气干燥时，枝叶蒸发量大，要适当提高浓度，缩短浸渍时间，避免插条吸收过量药剂而引起药害；要注意扦插温度，一般生根发芽以20～30℃最适宜；要抓好插条药后管理，插条以放在通气、排水良好的砂质土壤或细砂中为好，防止阳光直射。

6. 抓好管理

根据作物生长特点和生长调节剂的特有要求抓好管理。一般施用助壮素、增产灵等药剂后，要适当增施氮、磷、钾肥料，促进生长，防止早衰。施用多效唑的水稻秧苗要作移栽翻耕处理。连年使用调节膦、多效唑的果树，要注意年份间停用，以利正常生长结实。

喷施植物生长调节剂时要制订安全间隔期。对各种植物生长调节剂制订最后一次施药离收获期的间隔时间，可控制生长调节剂残留量在安全系数以内。

在植物生长调节剂混用时，要根据作物对象明确应用目的，再注意调节剂的功能，做到混用目的与生长调节剂的生理功能要一致，不能将两种生理功能完全不同的，混合后不能对应用目的起增效作用的，例如多效唑、矮壮素、比久等不能与赤霉素混用。

酸性调节剂不能与碱性调节剂混用。混合使用植物生长调节剂时，要注意各自的化学性质，不能将酸性与碱性两种调节剂混用，以免发生中和反应而使药剂失效，例如乙烯利是强酸性的生长调节剂，当pH值>4时，就会释放乙烯，所以不能与碱性的生长调节剂或农药混用。

植物生长调节剂之间或与某些植物营养元素混用时，要注意各种化合物的相溶性，保持离子平衡关系。在生长调节剂中加入某些植物营养元素时，要防止出现沉淀、分层等反应。例如应用比久时，不能加入铜制剂，否则将使比久的生理功能遭到破坏。

7. 妥善保管

温度对于植物生长调节剂的影响较大，一般温度愈高，影响愈大。温度的变化，会使植物生长调节剂产生物理变化或化学反应，致使植物生长调节剂的活性下降，甚至失去调节功能。如三十烷醇水剂，在常温下（20～25℃）呈无色透明，若长时间在35℃以上的环境中贮藏，则易产生乳析致使变质。赤霉素晶体在低温、干燥的条件下可以保存较长时间，而在温度高于32℃以上时开始降解，随着温度的升高，降解的速度越来越快，甚至可丧失活性。赤霉素的粗制品制成乳剂较难保存，稳定性比结晶粉剂差。

在植物生长调节剂中，防落素、萘乙酸、矮壮素和调节膦等药剂吸湿性较强，在湿度较大的空气中易潮解，逐渐发生水解反应，使药剂质量变劣，甚至失效。制作成片剂、粉剂、可湿性粉剂、可溶性粉剂的植物生长调节剂，往往吸湿性也较强，特别是片剂和可溶性粉剂，如果包装破裂或贮藏不当，很易吸湿潮解，从而降低有效成分含量。如赤霉素片剂一旦发生潮解，必须立即使用，否则可失去调节功能。一些可湿性粉剂，吸潮后常引起结块，也会影响调节作用的效果。

光照对植物生长调节剂亦可带来不同程度的影响，因为日光中的紫外线可加速调节剂分解。如萘乙酸和吲哚乙酸都有遇光分解变质的特性。用棕色玻璃瓶包装的透光率为23%，绿色玻璃瓶的透光率为75%，五色玻璃瓶的透光率达90%。用棕色玻璃瓶可以减少日光对药剂的影响。

存放植物生长调节剂的容器，也是影响药剂质量的一个重要方面。一些调节剂不能用金属容器存放，如乙烯利、防落素对金属有腐蚀作用，比久易与铜离子作用而变质。大多数农药与碱易反应，如赤霉素遇碱迅速失效。有些生长调节剂遇碱易分解，如乙烯利在pH值4以上时就可分解而释放乙烯。

植物生长调节剂应用深色的玻璃瓶装存或用深色的厚纸包装，放在不易被阳光直接照射的地方。一般植物生长调节剂宜贮藏在20℃以下的环境中，对于需要贮藏时间较长的原药及高浓度的母液，最宜放在阴凉环境中，有条件的也可放于专门存放化学药品的低温冰箱。

目前在市场上销售的植物生长调节剂，多数是稀释后加工成粉剂、水剂、乳剂等形式进行销售。如2，4-D配制成含量为1.5%的水剂，赤霉素等配以辅料制成粉剂，乙烯利为含量40%的醇剂，矮壮素为含量50%的水剂等等，因此，这些植物生长调节剂的贮藏期不宜太长。通常由厂方稀释配制后的植物生长调节剂，经过一段较长时间的贮藏后，要经常认真检查药剂的质量变化，如药剂混浊、分层、沉淀或者色泽变化等，均应考虑变质的可能性。

8. 选用合格的产品

生产效果与经济效益的高低，决定于正确选用和合理使用生长调节剂。购药前，首先弄清使用目的，即用植物生长调节剂解决什么问题。购药时，应在经过严格检验合格的单位如农资公司、供销社和农技部门购买。切忌购买陈旧过期药剂和那些未经研究应用和毒性鉴定的无商标、未注册的产品。因此，必须正确选用药剂，合理使用，才能发挥其效果，提高经济效益。否则效果不稳定，甚至无效，有时还可能产生药害。此外，还要严格按照有关规定施用，注意安全，防止污染，保护环境。

第十六节　蔬菜病虫害防治技术

由于蔬菜种类多，品种繁杂，因而病虫害发生种类、数量相对也较多，特别近年来，由于蔬菜产品与种苗的流通、异常天气的出现及保护地栽培的发展，为蔬菜病虫害的滋生蔓延提供了条件，使一些本来在局部地方发生的病虫害传播开来，一些次要的病虫害上升成了主要病虫害，其中一些还能周年发生危害，不仅造成当季减产，而且对后茬也会产生不良影响。如果不及时采取科学合理的防治方法，不仅发挥不了应有的防治效果，还可形成农药越用越多，病虫发生危害逐年加重的恶性循环，增加了防治的难度，既加大了防治成本，又降低了蔬菜产品的质量。贯彻“预防为主，综合防治”的植保方针来控制病虫害是蔬菜生产的关键策略，在综合防治中，要以农业防治为基础，因时、因地制宜，合理运用生物防治、物理防治和化学防治等措施，达到经济、安全和有效控制病虫害的目的。

一、加强植物检疫

植物检疫是贯彻执行“预防为主，综合防治”植保方针的一项重要措施。植物检疫的目的就是要防止危害植物的危险性病、虫、杂草在地区间或国家间传播蔓延，保护农业生产安全。植物检疫的主要任务：一是禁止危险性病、虫、杂草随种苗及其产品的调运而传出传人；二是将在国内局部地区已发生的危险性病、虫、杂草，封锁在一定范围内，不让传播到还没有发生的地区；三是当危险性病、虫、杂草已被传人新的地区时，要采取紧急措施，就地彻底消灭。加强对蔬菜种苗的检疫，可以有效地防止危险性的病虫及其他有害生物随蔬菜种苗的调运而传播蔓延。比如美洲斑潜蝇、美国白蛾、黄瓜黑腥病、番茄溃疡病和马铃薯癌肿病、马铃薯金线虫病等都是当前蔬菜作物的检疫对象。不论从哪里调运种苗，都应通过有关部门检疫，确保不带有危险性病虫害，尤其不应从疫区引进蔬菜种苗，以防危险性病虫害的传播蔓延。

二、搞好预测预报

各种蔬菜病虫害的发生，都有一定的规律和特殊的环境条件。加强病虫害的预测预报，根据蔬菜病虫害发生的特点和所处的环境，结合田间定点调查的实际和天气预报情况，进行科学分析，才能及时、准确地掌握病虫害发生的种类、发生量、发生区域和发生趋势，掌握其发生消长规律，准确作出预报，掌握防治适期及时开展防治，即可取得良好防治效果。如：高湿天气，昼夜温差大，叶片上有水珠，则易患霜霉病、灰霉病、菌核病等；环境干燥则易发生蚜虫、白粉虱等；蔬菜苗期的生理病害，多因温湿度过高或过低、营养不足、肥料未腐熟等原因而引起，导致沤根、猝倒、立枯等病害，出现秧苗萎蔫、叶黄、叶片有斑点或叶缘黄白等症状，对这类病虫害通过预测预报工作，即早发现，及时采取有效防治措施，将病虫害防治在发生之前或消灭在初发阶段。实践证明，加强蔬菜病虫害的预测预报工作，贯彻“预防为主，综合防治”的植保方针，是发展绿色蔬菜生产的有效措施。

三、重视农业防治

农业防治是从农业生态系统的总体观念出发，在有利于农业生产的前提下，通过有意识运用耕作栽培制度，选用抗（耐）性品种，加强保健栽培管理以及改造自然环境等农业管理手段和栽培措施，来改变和恶化有害生物生存的生态环境，创造适宜蔬菜生长发育和有益生物（如害虫的天敌等）生存和繁衍，而不利于病虫害等有害生物发生的环境条件，来控制和减轻病虫害的发生与危害。农业防治不污染环境，符合生态防治的要求。农业防治主要包括选用抗病品种、种子消毒、合理轮作倒茬、排水降湿、通风降温、中耕除草、整枝打叶、清理田间残株落叶等农业措施。

四、利用生物防治

生物防治是指利用各种有益生物或生物的代谢产物来控制病虫害的。生物防治的特点是对人畜安全，对环境没有或极少污染，有时对某些害虫可以达到长期抑制的作用，具有经济有效安全无污染和害虫不产生抗药性等优点。生物防治技术主要包括有以虫治虫、以菌治虫、以病毒治虫、用其他有益生物制剂防治病虫害等，是发展绿色蔬菜生产的先进措施。

（一）以虫治虫

菜地栽培作物种类多，病虫害复杂，各种捕食性天敌和寄生性天敌十分活跃，由于长期大量使用有机磷、拟除虫菊酯类等广谱性杀虫剂，天敌数量逐年减少，寄生率下降，害虫猖獗。因此，尽可能地降低用药量、减少用药次数，避免使用对天敌杀伤力大的农药，科学用药是保护天敌，提高其自然控制能力的重要途径，生产中常用的方法有以下几种：

1. 以瓢治蚜

瓢虫，俗称花大姐。我国北方常见的种类有七星瓢虫、异色瓢虫、龟纹瓢虫等。瓢虫以成虫和幼虫捕食蚜虫、飞虱、粉虱、叶螨等害虫。在麦田或油菜田选瓢虫多的地块，用网捕虫，捕后装入布袋，袋内放少量树叶或青草，以利瓢虫栖附，避免互相残杀。要边捕、边运、边放，隔行放虫，瓢蚜比例以1：150～200为宜。

2. 利用赤眼蜂防治害虫

赤眼蜂是分布广、寄主多的卵寄生蜂，我国已知的有13种。利用赤眼蜂防治菜青虫、小菜蛾、斜纹夜蛾、菜螟、棉铃虫等害虫。日前，繁殖赤眼蜂已逐步实现工厂机械化。放蜂要根据虫情调查，掌握在害虫产卵初期或初盛期放蜂。

3. 利用草蛉防治害虫

草蛉又名草蜻蛉。我国常见的草蛉种类有：大草蛉、中华草蛉和丽草蛉等，草蛉可捕食蚜虫、粉虱、叶螨以及多种鳞翅目害虫卵和初孵幼虫，释放草蛉成虫，一般采取网捕，人工助迁的方法。释放前应先将成虫移植于黑暗的纸筒或箱子内，于早晨将其运至田间，打开筒口或箱口，而后持箱人在田间缓慢走动，成虫即均匀地散到附近的作物上；释放初龄幼虫的方法是将初龄幼虫均匀地撒在寄主的嫩叶上和上部张开的叶片上，一般幼虫在5分钟之内即爬到叶片隐蔽处，等待时机扑食害虫。

此外，生产中还可以利用丽蚜小蜂、熊蜂（*Bum blebee*）防治白粉虱，利用捕食性蜘蛛防治螨类，食蚜蝇、猎蝽等也是捕食性昆虫天敌。

（二）利用生物杀虫剂

自然界中许多害虫是微生物控制的，其中一些菌类已被开发出来，用于作物害虫的防治，这类杀虫剂使用安全、不杀伤天敌、无污染、无残留、药效持久和价格低廉。当前生产中常用的生物杀虫剂主要有：

1. 苏云金杆菌

苏云金杆菌（Bt）是一种细菌杀虫剂，它是目前世界上用途最广，产量最大，应用最成功的生物农药，具有使用安全、不伤害天敌、不易产生抗药性、防效高、不污染环境、无残毒的特点。可防治菜青虫、小菜蛾、菜螟和甘蓝夜蛾等。

2. 白僵菌

白僵菌是一种真菌性微生物杀虫剂，当真菌孢子接触虫体后，在适宜的条件下萌发，生长菌丝，穿透体壁而在虫体内大量繁殖，使害虫死亡。死虫体表布满白色菌丝，通常称为白僵虫。目前已大面积用于防治玉米螟、大豆食心虫和菜青虫等。

3. 蛔蒿素

蛔蒿素植物毒素类杀虫剂，对害虫具有胃毒和触杀作用并可杀卵，持效期15天左右，但对害虫的击倒速率较慢。可防治菜蚜、菜青虫、棉铃虫等。

4. 浏阳霉素

浏阳霉素是灰色链霉菌浏阳变种提炼成的一种抗生素杀螨剂，对许多作物的叶螨有良好的触杀作用，对螨卵有一定的抑制作用。

5. 苦参碱

为天然植物农药，害虫一旦接触本药，即麻痹神经中枢，继而使虫体蛋白质凝固，堵死虫体气孔，使害虫窒息而死。苦参碱对人、畜低毒，具有触杀和胃毒作用。可防治甘蓝菜青虫、菜蚜、韭菜蛆等。

6. 齐螨素

齐螨素（阿维菌素）是一种全新的抗生素类生物杀虫杀螨剂，该药对害虫、害螨的致死速度较慢，但杀虫谱广，持效期长，杀虫效果极好，对抗性害虫有特效，并对作物、人畜安全，可防治菜青虫、小菜蛾、螨类等。

7. 棉铃虫核型多角体病毒

棉铃虫核型多角体病毒（简称 NPV）是一种病毒杀虫剂，通过昆虫取食带毒的物质后，病毒在虫体内大量繁殖，使组织和细胞被破坏，虫体萎缩而柔软死亡。病死的害虫体壁易破，触之即可流出白色或褐色脓液，无臭味，这可以和感染了细菌而死亡的害虫有恶臭气味相区别。这种杀虫剂对人、畜低毒，不伤害天敌，不污染环境，长期使用，棉铃虫和烟青虫不会产生抗性。

（三）利用生物杀菌剂

利用有益微生物及其产物防治植物病虫害是目前生物防治的主要方法。当前生产中常用的农用抗菌素主要有：

1. 农抗 120

农抗 120 是一种广谱抗菌素，能阻碍病菌蛋白质合成，导致病菌死亡。对许多植物的病原菌有强烈的抑制作用。在蔬菜上可用于防治瓜类白粉病、大白菜黑斑病和番茄疫病、西瓜枯萎病、炭疽病和黄瓜白粉病。

2. 井冈霉素

井冈霉素是由吸水链霉菌井冈变种所产生的抗菌素。具有很强的内吸作用，能干扰和抑制病菌细胞的正常生长发育，从而起到治疗作用，可防治黄瓜立枯病。

3. 春雷霉素

春雷霉素又名春日霉素，是一种放线菌的代谢物中提取的抗菌素，内吸性强，具有预防和治疗作用。可用于防治黄瓜枯萎病、角斑病和番茄叶霉病。

4. 多抗霉素

多抗霉素又名多氧霉素，是一种广谱性农用抗菌素，具有内吸性，高效，无药害。可用于防治黄瓜霜霉病、白粉病、瓜类枯萎病、番茄晚疫病、早疫病、菜苗猝倒病和洋葱霜霉病。

5. 武夷菌素

武夷菌素可用于防治黄瓜白粉病、番茄叶霉病，对黄瓜灰霉病和韭菜灰霉病也有一定防效。

6. 中生菌素

中生菌素可防治白菜软腐病、黑腐病和角斑病。

7. 链霉素

链霉素可用于防治白菜软腐病、番茄细菌性斑腐病、晚疫病、马铃薯种薯腐烂病、黑胫病，黄瓜角斑病、霜霉病、菜豆霜霉病、细菌性疫病、芹菜细菌性疫病和大白菜软腐病。

（四）利用昆虫生长调节剂

这一类农药并非有直接“杀伤”的作用，而是扰乱昆虫的生长发育和新陈代谢作用，使害虫缓慢而死，并影响下一代繁殖。昆虫生长调节剂是通过抑制昆虫生理发育，如抑制蜕皮、抑制新表皮形成、抑制取食等导致害虫死亡的一类药剂，由于其作用机理不同于以往作用于神经系统的杀虫剂，毒性低，污染少，对天敌和有益生物影响小，有助于可持续农业的发展，有利于绿色食品生产，有益于人类健康。目前，已大量推广使用和正在推广的主要品种有：

1. 苏脲1号

该药主要抑制害虫表皮几丁质的合成，使害虫卵不能正常发育孵化，抑制害虫的生殖力，对鳞翅目害虫的效果较好，残效期较长，但击倒速率较慢。可用于防治菜青虫、棉铃虫和黏虫。

2. 氟啶脲（抑太保）

该药主要抑制害虫表皮几丁质的合成，阻碍昆虫正常蜕皮，使卵的孵化、幼虫蜕皮以及蛹发育畸形，使羽化受阻，而发挥杀虫作用。可防治甘蓝小菜蛾、菜青虫和甜菜夜蛾等。

3. 除虫脲（敌灭灵）

该药主要抑制害虫表皮几丁质的合成，幼虫蜕皮时不能形成新表皮，导致虫体畸形死亡。可防治小菜蛾和菜青虫。

4. 虫酰肼

本品为蜕皮激素类杀虫剂，施药后鳞翅目害虫蜕皮致死。可防治甘蓝、甜菜夜蛾。

五、利用物理防治

物理防治是利用各种物理、机械措施防治病虫害。如灯光诱杀害虫、遮阳网抑病、银灰网和膜驱蚜、高温杀灭土壤中和种子所带的病虫、高温闷棚抑制病情等都是行之有效的。

（一）设施防护

夏季覆盖塑料薄膜、防虫网或遮阳网等，进行避雨、遮阳、防虫栽培，可减轻病虫害的发生。在南方，夏季撤掉大棚两侧的裙膜，保留顶膜，并加大通风，防雨、降湿效果非常明显，能有效地控制病害发生。

1. 遮阳网

夏季覆盖遮阳网具有遮阳、降温、防雨、防虫、增产和提高品质等多种作用。遮阳网主要有黑色和银灰色两种。覆盖银灰色遮阳网同时还具有驱避蚜虫的作用。产品的宽幅有 90 厘米、150 厘米、160 厘米、200 厘米、220 厘米、400 厘米和 700 厘米等。不同厂家所生产的规格有所不同。遮阳网可以在温室和大、中、小棚上应用，也可搭平棚覆盖。

2. 防虫网

覆盖防虫网除了具有一般遮阳网的作用外，还能很好的阻止害虫迁入棚室，起到防虫、防病的效果。试验示范结果表明，在南方夏季采用防虫网覆盖生产小青菜，防虫效果显著，可以不施农药或少施农药，实现绿色蔬菜生产。

（二）人工捕杀

当害虫个体较大、群体较小，发生面积不大，劳动力允许时，进行人工捕杀效果较好，既可以消灭虫害，又可减少用药，还不污染蔬菜产品。如斜纹夜蛾产卵集中，可人工摘除卵块；菜地发现地老虎、蛴螬为害后，可以在被害株根际扒土捕捉；对活动性较强的害虫也可利用各种捕捉工具如捕虫网进行捕杀。

（三）人工清除病株、病叶和杂草

当田间出现中心病株、病叶时，应立即拔除或摘除，带出田外深埋或集中烧毁，防止传染其他健康植株，这在设施栽培条件下更为重要。菜田杂草可采取机械或人工除草，控制草害发生，阻断病虫害的传染途径。

（四）诱杀或驱避害虫

昆虫对外界刺激如光线、颜色、气味、超声波等会表现出一定的趋性或避性反应，利用这一特点可以进行诱杀或驱避害虫，减少虫源。

1. 诱杀

（1）灯光诱杀。灯光诱杀是利用害虫趋光性进行诱杀的一种方法。这一方法在我国 20 世纪 70 年代就已成功应用，用于灯光诱杀害虫的灯有黑光灯、高压汞灯、双波灯等。如利用黑光灯可以诱杀 300 多种害虫，而且被诱杀的多是害虫的成虫，对降低害虫的密度有很好的效果。采用灯光诱杀时，需在灯光下放一盛药液的容器，当害虫碰到灯落人容器后，而被淹死或毒死。放置的面积因防治的害虫种类和灯的功率而异。近年来，研制开发的频振杀虫灯，具有选择杀虫性，既可诱杀害虫，又能保护天敌，应大力推广。

（2）潜伏诱杀。有些害虫有选择特定条件潜伏的习性。利用这一习性，人们可以进行有针对性的诱杀。如棉铃虫、黏虫的成虫有在杨树枝上潜伏的习性，可以在一定面积上放置一些杨树枝把，诱其潜伏，集中捕杀。

（3）食饵诱杀。用害虫特别喜欢食用的材料做成诱饵，引其集中取食而消灭之。如利用糖、醋、酒配制成糖醋诱杀液诱杀棉铃虫、黏虫等害虫；利用臭猪肉和臭鱼诱集蝇类；利用马粪、麦麸诱集蝼蛄等，都具有明显的效果。

（4）色板诱杀。利用害虫有趋黄的习性，在棚室内放置一些涂上黏液或蜜液的黄板，使蚜虫、粉虱类害虫黏到黄板上，或用蓝板诱杀瓜蓟马等，起到防治的作用。放置的密度因虫害的种类、密度、色板的面积而定。一般每30～80 平方米放置一块较适宜。

2. 驱避

利用蚜虫有避灰色特性，在棚室上覆盖银灰色遮阳网或在田间拉银灰色的条状农膜或覆盖银灰色地膜能有效的驱避蚜虫；利用白粉虱、蚜虫有趋黄的习性，可制作黄色诱虫板，悬挂在植株上方诱杀；在保护地的通风口或门窗处罩上防虫网可防止白粉虱或蚜虫等昆虫飞人，进行无毒种苗生产和繁殖；防止病毒病的发生。

（五）种子处理

1. 温汤浸种消毒

使用温汤浸种消毒法，这是近年来普遍推广的种子处理方法，温汤浸种法的操作程序是：将种子放到50～55℃的水中，持续搅拌烫种15分钟，待水温降至30℃以下时停止搅拌，而后继续浸种15分钟即可。可杀死甘蓝类、果菜类和瓜类种子表面附着的病菌。这种方法，对种皮厚且干燥的茄子种、冬瓜种等消毒效果明显。

2. 干热处理消毒

对于含水量低于10%的种子，在55℃温度下处理8～12小时，可以防治蔬菜种传的霜霉病、灰霉病、枯萎病、菌核病、黑腥病、炭疽病和疫病等多种病害。

3. 低温炼苗

在冬季温室育苗中，在倒苗或定植前，先在适当的低温条件下锻炼7天后，再进行倒苗或定植，这样可促使秧苗耐低温、缓苗快、增强抗病力。

（六）土壤消毒

土壤采取高温消毒的办法，既可以杀死土壤中有害的生物，解决土壤带菌的问题，也可以消灭虫卵和线虫、蛴螬等地下害虫，是一项无污染的有效的物理防治措施，具有如下优点：一是此法不用药剂，无残留毒害；二是不需要移动土壤或换土，消毒时间短，省工省时；三是能促进土壤中有机物的分解，使不溶态的养分变为可溶态的养分；四是无需增加任何加温设备，具有成本低廉的特点。此方法虽然灭虫灭菌效果好，但需注意的是，高温消毒在杀灭有害生物的同时，如果温度、时间掌握不当也会影响有益微生物，如铵化细菌、硝化细菌等，这样会造成作物的生育障碍。因此，一定要掌握好消毒的温度和消毒的时间。高温消毒有蒸汽消毒和高温闷棚两种。

1. 高温闷棚消毒

在盛夏，待作物收获后，浇透水，扣严大棚，利用太阳能提高棚室温度，消毒处理一周。在蔬菜生长期间如发现病害，可利用高温闷棚的办法来防治霜霉病、白粉病、角斑病和黑腥病等多种病害。具体方法是，在晴天中午前后，浇透水后将大棚密闭，使温度升高，当温度达到46～48℃时维持2小时左右立即通风，可有效地防治多种病害。但此法一定要掌握高温的度数和高温持续的时间，并注意浇水后闷棚，否则会造成植株高温伤害，一般温度不能超过48℃，时间不能超过2小时。

2. 蒸汽消毒

在土壤消毒之前，需将待消毒的土壤疏松好，用帆布或耐高温的塑料薄膜覆盖在待消毒的土壤上面，四周要密封，并将高温蒸汽输送管放置在覆盖物下，每次消毒的面积与消毒机锅炉的大小或能力有关。具体消毒方法和高温蒸汽的用量要因土壤消毒深度、土壤类型、天气状况、土壤的基础温度等而定。

（七）化学防治

正确使用农药，严格控制化学防治措施，是防治蔬菜病虫害的有效手段，特别是病害流行、虫害暴发时更是有效的防治手段，但如果施用不当会使环境和蔬菜产品造成严重污染。所以，化学防治的关键是科学合理地用药，必须严格掌握用药方法、用药量和安全间隔期，即最后一次用药距产品采收的间隔天数，既要有效防治病虫为害，又要减少污染，把蔬菜中的农药残留量控制在允许的范围内。

1. 选择农药应遵循的原则

（1）选择高效、低毒、低残留的化学农药。绿色蔬菜生产允许限量使用某些低毒化学农药，但蔬菜产品内的有毒残留物质不能超过国家规定标准，且对人体的代谢产物无害，容易从人体内排除，对天敌杀伤力小。如敌百虫、杀灭菊酯、辟蚜雾、克螨特、功夫乳油、波尔多液、DT、多菌灵、甲基托布津、百菌清、代森锰锌、乙磷铝、硫酸锌和弱病毒疫苗 N14 等。

（2）有针对性地选择药效较好的中等毒性农药。在采用低毒低残留农药不能扑灭病虫害的情况下，可适当选用中等毒性农药，但使用这类农药必须注意两点：一是严格按照农药安全使用规程施药，不允许随便增加浓度和施药次数；二是选择其中毒性相对较低的药剂，如杀虫双、好年丰等。

（3）积极推广应用生物源农药。推广应用生物源农药如 Bt 乳剂等。

（4）选择昆虫生长调节剂。如灭幼脲、抑太保等，这类农的杀虫机理是抑制昆虫生长发育，使之不能蜕皮繁殖，其杀虫很高，且对人、畜毒性极低。在绿色蔬菜生产中使用的低毒残留农药因时间推移会产生变化。

2. 目前禁止使用的农药

根据中华人民共和国农业部（第 199 号）公告，目前在绿色蔬菜生产中禁止使用的农药主要有：甲胺磷、甲基对硫磷、对硫磷、久效磷、磷胺、甲拌磷、甲基异柳磷、特丁硫磷、甲基硫环磷、治螟磷、内吸磷、克百威、涕灭威、灭线磷、硫环磷、蝇毒磷、地虫硫磷、氯唑磷、苯线磷、六六六、滴滴涕、毒杀芬、二溴氯丙烷、杀虫脒、二溴乙烷、除草醚、艾氏剂、狄氏剂、汞制剂、砷、铅类、敌枯双、氟乙酰胺、甘氟、毒鼠强、氟乙酸钠和毒鼠硅等农药。

3. 目前推广使用的农药

在蔬菜生产中允许使用低毒少残留农药，但使用时必须符合绿色蔬菜生产要求的使用剂量与安全间隔期。严格操作规程，不得超出其使用范围。具体使用浓度及用药量、用药方法要结合当地实际，根据不同蔬菜种类的不同生育期和防治对象而确定。

（1）允许使用防治蔬菜真菌病害的药剂。40%多菌灵粉剂、75%百菌清可湿性粉剂、65%（80%）代森锌可湿性粉剂、50%（70%）福美双可湿性粉剂、70%（50%、80%）代森锰锌可湿性粉剂、75%代森锰锌干悬浮剂、80%（40%）乙磷铝可湿性粉剂、90%乙磷铝可溶性粉剂、25%甲霜灵可湿性粉剂、58%甲霜灵锰锌可湿性粉剂、50%速克灵可湿性粉剂、50%扑海因可湿性粉剂、50%敌霉灵可湿性粉剂、50%（70%）甲基托布津可湿性粉剂、50%农利灵干悬浮剂、64%杀毒矾可湿性粉剂、25%三唑酮可湿性粉剂、20%三唑酮乳油等。喷雾时，一般每公顷用药液750 ~ 1 500千克，苗期或叶菜类用量少些。

烟雾、粉尘类药剂不但药效高，还可降低棚（室）内湿度，从而减少病虫害的发生。常用的烟雾、粉尘药剂有：20%或40%百菌清烟雾剂、50%百菌清粉尘剂、10%或15%速克灵烟雾剂、扑海因烟熏剂、10%灭克粉剂、10%多百粉尘剂、10%杀毒灵粉尘以及扑海因烟熏剂和敌托粉剂等。另外，防治蚜虫还可使用灭蚜烟剂。

（2）允许使用防治蔬菜细菌性病害药剂。10%（68%、72%）农用链霉素可溶性粉剂、50%琥胶月巴酸铜可湿性粉剂、77%氢氧化铜可湿性粉剂、60%琥·乙磷铝可溶性粉剂、20%喹菌酮可湿性粉剂、77%可杀得可溶性粉剂等。

（3）允许使用防治蔬菜病毒病的药剂。5%（6.5%）菌毒清水剂、1.5%植病灵乳剂、83—1增抗剂、硫酸锌、氯芬威1号、20%病毒A可溶性粉剂、抗毒剂1号、抗毒素、磷酸三钠，一般每公顷用药液1 050千克。同时，可在叶面喷施牛奶、葡萄糖，也可喷施含磷、钾、锌的叶面肥，增强植物抵抗能力。

（4）允许使用防治蔬菜害虫的药剂。

①防治咀嚼式口器害虫（菜青虫、烟青虫和棉铃虫等）：90%敌百虫乳油、50%辛硫磷乳油、40%（20%、25%）乐斯本乳油、5%乐斯本颗粒剂、

20%灭杀毙乳油、25%（75%）硫双威可湿性粉剂、25%功夫乳油、10%（40%、2.5%）联苯菊酯乳油等。

②防治潜叶类害虫（潜叶蝇等）：25%斑潜净、25%爱卡士、25%阿克泰水分散剂粒、50%锐劲特悬浮剂、20%菊马乳油、2.5%溴氰菊酯、75%灭蝇胺、20%灭杀毙乳油。另外，还可用爱福丁、绿菜宝、安绿宝、虫蛹光和赛波凯等。

③防治刺吸式口器害虫（白粉虱、蚜虫等）：25%扑虱灵、10%万灵、10%蚜杀净可湿性粉剂、25%爱卡士、10%吡虫啉可湿性粉剂、50%辟蚜雾可溶性粉剂、50%辟蚜雾水分散粒剂、5%丁硫克百威颗粒剂、20%丁硫克百威乳油等，另外，还可使用灭蚜灵烟剂350克/667平方米。

④防治螨类（叶螨、茶黄螨等）：73%克螨特乳油、50%螨代治乳油、10%速螨酮烟剂、10%速螨灵片剂、10%螨死净、5%尼索朗乳油、5%尼索朗可湿性粉剂、50%溴螨酯乳油、25%（50%）苯丁锡可湿性粉剂、10%浏阳霉素乳油、1.8%齐螨素等。

（5）允许使用的蔬菜床土消毒药剂。50%拌种双粉剂、72.2%普力克水剂、1.5%恶霉灵（土菌消）水剂、40%五氯硝苯粉剂、50%多菌灵可湿性粉剂等，任选一种，按规定用量及浓度加水稀释后均匀喷洒床土消毒。另外，可用25%甲霜灵可湿性粉剂3克，加70%代森锰锌可湿性粉剂1克混合均匀后，再与15千克细土混合，在播种前先普撒2/3（10千克/平方米），播种后再覆盖1/3（5千克/平方米）。还可用30毫升甲醛，加水2千克，喷雾1平方米床土，然后覆膜闷7天，再揭膜晾晒7～10天，放净气味后再播种，可防治多种病害。

（6）允许使用的蔬菜种子处理药剂。蔬菜种子处理药剂比较多，可根据不同蔬菜品种防治对象和处理方法，选用相应药剂，采取相应的处理措施。此外，对优良蔬菜种子还可进行包衣处理，即在对种子进行包衣和丸粒化的同时，加入适量的农药、植物激素或专用肥，既可起到保种保苗的作用，又能有效预防苗期病害和增加秧苗营养。

①拌种药剂：50%（70%）福美双可湿性粉剂、50%多菌灵可湿性粉剂、30%瑞毒霉等。

②浸种药剂：40%福尔马林、72%农用链霉素可溶性粉剂、10%磷酸三钠溶液等。

（7）允许使用的菜田化学除草药剂。一般不提倡菜田化学除草，确实需要时，可选用高效低毒少残留的除草剂，而且要严格使用范围、掌握施药时期、施药方法。如氟乐灵等除草剂，一般在播种后出苗前使用，对土壤进行杀草。如果出苗后使用除草剂，必须对土壤进行定向喷雾，以保护秧苗不受药害。对大面积条播、撒播的密集型生长的蔬菜，采用化学除草剂除草，可节省大量劳动力，但是，必须适当增加播种量，以防缺苗。允许使用的菜田化学除草药剂如15%精稳杀得乳油、48%氟乐灵乳油、33%施田补乳油、90%禾耐斯乳油、50%（25%）扑草净可湿性粉剂等。

4. 正确使用农药

（1）对症下药。每种药剂的性能、防治对象及使用方法各不相同，都有一定的限用范围，因此，必须在充分了解农药性能和使用方法的基础上，根据防治病虫害种类，选择使用合适的农药品种和剂型。如扑虱灵对白粉虱若虫有特效，而对同类害虫蚜虫叫无效；劈蚜雾对桃蚜有特效，防治瓜蚜效果则差；甲霜灵（瑞毒霉）对各种蔬菜霜霉病、早疫病、晚疫病等高效，但不能防治白粉病。在防治保护地病虫害时，为降低湿度，可灵活选用烟雾剂或粉尘剂。在气温高的条件下，使用硫制剂防治瓜类蔬菜茶黄螨、白粉病，容易产生药害。

（2）适期用药。各种害虫和病菌都有不同的发生规律，在不同的生长和发育阶段中，它们的生活习性和对药剂的敏感程度往往有很大差别。因此，要加强对农作物病虫害预测预报，根据病虫害的发生危害规律，严格掌握最佳防治时期，抓住病虫生长发育过程中的薄弱环节，做到适时用药，可以收到事半功倍的效果。如在蔬菜播种或移栽前，应采取苗床、棚室施药消毒、土壤处理和药剂拌种等措施；当蚜虫、螨类点片发生，白粉虱低密度时采用局部施药。一般情况下，应于上午用药，夏天下午用药，浇水前用药。

（3）适量用药。蔬菜的不同种类、品种和不同生育阶段的耐药性常有一定差异，应根据农药的性质及病虫害的发生情况，结合天气情况、苗情，严格掌握用药量和配制浓度，防止蔬菜出现药害和伤害天敌。如防治白粉病对于抗病品种或轻发生时每667平方米只需粉锈宁3～5克（有效成分），而对感病品种或重发生时则需7～10克。另外，如运用隐蔽施药（如拌种）或高效喷雾（如低容量细雾滴喷雾）等施药技术，并且采取不同类型、不同种类的农药合理混配和交替轮换使用，可提高药剂利用率，减少阳药次数，降低用药量，防止病虫产生抗药性，并可降低防治成本，减轻环境污染。

（4）交替或混合用药。多年的实践证明，在一个地区长期连续使用一种药剂品种，容易使有害生物产生抗药性，特别是一些菊酯类杀虫剂和内吸性杀菌剂，连续单一使用几年，防治效果会大幅度下降。因此，选择不同种类的药剂交替使用或采用混合用药的方法，正确复配，是延缓有害生物产生抗药性的有效方法之一，同时，合理混配农药还有增加药效的作用，达到一次施药控制多种病虫危害的目的，省工省药。但并不是所有的农药都随意可以混配，有些农药混合没有丝毫价值（如同样的防治作用，同样防治对象的药剂加在一起），有的农药混合在一起还可以增加毒性，因此，农药混用必须慎重。

农药混配要以保持原药有效成分或有增效作用、不产生剧毒并具有良好的物理性状为前提。由于农药在水中的酸碱度不同，可将其分成酸性、中性和碱性三类。在混合使用时，要注意各种药剂的性能，避免产生不良的化学反应。混配时要掌握同类性质的农药相混配，一般各种中性农药之间可以混用；中性农药与酸性农药可以混用；酸性农药之间可以混用；碱性农药不能随使与其他农药（包括碱性农药）混用；微生物杀虫剂（如 Bt 乳剂）不能同杀菌剂及内吸性强的农药混用。目前，为了延长一个农药品种使用的“寿命”，防止单一用药产生抗药性，有的农药在出厂时就已经是复配剂。如 58% 瑞毒锰锌就是由 48% 的代森锰锌和 10% 的瑞毒霉（甲霜灵）混合而成的。

（5）提高喷药质量。喷药时，要喷的均匀、周到，防止隔株漏行。如有的害虫躲在叶背，就要向着叶背喷药：有的害虫藏在茎秆里，就要对着蛀孔喷药。喷药一般应在无风的晴天进行，阴天或将要下雨的时候不宜喷药，以免雨水冲刷，影响防治效果。

（6）确保农药使用的安全间隔期。要严格执行农药安全使用准则，严格农药使用安全间隔期。即，最后一次使用农药的日期距离蔬菜采收日期之间，应有一定的间隔天数，防止蔬菜产品中农药残留超标。

（7）遵守农药安全操作规程。农药应存放在安全的地方，配药人员要戴胶皮手套，拌过药的种子应尽量用机具播种，施药人员必须全身防护，操作时禁止吸烟、喝水、吃东西。不能用手擦嘴、脸、眼睛，每天施药时间一般不得超过 6 小时，如出现不良反应，应立即脱去污染的衣服、鞋、帽、手套，漱口、擦洗手、脸和皮肤等暴露部位，及时送医院治疗。

①绿色食品生产中禁止使用农药的种类如表 16 – 1 所示。

表 16－1　绿色食品生产中禁止使用农药的种类

种类	农药名称	禁用作物	禁用原因
无机砷杀虫剂	砷酸钙、砷酸铅	所有作物	高毒
有机砷杀菌剂	甲基胂酸锌、甲基胂酸铁铵（田安）、福美甲胂、福美胂	所有作物	高残毒
有机锡杀菌剂	薯瘟锡（三苯基醋酸锡）、三苯基氯化锡和毒菌锡	所有作物	高残毒
有机汞杀菌剂	氯化乙基汞（西力生）、醋酸苯汞（赛力散）	所有作物	剧毒、高残毒
氟制剂	氟化钙、氟化钠、氟乙酸钠、氟乙酰胺、氟铝酸钠、氟硅酸钠	所有作物	剧毒、高毒易产生药害
有机氯杀虫剂	滴滴涕、六六六、林丹、艾氏剂、狄氏剂	所有作物	高残毒
有机氯杀螨剂	三氯杀螨醇	蔬菜、果树	我国生产的工业品中含有一定数量的滴滴涕
卤代烷类熏蒸杀虫剂	二溴乙烷、二溴氯丙烷	所有作物	致癌、致畸
有机磷杀虫剂	甲拌磷、乙拌磷、久效磷、对硫磷、甲基对硫磷、甲基异柳磷、治螟磷、氧化乐果、磷胺	所有作物	高毒
有机杀菌剂	稻瘟净、异稻瘟净（异嗅米）	所有作物	高毒
氨基甲酸酯杀虫剂	克百威、涕灭威、灭多威	所有作物	
二甲基甲脒类杀螨杀虫剂	杀虫脒	所以作物	慢性毒性、致癌
拟除虫菊酯类	所有拟除虫菊酯类杀虫	水稻	对鱼毒性大
取代苯类杀虫杀菌剂	五氯硝基苯、稻瘟醇（五氯苯甲醇）	所有作物	国外有致癌报道或二次药害
植物生长调节剂	有机合成植物生长调节剂	所有作物	
二苯醚类除草剂	除草醚、草枯醚	所有作物	慢性毒性
除草剂	各类除草剂	蔬菜	

注：摘自葛晓光、张智敏 1997 年编著的《绿色蔬菜生产》。

②绿色食品可限制性使用的化学农药种类、毒性分级、允许的最终残留

限量、最后一次施药距采收间隔期及使用方法如表16－2、表16－3、表16－4、表16－5、表16－6、表16－7和表16－8所示。

表16－2 有机磷杀虫剂

农药名称	急性口服毒性	允许的最终残留量（毫克/千克）	最后一次施药距采收间隔期（天）	常用药量克/次·亩或毫升/次·亩或稀释倍数	施药方法及最多使用次数
敌敌畏（Dichlorvos）	中等毒	0.1（0.2）	茶叶10（6）	50%乳油150～250克（1 000～800倍）	喷雾1次
		0.1（0.2）	蔬菜10（7）	80%乳油100～200克（1 000～500倍）	喷雾1次
乐果（Dimethoale）	中等毒	0.05（0.05）	小麦、玉米、高粱15（10）	40%乳油100～125克	喷雾1次
		0.5（1）	蔬菜15（9）	40%乳油50～100克	喷雾1次
		0.5（1）	苹果30（7）	40%乳油1 500～1 000倍	喷雾1次
		0.5（1）	柑橘20（15）	40%乳油1 500～500倍	喷雾1次
		0.5（1）	茶叶15（7）	40%乳油2 000～1 000倍（125～75克）	喷雾1次
杀螟硫磷（Fenitrothion）	中等毒	1（5）	水稻20（14）	50%乳油75～100毫升	喷雾1次
		0.2（0.5）	茶叶15（10）	50%乳油200～300克	喷雾1次
		0.1（0.5）	苹果30（15）	50%乳油1 500～1 000倍	喷雾1次
马拉硫磷（Malathion）	低毒	1（3）	水稻15（7）	50%乳油75～100克	喷雾1次
		0.1（0.2）	蔬菜10（7）	50%乳油150～250克（1 000～800倍）	喷雾1次
		0.1（0.2）	蔬菜10（7）	50%乳油150～250克（1 000～800倍）	喷雾1次
辛硫磷（Phoxim）	低毒	0.05（0.05）	小麦、玉米拌种用	50%乳油0.1～0.2种子量	拌种
		0.05（0.05）	青菜、大白菜、黄瓜不少于10天（7）	50%乳油50～100毫克（2 000～500倍）	喷雾1次
		0.05（0.05）	苹果30（30）	50%乳油2 500～1 000倍	喷雾1次
敌百虫（Trichlorphon）	低毒	0.2（0.05）	茶叶10（6）	50%乳油200～300克，1 000倍	喷雾1次
		0.05（0.1）	水稻15（7）	90%固体100克	喷雾1次
		0.1（0.2）	蔬菜10（7～8）	90%固体100克（1 000～500倍）	喷雾1次
		0.1（0.2）	柑橘25（20）	90%固体1 000～500倍	喷雾1次

注：允许的最终残留量括号中数字微国家标准或国际标准，下同；最后一次施药距采收间隔期括号中数字为国家标准或国际标准，下同；1公顷＝15亩，常用药量可据此进行换算，下同。

表 16－3　氨基甲酸酯类杀虫剂

农药名称	急性口服毒性	允许的最终残留量（毫克/千克）	最后一次施药距采收间隔期（天）	常用药量克/次·亩或毫升/次·亩或稀释倍数	施药方法及最多使用次数
仲丁威（BPMC）	低毒	0.1（0.3）	水稻 30（21）	50%乳油 80～120 毫升	喷雾 1 次
甲萘威（西维因）（Carbaryl）	中等毒	1（5）	水稻 40（北）（21）	80%粉剂 1 500～2 000 克	喷雾 1 次
			水稻 15（南）（10）	50%乳油 80～120 毫升	喷雾 1 次
速灭威（MTMC）	中等毒	0.1（0.2）	水稻 30（30）	25%可湿性粉剂 200～250 克	喷雾 1 次
异丙威（叶蝉散）（Isoprocarb）	中等毒	0.1（0.2）	水稻 40（30）	2%粉剂 1 500 克	喷雾 1 次
抗蚜威（Pirimicarb）	中等毒	0.5（1）	大豆 15（10）	50%可湿性粉剂 10～16 克	喷雾 1 次
		0.5（1）	叶菜 10（6）	50%可湿性粉 10～30 克	喷雾 1 次
		0.05（0.05，麦粒）	小麦 20（14）	50%可湿性粉剂 10～20 克	喷雾 1 次
		0.1（0.2，菜籽）	油菜 10（4）	50%可湿性粉剂 12～20 克	喷雾 1 次

表 16－4　菊酯类杀虫剂

农药名称	急性口服毒性	允许的最终残留量（毫克/千克）	最后一次施药距采收间隔期（天）	常用药量克/次·亩或毫升/次·亩或稀释倍数	施药方法及最多使用次数
氯氰菊酯（Cypermethrin）	中等毒	0.5（1）	叶菜 7（2～5）	10%乳油 20～30 毫升，25% 12～16 毫升	喷雾 1 次
		0.2（0.5）	番茄 5（1）	10%乳油 20～30 毫升	喷雾 1 次
		1（2）	苹果 30（21）	10%乳油 4 000～2 500 倍	喷雾 1 次
		1（2）	柑橘（桃）15（7）	10%乳油 4 000～2 500 倍	喷雾 1 次
		5（20）	茶叶 15（7）	10%乳油 6 000～3 000 倍	喷雾 1 次
溴氰菊酯（Cyltamethrin）	中等毒	0.2（0.5）	叶菜 7（2）	2.5%乳油 20～40 毫升	喷雾 1 次
		0.05（0.1）	苹果 30（5）	2.5%乳油 2 500～1 250 倍	喷雾 1 次
		0.05（0.05）	柑橘 30（28）	2.5%乳油 2 500～1 250 倍	喷雾 1 次
		4（10）	水茶叶 15（5）	2.5%乳油 1 500～800 倍	喷雾 1 次
		0.2（0.5）	小麦 20（15）	2.5%乳油 10～15 毫升	喷雾 1 次
		0.1（0.1）	大豆 15（7）	2.5%乳油 15～25 毫升	喷雾 1 次
氰戊菊酯（Fenvalerate）	中等毒	0.1（0.2）	小麦 20（15）	20%乳油 20～35 毫升	喷雾 1 次
		0.1（0.2）	柑橘 20（20）	20%乳油 6 000～4 000 倍	喷雾 1 次
		0.1（0.2）	苹果 30（18）	20%乳油 4 000～1 600 倍	喷雾 1 次
		0.1（0.2）	茶叶 15（10）	20%乳油 8 000～6 000 倍	喷雾 1 次
		0.2（0.5）	叶菜 10，15（5，12）	20%乳油 15～40 毫升	喷雾 1 次
		0.1（0.2）	番茄 10（3）	20%乳油 30～40 毫升	喷雾 1 次
		0.1（0.1）	大豆 15（10）	20%乳油 10～40 毫升	喷雾 1 次

表 16-5 其他杀虫剂

农药名称	急性口服毒性	允许的最终残留量（毫克/千克）	最后一次施药距采收间隔期（天）	常用药量克/次·亩或毫升/次·亩或稀释倍数	施药方法及最多使用次数
噻嗪酮（扑虱灵）（Buprofezin）	低毒	0.2（0.3）	水稻 20（14）	25%可湿性粉剂 25～35 克	喷雾 1 次
定虫隆（抑太宝）（Chlorfluazuron）	低毒	0.2（0.5）	甘蓝 12（7）	5%乳油 40～80 毫升	喷雾 1 次
除虫脲（Diflubenzuron）	低毒	0.2（0，5）	小麦 30（21）	20%可湿性粉剂 10～20 克	喷雾 1 次
		0.5（1.0）	苹果 30（21）	25%可湿性粉剂 2 000～1 000 倍	喷雾 1 次
灭幼脲（Mie Yu Niao	低毒	1（3）	小麦 30（15）	25%悬浮剂 35～50 毫升	喷雾 1 次
杀虫双（Sa Chong Suang）	低毒	0.1（0.2，大米）	水稻 20（15）	17%水剂 250 克	喷雾 1 次
双甲脒（Amitraz）	低毒	0.2（0.4）	苹果 40（30）	20%乳油 1 000 倍	喷雾 1 次
		0.2（0.5）	柑橘 30（30）	20%乳油 1 500～1 000 倍	喷雾 1 次
噻螨酮（尼索朗）（Hexythiazox）	低毒	0.2（0.5）	苹果 40（30）	5%可湿性粉剂 2 000 倍	喷雾 1 次
		0.2（0.5）	柑橘 30（30）	5%乳油 2 000～1 500 倍	喷雾 1 次
克螨特（Propargite）	低毒	2（5）	苹果 40（30）	73%乳油 3 000～2 000 倍	喷雾 1 次
		1（3）	柑橘 30（30）	73%乳油 3 000～2 000 倍	喷雾 1 次

表 16-6 有机硫杀菌剂

农药名称	急性口服毒性	允许的最终残留量（毫克/千克）	最后一次施药距采收间隔期（天）	常用药量克/次·亩或毫升/次·亩或稀释倍数	施药方法及最多使用次数
福美双（卫福）（Thiram）	低毒	0.2（0.2，麦粒）	春小麦播种前拌种	75%卫福可湿性粉剂，含福美双 37.5%（萎锈灵 37.5%），2.5%～2.8%克/千克种子	拌种

表 16-7 取代苯类杀菌剂

农药名称	急性口服毒性	允许的最终残留量（毫克/千克）	最后一次施药距采收间隔期（天）	常用药量克/次·亩或毫升/次·亩或稀释倍数	施药方法及最多使用次数
百菌清（Chlorothlonil）	低毒	0.2（0.2）	水稻 15（10）	75%可湿性粉剂 100 克	喷雾 1 次
		1（1）	番茄 30（23）	75%可湿性粉剂 100～200 克	喷雾 1 次
		0.1（0.1，花生仁）	花生 20（14）	75%可湿性粉剂 100～160 克	喷雾 1 次
		1（1）	苹果 30（20）	75%可湿性粉剂 600 倍	喷雾 1 次
		1（1）	梨 30（25）	75%可湿性粉剂 600 倍	喷雾 1 次
		1（1）	葡萄 30（21）	75%可湿性粉剂 600 倍	喷雾 1 次
甲霜灵（瑞毒霉）（Matalaxyl）	低毒	0.2（0.5）	黄瓜	50%可湿性粉剂（甲霜锰锌）75～120 克	喷雾 1 次
		0.05（0.05）	谷子拌种	100 千克种子用 35%拌种剂 200～300 克	干拌或湿拌
甲基硫菌灵（Thiophanate-methyl）	低毒	0.1（0.1，糯米）	水稻 35（30）	50%悬浮剂 100～150 毫升 70%可湿性粉剂 100～140 克 70%可湿性粉剂 70～100 克	喷雾 1 次
		0.1（0.1，麦粒）	小麦 35（30）	50%悬浮剂 100～150 毫升	喷雾 1 次

表 16－8　杂环类杀菌剂

农药名称	急性口服毒性	允许的最终残留量（毫克/千克）	最后一次施药距采收间隔期（天）	常用药量克/次·亩或毫升/次·亩或稀释倍数	施药方法及最多使用次数
多菌灵（Carbendazim）	低毒	0.2（0.5，糯米）	水稻 35（30）	50%可湿性粉剂 50 克	喷雾 1 次
		0.2（0.2，麦粒）	小麦 25（20）	50%可湿性粉剂 75～150 克	喷雾 1 次
		0.2（0.5）	黄瓜 10（7）	25%可湿性粉剂 1 000～500 倍	喷雾 1 次
萎锈灵（Carboxin）	低毒	0.2（0.2，麦粒）	春小麦播种前拌种	75%卫福可湿性粉剂（含萎锈灵 37.5%，福美双 37.5%），2.5～2.8 克/千克种子	拌种
恶霉灵（土菌消）（Hymexazol）	低毒	0.5（0.5，糙米） 0.5（0.5，甜菜根）	用于水稻苗床处理或水稻、甜菜种子处理	30%水剂 3～6 毫升/平方米苗床，70%可湿性粉剂 4～7 克/千克种子	未插秧田播种前至苗期，拌种
异菌脲（扑海因）（Iprodione）	低毒	10（10，香蕉）	浸种	25%悬浮剂 1 500×10⁻⁶	浸种 2 分钟后捞出凉干贮藏
		2（10）	苹果 20（7）	50%可湿性粉剂 1 500～1 000 倍	喷雾 1 次
		0.2（0.2，油菜籽）	油菜 50（50）	25%悬浮剂 140～200 毫升	喷雾 1 次
稻瘟灵（富士 1 号）（Isoprothiolane）	低毒	1（2，糙米）	早稻 05（14） 晚稻 35（28）	40%乳油或可湿性粉剂 70～100 克	喷雾 1 次 喷雾 1 次
腐霉利（二甲菌核利）（Procymidone）	低毒	1（2，油菜籽）	油菜 30（25）	50%可湿性粉剂 30～50 克	喷雾 1 次
		1（2）	黄瓜 5（1）	50%可湿性粉剂 40～50 克	喷雾 1 次
噻菌灵（特克多）（Thiabendazole）	低毒	10（10，柑橘）	浸果）	45%悬浮剂 450 倍	浸泡 1 分钟取
		0.4（0.4，香蕉果肉）	浸果	45%悬浮剂 900～600 倍	出凉干贮藏
三唑酮（粉锈宁）（Triadimefon）	低毒	0.2（0.5，麦粒）	小麦 40（30）	25%可湿性粉剂 35～50 克	喷雾 1 次
		0.1（0.2）	苹果、辣椒、番茄		
		0.1（0.2）	葡萄	20%可湿性粉剂 1 000～500 倍	喷雾 1 次
		0.1（0.2）	黄瓜 7～10（5）		
三环唑（克瘟唑）（Tricylazole）	中等毒	1（2，糙米）	水稻 30（21）	70%可湿性粉剂 20～30 克	喷雾 1 次

C. 我国蔬菜安全使用农药的标准见表 16－9。

表 16－9 各种蔬菜安全使用农药标准

蔬菜名称	农药	剂型	每公顷常用药量或稀释倍数	每公顷最高用药量或稀释倍数	施药方法	最多用药次数	最后一次施药距收获的天数（安全间隔期）	实施说明
不结球白菜	乐果	40%乳油	750 克 2 000 倍液	1 500 毫升 800 倍液	喷雾	6	不少于 7 天	秋冬季间隔期 8 天
	敌百虫	90%固体	1 500 毫升 1 000～2 000 倍液	3 000 毫升 500 倍液	喷雾	5	不少于 5 天	秋冬季间隔期 7 天
	乙酰甲胺磷	40%乳油	1 875 毫升 1 000 倍液	3 750 毫升 500 倍液	喷雾	2	不少于 7 天	秋冬季间隔期 9 天
	二氯苯醚菊酯	10%乳油	90 毫升 10 000 倍液	360 毫升 2 500 倍液	喷雾	3	不少于 2 天	
	辛硫磷	50%乳油	750 毫升 2 000 倍液	1 500 毫升 1 000 倍液	喷雾	2	不少于 6 天	每隔 7 天喷 1 次
	氰戊菊酯	20%乳油	150 毫升 2 000 倍液	300 毫升 1 000 倍液	喷雾	3	不少于 5 天	每隔 7～10 天喷 1 次
结球白菜	乐果	40%乳油	750 毫升 2 000 倍液	1 500 毫升 800 倍液	喷雾	4	不少于 10 天	
	敌百虫	90%固体	1 500 克 1 000 倍液	1 500 克 500 倍液	喷雾	5	不少于 7 天	秋冬季间隔期 8 天
	敌敌畏	60%乳剂	1 500 毫升 1 000～2 000 倍液	3 000 毫升 500 倍液	喷雾	5	不少于 5 天	秋冬季间隔期 7 天
	乙酰甲胺磷	40%乳油	1 875 毫升 1 000 倍液	3 750 毫升 500 倍液	喷雾	2	不少于 7 天	冬季间隔期 9 天
	二氯苯醚菊酯	10%乳油	750 克 2 000 倍液	360 毫升 2 500 倍液	喷雾	3	不少于 2 天	
	辛硫磷	50%乳油	750 毫升 1 000 倍液	1 500 毫升 500 倍液	喷雾	3	不少于 6 天	
甘蓝	氰戊菊酯	20%乳油	300 毫升 4 000 倍液	600 毫升 2 000 倍液	喷雾	3	不少于 5 天	每隔 8 天喷 1 次
	辛硫磷	50%乳油	750 毫升 1 500 倍液	1 125 毫升 1 000 倍液	喷雾	4	不少于 5 天	每隔 7 天喷 1 次
	氯氰菊酯	10%乳油	120 毫升 4 000 倍液	240 毫升 2 000 倍液	喷雾	4	不少于 7 天	每隔 8 天喷 1 次
豆类	乐果	40%乳油	750 毫升 2 000 倍液	1 500 毫升 800 倍液	喷雾	5	不少于 5 天	夏季、豇豆四季豆间隔 3 天
	喹硫磷	25%乳油	1 500 毫升 800 倍液	2 400 毫升 500 倍液	喷雾	3	不少于 7 天	
萝卜	乐果	40%乳油	750 毫升 2 000 倍液	1 500 毫升 800 倍液	喷雾	6	不少于 5 天	叶若供食用，间隔期 9 天
	溴氰菊酯	2.5%乳油	150 毫升 2 500 倍液	300 毫升 1 250 倍液	喷雾	1	不少于 10 天	
	氰戊菊酯	20%乳油	450 毫升或 2 500 倍液	750 毫升 1 500 倍液	喷雾	2	不少于 21 天	
	二氯苯醚菊酯	10%乳油	375 毫升 2 000 倍液	750 毫升 1 000 倍液	喷雾	3	不少于 14 天	

（续表）

蔬菜名称	农药	剂型	每公顷常用药量或稀释倍数	每公顷最高用药量或稀释倍数	施药方法	最多用药次数	最后一次施药距收获的天数（安全间隔期）	实施说明
黄瓜	乐果	40%乳油	750毫升2 000倍液	1 500毫升800倍液	喷雾		不少于2天	施药次数按防治要求而定
	百菌清	75%可湿性粉剂	1 500克600倍液	1 500克600倍液	喷雾	3	不少于10天	结瓜前使用
	粉锈宁	15%可湿性粉剂	750克1 500倍液	1 500克750倍液	喷雾	2	不少于3天	
	粉锈宁	20%可湿性粉剂	450克3 300倍液	900克1 700倍液	喷雾	2	不少于3天	
	多菌灵	25%可湿性粉剂	750克1 000倍液	1 500克500倍液	喷雾	2	不少于5天	
	溴氰菊酯	15%乳油	450毫升3 300倍液	900毫升1 650倍液	喷雾	2	不少于3天	
	辛硫磷	50%乳油	750毫升2 000倍液	750毫升2 000倍液	喷雾	3	不少于3天	
番茄	氰戊菊酯	20%乳油	450毫升3 300倍液	600毫升2 500倍液	喷雾	3	不少于3天	
	百菌清	75%可湿性粉剂	750克1 500倍液	1 500克750倍液	喷雾	6	不少于23天	每隔7～10天喷1次
茄子	三氯杀螨醇	20%乳油	450毫升1 600倍液	900毫升800倍液	喷雾	3	不少于5天	
辣椒	喹硫磷	25%乳油	600毫升1 500倍液	900毫升1 000倍液	喷雾	2	不少于5天（青椒）	红辣椒安全间隔期不少于10天
洋葱	辛硫磷	50%乳油	3 750毫升2 000倍液	7500毫升1 000倍液	喷雾	1	不少于17天	洋葱采种期使用
	喹硫磷	25%乳油	3 000毫升2 500倍液	6 000毫升1 000倍液	喷雾	1	不少于17天	洋葱采种期使用
大葱	辛硫磷	50%乳油	7 500毫升克2 000倍液	11 250毫升1 000倍液	喷雾	1	不少于17天	
	喹硫磷	25%乳油	1 500毫升克2 500倍液	6 000毫升700倍液	喷雾	1	不少于17天	
韭菜	辛硫磷	50%乳油	7 500毫升800倍液	11 250毫升500倍液	喷雾	2	不少于10天	浇于根际土中

D. 无公害蔬菜农药最大残留的国家标准见表16－10。

表 16－10　农药残留国家标准　（单位：毫克/千克）

国家标准	通用名称	英文名	商品名	作物	最高残留限量
GB2763—81	滴滴涕	DDT	—	蔬菜	≤0.1
	六六六	BHC	—	蔬菜	≤0.2
GB4798—94	甲拌磷	Phorate	三九一一	蔬菜	不得检出
	杀螟硫磷	Fenitrothion	杀螟松	蔬菜	≤0.5
	倍硫磷	Fenthion	百治屠	蔬菜	≤0.05
GB5127—1998	敌敌畏	Bichlorvos	—	蔬菜	≤0.2
	乐果	Bimethoate	—	蔬菜	≤1.0
	马拉硫磷	Malathion	马拉松	蔬菜	不得检出
	对硫磷	Parathion	一六〇五	蔬菜	不得检出
GB14868—94	辛硫磷	Phoxion	肟硫磷	蔬菜	≤0.05
GB14869—94	百菌清	Chlothalonil	Danconil 2787	蔬菜	≤1.0
GB14870—94	多菌灵	Carbendaxin	苯并咪唑 44 号	蔬菜	≤0.5
GB14871—94	二氯苯醚菊酯	Permetthrin	氯菊酯、除虫精	蔬菜	≤1.0
GB14872—94	乙酰甲胺磷	Acephate	高灭磷	蔬菜	≤0.2
GB14928.1—94	地亚农	Bizzinan	二嗪磷、二嗪农	蔬菜	≤0.5
GB14928.2—94	抗蚜威	Pirimicarb	辟蚜雾	蔬菜	≤1.0
GB14928.4—94	溴氰菊酯	Deltamethrm	敌杀死、凯素灵	叶菜 果菜	≤0.5 ≤0.2
GB14928.5—94	氰戊菊酯	Fenvalerate	速灭杀丁	果菜 叶菜	≤0.5 ≤0.2
GB14928.10—94	喹硫磷	Ouinalphos	爱卡士	蔬菜	≤0.2
GB14970—94	噻嗪酮	Buprofezin	优乐得	蔬菜	≤0.3
GB14971—94	西维因	Carbaryl	甲萘威、胺甲萘	蔬菜	≤2.0
GB14972—94	粉绣宁	Triadimefon	三唑酮、百理通	蔬菜	≤0.2
GB15194—94	敌菌灵			蔬菜	≤10
GB	2，4-D			蔬菜	≤0.2
	氟氰菊酯	Flucythrinate	保好鸿、氟氰戊菊酯	蔬菜	≤0.2
	五氯硝基苯	Quintozene		蔬菜	≤0.2
	乙烯菌核利			蔬菜	≤5
GB15195—94	灭幼脲		灭幼脲三号	蔬菜	≤3
GB16319—1996	敌百虫	Trichlprphon		蔬菜	≤0.1
GB16320—1996	亚胺硫磷	Phosmet		蔬菜	≤0.5
GB16333—1996	双甲脒			蔬菜	0.5
	毒死蜱		乐斯本、氯吡硫磷	叶菜	1

（续表）

国家标准	通用名称	英文名	商品名	作物	最高残留限量
GB16333—1996	三氟氯氰菊酯			叶菜	0.2
	功夫、PP321			果菜	0.5
	异菌脲			果菜	5
	代森锰锌			果菜	0.5
	甲双灵			果菜	0.5
	灭多威			甘蓝	2
	伏杀硫磷			叶菜	1
	腐霉特			果菜	2
	克螨特			叶菜	2
	甲胺磷	Methamidophos		蔬菜	不得检出
	久效磷	Monocrotophos	纽瓦克	蔬菜	不得检出
	氧化乐果	Omethoate		蔬菜	不得检出
	克百威	Carbofuran	呋喃丹	蔬菜	不得检出
	涕灭威	Aldicarb	铁灭克	蔬菜	不得检出
	氯氰菊酯	Cypermethrim	灭百可、兴梯宝 赛波凯、安绿宝	番茄 块根 叶菜	5 0.05 1.00
	顺式氯氰菊酯	Alphacypermethrin	快杀敌、高效安绿宝、高效灭百可	蔬菜黄瓜叶菜	2 2 0
	联苯菊酯	Biphenthrin	天王星、虫螨灵	番茄	0.5
	顺式氰戊菊酯	Esfenvaerate	来福灵、双爱士	叶菜	2.0
	甲氰菊酯	Fenpropathrin	灭扫利	叶菜	.05
	氟胺氰菊酯	Fluvalinale	马扑立克	叶菜	10
	除虫脲	Diflubenzuron	敌灭灵、敌百灵	叶菜	20.0

第十七节　蔬菜轮作技术

一、连作与轮作

（一）连作

连作又称重茬，指同一块菜地上，一年内数茬或数年内连年栽培同一种蔬菜。对于一些因土壤传染病害严重而最忌连作的蔬菜，即使在同种蔬菜两次种植之间，虽种植了另一种蔬菜，原则上仍属于连作。例如，在同一块菜地上，第一年春、夏季种番茄，番茄拔秧后秋季种植大白菜或萝卜，到第二年春、夏季又种番茄，或者改种辣椒、茄子、马铃薯等，这仍属于连作。连作有以下弊病：

1. 改变土壤营养元素之间的平衡

蔬菜作物在生长发育过程中，从土壤中吸收营养元素的数量和比例也有不同。例如，叶菜类吸收较多的氮；根菜类和薯芋类蔬菜，吸收较多的钾；茄果类和豆类则需要较多的磷。土壤中各种元素之间都有一定比例，同类作物连作后从土壤中吸取相同的营养，如果不及时补充，则会严重地影响土壤营养成分的分配和平衡，再种植这种作物就会影响其生长发育或抗逆性降低，病害严重，招致减产。

2. 破坏土壤的理化状况

老化的土壤孔隙度显著减少，氧含量少，容易板结，透水性不良。土壤老化的第一步是盐基向土壤下层流失，特别是石灰、氧化镁等的流失，不但因缺乏钙、镁等营养元素影响蔬菜生育，而且土壤变酸，其他有害成分，如氢离子、铝离子或锰离子等变为可溶性，进入蔬菜根部，使其生育不良。

在设施蔬菜栽培条件下，追肥往往比较多，大量剩余肥料在土壤中积累，加上常年覆盖或季节性覆盖，土壤得不到雨水淋洗，土壤养分矿化速度加快，上下层土壤中的肥料和其他盐分以及地下水中的盐分，随地下水向地表层移动，发生次生盐渍化。

各种蔬菜作物的根系，有不同的分泌物，这些分泌物对土壤的酸、碱度常有不同影响。例如，种植甘蓝、马铃薯等蔬菜后，根系分泌物能增加土壤的酸度，即降低土壤 pH 值；豆类蔬菜的根瘤也常在土壤中遗留较多的有机酸，增加土壤酸度。南瓜、苜蓿、玉米的根系分泌物偏碱性，从而可降低土壤酸性，即提高土壤 pH 值。因此，如果长期连作某些作物，土壤的酸碱度势必偏碱或偏酸。各种蔬菜对土壤酸碱度要求一个适宜的范围，长期连作后土壤酸碱度变化超出这个范围，会影响蔬菜作物的生长发育。

种植不同蔬菜作物，对土壤结构也有不同影响。如速生叶菜类及甘蓝、芹菜等，在栽培过程中灌溉次数又多，易造成土壤板结，破坏土壤的团粒结构，若长期连作则会恶化土壤理化性能。

3. 导致蔬菜病虫害严重

同类蔬菜，病虫害相似，长期连作，会造成病原物的存留和积累，这就为病虫害的再发生提供了有利条件。如番茄的晚疫病，黄瓜、茄子的枯萎病原菌常潜伏于土壤中越冬，翌年继续危害。根结线虫寄主范围很广，包括黄瓜、茄子、番茄等多种作物，一旦土壤中出现，很难消除。马铃薯连作时疮痂病严重，但与大豆、棉花、甜菜等轮作，可抑制疮痂病的发生。番茄病毒病除由蚜虫传播外，土壤传染至少是重要的传播途径之一。病毒病与土壤作用后，会使土壤中的微生物数量减少、根际土壤中脲酶、转化酶活性降低，多酚氧化酶活性升高，土壤腐殖化程度下降，吸收能力下降。

有的害虫，如十字花科蔬菜的莱青虫、蚜虫，瓜类蔬菜的守瓜，茄果类和葱蒜类蔬菜的蓟马也多在杂草、残株及土中越冬，连作年久就等于为害虫滋生繁殖培养寄主。所以，实行轮作，可以减少病菌在土壤中的积累。

4. 作物的自毒和他感作用

在连作条件下，某些作物可通过植物枝叶残体腐解和根系分泌等途径释放一些有毒物质，对同茬或下茬同种或同科植物的种子萌发、生长甚至自身的生长产生抑制作用，这种现象被称为自毒作用。自毒作用是一种发生在种内的生长抑制物质，已在黄瓜、西瓜、番茄、辣椒、茄子、豌豆和甜瓜等多种蔬菜上发现，而与西瓜同科的丝瓜、南瓜、瓠瓜和黑籽南瓜不易产生自毒作用。豌豆、黄瓜等根系分泌物中的毒性化合物主要为酚酸类化合物，如苯丙烯酸、对羟基苯甲酸、肉桂酸等 10 余类有毒物质。这些化合物抑制根系生长和根系对 NO^{3-}、$SO_4{}^{2-}$、Ca^{2+} 和 K^+ 的吸收。

他感作用是指生物通过释放分泌化学物质，而影响同种类或其他植物的生长发育的现象。常见的他感化合物可分为水溶性有机酸、直链醇、脂肪旋醛和酮；简单不饱和内酯；长链脂肪酸和多炔；萘酯、蒽醌和复合酯；简单酚、苯甲酸及其衍生物；肉桂酸及其衍生物；香豆素类；类黄酮；单宁；类萜和甾类化合物；氨基酸和多肽；生物碱和氰醇；硫化物和芥子油苷；嘌呤和核苷等，其中酚类和萜类最常见。

他感物质是植物分泌到环境中的代谢物或其转化物，主要是由根系分泌，地上部挥发物受雨、露和雾水淋洗，微生物分解植物残体产生毒素并释放到土壤里。他感物质的作用类型可分为自毒、相生（互利）、相克（相互抑制）、偏利、偏害、寄生和中性等类型。

作物之间他感作用是一种普遍存在的现象，因此，安排茬口时必须注意生化他感的影响，前后茬作物、相邻间作物尽量发挥互利或偏利作用，也可利用作物与杂草或病虫害的相克作用，控制病虫草害的发生。

5. 连作对光合作用的影响

长期连作不仅造成根系活力、产量显著降低，而且光合速率也降低。苯丙烯酸类的酚酸物质，对黄瓜生长有明显的抑制作用，生长缓慢，叶片发僵，叶色暗绿无光泽，叶面积小，限制了光合作用。

（二）轮作

轮作是一种栽培制度，是按一定的生产计划，在同一区的菜地上，按一定年限，轮换栽种几种性质不同的蔬菜的种植制度，俗称换茬或茬口安排。

同一类蔬菜，对土壤中营养元素的吸收，以及病虫害的发生等方面，均大致相同。所以，在轮作制中把一类蔬菜作为一种蔬菜对待。这样，轮作时实际上常把白菜类、根菜类、葱蒜类、茄果类、瓜类、豆类、薯芋类等各看作是一种蔬菜来安排轮作。

另外，个别不同类而同一科的蔬菜，如茄果类蔬菜中的番茄、茄子和薯芋类蔬菜中的马铃薯，虽不同类，却同属茄科，有较多相同的病虫害，它们之间也不能相互连作。绿叶菜类中多数蔬菜生长期较短，有的一年内多茬栽培，难以实行轮作；而韭菜、石刁柏和黄花莱等多年生蔬菜，需连续占地数年，一般不把它们放入轮作制内。轮作有以下好处：

1. 提高肥料利用率

各种蔬菜有不同的需肥规律，实行轮作可使各种主要营养元素得到较充分的吸收利用，使土壤中各主要营养元素之间保持相对平衡。蔬菜作物中，有速生叶菜类，葱蒜类等浅根性作物，也有根菜类、茄果类、豆类和瓜类（黄瓜除外）等深根性作物，如果将它们相互轮作，就可使土壤浅层和较深层的营养元素都得到吸收利用，土壤肥力和肥料的吸收利用率明显提高。

2. 提高土壤肥力

种植不同蔬菜作物，所留给土壤有机质数量不同，如豆类和深根性的瓜类蔬菜，可留给土壤较多的有机质。另外，不同蔬菜往往施用不同种类和数量的肥料，如种黄瓜、番茄和大白菜，常施入较多的有机肥和化肥，在轮作中安排这几种蔬菜，有利于增加土壤有机质，改良土壤结构，不断提高土壤肥力。

3. 控制某些病害的发生，也是检查轮作是否得当的主要标志

例如，大蒜是须根系类型，土壤下层养分难以吸收，同时它的根系在生长过程中分泌一种大蒜素，对多种细菌、真菌等有较强的抑制作用。大蒜后茬栽培大白菜，地力肥沃，软腐病很少发生。因为将不同科、不同种的蔬菜相互轮作，可以使病原物失去寄主，或改变了病原物的生存条件，达到消灭和减少病原物，进而控制或减少病害发生。菜田，实行严格的轮作，有条件的实行粮菜

轮作，水、旱轮作，是控制某些土壤传染病病害行之有效的措施。

（三）生产中克服连做障碍的方法

1. 选用抗病品种

选用抗病品种和嫁接技术可以克服病原菌的侵染。国内外已育出一批抗病蔬菜品种，如抗凋萎病、抗黄萎病、抗根结线虫病、抗白粉病的甘蓝，抗干腐病的洋葱，抗黄萎病和病毒病的茄子，抗青枯病和疫病的辣椒等。

2. 嫁接技术

即使是抗病品种，也不能保证完全不生病。黄瓜、甜瓜、茄子、番茄等多种蔬菜都可采用抗性砧木嫁接防止连作带来的病害障碍。由于葫芦科的丝瓜、南瓜、瓠瓜和黑籽南瓜不易产生自毒作用，已证实黑籽南瓜对黄瓜、甜瓜、西瓜等根系提取液表现抗性，而且这些提取液对黑籽南瓜的生长产生促进作用，利用黑籽南瓜作砧木嫁接葫芦科蔬菜可以防止连作带来的病害障碍，还可克服连作引起的自毒作用。

3. 生物防治

（1）以鸡粪、秸秆为原料，加入多维复合菌种。先将 1 千克多维复合菌种与 10 千克麦麸搅拌均匀，喷水 5～6 升，堆闷 5～6 小时，再加入 1 立方米鸡粪和 100～300 千克秸秆，搅拌均匀，堆成高 1 米的发酵堆，外面盖上草苫，2～3 天翻 1 次，一般翻倒 3 次。发酵好的鸡粪干燥、无臭味，一般作基肥使用，也可作追肥。

（2）施入美国亚联微生物肥。这是一个集 490 多种好氧和厌氧有益菌于一体的微生物肥料，地面肥与叶面肥配合使用效果最佳，可以培肥改土，治理土壤污染和连作障碍；防病抗病，促进植物生长；提高农产品品质，提高商品率；促进作物早熟、高产、增收。

（3）推广多功能根际益生菌 S506（河北省农业科学院遗传生物研究所生产）。一般是在育苗时按 S506 调控剂：农家肥：田土 =1：2：7 的比例配制栽培基质。定植前挖好苗穴，按每株 30 克的用量，将调控剂均匀撒入定苗穴中，之后按常规方法定苗即可。定苗后须浇 1 次透水。

（4）利用秸秆生物反应技术。秸秆生物反应不仅能有效防治土传病害，还能改善土壤结构、提高地温、增加棚内 CO_2 浓度。

（5）湿热杀菌法。采用这种方法，可以有效地杀死土壤中各种线虫、真菌和细菌。具体方法是 6 月下旬至 7 月在冬春茬蔬菜拉秧后，每 667 平方米撒施 100 千克生石灰粉，10～15 平方米生鸡粪或其他畜禽粪便，植物秸秆 3 000 千克，微生物多维菌种 8 千克，喷施美地那活化剂 400 毫升。用旋耕犁旋耕 1

遍，使秸秆、畜禽粪便、菌种搅拌均匀，然后深翻土地30厘米，浇透水，盖上地膜，扣严棚膜，保持1个月后去掉地膜，耕1遍地，裸地晾晒1周，即可达到杀灭病菌、活化土壤的效果。湿热杀菌法对于蔬菜重茬导致的土传病害具有明显的防治效果，其中对于危害黄瓜最严重的根腐病和根结线虫病防效最好。据黄瓜拉秧时调查，防治效果分别达到87.03%和99.6%，基本解决了由根腐病引起的重茬黄瓜严重死苗和根结线虫病这两个最大的难题。该方法对于防治嫁接接口处细菌性腐烂病也有明显效果，防治效果为59.6%。试验中处理比对照平均增产36%。此项措施成本低，方法简单，便于农民操作，适合在设施蔬菜生产区大面积推广。

4. 增施有机肥和微肥

有机肥料养分齐全，肥效持久，不仅能改良菜地土壤，还可为蔬菜生长提供多种养分。

设施蔬菜施肥主要存在以下问题：一是化肥施用量超标；二是土壤中氮、磷和钾比例失调，大棚黄瓜吸收的氮、磷和钾分别和为36%、17%和47%，而大棚黄瓜平均施用的氮、磷和钾分别为36%、38%和18%。表明施磷比例偏高，钾偏低。三是施用化肥品种和方法不符合蔬菜生产要求，大棚蔬菜禁止施用易释放氨的化肥品种，但仍有部分菜农用碳酸氢铵表面撒施。磷酸二铵、三元复合肥在土壤表面撒施也占了较大比例，造成了磷、钾资源的浪费。四是有机肥施用量偏高，目前不少蔬菜也存在着施粪肥过多的问题。

针对蔬菜施肥中存在的问题，应大力推广蔬菜平衡施肥技术。以土壤养分测定分析结果和蔬菜作物需肥规律为基础确定肥料施用量：一般掌握每667平方米最高无机氮肥养分（纯氮）施用限量为15千克，中等肥力区域磷、钾肥施用量以维持土壤养分平衡为准；高肥力区域当季不施无机磷、钾肥。也可以在蔬菜生长过程中施用叶面肥，以补充微量元素，调节作物生长，防治生理病害。

在设施蔬菜的施肥原则上，以有机肥为主，化肥为辅，有机氮肥和无机氮肥之比不应低于1：1。一般农家肥与磷肥混合后，进行堆沤或高温发酵后施用，或采用蔬菜专用有机肥、有机无机复混肥等。

在西瓜、黄瓜和番茄上进行微量元素肥料试验，防病、增产效果十分明显。河北省高邑县在西瓜上施用微量元素肥，微肥配方为硫酸亚铁、硫酸铜、硫酸锌、硫酸镁、硫酸锰、硼砂按1：1：1：1：0.5：1的比例混合均匀后，与有机肥和三元复合肥混匀基施，集中施入定植沟中。施用微量元素的西瓜茎蔓粗壮，叶色嫩绿，病害轻，对叶斑病的防治效果达到40%，平均单瓜质量比对照增加425克，每667平方米产量增加513.5千克，增产11.6%。

5. 利用无土栽培技术

无土栽培是解决土壤连作障碍的最彻底的方法，但因一次性投资大，设备运转费用高，不易被普通菜农接受。中国农业科学院蔬菜花卉研究所研制开发了有机生态型无土栽培技术，它不用天然土壤，将固体的有机肥或无机肥混合于基质中作为作物生长的基础，生长期间直接用清水灌溉。该技术简单，实用高效，节肥节水，投资少，见效快，尤其适宜土壤盐渍化和土传病害严重的保护地。

6. 合理轮作与间套作

不同作物间进行合理轮作，使土壤中的病原菌失去寄主或改变生活环境的条件下逐渐死亡，从而降低土壤中病原菌的数量，达到减轻或防止土传病害的发生。合理的轮作避免了多年一种或一个科的作物连年种植，可以有效地防止自毒作用的发生。水旱轮作由于土壤经过长期淹水，可使土壤病害及草害受到抑制，还可以洗酸，以水淋盐，防治土壤次生盐渍化和酸化。如茄果类连作初期，主要通过同类轮作，如番茄、菜椒、茄子之间的轮作；连作3～4年后，应优先使用生物菌剂，作物移栽时，将生物菌剂NEB加水灌根，每667平方米用5袋，每袋13毫升加水90升；连作6～8年后采用高温闷棚配合使用有机肥；连作10～12年后，土壤次生盐渍化日益严重，必须采取水旱轮作。旱作时土壤中以好气性真菌型微生物为主，连作时病原菌累积；水作时以厌气性细菌型微生物为主，病原菌得到抑制或减少。利用农作物间的他感作用原理进行合理地间作或套种，可以有效地提高作物产量，减少根部病害。

二、蔬菜的茬口安排

在同一块耕地上，不同年份和同一年份的不同季节，安排作物种类、品种及其前后茬的衔接的顺序，通称茬口安排。茬口安排与品种搭配是不可分割的整体，所以茬口安排又叫蔬菜品种茬口或品种布局。蔬菜的茬口安排包括轮作与连作，复种轮作和复作，间、套、混作和休闲歇茬等栽培制度的设计。蔬菜品种茬口有季节茬口和土地茬口两类。

（一）蔬菜的季节茬口

季节茬口是从时间角度出发，根据各种蔬菜适宜栽培季节的安排，把握蔬菜作物倒茬与接茬的规律，做到不误农时，提高经济效益。目前，多数地区安排蔬菜的季节茬口，常分成早春菜、晚春菜、夏菜、夏秋菜、秋菜和晚秋菜和越冬菜七茬。

1. 早春菜

早春菜下地（指育苗后定植或直播）的时间范围为2月下旬至3月下旬。前茬可以是秋季的大白菜、马铃薯、萝卜、芹菜和菠菜，倒茬后为冬闲地；也可以是阳畦越冬的芹菜、莴笋、花椰菜等，早春收获后倒茬。早春菜可以安排的蔬菜种类和栽培方式是：2月下旬可安排定植阳畦或塑料薄膜小拱棚栽培的早熟春甘蓝、花椰菜、育苗油菜、春莴笋等；2月底至3月上旬可安排定植阳畦栽培的早熟辣椒、番茄、早熟黄瓜、矮生菜豆、西葫芦等；3月上中旬可安排露地直播的春山药、马铃薯、春萝卜、春菠菜、小白菜及露地定植的早中熟春甘蓝、春花椰菜、春莴笋、育苗油菜等；3月中下旬可安排定植塑料薄膜小拱棚覆盖栽培的早熟番茄、黄瓜、辣椒、茄子、西葫芦和矮生菜豆等。

2. 晚春菜

晚春菜又称春夏菜，是露地蔬菜栽培的一个主要茬次，倒茬、接茬的时间范围是4月上旬至5月初。其前茬可以是芹菜、越冬菠菜、春育苗油菜、春小白菜等，也可以是部分冬闲地。4月上旬可以安排栽芹菜、春苤蓝、中晚熟春甘蓝、莴笋等，终霜后可栽植番茄、西葫芦、茄子、黄瓜、辣椒、菜豆、冬瓜、南瓜或直播南瓜、黄瓜和菜豆等。

3. 夏菜

夏菜又称夏淡季菜，是安排夏淡季蔬菜的主要茬口，倒茬、接茬的时间是5月上旬至6月上旬。前茬一般是春菠菜、春小白菜、春莴笋、花椰菜、早中熟春甘蓝、春芹菜和春萝卜等。夏菜所安排的主要蔬菜是：半夏黄瓜、冬瓜、生姜、夏豆角、育苗和栽植夏甘蓝、韭菜定植、芹菜育苗；夏季冷凉地区还可以安排晚茬茄子、辣椒等，收获供应时间主要在8～9月。

4. 夏秋菜

夏秋菜是安排部分夏淡季菜和部分秋菜的茬次，倒茬、接茬的时间是6月中旬至7月中旬。前茬主要是晚春芹菜、中晚熟春甘蓝、大蒜、圆葱、春马铃薯、早熟番茄、矮生菜豆等。夏秋菜可安排种夏小白菜、苋菜、秋黄瓜、秋架菜豆、栽大葱、秋甘蓝、秋花椰菜、秋莴笋、秋芹菜播种育苗等，7月中旬种秋胡萝卜。

5. 秋菜

秋菜是露地蔬菜中又一个重要茬次，倒茬、接茬的时间是7月下旬至8月中旬。前茬是春黄瓜、春架菜豆、中晚熟春番茄、早熟茄子、辣椒、冬瓜、南瓜、夏小白菜、萝卜、秋芫荽、芹菜、假植贮藏花椰菜、秋延迟番茄的育苗、秋矮生菜豆；立秋前后种大白菜、萝卜、根用芥、秋马铃薯、栽秋花椰菜、秋甘蓝、秋莴笋，以及种秋菠菜和栽韭菜等。

6. 晚秋菜

晚秋菜倒茬、接茬的时间是8月下旬至9月中旬。前茬可以是冬瓜、南瓜，拖茬的春黄瓜、春中晚熟番茄，部分茄子、辣椒、豆角，以及播期晚些的夏小白菜、苋菜等。晚秋菜主要是安排栽大白菜、秋芹菜、秋莴笋、秋花椰菜、秋延迟栽培番茄等，以及种秋菠菜和进行圆葱育苗等。

7. 越冬菜

9月下旬至10月上旬，在秋早熟大白菜、早秋芹菜、萝卜、秋花椰菜，以及豆角、茄子、辣椒、早秋黄瓜倒茬后，可以栽大蒜、移栽延迟芹菜、延迟莴笋、种越冬菠菜、芹菜，进行大葱育苗等。10月下旬至11月上旬，萝卜、大葱、秋马铃薯、秋菜豆、晚秋黄瓜、晚茄子、晚辣椒，以及根用芥和部分秋菠菜等倒茬后，可以安排栽圆葱、种越冬菠菜、建阳畦假植花椰菜，或栽越冬莴笋、越冬芹菜等。11月中下旬，大白菜、秋芹菜、秋菠菜、秋芫荽等收获、贮藏，倒茬后的土地可以种土里捂菠菜，而大部分为冬闲地。

（二）土地利用茬口

土地利用茬口是指在一块土地上，按照轮作的要求，1年内安排各种蔬菜的茬次，如一年一作制、一年两作两收制、三作三收或三作两收及两作三收制等。一次作制度是指在1年内只安排1次作物栽培。露地蔬菜实行一次作的地区少，高寒、高山地区由于无霜期短，而在露地栽培情况下实行一次作。多次作制度是指在一个地区，在一年的生产季节中，连续栽培多茬作物。蔬菜多次作有以下基本类型：

1. 二年三茬制

主要集中在东北地区露地蔬菜栽培。主要茬口安排有：春夏茬（茄果类蔬菜）、越冬茬（越冬蔬菜或葱）、秋茬（白菜类蔬菜等）；春夏茬（瓜类蔬菜）、越冬茬（越冬叶菜）、夏秋茬（茄果类蔬菜）。

2. 一年二茬制

主要集中在东北、华北及华中、华东部分地区。主要茬口安排有：春茬（早中熟耐寒蔬菜）、秋茬（白菜类蔬菜）；早夏茬（早中熟果菜类蔬菜），秋茬（大白菜）；晚夏茬（晚熟果菜类蔬菜）、晚秋茬（耐寒绿叶菜）；越冬早春茬（耐寒叶菜类），春种秋冬茬（生姜、山药和芋类等）；越冬春茬（耐寒葱蒜类蔬菜），秋茬或晚夏茬（胡萝卜、秋甘蓝和茄子等）。

3. 一年三茬制

这种多次作露地蔬菜栽培制度主要集中在华北、江淮等地区。主要茬口安排有：早夏茬（早熟果菜类蔬菜）、伏茬（速生绿叶菜类）、秋冬茬（白菜类蔬菜）；早春茬（速生蔬菜等）、夏茬（喜温果菜等）、秋冬茬（白菜类蔬菜）；春夏茬（早熟果菜类）、早秋茬（耐热蔬菜）、秋茬（耐寒绿叶菜类）；越冬早春茬（耐寒绿叶菜类）、早夏茬（喜温果菜等）、秋冬茬（白菜类蔬菜等）。

4. 一年四茬制

这种多次作露地栽培制度，主要集中在华北，江淮和南方等地区。主要茬口安排有：早春菜或越冬早茬菜（耐寒蔬菜等）、早熟夏菜（早熟果菜等）、早秋菜或伏菜（耐热速生蔬菜）、晚秋菜或秋冬菜（耐寒叶菜）；越冬早春茬（耐寒速生叶菜）、早夏茬（果菜类蔬菜如番茄）、晚夏茬（果菜类蔬菜如青皮冬瓜）、晚秋茬（耐寒叶菜类）。

5. 一年五茬制

主要集中在南方地区的露地蔬菜。重点茬口有：越冬早春茬（耐寒速生绿叶菜类）、早春茬（速生绿叶菜类）、夏茬（喜温果菜类等）、伏茬（速生绿叶菜）、秋冬茬（耐寒速生绿叶菜类）；早春茬（耐寒速生叶菜）、夏茬（喜温早熟果菜类）、伏茬（耐热速生叶菜类）、早秋茬（速生叶菜）、晚秋茬（速生叶菜等）。

（三）土地利用茬口的主要方式

1. 在两大季的基础上早春抢一茬春小白菜。这一方式的特点是春季正常安排茄子、冬瓜、春架菜豆等蔬菜，秋季正常安排大白菜、芹菜或越冬菜等，而于早春先播一茬小白菜或栽一茬育苗油菜，加强管理，于4月收获，可丰富春淡季的蔬菜供应。

（1）春小白菜、育苗油菜——中晚熟茄子——栽秋芹菜或种越冬菠菜。3月上旬播春小白菜，4月中下旬收获；或3月中旬栽育苗油菜，4月中下旬收获；若用塑料薄膜小拱棚覆盖可于3月初栽油菜，4月上中旬收获。春小白菜倒茬后，施肥、整地，于4月下旬或5月初定植中晚熟茄子。如果茄子于9月上旬倒茬，可安排栽秋芹菜，若茄子于9月下旬至10月上旬倒茬，可种越冬菠菜。

（2）春小白菜、育苗油菜——辣椒或豆角、菜豆——种大白菜、萝卜或栽大蒜，或种越冬菠菜。春小白菜、育苗油菜的播种期或定植期及收获期同前。倒茬后施肥、整地，4月下旬栽辣椒或甜椒，也可以于4月下旬至5月初，移栽春架菜豆或架豆角，或直播架豆角、架菜豆。辣椒、菜豆如果于7月底或8月初拔秧，倒茬后可以种大白菜或秋萝卜；如果辣椒、豆角等长势好能拖茬，9月中下旬拔秧、倒茬后，可安排栽大蒜或种越冬菠菜。

（3）春小白菜、育苗油菜——冬瓜、南瓜——栽秋芹菜、大白菜或种菠菜。春小白菜的安排、管理同前。4 月下旬至 5 月上旬春小菜倒茬后，施肥、整地，5 月上旬栽冬瓜或种南瓜。冬瓜、南瓜于 8 月中旬拔秧后，可以栽大白菜、秋芹菜或种秋菠菜。

2. 以两大季为主，中间抢播一茬夏小白菜。这一方式是利用春夏菜倒茬种秋菜的空隙，抢种一茬生长期短的夏小白菜、苋菜等速生绿叶蔬菜，7 月下旬至 8 月中旬收获供应。在 6 ~ 7 月份雨水大、雨季提前的年份尤有必要，可缓和夏淡季的蔬菜供应。

（1）早熟春番茄或矮生菜豆——夏小白菜、苋菜、耐热油菜——栽大白菜或种秋萝卜。早春阳畦或塑料薄膜小拱棚覆盖栽培的早熟番茄、矮生菜豆及西葫芦等，一般可于 6 月下旬至 7 月上旬拔秧倒茬，可随之施肥、整地做畦，播夏小白菜、苋菜、耐热油菜等。夏小白菜、油菜的生长期 30 ~ 40 天。苋菜的生长期 20 ~ 30 天。为避免夏小白菜收获过于集中，可于 6 月下旬至 7 月中旬排开播种，7 月下旬至 8 月中旬分期收获。夏小白菜倒茬后，再安排栽大白菜、秋花椰菜、秋甘蓝或种萝卜等。

（2）圆葱、马铃薯——夏小白菜、苋菜等——栽秋芹菜或秋菠菜等。圆葱和春马铃薯一般于 6 月下旬至 7 月初收获。倒茬后整地做畦，播夏小白菜、苋菜等速生绿叶蔬菜。夏小白菜收获后，于 8 月下旬至 9 月上旬栽秋芹菜或种秋菠菜。

（3）春中晚熟结球甘蓝——夏小白菜、苋菜——栽秋莴笋、种秋萝卜或安排延迟栽培的蔬菜。越冬菠菜、芹菜等收获后，4 月上中旬栽京丰一号等中晚熟结球甘蓝，6 月中下旬收获。整地做畦后种夏小白菜、苋菜等速生绿叶蔬菜，也可以间隔留畦播芹菜。夏小白菜于 8 月上中旬收获后，可以安排栽秋莴笋，种秋萝卜或栽秋芹菜；或每隔 2 ~ 3 畦栽 1 畦秋延迟栽培番茄（9 月上旬定植），其余的畦种秋菠菜，10 月上旬收菠菜，给番茄畦打畦墙、立风障。

3. 以越冬叶菜类——春、夏瓜果菜——秋菜组成的茬口安排。10 月上中旬播越冬菠菜，或 10 月下旬栽越冬芹菜、莴笋（每 3 ~ 4 畦栽 1 畦，初冬打畦墙、立风障，并加覆盖物保护）。翌年 3 月下旬至 5 月上旬越冬菜收获后，可根据倒茬早晚和生产计划，分别栽茄子、辣椒、架菜豆、冬瓜等。秋季，根据上述瓜果菜倒茬早晚，安排种大白菜、秋萝卜，或栽大白菜、秋花椰菜等。如果茄子、辣椒长势好拖了茬，可于 9 月下旬至 10 月上旬栽大蒜。

4. 由早春菜——夏淡季菜——越冬菜组成的茬口安排。早春菜包括利用阳畦、塑料薄膜小拱棚、风障、地膜等保护设施，进行早熟栽培的春甘蓝、春莴笋、春萝卜和春芹菜等，这些蔬菜的定植期（如春萝卜）为2月下旬至3月中旬，收获期为4月下旬至5月下旬。倒茬后，可于5月上旬至6月上旬，直播夏黄瓜、夏豆角，或栽冬瓜、夏甘蓝等夏淡季蔬菜。夏淡季蔬菜倒茬后，于9月下旬至10月上旬，安排栽大蒜、种越冬菠菜，或栽越冬芹菜和莴笋等。

5. 由圆葱、大蒜、马铃薯——秋黄瓜、秋架菜豆、秋莴笋、秋花椰菜——越冬菠菜、芹菜等组成的茬口安排。前一年秋季，以早熟大白菜、花椰菜、萝卜等为前茬，倒茬后栽大蒜；以秋萝卜、根用芥为前茬，倒茬后栽圆葱；利用冬闲地春季种马铃薯。大蒜、圆葱、马铃薯收获、倒茬后，6月底至7月上旬，安排种秋黄瓜、秋架菜豆，或进行秋花椰菜、秋莴笋育苗、栽植。根据上述秋莱倒茬的早晚，再安排种越冬菠菜或栽越冬芹菜等。

6. 由春黄瓜、早熟番茄——早熟大白菜、萝卜、秋马铃薯——大蒜、圆葱等组成的茬口安排。冬闲地于施肥、耕翻、耙平后，4月中下旬做畦栽春黄瓜或早熟品种番茄。7月中下旬，番茄、黄瓜拔秧倒茬后，种早熟大白菜或种早秋萝卜，也可于“立秋”前后种秋马铃薯。早熟大白菜、萝卜，于9月中旬至10月上旬收获后，施肥、整地栽大蒜、种越冬菠菜，或延迟芹菜等。马铃薯和秋萝卜收获后栽圆葱。

（四）怎样落实菜田轮作

1. 各种蔬菜所需的轮作年限

轮作年限的长短，主要根据该种蔬菜的病害发生情况和对土壤肥力、理化特性影响大小来确定。一般来说，某种或某类蔬菜，如有严重的土壤传染病害，轮作年限应长些；无严重土壤传染病害时，轮作年限可短些。轮作时也要考虑各类作物耐连作的程度，需要间歇的年限以及养地作物后效期的长短等。因土壤肥力和理化特性可以通过施肥耕作来补充、调整，所以确定轮作年限时主要考虑病害这一因素。

在菜田轮作制中，要根据各种蔬菜的最高连作危害时间，确定不同蔬菜的最高连作年限。通常黄瓜连作不可超过2~3年，3年后一定要另种其他蔬菜；茄子、西瓜受连作影响最大，种植1年后要隔6~7年后才可再种；大白菜连作不应超过4年；番茄连作不应超过3年。一般认为需间隔1~2年的蔬菜有南瓜、毛豆、小白菜、结球甘蓝、萝卜、花椰菜、苤蓝、芹菜、菠菜、大葱、洋葱、大蒜和茼蒿等；需间隔2~3年的蔬菜有；菜豆、豇豆、蚕豆、辣椒、马铃薯、生姜、山药、大白菜、根用芥、莴苣等；需间隔3~4年的蔬菜有，番茄、茄子、黄瓜、冬瓜和西瓜等。黄瓜、西瓜的枯萎病菌在土壤中可存活6年左右，因而在枯萎病流行的病区，黄瓜、西瓜等至少应隔6~7年。实践证明，蔬菜作物中最忌连作的是番茄、茄子、马铃薯、黄瓜和西瓜等，其次是大白菜、莴苣及豆类。有些蔬菜如芹菜、结球甘蓝、小白菜、花椰菜、萝卜、大葱、洋葱和大蒜等，在无严重病害发生情况下，可以连作几茬，但应增施圈肥等有机肥作基肥。

2. 轮作注意几点

（1）深根性与浅根性及对养分要求差别较大的蔬菜轮作；消耗氮肥较多的叶菜类与消耗钾较多的根茎类蔬菜轮作；深根性的根菜类、茄果类、豆类与浅根性的叶菜类、葱、蒜类等轮作。

（2）有同种病虫害的蔬菜在年份上隔开种植。在菜区还可实行菜与粮、水地与旱地轮作。通过轮作使病虫失去寄主，从而减轻危害。水旱轮作指旱生蔬菜与水稻或水生蔬菜轮作。在淹水条件下，瓜类枯萎病、茄果类青枯病、姜瘟病、白菜软腐病等土传病害的病原菌，以及部分害虫将被淹杀；通过流水漂洗还可降低土壤中重金属、硝酸盐等有害物质的浓度，防止土壤次生盐渍化，有利于蔬菜生长发育。

（3）豆科蔬菜与禾本科作物轮作。将豆科、禾本科蔬菜安排到轮作计划中，在其后种植需氮肥较多的白菜、茄果类蔬菜、瓜类蔬菜等，之后再种植需氮肥较少的根菜类蔬菜，再种植需氮更少的豆类蔬菜。豆科蔬菜与禾本科作物轮作，能平衡土壤的酸碱度；种甘蓝、马铃薯后土壤会变酸性；而种玉米、南瓜、菜用苜蓿会增加碱性，互相轮作也有利酸碱平衡。对酸性敏感的洋葱、菠菜，若以甘蓝、马铃薯为前作则减产，以玉米、南瓜、菜用苜蓿为前作则增产。

（4）受客观条件所限不能实行轮作的，整地时施用美国引进的 NEB（恩益碧）重茬剂、施尔根重茬剂、中港泰富（北京）高科技有限公司研制的 CBT 重茬剂、隆平高科技有限公司研制的瓜菜重茬剂，对克服连作障碍、促进增产均有较好效果。对西瓜、黄瓜、番茄和茄子等，还可通过嫁接换根克服连作障碍。

第十八节　秸秆生物反应堆技术

一、秸秆生物反应堆概述

（一）概念

秸秆生物反应堆，又称秸秆生物发酵技术、秸秆生物反应堆新技术和有机物生物反应堆技术，它是在一定的温度、湿度及空气的条件下，通过好氧性微生物的发酵分解作用，把农作物秸秆等有机物料，转化成有机肥料，并释放出二氧化碳、水和能量。与此同时，微生物通过氧化、还原、合成等过程，使微生物繁殖，产生更多的微生物，进一步促进发酵作用。

凡是有机物料都可以作为秸秆生物反应堆的原材料。包括农作物秸秆类，如玉米秸、麦秸、稻草、高粱秸；草食动物畜禽粪便，如牛粪、羊粪；农业加工业的副产物，如甜菜渣、甘蔗渣；生产食用菌的废弃料；加工粮食的副产物，如稻壳和粗糠。

（二）使用秸秆生物反应堆的作用

1. 促进农业增效、农民增收

实践表明，使用该项技术比未使用该技术的对照棚室平均增产 30% ~ 50%，产品提早成熟上市 10 天，增值 50% 以上。

2. 提高土地综合生产能力

该项技术是用地养地相结合，能改良土壤，培肥地力，改善土壤的物理、化学特性，地越种越肥，提高了综合生产能力。

3. 降低生产成本

生产实践结果显示，使用该项技术一般可节省化肥开支 30% ~ 50%，节省农药开支 60% 以上，每个大棚可节省投入200 ~ 300 元。

4. 提高产品质量

由于使用该项技术后，大量减少化肥和农药的用量，降低了硝酸盐及农药对产品的污染程度，提高了农产品的质量。

5. 推动有机废物转化

农村一些地区养殖业垃圾和秸秆、杂草造成严重的环境污染。日光温室、大棚应用秸秆生物反应堆技术，可推动对这些有机废物的转化，促进环境友好。

6. 促进循环农业发展

该项技术可实现秸秆等有机废物—秸秆生物反应堆原材料—有机肥料—培肥地力、供给农作物—肥多菜多瓜果多—秸秆增多—秸秆生物反应堆原料多，产业链延长，良性互动，循环发展。秸秆生物反应堆运作符合减量化、再利用、再循环的原则，可以实现低消耗、低排放和高效率的目标。

（三）秸秆生物反应堆对温室环境的影响

1. 提高地温和气温

据河北省承德市蔬菜研究所在日光温室内进行玉米秸、牛粪生物反应堆实验，2006年3月15日至5月1日平均地温，实验区比对照区高0.4℃，提高2.2%；2006年5月2日至7月10日比对照区高0.8℃，提高3.6%；2007年11月12日至2008年2月16日，平均地温比对照区高1.4℃，提高9.1%；2008年2月17日至4月25日，平均地温比对照区高1.1℃，提高5.4%。试验表明，使用玉米秸、牛粪生物反应堆后，地温均有不同程度的提高。

2. 提高土壤有机质含量

2007~2008年，河北省滦平县农业局蔬菜站在黄瓜大棚里，进行了玉米秸生物反应堆实验，对土壤有机质含量进行了检测，结果显示，日光大棚黄瓜生产前，土壤有机质含量为1.5%~3.8%，平均为2.8%；使用玉米秸生物反应堆后，土壤有机质含量达1.7%~4.1%，平均为3.1%。使用秸秆生物反应堆6个月左右，土壤有机质含量提高0.1%~0.5%，平均提高0.3%。试验表明，连年使用秸秆生物反应堆，可提高土壤有机质含量，培肥地力，达到地养地相结合的目的。

3. 提高土壤氮、磷、钾含量

2007~2008年，河北省滦平县农业局蔬菜站在黄瓜大棚进行了秸秆生物发酵技术示范，在使用前及使用后对土壤的养分含量进行检测，结果显示，大棚土壤氮含量较使用前提高5.8%~55.4%，平均为29.6%；磷含量提高2.3%~119.0%，平均为10.0%；钾含量提高2.1%~27.9%，平均为9.6%。

4. 提高棚内CO_2浓度

河北省滦平县农业局蔬菜站在黄瓜日光温室大棚进行了秸秆生物发酵技术示范，对棚内CO_2浓度进行了检测，结果显示，使用秸秆生物发酵的大棚，棚内CO_2浓度为821.0~980.0毫克/立方米，平均为892.5毫克/立方米，而对照棚内CO_2浓度为759.0~860.0毫克/立方米，平均为797.7毫克/立方米，使用秸秆生物发酵技术棚内CO_2浓度比对照棚的提高11.8%。

5. 提高土壤的益菌数量

秸秆生物反应堆发酵需要接种有机物料腐熟剂，一般每667平方米大棚要用8~10千克，施入秸秆中的有益菌就约达4 000亿~5 000亿个，相当多的益菌会定居在土壤里，增加了土壤益菌数量，这对于加速土壤有机质的“矿化”，转变成作物能吸收利用的简单物质，具有重要作用。

6. 改善土壤物理、化学特性

秸秆生物反应堆的实质是通过好氧微生物的高温发酵，把秸秆等有机物料转化成有机肥料，增加了土壤有机胶体数量，扩大了土壤吸附表面，改善了土壤团粒结构，提高了土壤的保水、保肥和透气性能力。有关研究结果显示，每

667平方米施优质有机肥2 000千克，土壤保水能力提高3.8%，减少水分蒸发14.3%，早晨提高土温2.2℃。

（四）秸秆生物反应堆对蔬菜生长发育的作用

1. 根系发达，植株苗壮

2006～2008年，河北省承德市蔬菜研究所在日光温室黄瓜生产中，进行秸秆生物反应堆实验，5个处理分别是：①玉米秸30千克+牛粪30千克+复合肥1千克+菌种53克；②玉米秸30千克+牛粪30千克+复合肥1千克+菌种21克；③玉米秸30千克+牛粪30千克+复合肥1千克，不接菌种；④玉米秸30千克+牛粪30千克+复合肥1千克+菌种53克；⑤牛粪50千克+复合肥1千克，不接菌种。测量各小区黄瓜根系长度，结果处理①比对照（处理⑤）长21厘米，处理②比对照长20厘米，处理③比对照长19厘米，处理④比对照长17厘米。秸秆生物反应堆的黄瓜根系均比对照的长，说明根系发达，地上部分植株生长苗壮。

2. 生长发育块，提早上市

山东省秸秆生物工程技术研究中心的研究结果显示，日光温室、大棚使用秸秆生物反应堆技术，苗期早发，生长快，主茎粗，节间短，叶片大而厚，病虫害少。中期长势强壮，坐果率高，果实膨大快，个头大，畸形少，提前上市l0～15天。后期长势旺盛，收获期延长30～45天。果树落叶晚20天左右。重茬导致的死秧、死苗和病害严重等问题得到有效解决。

3. 提高产量，改善品质

2006年，河北省承德市蔬菜研究所在生产黄瓜的温室里，进行了秸秆生物反应堆实验，3月10日定植。4月10日开始采收，7月12日采收结束，结果显示，凡是应用秸秆生物反应堆的均比对照区增产，早期增产幅度达24.6%～76.8%，小区总产的增产幅度达9.9%～25.1%，说明早期增产效果好于中后期。从秸秆生物反应堆的原材料看，秸秆+牛粪+复合肥+菌种处理的增产效果最好，达76.8%。秸秆+牛粪+菌种的处理增产效果次之，达71.0%。秸秆+复合肥+菌种处理增产效果占第三，为44.9%。仅有秸秆及菌种处理，增产效果为24.6%，说明秸秆和牛粪再加复合肥，配比好，碳氮比适宜，故发酵效果好，产量高。

4. 提高防治病虫害效果

2006年，河北省承德市蔬菜研究所在生产黄瓜的温室大棚中，进行了秸秆生物反应堆实验，因发生了黄瓜霜霉病、白粉病，用甲霜锰锌、三乙膦酸铝等杀菌剂进行防治，实验区防治2次，而对照区防治了8次，说明秸秆生物反应堆的使用减轻了这两种病害的发生及危害。

张世明研究员的研究结果显示，使用秸秆生物反应堆技术的日光温室大棚，防治病虫害基本不用施农药，防治效果达60%以上。

此外，对根结线虫病的发生及危害进行了详细的调查。此病害的严重度分为4级。0级：根部无根结；1级：有须根，根结少，约米粒大小；2级：有少量须根，根结较多，约黄豆粒大小；3级：须根很少，根结多，根结大。调查及计算结果显示，使用秸秆生物反应堆对根结线虫病有一定的防治效果，达到23.0%。

（五）秸秆生物反应堆的机理

1. 微生物氧化基质的基本类型及特点

微生物分布广泛，土壤、水、空气，而且种类众多，从微生物呼吸过程与氧分子的关系来分，可分为好氧性呼吸、厌氧性呼吸和兼厌氧性呼吸三种基本类型，不同呼吸类型是由不同微生物的不同酶系统来决定的。

（1）有氧呼吸。好氧性微生物只有在有氧条件下，才能进行呼吸作用。在有氧呼吸过程中，脱氢酶从呼吸基质中脱氢，呼吸基质分解得比较彻底，最终产物为二氧化碳和水，且释放较多的能量，例如，1摩尔/升葡萄糖作为基质，呼吸释放的能量为2 880.52千焦。

（2）无氧呼吸。厌氧性微生物在无氧条件下进行呼吸作用而生活，在无氧呼吸作用过程中脱氢酶从基质脱氢，以基质分解的中间产物作为受氢体，氧化得不彻底，有中间产物，释放的能量较少。例如，乳酸细菌分解1摩尔/升葡萄糖时释放出94.05千焦的能量。

（3）兼性呼吸。兼厌氧性微生物在有氧条件下进行有氧呼吸，在无氧条件下进行厌氧呼吸，所以叫兼性呼吸。在进行厌氧呼吸时，又分为以下两种类型。

①分子内厌氧呼吸类型：在有氧时同好氧性微生物一样，进行好氧呼吸；在无氧时同厌氧微生物一样，进行分子内无氧呼吸，即发酵作用。酵母菌是典型的兼厌氧性微生物，在有氧条件下，将葡萄糖彻底氧化成二氧化碳和水，释放热量2 880.52千焦；在无氧时进行厌氧呼吸，将葡萄糖分解成酒精和二氧化碳，释放热量94.05千焦。

②分子外厌氧呼吸类型：这类兼厌氧性微生物在有氧时同好氧微生物一样，进行好氧呼吸。当环境中缺乏分子氧时，进行不同于厌氧微生物的厌氧呼吸，进行分子外的厌氧呼吸，活化无机氧化物中的氧，氧化比较彻底，释放的热量也比较多。例如，反硝化细菌进行无氧呼吸作用，将硝酸盐还原成分子态

氮，同时产生二氧化碳和水，释放热量1 755.6千焦。

2. 秸秆生物反应堆原料及原理

（1）秸秆生物反应堆所用原料。农作物秸秆等有机物料由干物质和水分组成。干物质由有机物和无机盐组成。有机物由含氮物质和无氮物质组成，含氮物质主要是粗蛋白；无氮物质主要是粗纤维、无氮浸出物（糖类）和粗脂肪等碳水化合物，如玉米秸水分占5.5%，粗蛋白占5.7%，粗脂肪占1.6%，粗纤维占29.3%，无氮浸出物占51.3%，粗灰分占6.6%。这些营养成分是生物反应堆运转的物质基础，同时也为微生物活动提供碳源和氮源。

水分是秸秆生物反应堆进行反应时的必要物质和条件。应该用不含消毒剂的水，以免杀死微生物。原材料含水量一般在50%～60%为宜，过湿或过干都影响秸秆发酵质量。

有益微生物是秸秆生物反应堆的主要因子，一般用有机物料腐熟剂，在好氧微生物高温发酵分解反应的基础上，秸秆生物反应堆才能正常运转。例如有机物料腐熟剂酵素菌接种在玉米秸里，进行好氧发酵，把玉米秸分解转化成有机肥，并释放出二氧化碳、水和热量。

（2）秸秆物料反应的基本原理。在有氧气存在的条件下，好氧性微生物进行有氧呼吸，进行好氧高温发酵，对秸秆等有机物料（基质）进行氧化分解，把大部分有机物氧化分解成简单的无机物，并释放出二氧化碳和能量。微生物自身生长繁殖，以及新陈代谢各种生理活动所需要的能量，来自于分解有机物释放出的能量。在秸秆生物反应堆中，1千克干玉米秸可分解转化成有机肥130克、二氧化碳1 100克、热量12 694.66千焦（1大卡=4.18千焦）。

3. 秸秆生物反应堆反应中菌群变化

（1）微生物的种类及数量。秸秆生物反应堆中的微生物，主要来自接种的有机物料腐熟剂，其次是原材料和土壤中自然存在的。这些微生物可分为三类：一是细菌类，主要是芽孢杆菌属的一些种，如枯草芽孢杆菌、地衣芽孢杆菌、环状芽孢杆菌；二是真菌类，主要是嗜温性真菌，如地霉菌、烟曲霉和酵母菌；三是放线菌类，主要是诺卡氏菌、链霉菌、高温放线菌和单孢子菌。有机物料腐熟剂的产品种类较多，不同产品含的益菌种类也有较大的差异。

在秸秆生物反应堆的微生物菌群中，一般细菌占主导地位，数量最多，真菌、放线菌也有较多的数量。研究结果显示，秸秆生物反应堆每克发酵料含细菌为0.5亿～1.0亿个，放线菌10万～1.0亿个，真菌1.0万～100万个。细菌是在中温阶段起主要作用的菌群，对发酵升温起主要作用。放线菌是在高温阶段起主要作用的菌群，细菌中的芽孢杆菌，放线菌中的链霉菌、小多孢菌和高温放线菌，是生物反应堆反应过程中的优势种。

（2）微生物菌群的消长变化。在秸秆生物反应堆运转中，菌群数量伴随着温度的变化而变化。开始以低温菌群为主，随着温度的升高，转变为以中、高温菌群为主。堆温在50℃时，高温真菌、细菌和放线菌非常活跃；当达到65℃时，细菌和放线菌占优势，真菌极少。当达到极限温度70℃时，只有产孢细菌能够存活。而高温过后，中、高温菌群又转变为中、低温菌群。随着反应堆时间的推移，细菌逐渐减少，放线菌逐渐增多。在反应堆末期，霉菌和酵母菌显著减少。

4. 秸秆生物反应堆反应的基本过程

（1）升温阶段。秸秆生物反应堆反应初期，堆体温度逐步上升到45℃左右。微生物主要是接种有机物料腐熟剂里的有益菌，也有原材料里及土壤里的有益菌，包括细菌、真菌和放线菌，以嗜温性微生物为主，分解的基质以糖类和淀粉类物质为主。

（2）高温阶段。秸秆生物反应堆温升到45℃以上时，即进入高温阶段。在这一阶段，嗜温微生物受到抑制甚至死亡，而嗜热性微生物则上升为主导微生物，反应堆中残留和新形成的可溶性有机物质继续被氧化分解。复杂的有机物如半纤维素、纤维素和蛋白质也开始被分解。不同的微生物活动交替出现。通常在50℃左右时，嗜热性真菌和放线菌是最活跃的。升到50～70℃的高温阶段，高温性纤维素分解菌占优势，除继续分解易分解的有机物质外，主要分解半纤维素和纤维素等，此期称为纤维素分解期。当温度升到60℃时，真菌几乎完全停止了活动，只有嗜热性放线菌和细菌继续活动。当堆温上升到极端温度70℃时，大多数嗜热性微生物不再继续进行活动，并大批进入休眠和死亡阶段。

（3）降温阶段。高温阶段造成微生物死亡和活动减弱，于是温度下降，进入降温阶段。随着温度的降低，嗜温性微生物又开始占主导优势，对残余较难分解的有机物作进一步的分解。但由于基质的减少，微生物的活性普遍下降，堆体发热量减少，温度开始下降。当温度降到50℃以下时，中温性微生物显著增加，主要分解残留下来的纤维素、半纤维素和木质素，此期称为木质素分解期。

（4）腐熟阶段。秸秆生物反应堆经过升温、高温和降温三个阶段，即中温、高温和中温微生物的交替出现，把有机物基本氧化分解成有机肥及残余物，趋于稳定状态，需要的氧气量大大减少，进入腐熟阶段。如果秸秆生物反应堆继续保持运转，需要重新加料，提供充足的物质原料及相关的条件。

5. 秸秆生物反应堆有机物料腐熟剂与使用

（1）有机物料腐熟剂的定义。有机物料腐熟剂是由适用于能分解各种有机物料的细菌、真菌、放线菌等多种微生物复合而成的生物制剂产品。能加速各种有机物料（包括农作物秸秆、畜禽粪便、生活垃圾及城市污泥等）分解腐熟，其剂型可分为液体、粉剂和颗粒三种类型。

（2）微生物肥料的定义。微生物肥料是指由特定的微生物与营养物质复合而成，能提供、保持或改善植物营养、提高农产品产量或改善农产品品质的活体微生物制品。我国微生物肥料种类较多，有固氮菌肥料、根瘤菌肥料、解磷微生物肥料、硅酸盐细菌肥料、光合细菌肥料、芽孢杆菌制剂和复合微生物肥料等七大类。

（3）有机物料腐熟剂与微生物肥料的区别。20世纪70年代，我国从日本引进酵素菌原菌及酵素菌菌种（又称酵素菌扩大菌、酵素菌接种剂）和酵素菌肥料生产技术后，主要是生产及推广应用酵素菌肥料。当时，曾把酵素菌肥料列入微生物肥料范围。但是，随着科学研究和生产实践的深入，提高了对酵素菌及酵素菌肥料的认识，两者是有区别的。微生物肥料是增加植物营养或改善品质。有机物料腐熟剂是分解腐熟有机物料，两者的功能是不一样的。于是对酵素菌进行了更名，通用名为秸秆腐熟剂，商品名为BYM酵素菌，BYM农用酵素。又经过再实践，认识到“秸秆”腐熟剂面太窄，只限于秸秆，它对其他有机物料如鸡粪也是有效的，于是再次将其更名为有机物料腐熟剂（这是通用名，商品名为BYM酵素菌，BYM农用酵素）。2002年，我国农业部制定并发布了有机物料腐熟剂标准。

（4）有机物料腐熟剂的类型及特点

①好氧类型有机物料腐熟剂：这类有机物料腐熟剂里的益菌，只有在氧气存在的条件下，才能进行发酵、分解和腐熟基质。因此，在使用过程中，必须通过翻堆或扎孔等措施，保障通气，满足氧气的需求及排出堆体内的二氧化碳。如用于秸秆生物反应堆，就必须及时扎孔，进行气体交换，这是保证秸秆生物反应堆成功的关键之一。

②厌氧类型有机物料腐熟剂：这类有机物料腐熟剂里的益菌，只有在密闭的条件下，在没有氧气的条件下，才能进行发酵、分解和腐熟基质。因此，在使用过程中，要尽量创造密闭条件，使发酵基质不透气。如用秸秆生产有机肥，按要求处理后，最后堆积成垛，上面覆盖塑料布，或用泥封严，使其密闭，与外界不通气，这样才能保障发酵成功。在秸秆生物反应堆中，一般不使用厌氧型有机物料腐熟剂。

③两种类型有机物料腐熟剂发酵最终产物：好氧型及厌氧型有机物料腐熟剂发酵基质的最终产物不同，进行好氧性发酵，淀粉（糖类）、蛋白质、脂肪和纤维素，被分解成麦芽糖、葡萄糖、氨基酸等有利于农作物吸收的营养成分，以及二氧化碳和水；而进行厌氧发酵，同样的淀粉、蛋白质、脂肪和纤维素，则被分解成酪酸、甲烷（沼气）、吲哚和硫化氢等对农作物根部有害的物质。所以，生产有机肥料，以及在秸秆生物反应堆中，都必须使用好氧类型的有机物料腐熟剂。

另外，用同样的原材料生产有机肥料（或用于秸秆生物反应堆），好氧发酵生产的有机肥营养含量，比厌氧发酵生产的营养含量高，结果显示，用好氧高温发酵法生产有机肥（或用于秸秆生物反应堆），比用厌氧发酵法（即传统的生产方法）生产的有机肥，有机碳增加6.2%，全氮增加0.3%，全磷增加0.1%，全钾增加0.2%，有效氮提高359.2%，各种营养成分含量均有不同程度的提高。用好氧高温发酵法生产有机肥，或用于秸秆生物反应堆，益处很多。所以，要提倡、推广使用好氧高温发酵法。

（5）使用有机物料腐熟剂注意几点

①购买使用农业部登记的产品：目前，我国市场上有机物料腐熟剂种类较多，产品更多，但只有通过农业部登记的产品，才是合格的产品。因此，购买这类产品时，必须先看有无农业部的登记证号。其次，看登记证种类及期限。超过有效期的均为无效。

②购买使用复合菌剂：有机物料成分复杂，分解过程困难。使用单一菌剂往往受到一些因素的制约，效果不理想，所以要使用复合菌剂，做到几种优势菌种优势互补，收到较好的效果。

③弄清有机物料腐熟剂的特性：有机物料腐熟剂最重要的特性，是好氧发酵还是厌氧发酵。秸秆生物反应堆只能用好氧发酵的，而不能用厌氧发酵的有机物料腐熟剂，这是个原则。

④注意使用激活菌种的物质

这些物质又称起爆剂，如红糖、麦麸、米糠等。因为用有机物料腐熟剂发酵秸秆等生产有机肥，或用于秸秆生物反应堆，基质粗糙，易溶解吸收的营养物质不多。所以，在有机物料腐熟剂里先加入这些易被有益菌利用吸收的营养物质，相当于有益菌的“食物”，这对于快速发酵起很大作用。

⑤按产品说明书的要求进行操作：一是有机物料腐熟剂用量与原材料用量的比例，不同产品要求用量的比例是不同的。二是对激活物质种类及用量要求也不一样，应按产品的要求办理。三是在操作上要求不一样，有的产品需要

2～3 天翻堆 1 次，有的则需要 5～7 天翻堆 1 次。

（6）有机物料腐熟剂产品及使用

①酵素菌（BYM）：酵素菌由细菌、丝状菌（霉菌）和酵母菌中的 24 种有益菌组成。BYM 是细菌（Bacteria）、酵母菌（Yeast）和丝状菌（Mold）三个英文名称的字头，代表这三类有益菌制成的商品。

酵素菌的特点是好氧性强，它由一些好氧性或兼性微生物组成，繁殖速度快，抗杂菌能力强；氧化分解发酵能力强，升温快；互补性好，酵素菌在菌种组合过程中，考虑了不同时间的作用互补，在一定程度上，减缓了因少数菌株退化而导致产品质量下降的影响，因而能长期地使用。

将酵素菌（BYM）用于秸秆生物反应堆时，每 1 000千克秸秆用酵素菌接种剂 3～5 千克，麸皮 30～50 千克，干鸡粪 10～15 千克，红糖 1.5 千克。先将酵素菌、麸皮干拌混合均匀，把红糖加水化成红糖水，喷洒在酵素菌麸皮的混合物上。把秸秆铺在水泥地面上，喷水使其吃透，秸秆含水量达 50%～60%，在一层湿秸秆上撒上一层干鸡粪、一层酵素菌、麸皮及红糖水的混合物。重叠 4～5 层，最后堆成高 1.5～2.0 米的发酵堆，宽 2.5～3.0 米，长 4.0 米以上。在发酵秸秆堆上覆盖麻袋保温、保湿，促其发酵升温。2～3 天后，即可达到 45℃以上，适宜温度为 55～60℃。如果温度过高，则要翻堆或喷水控制温度，防止温度过高。

②VT 菌剂：VT 菌剂是一种复合微生物菌剂，由乳酸菌、酵母菌、放线菌和霉菌（丝状菌）中的 10 个菌株组成，是有机物料腐熟剂的一个产品，主要用于发酵有机废物生产堆肥。

VT 菌剂的特点是降解能力强，不仅能降解有机废物中的糖类、蛋白质、脂肪，还能降解纤维素、木质素；能加快有机废物腐殖化、矿质化进程，提高速效养分含量；能抑制腐败菌的繁殖，控制土传病害。

在秸秆生物反应堆中使用 VT 菌剂时，原材料 1 000千克，VT-1 000 菌剂 1～2 升，红糖 1～2 千克，清水 300 升。先将红糖用水化开，再加入 VT-1 000 菌剂，充分搅拌，然后将该稀释液均匀泼洒在原材料上，并充分搅拌。物料水分一般控制在 50%左右。根据原料的组成确定料堆的形状和大小。例如，物料以秸秆为主时，物料应呈梯形堆积发酵，堆高 150 厘米左右，料堆底部宽 200 厘米以上，长度不限。物料堆好后，可盖上麻袋片或草帘，既保温、保湿，又遮挡阳光。当温度升到 60℃以上时，5～7 天翻堆 1 次（其他物料 2～3 天翻堆 1 次），连续翻堆 3～4 次。发酵结束时，把发酵料均匀摊开，晾 1 天后粉碎过筛。

③厘米菌剂：厘米菌剂主要由光合细菌、酵母菌、醋酸杆菌、芽孢杆菌和放线菌中的菌株组成，能分解不易被分解的木质素和纤维素，使有机物料发酵，转化为农作物容易吸收的养分。用厘米菌剂生产有机肥料时先把厘米菌剂1千克溶于30千克水中，配成稀释菌液。把秸秆等原材料用水浇湿，使其吃透水。把配好的稀释菌液均匀地喷洒在湿透的秸秆上，每铺放20～30厘米厚的湿秸秆，在其上面撒一些尿素，调整秸秆的碳氮比，利于发酵。每1 000千克干秸秆需厘米菌剂1千克，尿素5千克。连堆几层，最后堆积成垛，上面可加盖覆盖物保温保湿，促其发酵。一般在30～60天内，可把秸秆等原材料转化成有机肥料。

④腐秆灵：腐秆灵它是一种复合菌剂，既有嗜热、耐热菌种，也有适于中温的菌种，可分解纤维素、半纤维素和木质素等多种有机物，使秸秆腐烂转化成有机肥料。

制作秸秆堆肥时每1 000千克秸秆用腐秆灵300～400克。先把腐秆灵300～400克，对水35～50升配成稀释液，而后把秸秆铺放在地面上，每铺15～20厘米厚一层时，喷1次腐秆灵稀释液。依此类推，铺10层左右，再淋1次对水的腐秆灵稀释液，使秸秆湿透，上面加盖覆盖物，促其发酵分解。经过一段时间，秸秆就会转化成有机肥料。

⑤有机物料腐熟剂：商品名为生物发酵剂，是一种复合菌剂，由多种好氧微生物组成，分解腐熟能力强，能快速升温。在15℃的条件下，经48小时料堆可迅速升至60℃。随着物料温度的迅速上升，60～70℃的高温可杀死大多数病原菌、线虫、虫卵等。能稳定料温在48～55℃，使有益菌快速繁殖。该产品的显著特点是，用量少，发酵麦秸或牛粪1 500千克，仅需生物发酵剂2千克，价格相对便宜。

⑥HM腐熟剂：HM腐熟剂是一种好氧发酵菌剂。生产有机肥料时需要翻堆，堆体平均温度一般在55℃以上，发酵时间不少于10天，腐熟时间不少于30天。每10 000千克发酵料仅需HM腐熟剂100克。

⑦EM菌剂：EM是有效微生物菌群的英文缩写，由光合细菌、放线菌、酵母菌、乳酸菌等10个属80余种微生物复合而成。其特点是采用适当的菌种比例和专门的发酵工艺，把经过筛选的好氧微生物和厌氧微生物加以混合，培养出多样的微生物群落。各种微生物在其生产过程中产生的有用物质及其分泌物，成为各自或相互生长的基质和原料。通过相互的共生增殖过程，形成一个复杂而稳定的微生态系统。

6. 内置式秸秆生物反应堆的制作方法

（1）准备主料。要准备的主料为秸秆等有机物料，可就地取材，用玉米秸为主料每667平方米的温室大棚需玉米秸4 500～5 000千克。用其他原料可进行换算。

（2）准备辅料

①有机物料腐熟剂：即准备发酵菌剂，每5 000千克玉米秸用8～10千克。

②激活剂：准备麦麸80～100千克，有的还需要红糖2～3千克。

③准备饼肥：准备棉籽饼、豆饼、花生饼均可。每5 000千克玉米秸用饼肥100～200千克，或者用尿素5～10千克。加这些氮化物的目的，是为了调整玉米秸的碳氮比，促进发酵。

（3）制作时间。在秋季或初冬，秸秆生物反应堆可现用现建。在晚冬或早春季节，可提前20～25天建好，启动秸秆生物反应堆，可以提高地温，利于蔬菜幼苗定植、缓苗和生长。

（4）挖沟。顺种植行挖沟，沟宽65～80厘米，沟深20～25厘米，长度根据地形及作物垄的长短确定。

（5）激活及扩繁菌种。把有机物料腐熟剂8～10千克，与麦麸80～100千克在水泥地面或塑料布上混合、干拌掺混均匀，而后喷不含消毒剂的清洁水（有需加红糖的把它用水化开），充分搅拌，使混合物手握成团且手指缝间有水而不下滴（含水量达55%～60%），说明湿度恰到好处。处理好的有机物料腐熟剂可堆积成馒头形，上覆麻袋片，保温保湿，防阳光直射（紫外线杀菌），以备用于给沟内的玉米秸接菌。处理好的有机物料腐熟剂要当天用完，如当天用不完，可在地上摊开晾一下，防止过度发酵。有机物料腐熟剂产品较多，剂型有液剂、粉剂及颗粒，不同产品的用量及激活剂用量、用法也不完全一致。所以，要按产品说明书的要求操作。

（6）填料及接菌。先往挖好的沟内填一层玉米秸，再撒一层饼肥粉及激活扩繁的有机物料腐熟剂与麸皮等的混合物。依此类推，放2～3层，直至把沟填满。然后用铁锹轻拍均匀，使菌种落入玉米秸中下层一部分。最后覆土25～30厘米厚（略高于地面，土下沉后与地面持平）。玉米秸两端露出10厘米长不覆土，以利于通气，保障排出二氧化碳和进入空气，促进好氧发酵。

（7）浇水调湿，做畦覆膜。在沟内填料、接菌和覆土后，进行浇水。浇水使土壤含水量增加的同时，也使玉米秸湿透了，这就为秸秆发酵创造了条件。浇水后晾地7天左右，即可做畦、覆膜。

（8）扎孔通气，促进发酵。栽苗后，在两棵苗之间，用削尖的圆木棒扎孔，孔径一般在4厘米左右，要扎透玉米秸到底部。其作用是使发酵产生的二氧化碳排放出去，使含有氧气的空气进入玉米秸空隙间，保持气体交换，以持续发酵。加强通气管理，保障堆体气孔畅通，及时扎孔，保障堆体内外气体交换。浇水或其他农事操作把孔口堵住了，要及时扎开，能迅速通气，保障进行好氧发酵。

总之，秸秆生物反应堆技术是一项全新概念的农业增产、增质的有机栽培理论和技术，与传统农业技术有着本质的不同。该技术以秸秆等有机物料替代化肥，以植物疫苗替代农药，密切结合农村实际，促进资源循环增值利用和多种生产要素转化，使生态改良、环境保护与作物高产、优质、无公害生产相结合，为农业增效、农民增收、食品安全和农业可持续发展，提供了科学技术支撑，开辟了新的途径。

第十九节　沼气综合利用技术

一、沼气概述

（一）沼气的定义

沼气最初是在沼泽、湖泊中发现的，在自然界中广泛存在，本节讲的沼气是指农作物秸秆、杂草、人畜粪便、垃圾和污泥等各种有机物质在厌氧条件下，通过各类厌氧微生物的分解代谢而产生的一种可燃气体。沼气是一种优质的燃料，在农业生产和农村生活中应用十分广泛，使废弃的有机物得到充分的处理与利用，有利于农业生态和环境保护。

（二）沼气的性质

沼气是一种无色、有毒、有臭味的混合气体，可燃成分包括甲烷、一氧化碳、硫化氢和重烃等气体，不可燃成分包括二氧化碳、氮和氨等气体。沼气中甲烷占60%左右，二氧化碳占40%左右，氢气、硫化氢、一氧化碳、氮气和氨等气体占少量。

二、沼气产生的原理

沼气细菌将有机物分解产生沼气的过程，称为沼气发酵。有机物质产生沼气是一个复杂的多种微生物参与的发酵过程。

（一）沼气微生物种类

沼气发酵微生物包括发酵性细菌、产氢产乙酸菌、耗氢产乙酸菌、食氢产甲烷菌、食乙酸产甲烷菌五大类群。复杂有机物的降解，就是由这些微生物分工合作和相互作用而完成的。发酵性细菌、产氢产乙酸菌、耗氢产乙酸菌这三大类群细菌可使有机物形成各种有机酸，称为不产甲烷菌，不产甲烷菌的作用是将复杂的有机物分解成简单的有机物。食氢产甲烷菌、食乙酸产甲烷菌这两大类群细菌可使各种有机酸转化成甲烷，称为产甲烷菌，产甲烷菌的作用是把简单的有机物及二氧化碳氧化或还原成甲烷。

(二) 发酵微生物的特点

1. 种类多，分布广

沼气微生物在自然界中分布广，特别是在沼泽、粪池、污水池、阴沟污泥中存在各种各样的沼气发酵微生物。

2. 适应强，易培养

沼气微生物适应性较强，并且容易培养，例如 10～60℃ 范围内，沼气池微生物都可以利用复杂的有机物进行沼气发酵。

3. 代谢强，繁殖快

在适宜条件下，微生物的繁殖速度很高，例如产酸菌在 20 分钟或更短的时间内就可以繁殖一代。

(三) 沼气微生物的代谢过程

1. 适应期

菌种刚接入新的培养液中，微生物并不马上进行繁殖，微生物的各种生理机能需要有一个适应过程，适应期的长短与微生物的种类、性质及环境变化条件有关。

2. 对数生长期

接种菌经过一段适应后，逐步以对数速度进行繁殖，此时微生物所需的营养物质如果能够及时得到供应和保障，这种增长速度就可以一直保持下去。

3. 平衡期

微生物经过一定时期高速繁殖后，由于养料的消耗和代谢产物的积累，环境条件的变化，微生物繁殖速度减慢，少数开始死亡，在一定时期内繁殖与死亡达到相对平衡。

4. 衰亡期

这一时期由于培养基中营养物质的显著减少，环境条件已经不适宜微生物的生长繁殖，死亡速度加快，活菌总数明显下降。

(四) 沼气产生的机理

沼气发酵又称为厌氧消化。厌氧发酵是将人畜禽粪便、秸秆、杂草等有机物，在一定的水分、温度和厌氧环境条件下，通过各类微生物的分解代谢，最终生成甲烷和二氧化碳等混合性气体的生物化学过程，大致分三个阶段进行。

1. 水解阶段

不可溶解的复杂有机物如粪便、秸秆、杂草等，通过一些微生物的作用进行腐烂，分解为结构比较简单的可溶于水的有机物。在沼气发酵过程中，发酵微生物利用纤维酶、淀粉酶、蛋白酶和脂肪酶等各种酶，将有机物进行分解成能溶于水的单糖、氨基酸和脂肪酸等小分子有机物。

2. 产酸阶段

低分子有机物进一步通过产氢产乙酸菌，把发酵性细菌产生的丙酸、丁酸转化为产甲烷菌可利用的乙酸、氢和二氧化碳。

3. 产甲烷阶段

由产甲烷细菌把乙酸、丙酸和醇类等小分子化合物进一步分解产生甲烷。

三、沼气发酵条件

（一）发酵原料

沼气发酵原料是沼气微生物赖以生存的物质基础，也是沼气微生物进行发酵产生沼气的原料。通常我们按营养成分将发酵原料分为富氮原料和富碳原料两类。富氮原料主要是指富含氮元素的原料，如人、畜和家禽的粪便，这类原料氮素含量较高，其碳氮比一般都小于25：1，不必进行预处理，就容易厌氧分解，发酵期较短。富碳原料主要是指各类农作物的秸秆，富含纤维素、半纤维素、果胶以及难降解的木质素，其碳元素含量较高，原料的碳氮比一般都在30：1以上，比重小，易飘浮形成壳层。富碳原料产气周期长，分解速度较慢，发酵前需要预处理。

氮素是构成沼气微生物细胞质的重要元素，碳素不仅构成微生物细胞质，而且提供生命活动的能量，沼气发酵细菌消耗碳的速度比消耗氮的速度要快25倍，因此，在其他条件都具备的情况下，适宜的碳氮比例为25：1。

（二）接种菌物

沼气发酵首先要接入含有大量含有产甲烷菌群的接种物，沼气池启动时，一般要加入10%～30%的接种物。

（三）发酵温度

温度的高低直接影响到沼气发酵微生物的活性，温度适宜，则细菌繁殖旺盛，产生甲烷的速度就快，反之，则产生甲烷的速度下降。研究表明，在10～

60℃的范围内，沼气均能正常发酵产气，在这一温度范围内，一般温度愈高，微生物活动愈旺盛，产气量愈高。一般农村沼气发酵的适宜温度为15～25℃，发酵温度随气温和季节而变化，在冬季最冷的1月份，发酵液温度也最低，产沼气少，应当采取越冬措施，7月份气温最高时发酵液温度也最高，约为25℃左右，产气量高。

（四）厌氧环境

沼气发酵微生物中的产甲烷菌是一种厌氧性细菌，在生长、发育、繁殖、代谢等生命活动中都不需要氧气，即使是微量的氧也会使其生命活动受到抑制。因此沼气池要密闭，这不仅是收集沼气的需要，也是保证沼气微生物生长发育的需要。

（五）发酵浓度

发酵原料适宜的干物质浓度为6%～10%，即发酵原料含水90%～94%。发酵浓度夏季一般为6%左右，冬季一般为10%。浓度过高，则含水量过少，发酵原料不易分解，不利于沼气菌的生长繁殖，影响正常产气；浓度过低，则含水量过多，单位容积里的有机物含量相对减少，产气量也会减少。

（六）沼液pH值

在发酵过程中，应保持中性的酸碱度，实践表明，酸碱度在pH值6～8之间均可产沼气，以pH值6.5～7.5产气量最高，pH值低于6.5或高于8时均不产气。在正常的发酵过程中，沼气池内的酸碱度变化可以自然进行调节，一般不需要进行人为调节，如果配料和管理不当，出现发酵料液偏酸时，可以添加适量的草木灰或石灰澄清液，中和有机酸，或者加入等量的接种物使酸碱度恢复到正常。

此外，发酵原料需要适宜的搅拌，在不搅拌的情况下，发酵料液从上到下将明显地分成结壳层、清液层、活性层和沉渣层，导致原料和微生物分布不均，同时形成的密实结壳不利于沼气的释放。搅拌目的是使发酵原料分布均匀，增强微生物与原料的接触，从而提高产气量。搅拌的方式有机械搅拌、液搅拌、气搅拌等，目前广泛使用的是强回流式的液搅拌，是在沼气池安装强回流装置，从出料口抽取料液再将其倾入沼气池进料口，产生较强的回流，以达到搅拌的目的。

四、沼气池的种类和结构

（一）沼气池的种类

按照贮气方式分为水压式沼气池、气袋式沼气池、分离浮罩式沼气池。在实际应用中，考虑到方便管理，水压式沼气池更为适宜。

按照埋设位置划分为地上式、地下式、半地下式。一般农户均采用地下式，可与厕所和圈舍结合，使人畜粪便自动流入沼气池内。

按照结构的几何形状分为圆柱形、扁球形、球形、椭球形、拱形、长方形、坛形、方形等，其中圆柱形沼气池最为普遍，其次是球形和扁球形。

按照材料划分为砖石材料、混凝土材料、钢筋混凝土材料、新型材料、金属材料等。在建池选材时，应因地制宜，有利于降低造价。

按照发酵工艺划分为高温发酵（50～55℃）、中温发酵（35～40℃）、常温发酵（15～25℃）、连续发酵、半连续发酵、两步发酵、单级发酵等。

埋设地下的圆柱形水压式常温发酵沼气池，应作为农村推广的主要池型，国家标准局已颁布了相关标准。圆柱形水压式沼气池结构合理，施工简单，成本较低，坚固耐用，管理方便，而且有利于冬季保温，人畜粪便可随时流入沼气池，有利于沼气池连续进料产气，也有利于改善农村环境卫生。

（二）水压式沼气池的结构和原理

水压式沼气池一般由进料口、进料管、发酵间、贮气间、出料管、水压间（出料间）、活动盖、导气管等组成，其发酵工艺为自然温度条件下的单级半连续或连续发酵。

进料口是进料的部位，应与厕所、圈舍相结合，进料口一般要低于圈舍较高一端20厘米，低于厕所便池口30厘米以上。进料管是由进料口向池内进料的管路，一般采取直管斜插式，在沼气池拱脚以下斜插入池内。进料管与池墙的夹角为40°左右，进料管下口的上沿应低于池墙上沿25厘米。发酵和贮气间是沼气池的主要部分，发酵间是发酵原料产生沼气的部分，发酵料液面以上空间是贮存沼气的部分。出料管是连接水压间与发酵间的管路。出料管与进料管成180°，下口斜插入沼气池墙的中部，便于手动出料器从出料管插入池底中心部位提取沼肥。水压间（出料间）是维持设定的沼气正常工作气压而设置的，其容积大小、高度由贮气量和最大工作气压来决定。活动盖在沼气池拱顶的中心，呈圆形，在进行沼气池内维修和清除沼渣时，打开活动盖以排除池内有害气体，也便于沼气池大换料，一般情况下，活动盖平时不需打开，可采用水泥砂浆密封，防止活动盖松动漏气。导气管固定在活动盖上，下端与贮气间相通，上端接输气管路。

水压式沼气池发酵原料产生沼气，沼气上升到贮气间，产生气压，随着产气的加大，沼液便在沼气压力的作用下进入水压间，水压间液面和池内液面形成压力差，当水压间内的液面上升至溢流孔时，沼液被排出池外。当用户使用沼气时，沼气便通过输气管路进入灯、炉具进行燃烧，池内气压随之下降，水压间内的沼液便回流到沼气池内，以维持内外压力的平衡，由于不断地产气和用气，池内发酵间和水压间的液面不断地升降，维持压力平衡状态。

五、沼气池的启动

（一）发酵原料准备

新建沼气池启动时使用的原料以新鲜、纯净的牛粪为佳，在缺少牛粪的条件下可以使用一半牛马粪加一半猪粪，谨慎使用全猪粪启动，忌用鸡粪和人粪启动。对于新沼气池适宜采用全牛粪方式启动，这是因为沼气池启动时，要求原料的碳氮比在20：1～30：1之间，新鲜的牛粪碳氮比在25：1，牛粪中一般不含有抗生素，不用消毒，容易启动发酵，而且不易出现酸化现象，一般10立方米沼气池需牛粪3立方米。

（二）发酵原料堆沤

原料堆沤过程中，发酵细菌大量生长繁殖，起到富集菌种的作用；堆沤腐熟的物料进入沼气池后可减缓酸化作用，有利于酸化和甲烷化的平衡；秸秆原料经堆沤后，纤维素松散，扩大了纤维素分解菌与纤维素的接触面，加速了纤维素的分解速度，有利于沼气发酵过程的进行；堆沤腐烂的纤维素原料含水量较大，入池后很快沉底，不易浮面结壳；秸秆类原料堆沤后体积缩小，便于装池。

在气温较高的地区或季节，可在地面进行堆沤；在气温较低的地区或季节，可采用半坑式的堆沤方法；而在严寒地区或寒冬季节，可采用坑式堆沤方式。气温较高的季节堆沤2～3天；气候较低季节，一般堆沤5～7天。

（三）接种物制备

接种物是指富含沼气微生物的物质。在沼气发酵池启动运行时，加入足够的所需微生物特别是产甲烷微生物作为接种物极为重要的。在建有沼气池的地区，来源较广的接种物是沼气池的沼液、沼渣，也可以用农村圈底或阴沟污泥加入畜粪便混合堆沤7天后获得，还可以用人畜粪便直接密闭堆沤10天后获得。使用新鲜的牛粪作为沼气池启动原料时，因为牛粪中本身就含甲烷菌等沼气菌群，最简便的方法就是将所有原料直接堆沤，富集菌种。另外，城市下水道、池塘底的污泥、粪坑底部沉渣、屠宰场污泥、食品加工厂污泥都含有大量沼气微生物，因而是良好的接种物。

沼气池接种物一般加入总料液的10%～30%。采用秸秆作为发酵原料时，接种量一般应大于秸秆重量，采用老沼池发酵液作为接种物时，接种量应占总发酵料液的30%以上，采用下水道污泥作为接种物时，接种量一般为发酵料液的10% ~15%，采用底层污泥作接种物时，接种量应占总发酵料液的10%以上。制备500千克发酵接种物，一般添加200千克的沼气发酵液和300千克的人畜粪便混合，堆沤在不渗水的坑里并用塑料薄膜密闭封口，一周后即可作为接种物。如果没有沼气发酵液，可以用农村较为肥沃的阴沟污泥250千克，添加250千克人畜粪便混合堆沤1周左右即可，也可直接用人畜粪便500千克进行密闭堆沤，10天后便可作为沼气发酵接种物。

(四) 沼气发酵原料的配比

为达到多产优质沼气的目的，就必须投入产甲烷数量多的发酵原料。作物秸秆含纤维素多，分解速度慢，产气速度慢，但产气时间长，人的粪便等原料，分解速度快，产气速度快，但持续时间短，因此，应做到合理搭配进料，使产气均衡和持久。

1. 发酵原料碳氮比

实践证明，原料的碳氮比高于30：1以上，发酵就不易启动。我国农村发酵原料一般是以农作物秸秆和人畜粪便为主，原料的碳氮比以20：1 ~30：1搭配较为适宜。碳氮比较高的发酵原料如农作物秸秆，特别是在第一次投料时，需要同含氮量较高的原料如人畜粪便配合，以降低原料的碳氮比，可以加快启动速度，如果人畜粪便的数量不够，可添加适量的碳酸氢铵、尿素等氮肥，来补充氮素。

2. 发酵料液浓度

发酵料液浓度是指原料的总固体（或干物质）重量占发酵料液重量的百分比。确定一个地区适宜的发酵料液浓度，要在保证正常沼气发酵的前提下，根据当地不同季节的气温、原料的数量和种类来决定。国内外研究资料表明，能够进行沼气发酵的发酵料液浓度范围是1% ~30%，甚至更高的浓度都可以生产沼气。在我国农村，沼气发酵通常采用6% ~10%的发酵料液浓度是较适宜的。在这个范围内，夏季由于气温高，原料分解快，发酵料液浓度一般以6%左右为好；在冬季，由于原料分解较慢，通常以10%为佳。不同地区所采用适宜料液浓度也有差异，一般来说，北方地区适当高些，南方地区可以低些。

3. 发酵原料粪草比

我国农村现在普遍采用秸秆和粪混合的发酵原料，粪草比是指投入的发酵原料中，粪草的重量与秸秆类重量之比。试验表明，采用半连续发酵或批量发酵工艺，在沼气池第一次投料启动时，粪草比一般应达到2：1以上，如果粪草比小于1，可添加适量的氮素化肥。

（五）发酵原料投料封池

沼气池启动时，先要向沼气池内加入一定量的水，约占池体容积的60%，启动的水温在20～50℃为宜，夏天水温应控制在20℃以上，秋冬启动时，水温应加热到35℃以上。经检查沼气池的密封性能符合要求即可投料。投料时，先应根据发酵料液浓度计算出水量，向池内注入定量的清水，将准备的原料先倒一半，搅拌均匀，再倒一半接种物与原料混合均匀，没有浮渣，将沼气池密封。向沼气池内补水，料液体积应达到池容的85%左右，补水后液面要超过进出料管靠上的一个管口20厘米。投料后要对沼气池进行封盖，要用黏上封严，不漏水，不漏气，清理池盖边封泥，使封泥略低于池盖，向池盖边撒干水泥面，待水泥干后在贮水圈内加水养护。用水泥密封效果较好，同时水泥薄层下的胶泥较软，以后大换料时起盖容易，且不易损坏池盖。

（六）沼气池排气试火

沼气池发酵启动初期，所产生的气体主要是二氧化碳，同时池内还有大量的空气，而气体中的甲烷含量很低，通常不能燃烧。所以，当沼气池压力表上的压力高于3千帕时，即可以放气试火。放气1～2次后，所产气体中甲烷含量逐渐增加，所产生的沼气即可点燃使用。当沼气可点燃使用后，池中所产生的沼气量基本稳定，酸碱度也较适宜，这时沼气池的发酵启动结束，进入正常阶段。

六、沼气池的日常运行管理

（一）搅拌原料

经常搅拌原料，促进发酵，还可以阻止沼气池内浮渣层形成结壳，避免造成气量降低。沼气池采用的搅拌装置有机械搅拌、沼气回流搅拌、液体回流搅拌等几种形式，沼气池通常采用液体强回流搅拌式。如果没有搅拌装置，可从进出口利用抽渣活塞或木棒搅动料液，或者从出料间掏出数桶发酵液，再从进料口将发酵液冲到池内，形成料液回流搅拌。

（二）补充原料

采用连续进料的，在沼气池投料启动并经过一段时间的正常运行后，每天或随时定量添加新的发酵原料，排除旧的发酵料液；采用半连续进料的，在沼气池启动前一次投入较多的发酵原料，当产气量将要下降时开始定期添加原料并排除旧料；采用批量进料的，在启动前一次投料，在运行阶段基本上不进料也不出料，一年大换料一二次。沼气池进出料时，要保证进多少出多少，出料时必须保证液面高度，防止沼气从进、出料口泄露。

（三）调节水量

沼气池内水分过多，发酵液中干物质含量少，单位体积的产气量就少；若含水量过少，发酵液太浓，容易积累大量有机酸，发酵原料的上层就容易结成硬壳，使沼气发酵受阻。

（四）调节发酵液 pH 值

如果沼气池产气量减少，水压间液面有白膜，可以测试料液的酸碱度，pH 值小于 6.5 或大于 8 都对沼气细菌活动不利，造成产气下降。为加速产气可加人适量的草木灰；将人畜粪尿拌入草木灰，一同加到沼气池内；取出部分发酵原料，补充相等数量或稍多一些的含氮发酵原料和水；加入适量的 2% 石灰水的澄清液，同时与发酵液混合均匀。

（五）调整压力

沼气池需要经常进出料，因而气室容积可能会变化。当气室容积变得很小时，压力表压力上升很快，有时表压力达到 10 千帕以上，容易损坏压力表或造成沼气池鼓盖，这时应当适当抽出部分料液，使气室加大，池内压力就会降下来。当气室过大，池内液面过低时，压力表指示压力总是升不起来，容易造成沼气外溢，这时应当在压力表没有压力时补水至液面达到水压间底面。

（六）检查管路

经常检查输气系统的连接件接口和管路，避免沼气用具密封、损坏、老化、堵塞，经常清理沼气灯、沼气灶杂物，保证燃烧用具清洁。

（七）合理使用添加剂

可以作为沼元添加剂的物质有纤维素酶、尿素、稀土元素、活性炭粉和硫酸锌等，作用是促进有机物分解并提高沼气产量。沼气发酵的抑制剂能够对沼气发酵微生物的生命活动产生强烈的抑制作用，为保证沼气发酵不至遭到破坏，禁止加入超过允许浓度的各种发酵抑制物，特别是要严格禁止剧毒农药和各种强杀菌剂进入沼气池。

七、沼气池的日常维护

一般沼气池设计压力是 8 千帕，超过 12 千帕，甚至达到 15 千帕的高压持续的时间如果太长，会破坏沼气池的结构。平常填料、加水不能过猛、过多，气压表读数变化控制在适宜的范围内，否则，易出现沼气池密封层损坏的现象。出料忌过多、过快。从出料间抽取沼渣、沼液若过多、过快，易出现池内负压现象，具有很强的破坏性。即使沼气池未出现问题，也要每隔 2 ~ 3 年对正常使用的沼气池进行一次常规密封处理，若发现池内壁损坏较重，则采取相应措施予以修整密封。由于池底沉渣层积累较厚，此时，已变成无效容积，需要进行一次大换料，将池内料液彻底清除干净。

正常使用的沼气池，不明原因地出现了严重的漏水、漏气现象，现场又查不出原因或不能排除，需要对沼气池进行大出料检查。按常规操作，出完池内全部料液后，用水冲洗干净池墙，入池观察，找出漏水漏气部位，根据实际情况采取修整措施。

八、沼气池的越冬管理

（一）秋末冬前的管理

1. 粉刷池墙

一般沼气池使用一年后，池子常常出现进、出料口损坏、拱顶、池墙渗漏、管路堵塞等问题，所以需要及时做好换料和粉刷工作。出料后用清水冲洗池墙的残留物，再用水泥粉刷 1 ~ 2 次，以提高池子密闭性能，同时要保留1/3的陈渣作接种物，然后再投入新料。

2. 备足新料

入冬前后，完全用富氮的鲜猪粪、鲜牛粪或鲜羊粪作发酵原料，而不用贫氮的干麦草、玉米秸秆等做发酵原料，这样做可以加快甲烷菌的繁殖，多产沼气。一般 8 ~ 10 立方米沼气池，需要粉碎秸秆 500 千克，秸秆用沼液浇泼后拌匀，在池外用塑料布覆盖密封堆沤 5 天，再将堆料投入池内，加足 10% 的人畜粪水。

3. 加大浓度

秋末选择晴天进行出料和进料，进料后还要注意调节好酸碱度，一般为中性偏碱，pH 值在 7.0 ~ 8.5。当 pH 值小于 7 时，用 1% 的石灰水调节 pH 值为 7 ~ 7.5 之间，以适应发酵细菌的要求。浓度低时，还要及时补料，使浓度提高到 15% 左右，达到多产气的目的。

4. 科学选择添加剂

冬季要稳定产气，必须科学使用各种沼气添加剂，为发酵细菌提供生长繁殖所需的各种微量元素，可作添加剂的有煤粉、蚕砂、豉皮、磷肥等。

5. 认真检修管路

入冬前要检查管路是否存有积水，尽可能将管路埋地下或用布条、塑料膜等包裹管路，防止冻裂。

（二）沼气池的冬季管理

1. 充分搅拌

每隔3天，用抽渣器抽提20次左右或从水压间提出十几桶倒入进料口，促进微生物新陈代谢。也用木棍，经常在进、出料口上下捣动发酵液，破除池内料液结壳层，以保证沼气池正常产气。

2. 池体管理

冬季要在池子周围建挡风墙或在池顶上堆放干草，进、出料口要加盖塑料薄膜，防寒流侵袭。在沼气池周围整理好排水系统，或用砖砌造排水沟，以防冬季积水、结冰，冻坏池体。输气管路可用旧塑料、布条包扎，埋入地下20～40厘米，以防机动车行驶压坏。

3. 科学保温

在沼气池表面覆盖稻草、柴草、秸秆、堆肥或加厚土层等保温材料，防止冷空气进入而降低池内温度。在沼气池周围挖好环形沟，沟内堆放粪草，利用发酵酿热保温。用塑料薄膜覆盖整个沼气池的顶部，并且将塑料薄膜向周围外延2～3米，将进料口、水压间和周围地面全部覆盖，产生一个“温室效应”。

九、农作物秸秆发酵产沼气工艺流程

（一）预处理

农作物秸秆通常是由木质素、纤维素、半纤维素等化合物组成的，秸秆产气特点是分解速度较慢，产气周期较长，需进行预处理。先将秸秆粉碎成3厘米大小，每立方米沼气池需秸秆50千克以上，每100千克秸秆加100千克水混合均匀，润湿24小时。使秸秆与水混合均匀，使秸秆含水率达到65%。

（二）堆沤

把秸秆踩紧，堆成30厘米厚左右，每100千克秸秆，用2千克石灰澄清液、10千克粪水或把秸秆发酵剂均匀地掺入秸秆中，把碳酸氢铵用水稀释均匀，泼到秸秆发酵原料上。照此方法铺3～4层，堆好后用塑料薄膜覆盖，在堆垛的周围及顶部每隔30～50厘米打一个孔，以利通气，堆垛的四周及顶部用薄膜或秸秆盖上，底部留缝隙通气。待堆垛内温度达到50℃以上后，维持3天，有一层白色菌丝时，便可作发酵原料。

（三）投料

发酵好的原料入池前首先装在网眼袋中，每袋装料20～25千克，然后将碳酸氢铵溶于水，与接种物和堆沤好的秸秆一起混合均匀加入沼气池内，然后盖住活动盖和进出料口，最后补水至正常水位。池内堆沤发酵，夏天2～5天，冬天5～7天。堆沤期间每天观察池内的料温，当料温升高到40～50℃时，再维持1～3天即可倒入晒好的水，补水至要求的正常水位。发酵的适宜温度为15～25℃，因而宜在3月份准备原料，4月份投料，有利于沼气发酵的完全进行。

（四）封池

原料和接种物入池后，要及时加水，要控制好发酵料液的浓度，夏季发酵料液浓度以6%左右为好；冬季发酵料液浓度以10%为宜，料液量占沼气池总容量的80%～85%，然后将盖密封。

（五）试火

沼气压表压力达到3千帕以上时，排放1～2天废气后进行放气试火，沼气可正常燃烧启动阶段完成。

利用农作物秸秆作沼气发酵原料，最好秋季换料。这样沼肥可以在秋种中得到当季使用；可以充分利用玉米收获的还田秸秆，原料充足，不用粉碎；秋季气温高，鲜秸秆易腐烂，可以不用或少用秸秆发酵菌剂，并在田间堆沤；减少秸秆焚烧。

十、沼气的综合利用

（一）沼气的应用

沼气作气体燃料，不仅可以进行照明、取暖、烧水、做饭，沼气燃烧后产生的二氧化碳更是一种廉价的二氧化碳气肥，是日光温室生产中一项重要的技术措施。日光温室内的蔬菜的生长发育，每天都需要一定的二氧化碳，才能满足其光合作用的需要，作物生长发育最适宜的二氧化碳浓度是0.1%，充足的二氧化碳浓度能显著地提高作物的光合作用效率，提高早期产量30%～60%，提高总产量30%。在冬春低温通风较少的日光温室生产中，早晨阳光出来1小时左右，室内的二氧化碳大部分被作物光合作用利用，二氧化碳的浓度大大下降，甚至出现二氧化碳饥饿现象，严重地影响作物的产量和品质，所以在国内外的日光温室生产中，增施二氧化碳气肥是一项优质高产的关键技术措施。选用沼气大棚增补气肥时，在春、夏两季的每天早晨6点钟点燃沼气灯，到8点停止，然后关闭大棚1.5～2小时，待棚温升至30℃时即开棚放风。

（二）沼液的利用

沼液是一种很好的有机肥料，在这个过程中沼液保留了农作物生长所需的氮、磷、钾，而且含有丰富的氨基酸、维生素和植物激素酶、微量元素等生命活性物质，是一种优质高效的有机肥料和养料。

1. 沼液浸种

经过沼气池厌氧发酵处理的沼液，病菌和虫卵全被杀灭，无毒无害；沼液中的多种微生物及其分泌的活性物质，对种子表面的有害病菌具有一定的抑制和杀灭作用。一般情况下，沼液浸种比清水浸种发芽率提高10%，成秧率提高15%。沼液浸种时间不宜超过规定时间，如果时间过长，影响发芽率。种子浸种后，要用清水清洗净，晾干种子表面水分，然后才能催芽或播种。

2. 沼液叶面肥

沼液经过充分发酵，其中富含多种作物所需的营养物质，因而极宜作根外施肥，其效果比化肥好，特别是当蔬菜作物进入花期、果实膨大期，喷施效果明显。沼液既可单施，也可与化肥、农药、生长剂等混合施。叶面喷施沼液，可调节作物生长代谢，补充营养，促进生长平衡，增强光合作用能力。

3. 沼液制作营养钵

沼肥在厌氧发酵过程中，能够及时降解形成速效性养分和腐殖酸类等，减少氮、磷、钾的损失。腐殖酸能够促进微生物和酶系的活性，利于土壤团粒结构的形成，改善土壤水、肥、气、热状况。用沼液做成的钵体养分全，可减少病害发生，促苗早发。

4. 沼液防治病虫害

沼液中含有多种生物活性物质，如氨基酸、微量元素、植物生长激素、B族维生素、某些抗生素等。其中有机酸中的丁酸和植物激素中的赤霉素、吲哚乙酸以及维生素 B_1，对病菌有明显的抑制作用。实践证明，沼液防治病虫害，无污染、无残毒、无抗药性，而被称为“生物农药”。

（三）沼渣的利用

沼渣除了含有丰富的氮、磷、钾和大量的元素外，还含有对作物生长起重要作用的硼、铜、铁、锰、锌等微量元素，是一种非常好的有机肥。据测定，发酵30天的沼肥同未发酵的相比较，全氮提高14%，铵态氮提高19.3%，有效磷增加31.8%。沼渣中氮、磷、钾齐全，尤其是腐殖酸含量很高，可达到10%~24%。施用沼渣有利于土壤微生物活动，能吸附保存氨和多种矿物质，改良土壤物理与化学性状，增加土壤保水保肥能力，有利于增强作物抗冻、抗旱能力，减少病虫害发生。

1. 沼渣作基肥

用作基肥时，视蔬菜品种不同，每667平方米用1 500~3 000千克在翻耕时撒入，也可在移栽前采用条施或穴施。作追肥时，每亩用量为1 500~3 000千克，施肥时先在蔬菜旁边开沟或挖穴，施肥后立即覆土。

2. 沼渣作追肥

用作追肥时，在蔬菜生长期间，可随时淋施或叶面喷施。淋施每667平方米1 500～3 000千克，施肥宜在清晨或傍晚进行，阳光强烈和炎夏中午不宜施肥，以免肥分散失和灼伤蔬菜叶面及根系。

3. 沼渣作沤肥

沼渣、沼液中钾素养分含量较高，长期使用，有利于农田钾素的回收。可将沼渣、沼液混合搅拌后，与作物秸秆、树叶、杂草等混合在一起，进行堆肥或沤肥。堆肥或沤肥前，先将作物秸秆铡成6～10厘米长，沼渣与秸秆比为1∶2～1∶3。堆沤肥料作基肥施用，每667平方米施用量为2 500千克左右。若单独施用沼液，用沼液与秸秆按1∶1～1∶2比例混合堆沤作基肥、追肥，一般可增产10%～15%。若将沼渣与化肥配合施用，能够互相取长补短，效果较好。具体方法是将沼气池底部沼渣取出，按10∶1～20∶1的比例加入磷矿粉并混合均匀。将这种混合物与有机垃圾或泥土一起堆沤。堆沤1个月左右就制成了沼腐磷肥，这种肥料对缺磷土壤有显著增产作用。

（四）沼气生态农业

沼气生态农业技术是依据生态学原理，以沼气建设为纽带，将畜牧业、种植业等科学合理地结合在一起，通过优化整体农业资源，使农业生态系统内能量多级利用，物质良性循环，达到高产、优质、高效、低耗的目的，是一项可持续农业技术。

北方“四位一体”沼气生态农业模式与设施农业工程建设有机结合起来，可形成农户生活、沼气发酵、生态农业的良性循环发展链条。四位一体模式是以200平方米的日光温室为基本生产单元，在温室内部西侧或东侧建一座20平方米左右的太阳能畜禽舍和一个2平方米的厕所，畜禽舍下面为一个池容10立方米的沼气池。利用塑料薄膜的透光和阻散性能及复合保温墙体结构，将日光能转化为热能，阻止热量及水分的散发，达到增温、保温的目的，使冬季日光温室温度保持10℃以上，从而解决了反季节果蔬生产、畜禽和沼气池安全越冬问题。温室内饲养的畜禽及点燃的沼气灯可以为日光温室增温，并为农作物提供充足的二氧化碳气肥，农作物光合作用又能增加畜禽舍内的氧气含量；沼气池发酵产生的沼液和沼渣直接施用到温室果菜，有效提高了果菜品质及产量，降低了生产成本，从而达到改善环境、利用能源、促进生产、提高效益的目的。“四位一体”沼气生态农业技术具有显著的经济、生态和社会效益，是生态农业建设的重要技术模式之一。

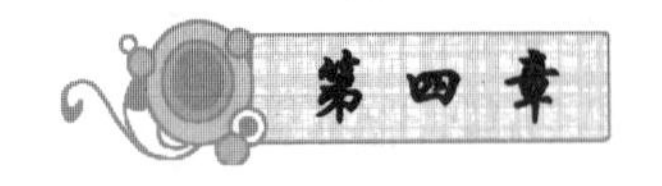

甘蓝类

第一节　羽衣甘蓝

羽衣甘蓝又名观叶甘蓝、绿叶甘蓝等，为十字花科芸薹属甘蓝种的变种。羽衣甘蓝原产于欧洲地中海沿岸，二年生草本植物。羽衣甘蓝的维生素和矿物质含量丰富，每100克产品中含蛋白质3.9～6克、总糖7.2～9克、脂肪0.6～0.8克、维生素A 3 300～10 000国际单位、维生素$B_1$0.16毫克、维生素$B_2$0.26～0.32毫克、维生素C 125.5～186毫克、钙225～249毫克、磷67～93毫克、铁2.7毫克。羽衣甘蓝抗逆力强，容易栽培，可以周年生产。

一、植物学特征

羽衣甘蓝是最接近野生种的一种甘蓝，其根系发达。植株有高种和矮种两种。高种多作饲料栽培，矮种常为菜用栽培。叶片柔软呈椭圆形，其又可分为皱缩叶与平滑叶两类，叶色深绿，羽状分裂，叶背有蜡粉。花淡黄色，长角果，种子小而圆，黑褐色，千粒重4克左右。

二、对环境的要求

羽衣甘蓝喜温和的气候条件，耐寒性强，可忍耐－4～－6℃低温，但也耐热，高温下生长不良。羽衣甘蓝较耐阴，但在充足的光照下叶片生长快且品质好。喜湿润，当土壤相对湿度为75%～80%，空气相对湿度在80%～90%之间最适宜生长。对土壤的适应性较广，宜在富含有机质的酸碱度中性或微酸性的土壤中种植。羽衣甘蓝需肥量较多，应供应充足的氮肥，并配合磷、钾肥和锌、铜、硼、锰等微量元素。

三、类型与品种

羽衣甘蓝有两种类型：第一种是花羽衣甘蓝，用做观赏，具有不同鲜艳色彩心叶，嫩叶也可食用。第二种是矮生皱叶型，茎较粗壮，叶片绿色、较厚，为长椭圆形，叶呈羽状分裂，叶面皱褶。

1. 沃斯特

从美国引进，抗逆性强，生长旺盛，叶深绿色，无蜡粉，嫩叶边缘卷曲成皱褶，绿色。耐贮存、耐寒、耐热和耐肥，抽薹晚，品质差。

2. 阿培达

从荷兰引进，叶蓝绿色，卷曲度大，外观丰满整齐，品质细嫩，风味好，抗逆性强，可春、秋露地栽培，也可用于冬季保护地栽培。

3. 科伦内

从荷兰引进。科伦内羽衣甘蓝耐寒力强，耐热，耐肥水。优质、高产。

4. 穆斯博

从荷兰引进。叶片羽状细裂，卷曲度大，外观美，绿色。穆斯博耐寒与耐热性均较强，适于秋冬季栽培。

5. 温特博

从荷兰引进。叶缘卷曲皱褶，耐霜冻能力非常强。北京地区冬季可以在不加温温室和改良阳畦等设施里栽培。

四、栽培方式

（1）春季露地栽培。北京地区 2 月上旬育苗，3 月中旬定植，5 月上旬开始收获，可连续收获至 7 月上旬，收获期 2 个月。

（2）夏季冷凉地区栽培。北方夏季凉爽地区 3 月份播种，4 月份定植，可自 5 月份连续收获至 10 月上冻为止。

（3）秋季露地栽培。6 月份育苗，7 月定植，9 月至 10 月底收获，收获期约 2 个月。

五、栽培技术

1. 育苗

多选用育苗移栽的方式。每 667 平米苗床施用优质腐熟有机肥 1 000千克，与床土掺匀，深翻细整平后播种。有条播和撒播两种方式，条播时按 6 ~ 10 厘米距离开沟，每隔 1. 5 厘米撒 1 粒种子，覆土后浇水。撒播时要求浇透水后再播种，播后覆盖过筛的细土 1 厘米厚。播种后应保持室温 23 ~ 25℃，地温 20℃左右，出苗后温度应降低，室温白天在 20 ~ 23℃，夜间温度 10℃左右。在真叶 2 ~ 3 片时分苗 1 次，间距 6 厘米 ×10 厘米，苗龄 30 ~ 40 天即可定植。

2. 定植

羽衣甘蓝对营养需求量大。施足基肥是高产的关键，每 667 平米施用腐熟优质有机肥3 000千克，与土壤掺匀，耕深20～25厘米，整平后做成长6～8米、宽1.2米的平畦；在土壤黏重地区应做成高畦，每畦定植2行，平均行距60厘米，株距30厘米。

3. 田间管理

缓苗后中耕1～2次，以利于提高地温，促进根系生长。前期尽量少浇水，土壤见干见湿，当植株长到10片叶左右时浇水次数应增多，小水勤浇，保持土壤湿润。在采收期间每隔15天追肥1次，每667平方米穴施复合肥15千克，可结合浇水进行。另外每隔10天喷叶面肥1次，叶面喷肥用0.2%的磷酸二氢钾+0.2%的尿素混合喷施。当叶长至10片左右时便可采收，每7天左右采收一次。

4. 病虫害防治

（1）霜霉病防治。与非十字花科蔬菜轮作；发病初期及时进行防治，可选用70%普力克水剂600～800倍液或70%安克锰锌可湿性粉剂800倍液喷雾防治。

（2）甘蓝夜蛾防治。对菜田进行秋耕或冬耕，可消灭部分虫蛹。可选用青虫菌粉剂500～1 500倍液喷雾防治。

第二节　抱子甘蓝

抱子甘蓝又名芽甘蓝，为十字花科芸薹属甘蓝种的一个变种，原产地中海沿岸，二年生草本植物。抱子甘蓝的茎部叶腋可以产生小叶球顾称为抱子甘蓝。抱子甘蓝的芽球营养价值高，每100克含蛋白质4.9克，脂肪0.4克，糖类8.3克，维生素A 883国际单位，维生素$B_1$0.14毫克，维生素$B_2$0.16毫克，维生素C 100～150毫克，钙42毫克，磷80毫克，铁1.5毫克。

一、植物学特征

抱子甘蓝茎直立，茎的顶端顶芽开展不形成叶球，每一叶腋的腋芽膨大发育成小芽球，小芽球直径2～5厘米，外形小巧，每株产生小芽球数一般40个。叶较小，近圆形，叶缘上卷，叶柄长，叶面有皱纹。

二、对环境的要求

抱子甘蓝喜冷凉湿润的气候，耐霜冻，不耐高温。植株叶生长期要求温度稍高，平均20℃左右，温度降低到5～6℃，则茎叶生长受抑制。结球期要求较低温度，适温为12～15℃，温度高于23℃以上，不利于叶球形成。抱子甘蓝属长日照植物，但对光照要求不严格，但是光照充足，植株生长旺盛，芽球紧实。喜湿润的土壤条件。抱子甘蓝适宜在土层深厚、肥沃疏松、富含有机质、保水保肥的壤土或沙壤土种植，需肥量多，最好氮、磷、钾和微量元素配合施用。

三、类型与品种

抱子甘蓝依品种不同，有高有矮。茎的高矮和节间长短有密切关系，高性种节间长，矮性种节间短。

1. 早生子特

日本引进，耐热性较强，极早熟，从定植至收获90天，在高温或低温下均能结球良好。植株为高生型，生长旺盛，叶绿色，少蜡粉，顶芽能形成叶球，整齐而紧实，品质优良。

2. 绿橄榄

荷兰引进。定植后100～120天能采收，株型直立，叶色浓绿，抗病性强，耐寒性好，叶质柔软，纤维少，甘味多。适宜北方地区春、秋保护地种植。

四、栽培方式

华北地区有以下几个茬口：

（1）春日光温室栽培。12月至翌年1月育苗，2月上、中旬定植，5月底以后陆续采收。

（2）秋露地栽培。6月底育苗7月下旬至8月初定植，10月下旬移至大棚或日光温室进行假植，12月底采收。

（3）秋日光温室栽培。7月上旬至8月初育苗，9月初定植，翌年1～2月采收。

五、栽培技术

1. 育苗

抱子甘蓝多采用育苗移栽的方法。穴盘育苗基质的草炭与蛭石的比例为2∶1，每立方米基质加入1.2千克尿素和1.2千克磷酸二氢钾混匀。用温汤浸种法浸泡种子后播种，每穴播种子1～2粒，覆蛭石约1厘米。覆盖完喷透水。早春育苗要注意保温，温度控制在20～25℃，齐苗后注意放风降温。夏季育苗要防高温。

2. 定植

每667平方米施用腐熟有机肥3 000千克，氮、磷、钾三元复合肥20千克，有机肥在耕地时施入，复合肥在做畦后开沟施在地表10厘米处。耕地整平后做畦，早熟品种可做1.2～1.5米宽的畦种双行，每667平方米定植2 000株，高秧的中晚熟品种每畦种1行，每667平方米1 200株。华北地区春季露地栽培，覆盖地膜后按株距打孔，栽植后浇定根水，促进早缓苗。

3. 田间管理

定植水后3～4天后浇缓苗水，蹲苗期间中耕除草。秋茬栽培，正是炎热高温季节，加强灌溉可以起到降温的作用。植株生长中期，以见干见湿为原则。当下部小叶球开始形成时，经常灌溉使土壤保持充分的水分。

抱子甘蓝从定植至采收结束，需追肥3～4次。第一次在定植成活后，以利于植株恢复生长。第二次追肥在定植30天后进行，促进植株营养生长。第三次追肥在叶球膨大时进行，以促进叶球的发育与膨大。第四次追肥在叶球采收期进行。每次每667平方米施尿素15千克，结球期可叶面喷施0.3%磷酸二氢钾溶液，每5天喷1次。

当抱子甘蓝形成小叶球时，将下部老叶、黄叶摘去，以利于通风透光。植株下部的腋芽不能形成小叶球，应及早摘除，以免消耗养分。一般矮品种不需摘顶芽。北方秋栽抱子甘蓝，10月中、下旬始收后，气温已逐渐下降，冬前需移植保护地假植，可陆续采收。

第三节　宝塔菜花

宝塔菜花又名珊瑚菜花，为十字花科芸薹属甘蓝的一个变种。花蕾由许多小宝塔组成，形状奇特，口感脆嫩，深受消费者欢迎。每100克新鲜花球中含有总糖2.29%，粗蛋白质2.42%，维生素C 65.1毫克，钾262毫克，钠19.1毫克，钙18.3毫克，镁17.2毫克，还含有大量的铁、锰、锌等元素，宝塔菜花营养价值高，经济效益也较高。

一、对环境的要求

宝塔菜花属半耐寒性蔬菜，白天适宜温度18～23℃，夜间8～12℃。宝塔菜花是长日照作物，需较强的光照条件。宝塔菜花不耐旱，需湿润的土壤条件。宝塔菜花适宜在土层肥沃、排灌良好的土壤种植。宝塔菜花需肥较多，宜氮、磷、钾及微量元素配合施用。

二、栽培方式

华北地区有以下几个茬口：

（1）春日光温室栽培。1月上、中旬播种育苗，2月上、中旬定植，5月底至6月上旬采收。

（2）春大棚栽培。1月下旬至2月上旬育苗，3月上、中旬定植，7月初采收。

（3）秋日光温室栽培。6月底至7月上旬育苗，7月下旬至8月初定植，12月底至翌年2月上旬采收。

三、栽培技术

1. 育苗

采用穴盘或营养钵育苗，草炭与蛭石的比例为2∶1，加入5%腐熟细碎的有机肥混匀。浇足底水播种，播种后覆盖1厘米厚的基质。育苗阶段白天温度20～24℃，夜间10℃左右，温度不宜过高，否则易造成幼苗徒长。

幼苗2片真叶以前，由于需水少，可用喷雾器喷雾，幼苗2～3叶后需水增多，可适当增加浇水，可以配施叶面肥，用0.2%磷酸二氢钾或0.2%尿素均可。采用苗床育苗可在幼苗2叶1心时进行分苗，株行距8厘米×8厘米。

2. 定植

耕前土壤消毒，每667平方米施用腐熟有机肥3 000千克，三元复合肥20千克，做成1.2米的平畦，株行距60厘米×40厘米。栽植后及时浇水。定植宜选择下午光照较弱时进行，防止蒸发量较大而使幼苗萎蔫。

3. 田间管理

缓苗期间白天保持21～26℃，夜间保持13～15℃，缓苗后白天降至18～23℃，夜间10℃左右。缓苗后中耕松土1～2次，以提高地温，促进根系生长。莲座叶形成前经常保持土壤湿润，莲座期浇水要大小适中。

定植后15～20天追第1次肥，每667平方米穴施三元复合肥20千克；结球初期和中期各追1次肥，每667平米施三元复合肥15千克；莲座期以后叶面喷0.2%磷酸二氢钾+0.2%尿素3次，每隔10天左右喷施1次。

在宝塔菜花定植后90天左右，花球直径达20厘米左右，可进行分批采收。

4. 病虫害防治

霜霉病防治采用百菌清粉尘或烟剂；黑腐病发病初期及时拔除病株，成株发病初期喷洒14%络氨铜水剂350倍液防治；蚜虫可用杀蚜虫烟剂，每667平方米用250克进行防治；菜青虫、甜菜夜蛾可采用人工捕捉或施用氯氰菊酯等杀虫剂进行防治。

第四节　芥蓝

芥蓝为十字花科芸薹属一二年生草本植物，是我国的特产蔬菜之一，以广东、广西、福建栽培为多，现已传入日本、美国及欧洲各国。芥蓝主要以肥嫩的花薹和幼叶为食用器官，质脆嫩，清甜鲜美，风味别致。菜薹营养丰富，每100克可食部分含维生素C 50～70毫克、钙176毫克、镁25毫克、磷56毫克、钾353毫克，被誉为“营养蔬菜”。

一、植物学特征

芥蓝主根不发达，须根多，根系分布浅。茎直立，绿色，比较短缩。叶互生，叶形有长卵形、椭圆形或近圆形，叶色有绿色或灰绿色。叶片光滑或皱缩，被蜡粉，具叶柄。花为完全花，白色，花序为总状花序。植株8～12片叶时抽薹，主花薹采收后，薹茎腋芽萌发出侧芽形成侧薹。果实为长荚果，种子细小，颜色为褐色或黑褐色，千粒重4.0克左右。

二、对环境的要求

芥蓝喜温暖湿润的气候条件，种子发芽和幼苗生长的适温为25～30℃，在20℃以下生长缓慢，叶丛生长和菜薹形成的适温为15～25℃。芥蓝属长日照植物，但对光照长短要求不严格。生长期内喜欢湿润的土壤环境，要求土壤持水量80%～90%，但不耐涝。芥蓝吸收养分较多，对氮、磷、钾三要素的吸收量，以钾最多，氮其次，磷最少。

三、栽培方式

芥蓝喜冷凉的气候，宜选择气温在15～25℃的季节栽培，应根据栽培季节及栽培方式选择相应的品种与播种期。芥蓝一般多为露地栽培，既可直播，也可育苗。

四、类型与品种

1. 香港白花

早熟，植株紧凑，生长整齐，叶片椭圆，叶绿色，叶面稍有皱，蜡粉多。白花初开时花蕾着生紧密，薹叶较稀疏，花薹品质好。

2. 中迟芥蓝

中熟，叶片卵圆形，蜡粉中等，基部有裂片。侧薹萌发力中等。白花，品质优良。产量高，供应期长。

3. 台湾中花

中熟，叶片卵圆形，蜡粉中等，基部有裂片。茎叶长卵圆形，白花，薹形美观，品质好。

五、栽培技术

1. 育苗

芥蓝可直播，也可育苗，如用苗床育苗，则宜选排水方便、肥沃的壤土。每667平方米施腐熟堆厩肥1 000千克作基肥，苗期注意间苗、浇水、施肥和防治病虫害。待苗长到5～6片真叶、苗龄30天左右时，即可定植。

2. 定植

定植地每667平方米施腐熟堆厩肥2 000千克作基肥，耕翻耙平，作畦宽1.5米左右，早、中熟品种可按20厘米×20厘米的株行距定植。晚熟品种可按30厘米×35厘米的株行距定植。宜选择晴天的傍晚进行定植，按苗的大小分级种植，以利于生育一致，管理方便。

3. 田间管理

定植后至缓苗前，保持土壤湿润。芥蓝前期生长较慢，定植后10～15天根系逐渐恢复生长，加强中耕除草。芥蓝叶片多，需肥量大，而吸肥力又弱，因此，应勤施多施。一般定植1周左右开始追肥，以后每隔1周追肥一次。每667平方米追施尿素5千克，现蕾时追施尿素5千克，复合肥10千克。主薹采收后，为促进侧薹生长，每667平方米可施尿素5千克。早、中熟品种，要勤浇水，勤施肥；晚熟品种，冬季要适当控水、控肥，待春后开始现蕾抽薹时，勤施和重施。

4. 采收

芥蓝主薹薹高与叶片高度相齐时进行采收，从花蕾到基部留3～4片叶切下，以后每一侧枝留1～2片叶切下花薹，以二、三侧薹质量最佳，切花薹时应注意切口倾斜，以免切口积水，引起腐烂。

5. 病虫害防治

病毒病应以预防为主，与防治蚜虫结合起来；黑腐病、软腐病防治原则保护地栽培时应注意通风换气；夏季栽培时要注意防雨，尤其是在采收主薹和侧薹时，要注意切口倾斜，以免切口浸水腐烂；可采用石灰乳喷在采薹后的芥蓝植株上对防止伤口感染有一定效果；芥蓝的虫害主要有蚜虫、小菜蛾、莱青虫等，可用25%速灭杀丁600倍液喷杀。

叶菜类

第一节　香芹

香芹又名荷兰芹、洋芫荽等，为伞形花科芹属二年生或多年生草本植物。原产于地中海沿岸。香芹营养丰富，每100克新鲜叶含水分85.1克、蛋白质3.6克、脂肪0.6克、碳水化合物8.5克、粗纤维1.5克、钙203毫克、磷63毫克、钠45毫克、镁41毫克、钾727毫克、铁6.2毫克、锌0.92毫克、铜0.2毫克、维生素C 172毫克、维生素B 10.12毫克、维生素B_2 0.11毫克和硒3.9微克，还含有各种芳香物质。

一、植物学特征

根出叶，浓绿色，有长柄，为三回羽状复叶，叶缘呈锯齿状，卷缩成皱缩，或无卷缩平展。一般4~5月抽薹开花，高60厘米左右，顶生伞形花序，群生多数淡绿色的小花。6~7月种子成熟。种子小，圆形，褐色。

二、对环境的要求

香芹为半耐寒性蔬菜，喜欢冷凉湿润的气候条件，生长最适温度15~20℃，夏季超过25℃时生长不良。对光照要求不太严格，生长前期充足光照有利于植株进行光合，后期适于短日照，高温长日照促进抽薹开花，降低品质。根系浅，吸收能力弱，喜土壤湿润。对土壤要求不严格，但富含有机质的土壤最适宜生长。香芹对硼肥反应较敏感，缺乏易引起裂茎病。

三、类型与品种

1. 板叶香芹

又称普通香芹，叶片扁平与芹菜相似，叶柄较细，为香芹特有叶柄，香味独特与芹菜不同。

2. 皱叶香芹

又称欧芹，叶缘缺刻细、深裂而卷曲，并成三回卷皱。我们常说的香芹就是指这类品种。

3. 根用香芹

又称汉堡香芹，叶片与普通香芹相似，但根部膨大，根与欧洲防风相似。

四、栽培方式

1. 北方春露地栽培

1～2 月育苗，3 月定植，5～7 月收获。

2. 秋季露地栽培

6 月育苗，7～8 月定植，9～10 月收获。

3. 保护地栽培

6～8 月间育苗，7～9 月间定植，10 月至次年 5、6 月供应。

五、栽培技术

1. 育苗

香芹育苗可以采用平畦或穴盘育苗。香芹播种材料为果实，所以播前浸种催芽，一般浸种 12～24 小时，搓去表皮洗净，与湿沙拌匀在 20℃催芽，半数出芽可播种。播种后 7～10 天出苗，苗龄 40～50 天。

2. 定植

香芹浅根系，吸收能力弱，选择平整、排水良好地块。每 667 平方米施有机肥 3 000千克，配施硫酸铵 20 千克，过磷酸钙 20 千克，氯化钾 10 千克，做成 1.2 米平畦。

香芹幼苗 4～6 片叶时即可定植，株行距 20 厘米 ×20 厘米。栽苗时不埋没心叶，栽后及时浇水。

3. 田间管理

定植成活后应经常保持土壤湿润，土壤干燥抑制生长发育，引起茎秆中空和抽薹，影响品质。遇雨不能积水，排水不良茎部易腐烂。

前期可少施一些氮素肥料促进生长，发棵期可再追施一些化肥，适当加入一些磷、钾肥和硼肥。开始收获后，可每收获两次追施一次氮肥，配合喷施 0.2% 磷酸二氢钾 +0.2% 尿素 3～4 次。

香芹一次栽培可以陆续采收，可连续采收 4～5 个月。

4. 病虫害防治

香芹常见病害有叶斑病，生产中避免大水漫灌，排水不良，冬季保护地栽培应注意空气湿度管理，加强放风，可用 80% 代森锌 600～800 倍液防治。

第二节　叶甜菜

叶甜菜又称牛皮菜、若蓬莱和厚皮菜等，为黎科甜菜属二年生草本植物。叶甜菜原产地中海沿岸国家，在我国中部的长江、黄河流域以及西南地区都有广泛的分布。叶甜菜营养丰富，每100克叶片含还原糖0.95克，粗蛋白1.38克，纤维素2.87克，脂肪0.1克，胡萝卜素2.14毫克，维生素C 45毫克，维生素B_1 0.05毫克，维生素B_2 0.11毫克，钾164毫克，钙75.5毫克，镁63.1毫克，磷33.6毫克，铁1.03毫克，锌0.24毫克，锰0.15毫克，硒0.2微克。

一、植物学特征

叶甜菜叶片大，长卵形，叶缘无无缺刻，叶肉厚。茎部短缩，抽薹后发生多数长穗状侧花序，构成复总状花序。花两性，为异花授粉作物，聚花果，内含种子数粒，果实为播种材料。种子肾形，棕红色，富光泽。

二、对环境的要求

叶甜菜耐热也耐寒，日均温度14～16℃生长速度最快，温度较高或较低均能生长。叶甜菜低温通过春化阶段，长日条件下开花。生长需要充足的水分。叶甜菜对土壤条件要求不甚严格，但在土层深厚、保水保肥、排水良好的中性土壤上生长良好。因生长期长，需要增施基肥。

三、类型与品种

叶甜菜的类型很多，按叶柄的颜色分，可分为白梗、绿梗、红梗、粉梗、紫梗和黄梗等等，但同一类型中叶柄宽窄、叶片或平或皱、颜色又有差异。

1. 红梗牛皮菜

由欧洲引进，叶柄红色鲜艳，叶片绿色，叶脉红色，叶面微皱，植株直立，耐寒、耐热，生长快。多用于特菜种植，也可用于观赏种植。

2. 绿梗牛皮菜

我国品种较多，品种间形态有差异。

3. 白梗牛皮菜

叶柄白色，品种间叶柄有宽窄之分，叶片有深绿浅绿、平皱之分。

4. 黄梗牛皮菜

欧洲引进品种，叶柄黄色。

四、栽培方式

（1）露地栽培。我国南方大部分地区一年四季都可以栽培，北方地区春、夏、秋可以在露地栽培，收获小植株的，播种后50天左右即可收获，一次栽培可以多次收获，一般春季2～3月播种，4月开始收获。

（2）保护地栽培。一般在北方的冬季日光温室中进行，选用红梗牛皮菜品种，在元旦至春节期间作为特菜供应。8～9月播种，9～10月定植，元旦至春节供应。

五、栽培技术

1. 整地

叶用甜菜喜欢肥沃、疏松的土壤，播前应平整土地，深耕土壤，每667平方米施腐熟有机肥3 000千克、复合肥50千克，肥料与土壤充分混合，做成宽1.3～1.5米、长8米的平畦。

2. 播种

采用苗畦、营养钵育苗均可，因播种材料是果实，个体较大，播种时覆土宜1～1.5厘米，每粒“种子”出苗3株左右，分开定植。一次采收一般采取直播的方式，条播、撒播均可，播后覆土1厘米，覆土后镇压，然后浇水。

3. 定植

育苗移栽多次采收的，定植株行距为25厘米×30厘米。直播一次性采收的，播种后须分次间苗，播种后30天左右的小苗间拔采收即可上市销售，定苗株行距为15厘米×20厘米。

4. 田间管理

叶用甜菜定植后，要及时地进行中耕、除草。保持土壤湿润，一次性采收的，施肥应以有机肥为主，少施化肥。育苗移栽的除基肥施足外，生长收获期间还要追肥，可在每次收获以后，每次每667平方米施用尿素10千克左右。

一次性收获的一般在播种后40天即可整株收获。擗叶性采收的一般在定植后40天左右开始进行，前期收获量宜小，每次收获1～2片叶，植株进入旺盛生长期后，每次收获3～4片叶，一般从外叶开始擗收，内叶再继续生长，约10天左右可以收获一次。

5. 病虫害防治

叶甜菜病虫害很少发生，虫害有斑潜蝇，可以喷施2%虫满克2 000倍液进行防治。

第三节　包心芥菜

包心芥菜又称结球芥菜、盖菜等，为十字花科芸薹属芥菜种二年生草本植物。包心芥菜原产中国，是我国特产蔬菜，广东、广西、福建等地栽培较多。包心芥菜质地脆嫩、味道鲜美，营养丰富，每100克可食用部分含蛋白质2.8克，脂肪0.6克，碳水化合物2.9克，粗纤维1.0克，钙235毫克，磷64毫克，铁3.4毫克，胡萝卜素1.46毫克，维生素B_1 0.07毫克，维生素B_2 0.14毫克，维生素$B_5$0.8毫克，维生素C83毫克。

一、植物学特征

直根系，须根多。主根较细，根系不发达，根群主要分布在20～30厘米的土层里。茎短缩。基叶阔矩圆形，平展生长，叶面皱缩，叶缘波状，浅绿色，叶柄短，具沟，叶柄和中肋合抱，新叶外露，后期抱合扁圆形叶球。

二、对环境的要求

喜冷凉湿润的气候，较耐寒，叶片生长期适温15～20℃，在10℃以下和25℃以上生长缓慢。喜光照，属长日照作物，对温度要求不严格，不需要经过较长的低温期就能通过春化阶段。喜欢较湿润的环境，根系较弱，既不耐旱又不耐涝。适宜在土壤耕层深厚、土壤肥力较高、排灌方便的地块种植，以壤土、沙壤土及轻黏土最适宜。需肥量较多，对氮肥需求量大，磷肥次之。

三、类型与品种

1. 北京盖菜

从南方引入，早熟品种，播种至收获80～90天。生长势强，叶阔椭圆形，深绿色。叶缘全缘，基部深裂。叶柄及中肋宽厚。较耐寒，不耐热、不抗病毒病，早春栽培易抽薹。叶肉厚，品质好。

2. 厦门包心芥

从广东省汕头引入，中晚熟品种，播种至收获110～120天。植株半直立。叶缘具浅锯齿，叶面多皱。叶球扁圆形，心叶黄白色。适应性广，耐热、耐寒、耐旱、耐贮藏，抗虫，不抗病毒病。芥辣味浓，品质好。

3. 澄海晚包心芥

广东澄海地方品种，晚熟品种，播种至收获120～130天。叶倒卵圆形，叶缘具浅锯齿，叶面皱缩。叶柄宽厚，叶球圆形。耐寒，质脆嫩，纤维稍多。

四、栽培方式

华北地区种植茬口：

1. 日光温室栽培

采用耐寒性好的晚熟品种，9月下旬至11月上旬育苗，10月下旬至12月中旬定植，翌年2月至5月采收。

2. 塑料大棚栽培

1月中、下旬日光温室育苗，2月下旬至3月上旬定植，4月上旬至7月上旬采收。秋季8月上旬育苗，9月定植，11月采收。

3. 露地栽培

春季采用耐热的早熟品种，2月上旬至下旬日光温室或小拱棚育苗，3月中旬至4月上旬定植，也可采用直接播种的方法。定植后50～70天收获。夏季在高山冷凉地区露地种植，也可利用竹木棚架覆盖遮阳网栽培，选用早熟耐热品种，4月上旬至下旬育苗，5月上旬至6月初定植。7月中旬至9月采收。秋季采用中、早熟品种，7月上旬至下旬育苗，8月定植，10～11月采收。

五、栽培技术

1. 育苗

育苗床应选在疏松、肥沃、能排能灌的壤质土壤，并且与十字花科蔬菜轮作。将前茬残株、杂草清理干净，然后进行土壤消毒。

普通育苗采用条播或撒播的方式，条播按10厘米的行距开沟，播种后覆土，然后浇水。早春露地可采用直接播种的方法。播种后苗床覆盖地膜，以保湿、保温，夏、秋季节播种后可覆盖遮阳网，以促出苗整齐和防雨水。穴盘育苗基质浇透水后，每穴播1～2粒种子，然后覆盖蛭石。

播种后温度在25℃左右；出苗后至定植前白天20～25℃，夜间10～12℃最适宜。早春和冬季育苗要注意保温，夏、秋季节要注意降温。早春季节定植前要进行低温炼苗，一般定植前5～7天白天温度保持在15℃左右，夜间6～8℃。保持土壤见干见湿，每5～7天浇1水。苗出齐后应及时间苗1～2次。

2. 定植

包心芥菜定植前施足有机肥，一般667平方米施腐熟有机肥3 000千克，复合肥50千克，与土壤混匀，做成宽1.3～1.5米的平畦，夏季育苗可整成高畦。

夏、秋季节选在晴天的下午定植，冬、春季节选在晴天的上午定植，早春露地定植选在冷空气即将过去、暖空气到来的时机进行。定植注意深度，不要埋住心叶，栽植后及时浇足水。一般行距40～45厘米，株距35～40厘米。

3. 田间管理

定植后3～5天可浇1次缓苗水，然后中耕松土，增加土壤氧气浓度和促进根系生长，这期间约10～15天不浇水，进行“蹲苗”。蹲苗结束后及时浇水，经常保持土壤湿润，以小水勤浇为好。

苗期温度可稍高些，在叶片生长期和叶球包心期温度不能过高，白天20～25℃，夜间10～12℃最适宜，保护地在冬、春季节采取增温、保温措施，夏、秋季节通过放风、浇水等多种措施来降低温度。露地种植可用竹木搭架覆盖遮阳网或防虫网。

生长期内可追肥3～4次，每次施入尿素15千克。叶球直径达10～12厘米、较紧实时即可采收。

4. 病虫害防治

（1）病毒病防治方法。

与十字花科蔬菜连作；及时防治蚜虫和斑潜蝇、白粉虱等害虫；发病初期喷施植病灵1 000倍液，可结合喷施复合叶面肥，以增强植株抗病能力；尽量使用防虫网、遮阳网覆盖栽培技术。

（2）菌核病防治方法。

忌连作，增施磷、钾肥，注意排水；发病初期可喷50%多菌灵对水500倍，或喷40%菌核净对水1 000倍，每隔5～7天喷1次，连喷3～4次。

（3）黑腐病防治方法。

种子用50～55℃温水浸20分钟，再浸入凉水4小时，捞出播种，或用种子重量0.3%的47%加瑞农可湿性粉剂进行拌种，发病初期可选用47%加瑞农可湿性粉剂800倍液隔5天喷1次，连喷3～4次。

蚜虫用20%康福多对水3 000倍喷雾防治，还可选用50%灭蚜松乳油对水1 000～1 500倍防治。

第四节　大叶茼蒿

大叶茼蒿又名大叶蓬蒿等，为菊科茼蒿属一二年生草本植物。原产于地中海沿岸，作观赏植物，传入亚洲后广泛栽培作为食用蔬菜。大叶茼蒿含有维生素A、维生素B、维生素C和维生素K等营养成分，适量地食用可强健皮肤、黏膜及眼睛，还可以美容养颜、预防感冒。维生素K能促使人体钙离子作用充分发挥，帮助血液净化，促进伤口出血凝固。大叶茼蒿含有挥发性精油，大叶茼蒿对平抑肝火、预防喉病、咳嗽、多痰等都有疗效。

一、植物学特征

大叶茼蒿根系浅，须根发达，分布于10~20厘米的土层里。株高20~30厘米，分枝力强。叶片宽大肥厚，叶基部呈耳状抱茎，板叶型，互生，叶缘有疏浅缺刻。花序头状，花黄色。果实为瘦果，褐色，种子千粒重1.8克左右。

二、对环境的要求

大叶茼蒿喜欢冷凉的气候，不耐高温，生长适宜温度为20℃左右，低于12℃生长缓慢，高于29℃则生长不良。种子在10℃时就可发芽，但以15~20℃发芽较快，出苗较齐。大叶茼蒿属短日照植物，在比较高的温度和短日照条件下抽薹开花。大叶茼蒿对土壤的要求不太严格，但以疏松、肥沃、保水较好的沙壤土种植品质较佳。

三、类型与品种

大叶茼蒿：又称板叶茼蒿或圆叶茼蒿，叶宽大，缺刻少而浅，叶片厚，嫩枝短而粗，纤维少，品质佳，产量高。生长较慢，成熟较迟，栽培较少。

小叶茼蒿：又称花叶茼蒿或细叶茼蒿，叶狭小，缺刻多而深，叶片薄，嫩枝细，香味较浓。生长较快，产量较低，耐寒，成熟较早，栽培比较普遍。

四、栽培技术

1. 播种

大叶茼蒿的栽培可以直播，也可以进行育苗移栽。露地直播一般在3~4月份进行，条播行距为10厘米。播种后覆盖一层细土，进行镇压。秋茼蒿播种后，出土前需保持土壤湿润。春茼蒿要注意覆盖防寒，出土后要适当控水，防止猝倒病的发生。

2. 定植

大叶茼蒿出苗迅速，温度适合的情况下，4~5天即可出苗。直播的大叶茼蒿，出苗后间苗，株距在10厘米左右。育苗移栽的大叶茼蒿，在2叶1心时进行移植，定植株行距为10厘米×10厘米。

3. 田间管理

大叶茼蒿以叶片为食用部位，所以在整个生长期内都应加强肥水的管理，特别是氮肥的施用量要适当大些。经常保持土壤湿润，水分不足茎叶变硬，品质劣化。当植株长到10~12厘米后开始追肥，追肥时要注意少量多次。播种后40~50天，苗高15厘米时就可以采收嫩梢。大叶茼蒿可采用1次播种1次采收的方式，也可以采用1次播种分批多次采收的方式。多次采收时，在每次采收后都要追肥水，促进侧枝的萌发生长。

4. 病虫害防治

大叶茼蒿病害主要是叶枯病和霜霉病。防治叶枯病可在发病初期，喷洒40%多硫悬浮剂500倍液或50%扑海因可湿性粉剂1 500倍液，7~10天喷1次；霜霉病的防治可在发病初期喷洒65%杀毒矾可湿性粉剂500倍液，7~10天喷1次。

第五节　紫苏

紫苏又名赤苏、白苏等，为唇形科紫菜属一年生草本植物。原产于中国，在我国的华南、华中、西南、华北及台湾等地，有野生和栽培种。紫苏营养丰富，每100克叶中含还原糖0.68~1.26克、蛋白质3.84克、纤维素3.49~6.96克、脂肪1.3克、胡萝卜素7.94~9.09毫克、维生素B_2 0.35毫克、维生素B_5 1.3毫克、维生素C 55~68毫克、钾522毫克、钠4.24毫克、钙217毫克、镁70.4毫克、磷65.6毫克、铁20.7毫克、锌1.21毫克、硒3.24~4.23微克，还含有紫苏醛、紫苏醇、薄荷酮、薄荷醇、丁香油等有机化学物质，具有特异芳香，有杀菌防腐作用。紫苏茎叶和果实均可入药，有散寒、理气及解鱼蟹毒的作用；紫苏的汁液是天然色素原料；种子可榨油，是高级工业用油。紫苏是一种很有发展前景的生食、配料和外销蔬菜。

一、植物学特征

紫苏须根系，粗壮发达。茎断面四棱形，密生柔毛。叶对生，卵圆形或阔卵圆形，叶缘锯齿状，叶面绿色皱缩，叶背绿色或紫色，植株具有特殊的芳香味。总状花序，紫或淡紫红色唇形花。坚果，灰褐色，卵形。

二、对环境的要求

紫苏喜温暖湿润，种子在地温5℃时即可发芽，发芽适温18～23℃，开花适温26～28℃。秋季开花，是典型的短日照植物。紫苏不耐干旱，土壤要求保持湿润。空气过于干燥，茎叶粗硬，纤维多，品质差。对土壤适应性广，肥料以氮肥为主。

三、类型与品种

紫苏包括两个变种：皱叶紫苏，又称鸡冠紫苏；尖叶紫苏，又名野生紫苏。各地栽培皱叶紫苏较多，还具有观赏性。通常依叶色分为：赤紫苏、皱叶紫苏、青紫苏等品种；依熟性分为早、中、晚熟品种；按利用方式可分为芽紫苏、叶紫苏、穗紫苏。

四、栽培方式

露地栽培：3月下旬至4月下旬在大棚或露地育苗，4～5月定植于露地，6～9月收获。

设施栽培：冬春茬一般在9月育苗，定植于大棚或日光温室，翌年2～4月供应；春提前则在1～2月播种，2～3月定植于大棚或日光温室，4～6月供应；秋延后利用大棚中棚8～9月播种，9～10月定植，11月至翌年1月供应。

五、栽培技术

1. 整地

紫苏对土壤要求不严格，可在各种土壤中生长，在疏松肥沃的土壤中生长产量高。一般每667平方米施有机肥2 000千克，钾肥40千克，过磷酸钙25千克，硫酸铵20千克，肥料与土壤充分混匀，作畦宽1.3～1.5米。

2. 播种

紫苏种子休眠期长达120天，如刚采收后的种子播种，需打破休眠。将种子放在3℃环境下5天，并用赤霉素处理，促进发芽。一般进行直播，也可育苗移栽。直播可用撒播、条播或穴播，出苗后按30厘米株行距定苗。

育苗则在苗床上撒播，当幼苗长出第一片真叶时进行间苗，苗株距3厘米见方。苗龄 15 天左右定植，株行距为 30 厘米见方，每穴 1 株，栽后及时浇水。

3. 田间管理

播种后浇透水，以利出苗。进入生长旺盛期，需较多的养分和水分，应适当浇水，保持土壤湿润，并追施速效氮肥 1～2 次，每次施尿素 10 千克。

紫苏分枝性强，茎叶茂盛。如以采收种子为目的，应适当摘除部分茎叶，以利光照通透，减少消耗养分；如以采收嫩茎叶为目的，可摘除已进行花芽分化的顶端，使之不开花，维持茎叶旺盛生长。叶面直径 5 厘米左右时，可陆续采收。

4. 采收

食用嫩茎叶者，播种后 30～35 天即可采收。可随时采摘，或分批收割。采收种子时，应在全田有 40%～50% 成熟度时一次性收割，晾晒 4～5 天后进行脱粒。

第六节　叶用甘薯

叶用甘薯又称红薯叶、地瓜叶、长寿菜等，为旋花科甘薯属多年生草本植物。叶用甘薯原产于美洲，我国南北均有种植，多以粮食作物收取块根栽培，叶用品种近几年才逐渐推广。叶用甘薯营养丰富，每 100 克食用部分含蛋白质 3.15 克、脂肪 0.32 克、粗纤维 1.24 克、还原糖 0.5 克、氨基酸 2.99 克、维小素 C 12.6 毫克、维生素 B_1 0.09 毫克、维生素 B_5 1.1 毫克、铁 2.34 毫克、钙 64.52 毫克和锌 4.2 毫克。

一、植物学特征

叶用甘薯根系发达，块根纺锤形，薯肉微黄色。茎蔓细长，多条分枝，茎蔓的节上都能发根长成独立的植株。叶片淡绿色，单叶，心脏形，全缘。花型较小，从集成聚伞状花序或花单生，淡红色，花萼 5 裂，花冠似漏斗，雌蕊 1 个，雄蕊 5 个。异花授粉植物，自然结实率低，花期长，在华南地区种植多数花而不实。

二、对环境的要求

叶用甘薯对温度的要求较高，18℃ 以上才可正常生长，生长适温为 20～30℃，超过 35℃ 时植株生长受阻，在 10℃ 以下生长明显受阻。叶用甘薯对土质要求不严格，耐旱，耐贫瘠，在保水保肥、土质疏松、通气性良好的沙壤土或壤土中生长好。对水分需求量大，在茎叶生长盛期土壤含水量以60%～80%为宜。喜光，光线不足易导致叶色发黄、叶片脱落，短日照能诱导其开花结实。

三、栽培方式

我国南北气候条件差别很大，但气温稳定在15℃以上就可以种植，南方无霜期较长多做露地栽培。叶用甘薯一般用做一年生栽培。在新果园、经济幼林中套作，能取得较好的效益。

四、类型与品种

按叶色不同将叶用甘薯分成绿色、黄绿色和紫红色三种类型。生产上常用京薯4号、鲁薯7号等品种。

五、栽培技术

1. 种苗繁殖

以扦插繁殖为主。从健壮植株上剪取15厘米的茎，在生根粉溶液中蘸一下，然后斜向扦插在沙壤土的苗床中，也可插在营养钵中。保温、保湿，气温保持20～28℃、地温16～23℃，空气相对湿度70%～80%。约30天左右生根成活长叶后即可定植。也可采用种薯育苗的方法，种薯育苗方法繁殖系数低，但育出苗不易感染病害，生长势也强，所以每年应先用种薯育苗，然后再扦插扩大繁殖。场地选在日光温室或塑料棚中，早春温度低可在底层垫10～20厘米的马粪和沙土混合的酿热物，整成宽1.3米，高20厘米的沟畦。播种时种薯头向上，薯蒂应在一个水平面上，埋一层洁净的细河沙，使薯蒂微露土层为宜，调节床温在20～25℃，苗长15厘米时即可定植。

2. 定植

每667平方米施入腐熟有机肥3 000千克。一般做1.7米宽畦，株行距为30厘米×30厘米。定植应选择晴朗天气午后、阴天或雨后进行。

3. 田间管理

在生长前期，应结合除草进行松土和培土。叶用甘薯茎节部根常裸露，应每隔1个月培土1次。如果茎蔓交错过于严重，可适当剪除过多的茎蔓，再进行培土。

叶用甘薯种植后10天左右根系基本形成，如果温度适宜，20天后茎蔓即开始覆盖地面封垄，茎蔓紧贴地面，茎节遇土生根，吸收能力很强，一般每隔10天需追肥1次，追肥量和叶菜相比可适当增加一些。叶用甘薯连续采收期长达8个月，因此在追肥的同时，每隔1个月需增施1次有机肥，通常每667平方米施50千克。秋后增施叶面肥促进生长和提高品质。

叶用甘薯耐旱，但叶片生长繁茂，水分蒸发量大，注意适当补充水分。要防止涝渍，高温多雨季节应及时清沟排水。

叶用甘薯主茎长40厘米时即可采收。

4. 病虫害防治

叶用甘薯的主要害虫为甘薯天蛾、斜纹夜蛾，一般每667平方米可用3%米乐尔颗粒剂1.5~2.5千克撒施，或90%巴丹可湿性粉剂1 000~2 000倍液等喷施防治。

第七节　豆瓣菜

豆瓣菜又名西洋菜、水焊菜、水田芥等，为十字花科豆瓣菜属多年生水生草本植物。食用嫩茎叶，质地脆嫩多汁，清香可口，营养丰富。每100克鲜菜含有蛋白质2.05克、维生素C 79毫克，并富含钙、铁和维生素A等。豆瓣菜在我国南方以广东、广西栽培最广。豆瓣菜栽培方法简便，高产，效益好，近年来发展较快，前景广阔。

一、植物学特性

豆瓣菜呈匍匐或半匍匐状丛生，茎上多节，近地面各节上能发生多数白色须根。茎的中下部多数节位易生分枝，其上又可发生第二次分枝。茎中空，内有通气孔道。叶互生，每节着生一叶，为奇数羽状复叶。小叶卵形或近圆形，形如豆瓣大小，叶绿色，在低温或干燥条件下易变紫红色。花从主茎或分枝顶端抽生，总状花序，花小，白色，花后结荚，每荚有种子20~30粒，种子扁椭圆形，棕褐色。

二、对环境的要求

豆瓣菜性喜冷凉湿润环境，生长适温15~25℃。光照好，生长快。要求浅水，温度14~15℃适宜。相对湿度保持70%~85%为宜。对土壤要求不严，以保水保肥的黏壤土为最适。对肥料要求以氮肥为主，磷、钾适量。

三、类型与品种

1. 广西百色豆瓣菜

植株呈半匍匐状。小叶近圆形，深绿色，遇霜冻或干旱会变紫红色。生长快，产量高，每年能开花结籽，多用种子繁殖，茎绿白色。

2. 广州豆瓣菜

植株先匍匐生长后向上斜生呈丛生状，叶片较大，深绿色，霜后呈紫红色。根与分枝均多，生长较快，产量较高。不能开花结籽，以母茎进行无性繁殖。

四、栽培方式

一般秋季栽植，秋冬和春季采收。8~9月繁殖种苗，10月下旬开始收获至翌年3月底4月初。

五、栽培技术

1. 育苗

选土壤肥沃的菜地，整地作畦，畦宽1.2米。播种期在9月上、中、下旬分期播种，分期栽植。因种子小应拌细砂撒播，播后撒盖一薄层细土，每天喷水，保持土面湿润。出苗后1个月左右，当苗高达12~15厘米时，即可移栽大田。

无性繁殖在8月下旬至9月上旬，气温降至25℃时，选植株生长良好的田块作为留种田，种株在田间过冬，翌年春季4~5月，选通风并有适当树荫的旱地，耕耙作畦后，选健壮植株移栽育苗，株距5厘米，行距10~15厘米。苗高15~20厘米时即可定植大田。

2. 整地

选土层松软肥沃、含有机质高的水田，带水耕翻，结合施肥，每667平方米施腐熟厩肥3 000千克，然后耙细整平。

3. 定植

江南地区以8月下旬到9月上、中旬为宜；华南地区宜推迟到9月下旬到10月上旬，栽后气温多在25~15℃之间，保持豆瓣菜的生长适温，易于获取优质高产。

选取健壮的秧苗，以茎部较粗、节间较短为好。秧苗茎部有阴阳面之分，阳面为朝上的一面，常受到阳光的照射，阴面为朝下的一面。栽时仍将阳面朝上，将茎基部两节，连同根系斜插入泥，利于成活。因植株小，要充分密植，株行距均为7~10厘米，每栽20~30行，空出33~36厘米作为田间人行道。栽后1个月左右，植株生长繁茂，盖满田间，如需扩大栽培，可拔苗分栽，适当扩大株行距，保持行株距15厘米×10厘米。种子繁殖的秧苗，可以采用丛植方式，即每穴栽植2~3株，比单植产量高。

4. 田间管理

栽植初期要及时清除田间杂草。田间保持1~2厘米薄层浅水，以利发根。如遇天气转暖，气温超过25℃以上时，灌水应在早晚进行；如气温超过30℃，应于每天傍晚灌凉水，次日早上排去，以免田间水温过高，烫伤嫩苗。以后随着植株的不断生长，水位逐渐加深到3~4厘米，但不宜超过5厘米，以免引起锈根。冬春当气温降到15℃以下，应经常保持水层。至次年初夏气温升到25℃以上时，又应进行夜灌日排。

豆瓣菜栽后如不再分苗，一般1个月左右就可开始采收。每采收一次，应及时追施一次速效肥，一般每667平方米用腐熟粪肥1 000千克，对水4~6倍稀释后浇施，也可用0.3%的尿素浇施，与农家肥交替使用。

5. 采收

用无性繁殖的种苗一般于栽后30天左右开始采收，用种子繁殖的秧苗一般于栽后40天左右开始采收。一种是逐株采摘嫩梢，摘后一把把捆扎成束；另一种是隔畦成片齐泥收割，收一畦，留一畦。收后还应立即将残桩完全踏入泥中，并浇一次粪水，随即将畦面未收的植株拔起，分苗重栽。

华南地区冬季气温较高，植株越冬时基本上不停止生长，一般从10月下旬或11月上、中旬开始采收，以后每隔20天即可再收一次，一直可采收到第二年4月。江南地区由于冬季气温较低，常在10℃以下，植株越冬期间停止生长，故采收也分为两段。第一段为秋季采收期，一般从10月中、下旬开始，到12月中、下旬为止，约可采收2~3次。第二段从第二年4月上、中旬开始，到6月下旬结束，为春夏采收期，约可采收2~3次。

第八节　人参菜

人参菜又名土人参、菲菠菜等，为马齿苋科土人参属多年生草本植物。人参菜原产于热带美洲中部，在我国南方多处于野生状态，栽培驯化容易。人参菜茎叶柔软多汁，质地细嫩，营养丰富，每100克食用部分含蛋白质1.56克、脂肪0.18克、粗纤维0.66克、干物质6.2克、还原糖0.44克、维生素C11.6

克、氨基酸总量 1.33 克、铁 2.84 毫克、钙 57.17 毫克、锌 3.19 毫克。人参菜可辅助治疗气虚乏力、体虚自汗、脾虚泄泻、肺燥咳嗽，乳汁稀少等症，具有打通乳汁、消肿痛、补中益气、润肺生津等功效。

一、植物学特征

人参菜主根粗短，长圆锥形，须根发达，形似人参。植株分枝性极强。叶片对生，肥厚，倒卵形或卵状长椭圆形，叶片两面均有蜡质。花粉红色，两性花，圆锥花序顶生或侧生，小枝和花梗基部有苞片，萼片 2 片，卵圆形，花瓣 5 片，倒卵形或椭圆形。果实为蒴果，近圆球形，种子细黑色，扁圆球形，皮硬，光亮。

二、对环境的要求

人参菜耐湿也耐干旱和炎热，但在水分充沛、肥沃的土壤中生长旺盛。人参菜喜温，适宜生长温度为 25 ~32℃，15℃以下生长缓慢。人参菜喜光，在强光、长日照下，茎叶生长快，叶片厚，在弱光下叶片软薄，植株矮小。人参菜在寒冷、干旱或营养不足时会提早开花结实。

三、栽培技术

1. 育苗

人参菜茎为肉质茎，在扦插育苗时，一般要选择已经充分老壮的枝条，插条长 10 厘米左右，入土深度约 5 厘米。人参菜在生长季节均能扦插，但以 3 月下旬至 10 月中下旬为宜。夏季育苗宜在遮阴棚进行，以利于提高成活率。

人参菜种子细小，壳厚而硬，一般未经处理的种子需 20 ~25 天才能出芽。播种前可用 30 ~40℃的温水浸种 2 天，以保证种子顺利发芽。播种时种子掺沙播于精细整平的苗床，并覆盖遮阳网或搭防雨棚，以免雨水或淋水冲走种子。苗期要维持一定的温度和湿度。当幼苗长至 6 ~8 片时可移植到大田，苗期 40 天左右。

2. 定植

人参菜宜在雨后、阴天或晴天傍晚定植。人参菜根系分布浅，宜选择肥沃、保水保肥力较好的疏松沙壤土栽培。定植前深耕晒垄，每 667 平方米施土杂肥 2 000千克，1.7 米宽包沟起畦，株行距为 17 厘米 ×20 厘米，每 667 平方米植 5 000 ~6 000株。

3. 田间管理

人参菜喜湿润，在夏、秋季，蒸腾作用强，水分消耗大，应注意浇水，但应防止土壤积水，以免烂根。

人参菜营养生长期较短，施肥以氮为主，配施磷钾肥。如果土壤肥力贫瘠，应多施堆肥、厩肥等农家粪肥。种植后每周可追速效肥1次，一般每采收1次追肥1次，每667平方米施复合肥20千克。

早春气温较低，中耕可提高地温，使移植的幼苗迅速发棵。在高温季节，中耕可保肥蓄水。定植后追施第1次肥时，结合中耕，以后可在采收后结合追肥进行。人参菜采收期长，夏季易受雨水冲刷，一般每个月培土1次。

人参菜营养生长期短，极易抽薹开花。在植株成活后，主枝花薹木质化前摘除花薹，可促使侧芽萌发。当侧枝再分化二级分枝时可视植株生长状况去除花序或采收部分产品。

4. 采收

人参菜以采收嫩茎叶为主，以嫩梢15～20厘米长时采收品质较好。一般直播苗45天左右可采收，移植苗在22天后可陆续采收，以后每隔15天采收1次。

5. 病虫害防治

人参菜抗性强，较少受病虫危害，其主要虫害有地老虎、斜纹夜娥等，可用20%灭扫利乳油1 000倍液或20%速灭杀丁乳油2 000倍液喷雾防治。

第九节　冬寒菜

冬寒菜别名冬葵、冬苋菜、葵菜、滑菜等，为锦葵科锦葵属一、二年生草本植物。冬寒菜原产亚洲东部，我国以东北、华北和长江流域等地栽培较多。冬寒菜以幼苗、嫩梢或叶片供食用，营养十分丰富，每100克产品中含有蛋白质3.1克、脂肪0.5克、粗纤维1.5克、碳水化合物3.4克、胡萝卜素8.98毫克、维生素$B_1$0.13毫克、维生素$B_2$0.30毫克、维生素C55毫克、钙315毫克、磷56毫克、铁2.2毫克，冬寒菜还含有效的中药成分黏液质和锦葵酸等，其性味甘寒，具有清热、滑肠的作用。

一、植物学特征

冬寒菜株高30～90厘米，根系发达，茎直立。嫩梢采摘后分枝力强，每个叶腋均可发生分枝。叶互生，具长柄，叶片圆扇形，叶面微皱缩。基部心脏形，掌状，有近三角形锯齿。

花簇生于叶腋，淡红色或紫白色。果实为蒴果，扁圆形。种子细小，淡棕色，扁平肾脏形。

二、对环境的要求

冬寒菜喜冷凉湿润的气候，能耐轻霜。8℃以上，种子开始发芽，发芽适温25℃左右，茎叶生长适温15～20℃，30℃以上高温和干旱时植株生长不良，叶片变小，组织硬化。夏季播种常自行“化苗”死苗，故夏季不宜栽培。需肥量大，以氮肥为主。对土壤要求不严。

三、类型与品种

冬寒菜有两个变种，即紫梗冬寒菜和白梗冬寒菜。紫梗冬寒菜茎绿色，节间和叶片主脉及叶脉基部的叶肉均为紫褐色，叶柄短，叶片大而厚，叶面皱。生长期长，花期较晚，如重庆的大棋盘、福州的紫梗冬寒莱。白梗冬寒菜茎绿色，叶片小且薄，叶柄稍长，茎和叶都披白色细茸毛，较耐热，适作早熟栽培，如重庆的小棋盘、福州的白梗冬寒菜。

1. 大棋盘冬寒菜

晚熟，生长势强，不易抽薹，不耐热，耐寒力、耐肥力强；叶面较皱，有绒毛，叶柄较短；叶大肥厚，味鲜美，品质好。

2. 小棋盘冬寒菜

早熟，不耐热，不耐旱，生长势稍弱，枝叶形态与大棋盘相似；叶柄较长，叶片较薄，品质好。

四、栽培方式

冬寒菜性喜冷凉，秋播收获期长，高产优质，一般以秋播为主，也可春播。秋播以9月上旬至10月下旬为适应期，春播于2月进行，过迟遇高温则生长不好。

五、栽培技术

1. 整地

北方地区一般做成平畦，畦宽1.3米左右，南方多雨地区可制成高畦。对于多次采收嫩梢的，要施足基肥。

2. 播种

一般多用直播法，可撒播或穴播。穴播株行距25厘米左右，每穴播4~5粒，穴播每667平方米约需种子250克，撒播每667平方米需种子0.5~1.0千克。

3. 定植

根据采收要求不同，定植密度也有所不同，以采收幼苗为目的的，可适当密植，15厘米见方为宜，多次采收嫩梢的，以25厘米见方为宜。

4. 田间管理

冬寒菜需肥量大，冬季收割需及时追肥，但因生长缓慢，植株小，施肥不宜过多。春暖后生长旺盛，随着不断割收，需肥量增加，应每割收1次施足量浓肥1次。

一般苗高18厘米时开始割收，冬季可留桩4~7厘米，在4~5茎节以上割收，春季贴地面留2~3个侧芽割收，每7天割收1次。

5. 病虫害防治

根腐病防治方法：播种前用占种子重量0.5%的60%防霉宝超微粉拌种，并密封闷种数天后播种；用10%双效灵水剂300倍液，或60%琥乙磷铝可湿性粉剂500倍液灌根或喷雾。

病毒病防治方法：及时拔除病残株；及时防治跳甲及螨类；发病初期喷洒5%植病灵乳剂1000倍液防治。

第十节　菜用黄麻

菜用黄麻又名叶用黄麻、埃及野菜等，为椴树科黄麻属一年生草本植物。菜用黄麻以嫩茎叶为食用部位，质地爽脆、软滑，营养价值高，每100克食用部分含维生素A 5.25毫克，维生素B_2 24.95毫克，维生素E 0.03毫克，维生素C 73.2毫克，钾561.8毫克，钙397.8毫克，磷102.9毫克，铁4.14毫克。由于其高钙、高钾，低钠，具有改善体虚、消除疲劳的作用，是一种营养丰富的新兴蔬菜。

一、植物学特征

菜用黄麻须根多，丛生性强。茎部外皮纤维环抱，韧性强，中有木质部，色白质轻。叶片为长椭圆形，互生，叶色深绿，端尖，叶脉三出，为明显之淡绿色，叶缘有细锯齿，叶柄长约4厘米，绿色。叶下常开黄色小花，单瓣，完全花，花瓣5，雌蕊1，雄蕊多数，花梗短。蒴果，长圆筒形，有纵裂凹沟。种子青绿至灰褐色，每荚五裂，千粒重约1.6克。

二、对环境的要求

菜用黄麻喜高温干燥的气候条件。种子发芽适温20～30℃，茎叶生长适温22～30℃，能耐38℃高温，不耐寒，15℃时即停止生长，遇霜枯死。叶用黄麻为短日照植物，低温短日促使提早开花影响生长。叶用黄麻既耐旱又耐涝，但在湿润条件下生长好。对土壤适应性广，但以疏松、肥沃、排灌良好的壤土最适宜。需肥量多，宜氮、磷、钾和微量元素配合施用。

三、栽培方式

露地栽培：南北方均可露地栽培，南方温度高、湿度大、无霜期长或整年无霜，较适合叶用黄麻生长，产量高。北京地区可3月育苗，5月1日前后定植，6～10月收获。

保护地栽培：菜用黄麻为高温类短日照蔬菜，故而北方真正的冬季生产是比较困难的。一般温室生产只作提前或延后性栽培。日光温室可以2月种植，4月份可以收获。

四、栽培技术

1. 整地

菜用黄麻一般都作多次采收的长期栽培，故而应施充足的肥料，每667平方米施腐熟有机肥5 000千克，与土壤充分混合，南方可做成120厘米宽的高畦，北方做成平畦。

2. 播种

整地做畦后，种子直接播种于畦中央，每穴4～5粒、株距以80厘米为宜，不可太密，否则易徒长，小苗长至15厘米时予以间拔，保留1～2株。直播或定植后即应灌水，每周灌水1～2次，促进生长。

也可以于3～4月间育苗，营养钵育苗、穴盘育苗、平地育苗均可。苗龄约30～40天，小苗长至10～15厘米，就可移植田间。育苗定植，可提高成活率，节省工时，提早收获。

3. 田间管理

生长前期应注意及时中耕除草，提高地温，促进生长。小苗长至15厘米时，应行早期摘心，促进侧芽生长并随即施用追肥，每667平方米施用尿素

10 千克，小苗逐渐长大，形成 3 ~ 5 枝侧芽，长至 30 厘米高时，再进行第二次摘心及施用追肥，每 667 平方米施用尿素 15 千克，采收期间每收一次追施一次肥料。

菜用黄麻于第二次摘心后 10 ~ 15 天，嫩芽长至 20 厘米时就可开始收获，采摘长度约 15 厘米最佳，所采嫩梢以颜色淡绿、尚未变红、用手可轻易摘下为度。

第十一节　番杏

番杏又称新西兰菠菜、洋菠菜等，为番杏科番杏属一年生或多年生蔓性草本植物，原产澳大利亚、新西兰、智利、东南亚等地，主要分布在热带。每 100 克食用部分含蛋白质 1.5 克，脂肪 0.2 克，维生素 A 4 400国际单位，维生素 B_1 0.04 毫克，维生素 B_2 0.13 毫克，维生素 C 30 毫克，钙 58 毫克，磷 28 毫克，铁 0.8 毫克。番杏全株可入药，味甘微性辛，性平。具有清热解毒，祛风消肿，凉血利尿的功效。治肠炎、败血病、疔疮红肿、风热目赤、解蛇毒等症，并有抗癌的作用。

一、植物学特征

番杏分枝性能强，生长快，每叶腋均能生长侧枝。打顶后温度适合情况下，大约 15 天侧枝即能达到采收标准。茎匍匐生长，叶呈三角形，互生。叶肉厚，每叶腋着生黄色小花，不具花瓣。子房下位，果实为坚果，菱角形，似菠菜，内有种子数粒，千粒重 85 ~ 100 克。

二、对环境的要求

番杏耐热、耐寒，种子发芽适温为 25 ~ 28℃，适宜的生长温度为 15 ~ 25℃。在 30℃下可正常生长，能耐 1 ~ 2℃的低温。耐旱，但不耐涝，土壤湿度长期过高，植株生长不良。番杏是长日照作物。其茎叶的生长对光照强度的要求不严格，在强光和弱光下，均可良好生长。番杏对土壤的要求也不严格，各种土壤中都可以生长，但在肥沃的土壤或沙质壤土上，茎叶肥大，品质好，产量也高。番杏需要最多的是氮肥，其次是钾肥。

三、栽培方式

北京地区无霜期内可进行露地栽培，大棚栽培能提前和延后。夏季防强光，防雨防涝，节能口光温室可四季栽培，以保证周年供应。

四、栽培技术

1. 整地

番杏生长期长，应施足基肥，每667平方米施5 000千克有机肥，做畦浇水要方便，排水也要好。如有喷灌设施，可考虑用平高畦。

2. 播种

番杏可直播，也可育苗移栽。育苗可采用穴盘或营养钵育苗，可减少伤根，育苗可节省种子，又能提前播种，成活率高。

北京地区露地直播在4～5月随时播种，但提早播种更能发挥效率，可在3月中旬育苗，4月中下旬定植。节能日光温室可四季播种。1.3米畦两行定苗，株距30厘米，株距40厘米。

3. 田间管理

番杏果皮较硬，出苗慢，春季干旱时需注意浇水。育苗移栽者，因番杏根系再生能力弱，缓苗很慢，因此也要及时补水，促进缓苗。播种定植晚，光照强，干旱时要及时浇水，以防诱发病毒病。植株加速生长时要保持土壤湿润，植株生长茂盛，注意不要过湿，应见干见湿，过于湿润易腐烂，夏季注意排涝。

田间管理主要以追施化肥为主。苗期少施，旺盛生长期可视情况追施化肥。

番杏因肥水条件好，生长更加旺盛，很快占满田间，内部通风不良，可考虑适当稀疏畦间茎蔓，以利通风。

植株缓苗后，进入旺盛生长期，当株高20厘米时，就可采收嫩尖，侧枝10～15天就会生长出来。露地栽培，番杏老叶子粗糙，没有滑嫩的感觉，不堪食用。保护地栽培因光照弱，品质较嫩。

第十二节 罗勒

罗勒又名九层塔、毛罗勒、五香薄荷、巴西香草等，为唇型科罗勒属一年生草本植物，原产非洲、美洲和亚洲的热带地区。每100克鲜嫩梢中含水分88.4克，还原糖0.74克，蛋白质3.77克，纤维素3.86克，胡萝卜素2.464毫克，维生素C 5.3毫克，钾576毫克，钠5.69毫克，钙285毫克，镁106毫克，磷65.3毫克，铜0.91毫克，铁4.42毫克，锌0.523毫克，锶1.36毫克，锰0.68毫克，硒1.07微克，还含芳香油、罗勒烯、芳樟醇、丁香油酚甲醚和糠醛等成分。罗勒有消暑解湿、消食开胃的功效。

一、植物学特征

罗勒全株被稀疏柔毛，多分枝，茎紫色或青色。花茎为钝四棱形。叶对生，全缘，卵圆形或椭圆形，叶柄较长。花在花茎上分层轮生，每层有苞叶2枚，花6枚，成轮伞花序，组成下部间断上部连续的假总状花序。花萼筒状，宿萼，花冠唇形，白、浅红或紫色，雄蕊4枚，柱头1枚，每花能形成小坚果4个，坚果黑褐色，椭圆形，千粒重2克左右。

二、对环境的要求

罗勒性喜温暖的气候，要求土壤湿润，耐热、耐阴、怕涝、耐瘠薄、耐旱，适应性强。栽培在土层深厚、疏松、富含有机质的壤土中生长最佳。

三、类型与品种

1. 甜罗勒

栽培、使用最为广泛，目前大宾馆、饭店用得最多，并需周年供应，叶卵圆形，先端尖锐，叶表面有皱褶，有温性香辣的丁香气味。

2. 丁香罗勒

也称东印度罗勒。我国河南、湖北、安徽民间用量最大，有浅淡的薄荷和香料的味道。

3. 柠檬罗勒

叶片具有柠檬香味，白花，绿叶，做酱汁、鸡肉时常用。

4. 希腊罗勒

叶比较小，卵圆形，花白色或粉红色，株形圆且紧凑，香味适中，比甜罗勒耐寒。

5. 紫罗勒

叶片大，卷曲皱褶，叶缘具齿，叶子延中脉上折，茎红色。叶用来泡酒，是民间的滋补品。

6. 紫红罗勒

叶暗紫红色，叶片小，平展，茎为红色，花浅粉红色，香味适中，是制作绿酱汁的基本原料。

7. 莫法式罗勒

茎为紫色，叶为绿色，叶有混合香料味，为马来西亚、印度菜的调味佳品。

8. 皱叶罗勒

叶片大而表面皱褶，稍有质感，多与大蒜、番茄、胡椒、鱼、蛋一起烹调，味道鲜美。

四、栽培方式

北方春、夏、秋季可在露地栽培生长。一般春季栽培，夏季收获。保护地内可常年栽培。为保证周年供应，可以温室内周年栽培，也可以与露地栽培结合起来。为接上露地供应，温室内可以 8 月份播种，冬季和春季供应市场。

五、栽培技术

1. 整地

整地前每 667 平方米施 2 000千克腐熟有机肥作底肥，深翻耕平，做成长 8 ~10 米、宽 1.2 ~1.5 米的高畦或平畦。

2. 播种

罗勒栽培多用撒播法。为了播种均匀，播前最好用种子重量 2 倍的细土或细沙与种子混匀后再撒播。播后压实畦面，浇足水，及时扣上地膜保湿、保温，促进出苗。播后 3 ~5 天出土，当子叶展开后，间去双株苗，并拔去杂草，干旱时及时浇水。

3. 田间管理

根据天气及土壤墒情进行浇水追肥。一般是生长中、后期结合浇水追肥 1 ~2 次，追肥以氮肥为主，每次每 667 平方米施尿素 15 千克。此外，当苗高 6 ~7 厘米时定苗，株行距以 20 厘米见方为宜。

4. 采收

罗勒以采收嫩茎叶为主，一般在间苗时即可拔食幼苗。当主茎高 20 厘米以后，开始采摘幼嫩茎叶。

第十三节　苣荬菜

苣荬菜又名苦荬菜、苦菜、奶浆菜等，为菊科苦苣菜属多年生草本植物。苣荬菜是一种普遍生长的山野菜，所含营养丰富，每 100 克嫩茎叶含水分 88

克、蛋白质3克、脂肪1克、胡萝卜素4.36毫克、维生素B_2 0.27毫克、维生素C 33毫克，还含有维生素P、维生素K以及多种无机盐。苣荬菜含有17种氨基酸，其中8种为人体所必需的氨基酸，而以精氨酸、谷氨酸、组氨酸的含量最高，占总量的43%。全草入药，味苦、性凉，具有清热解毒、开脾健胃、清心明目、凉血利湿、消肿排脓、祛痰止痛、补虚止咳的功效。

一、植物学特征

苣荬菜茎中空，外有棱条，茎无毛或上部有腺毛。叶羽状深裂，无毛，绿色，边缘有不整齐的刺状尖齿，干旱时叶片边缘呈紫色，叶下部叶柄有翅，抱茎生长。折断的茎叶可渗出白色浆汁。头状花序，在茎顶上又排成伞房状，总苞钟状，暗绿色，花冠舌状，黄色，两性。瘦果，椭圆形。

二、对环境的要求

苣荬菜喜温暖的气候，较耐寒，在地温10～15℃的条件下根芽即可出土，叶片生长旺盛。喜湿，土壤水分充足时，生长良好，叶片脆嫩，干旱时品质差。对土壤要求不严格，以种植在肥沃、疏松、保水保肥力强的壤土中易获得高产。

三、栽培方式

苣荬菜是一种早春生长的野菜，人工栽培一年四季皆可进行。栽培方式有两种，一是移根；二是播种繁殖。苣荬菜可多次采收，一年栽种，连年受益。

四、栽培技术

1. 整地

选择地势较高，土壤疏松、肥沃的壤质田块，每667平方米施腐熟有机肥2 000千克，深翻20～25厘米，耕耙均匀，做成1.2米的平畦或苗床，四周开好排水沟。

2. 育苗

4月初挖取野生苣荬菜的根茎，截取5～10厘米的短节。采集的根茎要及时栽植。栽植时按3～5厘米的行、株距顺序摆于床面上，覆土浇定根水即可。

播种繁殖在秋季8月下旬至9月上旬，采集成熟的苣荬菜种子，种子变褐色即为成熟期。播种采用条播，畦床按8～10厘米的行距开沟，沟深约2

厘米。苣荬菜的种子比较细小，可用3倍种子的细沙或草木灰拌匀，均匀撒入沟内，覆一层细土，浇透水。播后畦面覆盖塑料薄膜保湿。2~3片真叶时，间苗，保持株距3~5厘米。

3. 田间管理

一般需要中耕3~4次。第一次中耕可深些，以利于促进根系伸展，以后随着地下茎匍匐延伸生长，中耕宜浅，避免损伤根茎。大雨过后，要加强排涝，防止烂根。

苣荬菜喜湿润，生长期要经常保持土壤有足够的水分，天气干旱时及时浇水灌溉，否则产品品质变劣。肥料供应以氮肥为主，每采收3~4次追肥一次，以促进植株萌发新株。

当嫩苗长至8~10厘米时，从苗基部割取，一年可采收3~4次；采摘嫩梢者，可保留基部的3~4片叶采摘梢部，待萌发新株后又可再采摘，如果肥水及病虫害管理得当，再加以保护设施保温越冬，可连续周年采收。

第十四节 荠菜

荠菜又名沙荠、地菜花、菱角菜、护生草等，为十字花科荠菜属一二年生草本植物。荠菜原产我国，分布很广，自古野外采集作菜食用，现为人工栽培。荠菜以嫩茎叶供食，味鲜爽口，营养丰富，每100克食用部分中含蛋白质5.2克、脂肪0.4克、碳水化合物6克、粗纤维1.4克、胡萝卜素3.2毫克、维生素B_1 0.14毫克、维生素B_2 0.19毫克、维生素C 55毫克、钙420毫克、磷73毫克、铁6.3毫克，以及钾、镁、钠、锰、锌、铜等无机盐及其他维生素等。荠菜药用价值高，全草可入药，有利尿、止血、清热及明目等药用功能。荠菜耐寒性强，稳产高产，生长期短，一年可多次栽培，周年供应。

一、植物学特征

荠菜植株矮小，茎直立，根为直根系，分布土层较浅。基生叶丛生，呈莲座状，叶羽状分裂，顶端裂片较大，叶片有毛，叶柄有翼。总状花序，顶生或腋生，花型小，白色，为两性花。短角果，扁平呈倒三角形，内含2行种子，长椭圆形，浅棕色，千粒重0.09克。

二、对环境的要求

荠菜属耐寒性蔬菜，喜冷凉的气候条件，其耐寒能力强，可忍耐短时间的

-5℃低温，在2~5℃低温条件下，荠菜10~20天通过春化，抽薹开花。种子发芽适温20~25℃，生长适温12~20℃，气温低于10℃，高于22℃，其生长缓慢，高温时生长受阻。生长期中需要充足的水分供应，最适宜的土壤湿度为30%~35%，亦需要充足的光照条件。

三、类型与品种

1. 板叶荠菜

又称大叶荠菜，为上海地方品种。叶片浅绿色，遇低温时叶色深绿。叶片大而厚，叶缘羽状缺刻，叶面稍见绒毛。耐寒又耐热，早熟，产量较高，商品性亦好，播种后40天可以收获，但冬性弱，抽薹开花早，春播易抽薹；不宜在春天播种。

2. 花叶荠菜

又名散叶荠菜、小叶荠菜。叶片深绿色，短而且薄，叶缘羽状深裂。抗寒力中等。但耐热、耐旱，冬性强，抽薹开花较晚，春播不易抽薹，其味鲜，香味浓，品质好，生长慢，产量低，生产上栽培少。

四、栽培技术

1. 整地

荠菜宜选肥沃疏松的土壤栽培。荠菜植株生长旺盛，叶片肥厚，产量高，品质好，而且开花亦迟，需要充足肥水。因其种子小，要精细整地，耕翻碎土，整细整平，结合施入腐熟的有机肥，前茬作物春播以大蒜，秋播以番茄、黄瓜的茬口最适宜，忌连作。

2. 播种

可春播、早秋播、晚秋播或冬季及早春覆盖栽培，周年生产供应，春播从2月下旬直到4月下旬都可播种；秋播从7月下旬直至10月上旬均可播种，露地以晚秋栽培为主，不易抽薹，采收期长，产量高，品质好。以8月和9月份最好，可连片种植，亦可以间、套种。

荠菜种子成熟后，在自然条件下有休眠期，秋季才萌发，播种前种子要进行适当处理。种子处理的方法用泥土堆积法将荠菜种子放在花盆里，用河泥封好，置于阴凉处，7月下旬取出播种，3~4天后可出苗。低温处理，可用2~7℃冰箱催芽，亦可将种子与细砂拌和，放在2~10℃条件下，经7~9天取出播种，4~5天可齐苗。

3. 田间管理

播种后生长期中应注意肥水管理，除施足基肥外，生长期中要追肥3～5次，出苗后幼苗2叶期追清粪水1次；采收前7～10天进行第二次追肥；每采收1次后应追肥1次。结合追肥进行灌溉，可小水勤浇，保持土壤湿润，冬前应控制浇水，以利安全越冬。

从播种至采收30～50天，出苗后30天，植株具10片叶为采收适期。

第十五节 苋菜

苋菜又名米苋等，为苋科苋属一年生草本植物。苋菜原产中国、印度及东南亚等地，中国长江以南栽培较多。苋菜以幼苗或嫩茎叶为食用部分，其营养丰富，每100克可食部分含蛋白质1.8克、脂肪0.1克、碳水化合物3.4克、膳食纤维1.1克、灰分1.2克、胡萝卜素3.26毫克、核黄素0.09毫克、尼克酸0.7毫克、抗坏血酸44毫克、钾259毫克、钙197毫克、镁124毫克、铁2.8毫克、锰0.18毫克、锌0.66毫克、铜0.08毫克、磷51毫克和硒0.88微克。

一、植物学特征

苋菜主根发达，深入土中，耐旱。苋菜茎肥大而质脆，苋菜的叶形有圆形、卵圆形、宽披针形及卵状菱形等。叶色有淡黄绿色、青绿色、红色、紫色等。叶面平滑或有皱缩。茎部有的粗壮少分枝，有的分枝性强。花序腋生及顶生，顶生者常呈穗状。种子黑色有光泽。

二、对环境的要求

苋菜性喜温暖，耐热力较强，不耐寒冷。生长适温23～27℃，20℃以下生长缓慢，温度过高，茎部纤维化程度高。10℃以下种子发芽困难。苋菜是一种高温短日照作物，在高温短日照条件下极易开花结籽。在气温适宜，日照较长的春夏栽培，抽薹迟，品质柔嫩，产量高。苋菜对土壤适应性较强，以偏碱性土壤生长较好。苋菜具有较强的抗旱能力，但水分充足时，叶片柔嫩，品质好。苋菜不耐涝，要求土壤有排灌条件。另外土壤肥沃有利获得高产。

三、类型与品种

苋菜依叶形可分为圆叶种和尖叶种。圆叶种叶圆形或卵圆形，叶面常皱缩，生长较慢，成熟期较晚，但产量高，品质好，开花抽薹晚。尖叶种叶披针形或长卵圆形，先端尖。植株生长较快，早熟，但产量低，品质较差。苋菜一般以叶的颜色分为绿苋、红苋、彩苋 3 种。

1. 绿苋

叶和叶柄绿色或黄绿色，叶面平展，株高 30 厘米左右，口感较硬，耐热性较强，适于春季和秋季栽培。

2. 红苋

叶片、叶柄及茎均为紫红色。叶面微皱，叶肉厚。食用时口感较绿苋绵软，耐热性中等。适于春秋栽培。

3. 彩苋

茎部绿色，叶边缘绿色，叶脉附近紫红色，或在叶片上半部或下部镶嵌有红色或紫红色的斑块。叶面稍皱，株高 30 厘米左右。早熟，耐寒性较强，春播约 50 天采收，夏播约 30 天采收，适于早春栽培。

四、栽培方式

苋菜为喜温耐热蔬菜，从春季到秋季的无霜期内都可栽。春播抽薹开花较迟，品质柔嫩。夏秋播种较易抽薹开花，品质老，华北及西北地区露地 4 月下旬至 9 月上旬播种，5 月下旬至 10 月上旬采收，生长期 30 ~ 60 天。

苋菜为叶菜类，生长快，因此可在塑料大棚或节能日光温室春、秋、冬栽培；塑料小棚春、夏、秋栽培。苋菜生长期短，植株较矮，适于密植，可在主作物茄果类、瓜类和豆类蔬菜中间间作或边沿种植，充分利用土地，提早供应。

五、栽培技术

1. 整地

选择地势平坦、排灌方便、杂草较少的地块。采收幼苗、嫩茎和叶的一般撒播，播种前耕深 15 厘米，每 667 平方米施腐熟有机肥 2 000千克。

2. 播种

播种前要浇足底水，水渗下后，撒底土，再播种。早春播种，气温低，出苗差，播种量宜大。晚春或晚秋播种。夏季及早秋播种，气温较高，出苗快且好。以采收嫩茎为主，要进行育苗移栽，株行距 30 厘米。

3. 田间管理

春播苋菜，由于气温较低，播种后 7 ~ 12 天出苗，夏秋播的苋菜，只要

3～5天出苗。当幼苗2～3片真叶时，进行第一次追肥；12天后进行第二次追肥；当第一次采收苋菜后，进行第三次追肥；以后每采收一次，应追一次肥，每次每667平米施尿素10千克。春季栽培的苋菜，浇水不宜过大。夏秋季栽培时要注意适当灌水，以利生长。加强肥水管理是苋菜高产优质的主要措施，水肥跟不上，幼苗生长缓慢，容易抽薹开花，产量低，品质差。

苋菜是一次播种，多次采收的叶菜。春播苋菜在播后40～45天，株高10～12厘米，具有5～6片真叶的开始采收。

4. 病虫害防治

苋菜生长健壮，抗逆性强，病虫害较少。主要病害是白锈病，可用25%甲霜灵可湿性粉剂对水800倍喷施。蚜虫用2.5%功夫乳油对水2 000倍进行防治。

白菜类

第一节　京水菜

京水菜别名水菜、千筋菜等，为十字花科芸薹属白菜亚种一年生或二年生草本植物。京水菜以柔嫩的嫩叶及白色叶柄供食用，其营养丰富，每100克食用部分含蛋白质1.529克、纤维素0.672克、维生素C 41.51毫克、还原糖0.27克、干物质6.03克、可溶性固形物2.44克、总酸0.048克、钙166毫克、镁15.09毫克、铁2.64毫克、锌1.53毫克、锰0.27毫克。

一、植物学特征

京水菜浅根系，须根发达，再生能力强。茎在营养生长期为短缩茎，茎基部具极强的分枝能力，每个叶腋均能发生新的植株。叶片羽状深裂，叶浅绿色，有光泽，光滑，叶柄长，有浅沟。花序为复总状花序，完全花，花冠黄色，花瓣4片，十字形排列。果实为长角果，种子圆形，黑色至红褐色，千粒重约1.7克左右。

二、对环境的要求

京水菜喜冷凉温和的气候，茎叶生长适温18～22℃。植株较耐寒，在10℃以下生长缓慢，地上部分能耐－3℃的低温，但不耐高温，在30℃下生长不良。京水菜为喜光植物，在阳光充足条件下生长旺盛。京水菜对土壤的要求不严格，喜肥沃、疏松、潮湿的土壤，对水分的要求较高，但不耐涝。

三、栽培方式

京水菜适宜于冷凉季节栽培，夏季高温期间种植产量和品质较差，尤其是在高温多雨季节植株易因腐烂而失收。在早春和秋、冬季露地栽培，生长速度快，以小苗上市。在春、秋季可育苗移植，掰收芽株或整株采收制作菜干。保护地栽培可将直播与育苗移栽相结合进行。

四、类型与品种

1. 早生京水菜

植株较直立，叶的裂片较厚，叶柄奶油色、早熟、适应性强，较耐热，品质柔嫩，口感好，适宜春、秋露地种植，也可在夏季冷凉地区种植。

2. 中生京水菜

叶片绿色，叶缘锯状缺刻，深裂成羽状，叶柄白色有光泽，分枝力强，单株重3千克左右，冬性较强，不易抽薹，耐寒性好，适宜北方地区冬季保护地栽培。

3. 晚生京水菜

植株开张度较大，叶片浓绿色，羽状深裂，叶柄白色柔软，耐寒力强，不易抽薹，分枝力强，耐寒性比中生种强，产量高，但不耐热，适宜冬季保护地种植。

五、栽培技术

1. 育苗

京水菜种子粒小，苗期生长缓慢，适宜育苗移栽。苗床应选择保水、保肥的肥沃壤土，播种前10天深翻晒垡，然后按10平米苗床施用充分腐熟有机肥10千克，磷酸二氢钾1千克，耕翻10～12厘米，耙平踏实。在苗床浇透水后，撒层过筛细土，然后播种，为防止秧苗徒长而形成高脚苗或弱小苗，播种不宜太密，每平方米苗床播种0.5克左右为宜，然后覆盖过筛细土0.5厘米。播后保持床温25℃以下，并保持畦面湿润。如温度过高，中午应覆盖遮阳网，并顺沟浇水，创造一个阴冷湿润的环境。出苗后适宜温度白天18～20℃，夜间8～10℃。苗龄30天左右，有6～8片真叶，叶色深绿，根系发达即可定植。有条件可以采用穴盘育苗方法，根系发育好，成活率高，有利于培育壮苗。

2. 定植

定植选择前茬不是十字花科作物的地块，每667平方米施入充分腐熟有机肥2 000千克以上，施用有机肥后，耕翻耙细整平，做成宽1.3米、长8米的平畦。

定植时间以下午或傍晚为宜，避免气温过高或日灼萎蔫。以采收嫩叶及掰收分生小株的栽培密度大些，行距30厘米，株距20厘米。若一次性采收大株的密度小些，行距40厘米，株距30厘米。

3. 田间管理

定植后2～3天宜再浇1次缓苗水，以保持小苗不萎蔫。然后中耕蹲苗15天左右。待心叶变绿，再开始浇水，以后根据天气和墒情浇水，一般每隔5～10天浇1水，常保土壤湿润。

缓苗后应再追施1～2次肥，每次每667平方米穴施氮、磷、钾三元复合肥20千克，结合浇水进行。生长期间叶面喷肥2～3次。

京水菜植株脆嫩，叶柄易折断，采收时应避免伤及叶柄，一般整株拔起，去掉根系，清洗掉田间余泥及残叶，包装即可上市。

4. 病虫害防治

京水菜易受黄曲条跳甲危害，在高温下，也会发生软腐病。植株长大后可用40%乐斯本乳油1 000～1 500倍液等防治。京水菜生长期短，病虫害防治宜在早期进行，以不影响正常采收。

第二节　菜心

菜心又名菜薹、菜尖等，为十字花科芸薹属白菜亚种的一个变种。菜心原产中国，是中国华南地区的特产蔬菜之一，成为出口外销的名贵蔬菜之一。菜心是以幼嫩的菜薹和嫩叶为产品供食，其质地柔嫩，清香可口，营养丰富，每100克鲜菜心中含蛋白质1.3克、碳水化合物2.5克、维生素C 34～39毫克，以及钙、磷、铁等矿物质。菜心生长期短，植株生长的速度快，从播种到采收供应只需1个月左右，可分期播种、分批采收、周年栽培。

一、植物学特征

菜心主根不发达，须根多，移栽易成活。植株直立或半直立，茎短缩，绿色。叶片宽卵圆形或椭圆形，叶色有深绿色、绿色和黄绿色。叶缘波状，基部有裂片，有的叶翼延伸，叶脉明显。花薹绿色，薹叶卵形或披针形，有短柄或无柄。总状花序，花黄色。种子细小，圆形，褐色或黑褐色，千粒重1.5克左右。

二、对环境的要求

菜心最适宜生长的温度为15～25℃。光照的长短对菜心抽薹开花影响不大，但菜心整个生长发育过程都需要较充足的阳光。菜心对土壤的适应性较广，但以保水、保肥力强，有机质多的壤土或砂壤土最适宜。菜心在整个生长期中，除施足基肥外，应多次追肥，尤其是植株现蕾前后肥水充足，可促进菜薹形成；菜薹采收后，应及时供应肥，以促进侧薹形成，提高产量。

三、类型与品种

1. 早熟种

对温度的反应敏感，较耐热，对低温敏感，温度稍低易提早抽薹。生长发育快，抽薹早。菜薹较小，腋芽萌发力弱，以采收主薹为主。产量低，耐热性亦较强。主要品种有：急早心、四九菜心、萧岗菜心、黄叶早心、黄柳叶早心、农林早心、青柳叶早心、油叶早心、吉隆坡菜心和桂林柳叶早菜花等。

2. 中熟种

对温度的反应基本上和早熟种相同，较耐热，遇低温易抽薹。但发育稍慢，生长期稍长，为 60 ~ 90 天。腋芽有一定萌发力，主薹、侧薹兼收，以主薹为主，菜薹质量高。主要品种如黄叶中心、大花球中心、青梗中心、青柳叶中心、桂林柳叶中菜花、石牌菜心等。

3. 晚熟种

对温度要求较严格，不耐热，发育慢，生长期亦长，为80 ~ 90 天。腋芽萌发力强，主薹、侧薹兼收，采收期长，产量较高。主要品种有：青圆叶迟心、青梗大花球、黄梗大花球、青柳叶迟心、三月青菜心、桂林晚菜花、80 天菜心、黄尾迟心、迟心 2 号、迟心 29 号、杂交菜心等。

四、栽培方式

长江以北地区春、夏、秋季栽培。长江流域和华南地区在夏季及秋季之间可安排栽培早熟品种，秋季栽培中熟品种，晚熟品种宜安排在冬季栽培。

五、栽培技术

1. 整地

不宜连作重茬，应择非十字花科作物的茬口种植。要求排水良好，地下水位低，富有机质的田块。每 667 平方米施用腐熟有机肥 2 000千克，作宽 1.5 米的平畦，多雨季节宜用窄畦高畦以利排水。

2. 育苗

菜心可直播，亦可育苗移栽，但以育苗移栽的效果好。苗期一般在 20 ~ 30 天，要根据不同品种的特性适期播种，早熟种和中熟种因对温度的反应较敏感，发育又快，苗期应防止早发育；而晚熟品种因对温度的要求严格，不宜提早播种育苗，否则苗期发育不好，很难适时转入生殖生长。冬季和冬春育苗应防止过早发育，先期抽薹。

3. 定植

幼苗4~5片真叶时定植最为适宜。夏季栽培早熟品种或中熟品种，又以采收主薹为主的，生长期短，植株小，可以密植，株行距13厘米×16厘米，春秋季栽培中、晚熟品种，气候适宜生长，植株较大，主薹和侧薹兼收，生长期长，宜稀植，株行距18厘米×22厘米。

4. 田间管理

定植后应查苗补苗确保全苗。生长期中适当灌溉，保持土壤湿度，并注意合理追肥。定植后2~3天，每667平米施淡粪水2 000千克，以促进活棵。以后视植株生长情况再追肥2~3次，在植株现蕾时或抽薹慢、菜薹又小时应重追肥。主薹、侧薹兼收的田块，应在大部分主薹已采收时追肥，以促进侧薹加快生长。

5. 采收

菜薹有主薹与侧薹之分，有采主薹，亦有主薹、侧薹兼收的。早熟种以采主菜薹为主，主薹采收后一般不发生侧薹。中晚熟品种主薹采收后，可继续抽生，采收侧薹2~3次。当菜薹长至高达薹叶尖，薹叶少而细，达到初花，并见有极少数花蕾初放时称为“齐口花”，为适宜采收期。

6. 病虫害防治

病害主要是病毒病、霜霉病、软腐病和菌核病。虫害以蚜虫、小菜蛾和菜青虫等，可参照白菜病虫害的防治方法，但用药剂防治应选用高效、低毒、低残留的药剂，并严格用药规范，严格控制用药间隔时间，以防菜薹污染。

第三节　紫菜薹

紫菜薹又名红菜薹，属十字花科芸薹属白菜亚种二年生草本植物，是白菜亚种的一个变种。紫菜薹原产我国，是我国长江流域的一种特产蔬菜。紫菜薹以花薹供食用，所含营养高于一般菜薹，每100克鲜菜薹中含蛋白质1.3~2.1克、脂肪0.3~4.2克、维生素C 66~68毫克和多种矿物质等。

一、植物学特征

紫菜薹主根不发达，须根多，根系较浅，再生力强。茎短缩，发生多数基叶。叶椭圆形或卵形，色绿或紫绿，叶缘波状，叶脉明显，叶柄较长，均为紫红色。花薹近圆形，紫红色。腋芽萌发力强，可萌发数条甚至数十条侧花薹。薹叶细小，茎部抱茎而生。总状花序，花黄色，长角果。种子近圆形，紫褐至黑褐色，千粒重 1.5 ~1.9 克。

二、对环境的要求

紫菜薹适于冷凉的气候，种子发芽的适宜温度为 25 ~30℃。幼苗以 20 ~25℃为适宜温度，15℃以下低温生长缓慢。菜薹发育以 15 ~25℃为宜，15℃以下生长缓慢，25℃以上发育不良。紫菜薹的发育对光照时间长短要求不严，但菜薹形成期要求强度充足的光照。紫菜薹对土壤要求不严格，但以保水保肥力强，疏松肥沃的壤土或砂壤土栽培最佳。土壤含水量应适当，不能干亦不能涝渍。

三、类型与品种

1. 早熟类型

不耐寒但耐热性较好，适于温度较高的季节栽培，温度稍低易早期抽薹。依叶形不同，又可分圆叶品种和尖叶品种，代表性品种有红叶大股子、绿叶大股子、尖叶子红油菜薹、红蜡菜薹等。

2. 中熟类型

品种如二早子红油菜薹、中红菜、尖叶蜡菜薹，大叶红油菜薹等，其耐热性比早熟类型差，又比晚熟品种较耐热，而冬性又不如晚熟类型品种。

3. 晚熟类型

有圆叶和尖叶之分。品种如胭脂红、阴花油菜薹、迟红菜、圆叶蜡菜薹等，耐热性较差，但耐寒性和冬性较强，不易早抽薹。腋芽萌发能力亦较弱，侧薹较少。

四、栽培方式

紫菜薹在整个生长期中要求前期温度较高，后期要求温度较低，以利于菜薹的发育，因此紫菜薹多行秋栽，南方冬暖地区还可以进行秋、冬季栽培。一般长江以北地区在 9 月阳畦播种育苗，10 月定植，11 月开始采收。长江流域各地早熟品种多在8 ~9 月露地播种育苗；晚熟品种则为 9 ~10 月播种育苗；中熟品种介于两者之间。播种过早，前期高温易发生病毒病和软腐病，且还延长了营养生长期；过迟，营养生长后期温度过低，营养生长不足，菜薹产量较低。

五、栽培技术

1. 育苗

培育壮苗是获得高产、优质菜薹的关键。苗床选择肥沃壤土或砂壤土，幼苗真叶展开后，分批间苗和追肥浇水，苗龄以25～30天，具5片真叶为宜。

2. 定植

紫菜薹对土壤的适应性较强，但以保肥保水好的土壤种植为宜。栽植前每667平方米施腐熟厩肥3 000千克，深翻整地，施足基肥。定植株行距一般为25厘米×30厘米，可根据不同品种而定。

3. 田间管理

定植缓苗后要及时追肥，以促进幼苗生长。以后在叶片旺盛生长和菜薹不断形成期要追肥充足。菜薹形成期还需保持比较湿润的环境，土壤过干，不但降低产量和品质，还易发生病毒病；过湿，则易感染软腐病。主薹长到30～40厘米，初花时为采收适期。

4. 病虫害防治

病毒病防治方法：苗期及时防治蚜虫；发病初期用1.5%植病灵乳剂对水1 000倍，每隔10天喷1次，连续喷2～3次。

软腐病防治方法：加强田间管理，避免土壤过湿；发病初期喷洒硫酸链霉素或新植霉素4 000倍液，每隔10天喷1次，连续防治2～3次。

第四节　友好菜

友好菜又称小菘菜、冬菜等，为十字花科芸薹属不结球白菜的一个变种，原产亚洲。友好菜以幼嫩的植株供食用，品质柔嫩，味道鲜美，营养价值高，每100克含蛋白质2.6克，维生素A 3 300毫克，维生素B_1 0.09毫克、维生素B_2 0.22毫克、维生素C 75毫克、钙290毫克、磷55毫克、铁3.0毫克、钠32毫克、钾420毫克。近年来友好菜成为日本销售量最大的蔬菜品种之一，是很有推广前途的特菜品种。

一、对环境的要求

友好菜喜冷凉的环境条件，种子发芽适温25℃左右。幼苗期对温度的适应性广，茎叶生长适宜温度18～25℃，超过25℃品质变差，夜间温度6～10℃为宜。友好菜喜光照，以中等光照条件下生长品质最佳。友好菜根系浅，喜湿润的土壤条件。友好菜生育期短，对土壤的要求不严格，除板结黏重的土壤外，一般地块均可种植，需氮、磷、钾平衡施肥。

二、品种类型

友好菜分为圆叶种和鞘叶种两种类型，一般圆叶种耐寒性较好，适合冬、春季节种植，鞘叶种耐热性较好，适合夏、秋季节温度较高的条件下种植。

三、栽培方式

北京郊区除了炎热的7月上旬至8月中旬外，周年均可栽培，冬、春寒冷季节在日光温室、小拱棚等保护地种植。温度适宜时全生育期25～30天。

四、栽培技术

1. 整地

前茬收获后，将植株残体和杂草清除干净，每667平方米施用腐熟细碎有机肥3 000千克，翻耕两遍，做成1.3～1.5米宽，8米长的平畦。

2. 播种

浇足底墒水，条播或撒播，覆土1厘米，为使发芽整齐，播后稍加镇压。低温期播种后覆盖地膜，有利于保温、保湿，促进早发芽，在苗出土时及时揭去。

3. 田间管理

第1片真叶展开时，将密集苗除去，第3片真叶时定苗，行距10厘米左右，株距6～8厘米为宜，适当密植可以促进发育和使叶片柔嫩，提高产品质量。在2～3片真叶时开始浇水，要勤浇、轻浇，具体时间根据土壤和天气情况而定。

如果底肥施足可不追肥，若不足可在3片真叶时结合浇水开沟每667平方米施尿素10千克，

当植株有6～7片真叶，株高22厘米左右时即可采收。

4. 病虫害防治

蚜虫喷施生物农药“护卫鸟”800倍液防治。菜青虫喷施生物农药“百草一号”1 000倍液防治。

茄果类

第一节　彩色甜椒

彩色甜椒为茄科辣椒属一年生草本植物，原产中南美洲的墨西哥等地。我国在20世纪90年代从荷兰、以色列、美国等国家引入。彩色甜椒果型大，果肉厚，色泽艳丽多彩，又称为“七彩甜椒”。彩色甜椒口感甜脆、营养价值高，其维生素C和矿物质含量比普通甜椒高40%以上。

一、植物学特征

彩色甜椒根系浅，抗逆性差，既不耐旱，又怕涝。甜椒的茎属无限生长分枝习性，在植株分杈处生长第1朵花，之后再不断发生两杈分枝而不断着花，即两杈变四杈，四杈变八杈。叶为单叶互生，叶面光滑无缺刻，外端渐渐地变尖。花为两性花，为常异交授粉作物。甜椒种子短肾形，扁平，浅黄，有光泽，千粒重12克左右。

二、对环境的要求

彩色甜椒喜温怕霜，种子发芽适宜温度为25～30℃；苗期要求白天25～30℃，夜间18～20℃，温度过高影响花芽分化；营养生长期适宜温度20～30℃，夜间15℃左右；开花结果期白天25～28℃，夜间13～15℃；地温在17～26℃适宜彩色甜椒的根系生长。彩色甜椒属于中光性作物，一般只需中等强度的光照。彩色甜椒喜湿润的土壤条件，土壤最大持水量80%左右为宜。彩色甜椒喜中性和微酸性的土壤，尤以土层深厚、疏松、富含有机质的轻壤土最佳。需肥量大，除氮、磷、钾外还需要适量的钙、镁、锌、锰和铜等微量元素。

三、类型与品种

1. 红水晶

北京北农西甜瓜育种中心育成，嫩果为绿色，成熟果为鲜红色，方灯笼形，个大、口感好，抗病性强，定植到初次采收需 100～120 天。

2. 黄玛瑙

北京北农西甜瓜育种中心育成，嫩果绿色，成熟果为金黄色，方灯笼形，个大、口感好，抗病性强，定植至初次采收需 100～120 天。

3. 紫晶

北京北农西甜瓜育种中心育成，嫩果为深紫色，老熟后转为红色，方灯笼形，口感甜脆，营养物质含量高，抗病性好，从定植至初次采收约 90 天左右。

4. 玛祖卡

由荷兰引进，嫩果为绿色，成熟果为鲜红色，长方灯笼形，果型大，表皮光滑，颜色鲜艳，口感甜脆，抗病性强，适应性较广，定植至初次采收 120 天左右。

四、栽培技术

1. 育苗

苗床消毒，每平方米苗床用 50% 多菌灵 10 克与适量的细潮土混拌均匀后撒施；种子消毒，先用清水浸种 8～12 小时后，再用 10% 磷酸三钠浸种 20 分钟，用清水冲净，然后放至 25～30℃ 环境下催芽 5～7 天，待种子露白后播种。

育苗时可采用穴盘或营养钵育苗。播种后白天适宜温度为 28～30℃，夜间 18～20℃之间，出齐苗后室温降低 3～5℃。冬、春季节做好保温和人工加温措施，夏、秋季采取多种措施降温。苗期叶面喷施 0.2% 磷酸二氢钾 2～3 次，当幼苗在 2 叶 1 心时进行单株分苗。

2. 定植

每 667 平米施用腐熟有机肥 3 000千克以上，耕深 25～30 厘米，整平整细后做成长 6～8 米，按 1 米的间距做成畦宽 60 厘米，畦沟 40 厘米的小高畦，畦面高出地面 20 厘米，每畦定植 1 行，株距 30 厘米，也可按 1.5 米的间距做成畦面宽 80 厘米，畦沟宽 70 厘米的瓦垄高畦或平面高畦，每畦定植 2 行，株距 30 厘米。栽后及时浇水，并覆盖地膜。

3. 田间管理

定植后浇一次水促进缓苗，然后中耕，蹲苗 15 天左右，促进根系生长。根据实际情况以小水勤浇为宜，常保持土壤湿润，一般 5～7 天浇一水，保护地室内空气相对湿度在 60% ～80% 为宜。

一般每隔 15 天左右追肥一次，氮、磷、钾和微量元素配合施用。可选用专用复合肥每667平方米20千克穴施，生长期间10天左右喷叶面肥一次。在坐果后如采用人工二氧化碳施肥能增加光合作用能力，有效地提高产量和品质。

保护地要及时调节室内温度，白天保持25～30℃，夜间13～18℃。冬、春季节要经常清洗棚膜以增加透光率。

彩色甜椒结果数少而单果重高，所以整枝十分关键。每株选留2～3条主枝，门椒和2～4节的基部花蕾应及早疏去，从第4～5节开始留椒，及早剪除其他分枝和侧枝。结合整枝打杈进行疏花疏果，每株可同时结果在6个以内，以确保养分集中供应。在棚温低于20℃和高于30℃时，采用“沈农二号”生长调节剂喷花保果。采用吊绳或竹竿来固定植株。

4. 病虫害防治

（1）病毒病的防治方法。用10%磷酸三钠浸种20分钟后洗净催芽播种；及时防治蚜虫；苗期可喷洒20%病毒A可湿性粉剂500倍液，隔10天左右1次。

（2）疫病防治方法。与葱、蒜或冷凉蔬菜轮作；每667平方米用硫酸铜3～5千克拌适量细土，1/3药土均匀撒施在定植沟或定植穴内，另2/3药土在定植后覆盖在植株根周围地面；防止棚内湿度过高；用70%霜脲锰锌可湿性粉剂500倍液灌根防治。

（3）蚜虫防治。安装防虫网，悬挂粘虫黄板；发生初期可喷洒10%吡虫啉可湿性粉剂1 000倍液或20%康福多水溶剂2 500倍液防治。

第二节　樱桃番茄

樱桃番茄又名小型番茄，迷你番茄或为茄科番茄属番茄亚种的一个变种，原产南美洲。樱桃番茄酸甜可口，营养丰富，含糖1.8%～5%，有机酸0.15%～0.75%、蛋白质0.7%～1.3%、；纤维素0.6%～1.6%、矿物质0.5%～0.8%、果胶1.3%～2.5%，维生素C 22～25毫克。樱桃番茄菜果兼用，既可作为蔬菜种植，也可作为观赏蔬菜供欣赏。

一、植物学特征

根系发达，茎半蔓生，多为无限生长型，表面密生短腺毛，茎节易生不定根。羽状复叶，互生。总状或复总状花序，自花授粉。坐果率高，果实为浆果，果型多样。成熟果实为红色、粉红色、黄色或紫色。种子肾形，扁平，表面有绒毛。

二、对环境的要求

樱桃番茄比一般番茄耐热，种子发芽适宜温度为25～30℃，最低发芽温度为12℃左右；幼苗期白天适宜温度为20～25℃，夜间适宜温度为10～15℃；开花期白天适宜温度为20～30℃，夜间适宜温度为15～20℃，温度低于15℃或高于35℃，都不利于花器的正常发育及开花；结果期白天适宜温度为25～28℃，夜间适宜温度为16～20℃。樱桃番茄是喜光作物，在栽培中必须保证良好的光照条件。樱桃番茄属于半耐旱植物，适宜的空气相对湿度为45%～50%。樱桃番茄对土壤的要求不太严格，但以土层深厚、肥沃、通气性好、酸碱度在pH值5.6～6.7的砂质壤土或黏质土生长最好。樱桃番茄耐肥，吸收钾最多，其次是氮和磷。

三、栽培方式

1. 露地栽培

樱桃番茄在春季栽培的，12月于大棚内育苗，3月下旬利用地膜覆盖定植于大田，5月下旬至7月中、下旬采收。秋季栽培的于6月下旬播种育苗，7月下旬定植，9月下旬至下霜前采收。

2. 设施栽培

1月利用阳畦或大棚内地热线加小棚覆盖育苗，3月上、中旬定植，最好先行地膜覆盖后定植，5～7月份采收上市供应，较露地提早上市1个月左右；12月初，冷床或大棚内电热线育苗，2月下旬定植，大棚套小棚，4～8月上旬采收；秋番茄于6月下旬至7月上旬播种，8月定植，9～12月采收。

四、类型与品种

1. 红太阳

无限生长型，中早熟。果实成熟后果色变红，圆形果，果肉较多，口感酸甜适中，品质佳，抗病性强。适宜于保护地冬、春、秋季栽培。

2. 丘比特

无限生长型，早熟。果实成熟后果色变黄，圆形果，果肉较多，果皮薄，口感甜，抗病性强。适宜于保护地冬、春、秋季栽培。

3. 维纳斯

无限生长型，中早熟。果实成熟后果色变橙黄，圆形果，果肉较多，果皮较薄，口感酸甜适度，品质佳，抗病性强。适宜于保护地冬、春、秋季栽培。

4. 北极星

无限生长型，中早熟。果实成熟后果色变亮红，枣形果，果肉较多，口感酸甜适中，风味极佳，抗病性强，耐贮存。适宜于保护地和露地栽培。

5. 京丹2号

植株为有限生长类型。下部果高圆形，上部果高圆带尖。成熟果亮红美观，果味酸甜可口。极早熟，春、秋定植后40～45天开始采收；秋季从播种至开始收获85天。抗病毒病。

五、栽培技术

1. 育苗

播前浸种催芽，通常采用温汤浸种，浸种后的种子用洁净纱布包好，放在25～28℃的恒温箱中催芽。种子露出1～2毫米的胚根后即可播种。

播种前先将育苗床土浇透。将出芽的种子2～3粒均匀地点播在穴内，种子之间的距离以1厘米左右为佳，播种后覆土，厚度为5～8毫米为宜，覆土后立即用塑料薄膜将畦面覆盖严实。当幼苗长到2叶1心时分苗。

2. 定植

选择地块应该土层深厚、排水良好、富含有机质。每667平米施有机肥5 000千克以上，与土混匀耙平做平畦或小高畦，畦宽1.4～1.6米，覆盖地膜。幼苗长到15～20厘米，具有4～6片真叶。定植每畦栽两行，平均行距70～80厘米，株距30～40厘米。

3. 田间管理

定植缓苗后，灌水不宜过多，以保持畦土湿润稍干为宜，防止忽干忽湿，以减少裂果及顶腐病的发生。在第1穗果实膨大期要浇1次催果水。以小水勤浇为宜，结果期维持土壤最大持水量的60%～80%。

缓苗后白天以25～28℃为宜，夜间10～15℃；开花以后白天最高不超过30℃，最低夜间温度不低于10℃；结果期降低夜温有利果实膨大，昼夜温差可加大到15～20℃。

追肥要在第1次果穗开始膨大时追第1次肥，每667平方米施氮、磷、钾三元复合肥20千克，缺钾肥的地区可增施硫酸钾15千克。以后每隔15天左右追肥1次。生长期间每隔7～10天叶面喷肥1次。保护地种植结果以后采取人工二氧化碳施肥，有利于提高产量。

当株高达25厘米时，用塑料绳吊蔓固定植株，及时去除侧枝和下部黄叶、老叶，长至预定植株高度时摘心，最上部果穗上留3片叶以上。生长期间要及时摘除植株下部的老叶和黄叶，以减少养分消耗和利于通风透光。

第三节 香艳茄

香艳茄又称香艳梨、香瓜梨、人参果等，为茄科茄属多年生草本植物，原产于南美洲。香艳茄果肉爽口、清香多汁，具有高蛋白、低脂肪、低糖等特点，富含维生素C，并含有钙、钼、铜、钾、铁、硒等十几个对人体有益的微量元素，其中硒的含量最高，“抗癌之王”。

一、植物学特征

香艳茄无主根，须根多。香艳茄茎秆有不规则的棱。叶为绿色或淡绿色，叶形为卵形，单叶轮生，花为聚伞花序，花冠初期为白色。从开花到幼果出现需7天左右，每个花序结果为1～6个不等。

二、对环境的要求

香艳茄喜温暖，白天适宜温度为20～25℃，夜温为8～15℃，不耐高温，超过30℃时则生长不良，开花坐果率低，也不耐霜冻。香艳茄属长日照作物。香艳茄要求土壤湿润，属半耐旱作物。香艳茄对土壤的适应性较广，但以土层深厚、通透性好、肥沃的中性土壤种植最好，既喜肥又耐肥。

三、类型与品种

1. 长丽

生长旺盛，植株高大，叶色浓绿；抗性较强，结实率高，果实长心脏形，幼果绿色，成熟果金黄色，并带有明显的紫色花条纹。

2. 大紫

生长旺盛，叶色浓绿；抗寒性较强，结实率高，长心脏形，幼果绿色，成熟果金黄色，并带有明显的紫色条纹，紫色部分占全果70%以上，花纹不太清晰。

3. 爱斯卡

植株长势强，茎秆粗壮，耐热性较强；果实长心脏形，果形大，幼果绿色，成熟果金黄色，带有明显的紫色条纹，单株可结果40个左右。

四、栽培方式

香艳茄适应性广，只要温度适宜，一年四季均可育苗和生长，茬口并不严格，可根据本地气候条件和设施情况以及产品需求来安排茬口。北方适合在保护地种植，日光温室分为秋、冬茬和早春茬，塑料大棚分为秋茬和露地结合种植。

五、栽培技术

1. 育苗

香艳茄生产上多采用扦插繁殖方法。侧枝长 35 厘米以上时，剪成 15 厘米长的小段，去掉叶片，留下叶柄，剪成斜面用萘乙酸或吲哚乙酸 50 ~ 200 毫克/升溶液中蘸枝条，枝条发根多而快。剪下的枝条不能扦插时，可先泡到水中或埋入湿土中，以防失水萎蔫。

扦插时要先浇足水，然后扦插。若平畦扦插，可 10 厘米见方 1 株，入土深度为枝条长度的 1/2 左右。全部插完后，撒一层细土，以防止土壤水分蒸发。在畦面盖一层地膜，以减少水分蒸发，新芽萌发后去掉地膜。

扦插最适温度为 15 ~ 25℃，温度高易徒长，温度低生长慢。温度高的季节浇水要勤，温度低的季节浇水次数要少，苗期以土壤最大持水量的60% ~ 70% 为宜。苗期一般不进行土壤追肥，但可用 0.2% 尿素加 0.2% 磷酸二氢钾溶液叶面喷施，能促进花芽分化。

2. 定植

每 667 平方米用百菌清等杀菌剂 250 克，加锯末混合均匀，在温室内分堆点燃，进行空气消毒，也可用 50% 多菌灵可湿性粉剂 500 倍液，进行土壤消毒。

每 667 平米施充分腐熟的农家肥 8 000 ~ 10 000千克。将基肥的 1/2 作基肥深翻。按栽培行距开沟，把其余的有机肥，再加上磷酸二铵 30 千克、钾肥 30 千克混合施入沟内。温室栽培还可用高畦，畦面铺盖地膜。

距温室前部 10 厘米地温稳定在 12℃以上定植。高畦栽培时，畦面按 40 ~ 50 厘米行距栽植 2 行，株距为 35 ~ 45 厘米。

3. 田间管理

定植缓苗后便进入了蹲苗期。中耕疏松土壤，加强保墒，促根深扎。秋冬茬栽培时由暖变冷，日平均气温降到 16℃左右时扣上塑料薄膜，10℃以下时夜间要加盖草苫和纸被等。初期白天要注意放风，白天 15 ~ 25℃，最高不超过 28℃；夜间 15 ~ 10℃，最低不低于 5℃。冬春茬的前期要特别注意增温和保温。

第 1 穗果有核桃大时开始追肥浇水，以促进果实迅速膨大。每 667 平方米施氮、磷、钾三元复合肥 20 千克。一般每结 1 穗果就要追 1 次肥。在开花结果期，应多次进行叶面喷肥，空气相对湿度控制在 60% ~70% 。

香艳茄的发枝力极强，会形成强大的株丛，枝条过密通风透光不好，影响花芽分化和开花结果，所以要进行插架和绑蔓，并修剪整枝。香艳茄每个花穗的花数为 8 ~10 朵，一般是把每个花穗先开放的 4 ~5 朵花留下，其余去掉。

香艳茄的幼果浅绿色，当果实表面出现紫色条纹时，果实已达七八成熟，此时可以采收。

4. 病虫害防治

人参果有轻微的疫霉病和灰霉病，用 75% 百菌清可湿性粉剂 600 倍液，50% 速克灵可湿性粉剂 1 000倍液防治。最严重的虫害是茶黄螨，防治首先是加强肥水管理，适时中耕锄草，促进植株健壮生长，增强抵抗能力。药剂防治选用 20% 扫螨净可湿性粉剂 3 000倍液喷雾防治。

瓜　类

第一节　水果型黄瓜

水果型黄瓜，又称迷你黄瓜，为葫芦科甜瓜属一年生草本蔓生攀缘植物。水果型黄瓜的瓜型小，瓜码密，单株结瓜能力强，耐弱光能力强。其果实表面柔嫩、光滑、无刺、色泽均匀、口感脆嫩，瓜味浓郁，经济效益显著高于普通黄瓜，是一个极有发展前景的果、菜兼用型品种。黄瓜营养丰富，每百克含维生素A 1.11毫克，维生素B_1 0.02毫克，维生素B_2 0.03毫克，烟酸0.32毫克，维生素C 9毫克，蛋白质0.8克，脂肪0.24克，碳水化合物2.4克，钙24.0毫克，铁0.5毫克。

一、植物学特性

根系分布浅。茎蔓生、断面五棱形、中空，表面具刚毛，叶腋有卷须，能分枝，以主蔓结瓜为主。叶心脏形，表面具刺毛。花黄色，多为雌雄同株异花，着生于叶腋，雌花多单生，雄花多簇生，偶有两性花，也有全雌株品种。果实为假浆果，果型小，果面无棱无刺、光滑且极具光泽，果皮薄，肉质脆，心腔小。种子扁平、长椭圆形、黄白色，千粒重25～30克。

二、对环境的要求

水果型黄瓜喜温，不耐寒，但也不耐高温。根系适宜的地温是20～23℃，当地温低于12℃时，根系不伸展，吸水吸肥受抑制。发芽期适温28～30℃，苗期白天适温20～25℃，夜间10～12℃；开花结果期白天适温24～30℃，夜间14～16℃。水果型黄瓜喜湿、怕涝，不耐旱，要求较高的土壤含水量和空气湿度，一般适宜空气湿度70%～80%。水果型黄瓜喜光，光照充足有利于提高产量，但耐弱光能力较强。最适宜的土壤pH值为6.5～6.8。水果型黄瓜喜肥，要求充足的肥料供应。施肥时最好施用腐熟有机肥，并注意氮、磷、钾的均衡供应，特别是注意补充钾肥和微量元素肥。

三、类型与品种

1. 戴多星

荷兰引进的一代杂种，强雌性，以主蔓结瓜为主。瓜码密，无棱、无刺，果皮有光泽，皮薄，口感脆嫩。耐低温弱光等不良条件的能力强，对霜霉病抗性较差。

2. 京研迷你1号

国家蔬菜工程技术研究中心育成的杂种一代。适合越冬温室及春大棚种植。植株全雌，节节有瓜，无刺光滑，味甜。生长势强，耐霜霉、白粉和枯萎病。

四、栽培方式

目前生产上多保护地栽培，也可露地栽培。华北地区日光温室，早春茬一般于1月中旬播种育苗，2月中旬定植，3月中旬至7月收获；秋冬茬于8～9月播种，9～10月定植，10月至翌年2月收获；越冬茬9月下旬至10月初播种，11月上旬定植，12月至翌年5月收获。塑料大棚春提前栽培于2月下旬播种育苗，3月下旬定植，4月下旬至7月收获；秋延后于7月中下旬播种，8月上中旬定植，9～10月收获。

五、栽培技术

1. 育苗

种子消毒，播种前用55℃温水浸种，并用木棍不停搅动至30℃，再浸种4～8小时，然后在10%磷酸三钠溶液浸种30分钟，冲净用软棉布包好放在25～30℃条件下催芽，芽长2～3毫米时播种。

采用穴盘或营养钵育苗，草炭和蛭石的比例为2∶1，每立方米加50%多菌灵100克，施入一定数量的三元复合肥。播种时要浇透底水后播种，覆盖基质1厘米，覆盖地膜保温、保湿，待芽出土时揭去。

幼苗出土时温度以28～32℃为宜，苗出齐后适当降温，白天25～30℃，夜间12～15℃，定植前7天降温炼苗，白天20～30℃，夜间10℃左右。整个苗期要求较强的光照条件，但夏、秋季育苗应减少光照时数，每天12小时左右，以利雌花发育。二叶期以后可进行叶面喷肥2～3次。

2. 定植

选择土质疏松、肥沃、前茬2～3年未种过瓜类作物的土壤。每667平方米施用腐熟优质有机肥 3 000千克以上，与土壤混匀，做成高出地面 20 ~ 30 厘米的高畦铺地膜。当 10 厘米地温在 15℃时即可定植，行距 75 ~ 100 厘米，株距 30 ~ 40 厘米。早春地温低时采取浇暗水的方式，其余季节要浇透定植水。

3. 田间管理

蹲苗期要短，7 ~ 10 天即可，以后采用小水勤浇的方式，结瓜采瓜期要保证水分均衡供。室内相对湿度 60% ~90% 为宜。

采瓜期每隔 15 天左右追肥 1 次。选择氮、磷、钾三元复合肥每 667 平方米 15 千克穴施。另外每 10 天可以喷 0.2% 磷酸二氢钾叶面肥 1 次。

水果型黄瓜从第 2 ~ 3 片叶即有幼瓜出现，如果让其长大并采收，将严重影响到植株的生长和中部以上幼瓜的发育，所以要及早将 1 ~ 5 节位的幼瓜疏掉，从第 6 节开始留瓜。

用塑料绳吊蔓，便于落秧来延长采收期。有的品种分枝性强，在密度大时将分枝留 1 条瓜后打顶，密度小时可利用分枝结瓜。在生长过程中要将下部老叶摘除并往下坐秧。

根据光照条件和长势来调节棚室内的温度，一般白天25 ~ 32℃，夜间13 ~ 18℃，地温 22 ~ 25℃为宜。冬季应经常清扫、刷洗棚膜，在后墙和两侧墙悬挂反光膜，以增加光照强度；夏季在 11：00 ~ 15：00 时棚顶要覆盖遮阳网，以降温和减少光照强度。

在春、秋季节棚室内二氧化碳浓度很低，应采取人工二氧化碳施肥方法来提高浓度，以促进光合作用的进行。

雌花开放后 6 天，瓜长 12 ~ 18 厘米，花已黄枯时即可采收。

4. 病虫害防治

（1）霜霉病防治方法。培育无病壮苗；控制浇水，并注意增加通风，以降低空气湿度；发病初期可选用 70% 安克锰锌可湿性粉剂 1 200倍液喷雾防治。

（2）角斑病防治方法。选用 45% 加瑞农可湿性粉剂按种子重量的 0.3% 比例进行拌种；合理浇水，防止大水漫灌，保护地注意通风降湿；发病初期进行药剂防治。

（3）瓜蚜防治方法。在田间挂设黄板涂机油，或者是粘虫胶诱集有翅蚜虫；可选用 20% 康福多浓可溶剂 3 000 ~4 000倍液喷雾防治。

第二节 小型西葫芦

小型西葫芦又称香蕉西葫芦，为葫芦科南瓜属美洲南瓜种一年生草本植物，有矮生和半蔓性等类型。小型西葫芦为半蔓性类型，生长势强，含有较丰富的碳水化合物、蛋白质、矿物质和维生素等营养物质，还含有腺嘌呤、天门冬氨酸等物质，具有促进胰岛素分泌，对治疗糖尿病和高血压等疾病大有裨益。

一、植物学特征

小型西葫芦的根系强大，根群分布在耕作层 10～30 厘米范围内。茎矮生或蔓生，五棱、多刺。叶硬直立多刺，宽三角形，掌状深裂。雌雄异花同株，花单生、黄色。果实多长圆筒形，果面平滑。成熟果黄色或绿色。种子扁平，灰白或黄褐色，千粒重 140 克左右。

二、对环境的要求

小型西葫芦比较耐低温，生长发育适温 18～26℃，夜间 12～15℃，白天低于 14℃或高于 40℃，生长完全停滞；种子发芽适温 25～28℃，低于 15℃授粉不良，根系生长最适22～25℃；膨瓜期需水量大，适宜较干燥的空气条件，相对湿度以 45%～55% 为宜。小型西葫芦属短日照作物，10～12 小时日照有利于坐瓜，日照充足植株生长好，果实发育快，品质好；对土壤适应性强，宜选择疏松肥沃、保肥水力强的壤土种植，需氮、磷、钾及微量元素配合施用。

三、栽培方式

秋冬茬温室栽培：8 月下旬至 9 月初育苗，9 月下旬至 10 月初定植，11 月中旬至翌年 1 月收获；越冬茬温室栽培：10 月初育苗，11 月初定植，元旦至 5 月收获；早春茬温室栽培：1 月中旬育苗，2 月中、下旬定植，4～7 月收获。

四、栽培技术

1. 育苗

华北地区 10 月上旬播种，播前催芽，80% 的种子露尖时播种。苗床按园土 6 份、腐熟有机肥 4 份配好营养土。宜采用营养钵育苗，播前浇透水，每个营养钵播 1 ~2 粒发芽的种子，覆土 2 厘米，上面盖地膜保墒。

播种后保持白天室温 25 ~29℃，夜温 18℃左右，经 3 ~4 天即可出苗；出苗后揭开地膜，并通风降温，白天保持 20 ~25℃，夜间 15℃左右。定植前7 ~10 天，逐渐加大通风量，降温炼苗。

2. 定植

日光温室栽培小型西葫芦宜采用宽窄行种植，一般宽行行距 1 米，窄行行距 60 厘米。每 667 平方米施 8 000千克腐熟有机肥，过磷酸钙 50 千克作基肥。浅翻混匀，浇水，起 15 厘米高的垄，并覆盖地膜以保墒提高地温。定植时，在垄上按 50 厘米株距定植，定植后浇透水促进缓苗。

3. 田间管理

定植后 3 ~5 天内密闭温室，暂不通风，保持白天温度25 ~30℃，夜间 18 ~20℃。缓苗后白天适当通风，白天温度保持 20 ~28℃，夜间 12 ~16℃。5 ~6 叶期叶面喷 0. 2% 的磷酸二氢钾以促进生长。

根瓜坐住之前不浇水，不施肥。进入结瓜初期，应通过管理控秧促瓜。室内一般保持在 25℃，夜温保持 12℃。由于小型西葫芦为雌雄异花授粉，因温室内无风，昆虫少，湿度大，易造成落花落果，一般在雌花开放后，上午 8：00 ~9：00 时人工授粉。当大部分根瓜坐住时，浇促瓜水并随水追肥，追肥量每 667 平方米每次用尿素 15 千克。

当每株收瓜 2 个之后，进入盛瓜期。白天保持 25℃左右，夜间保持在 10 ~12℃。晴天每 4 天左右灌水 1 次，8 天左右随水追肥 1 次。施肥时要注意氮、磷、钾的配合，每次每 667 平方米追施尿素 20 千克，磷酸二氢钾 2 千克，浇水后要加大放风量，以降低空气湿度，结合防病可叶面喷施 0. 2% 的磷酸二氢钾。

为使植株充分接受阳光，可进行吊蔓，使瓜蔓直立生长。在吊蔓的同时注意及时整枝，摘除老叶、卷须和侧芽。在雪天应及时清扫积雪，雪后天晴应逐渐见光。瓜长 20 厘米，直径 4 ~5 厘米时可收获。

4. 病虫害防治

（1）病毒病防治。实行轮作，及时拔除病株，防治蚜虫和白粉虱。

（2）白粉病防治。用 5% 粉锈宁 1 000 ~1 500倍液，50% 甲基托布津 1 000倍液防治。

（3）灰霉病防治。用 50% 灰霉清可湿性粉剂 1 000倍液，或多菌灵、扑海因等药剂防治。

（4）蚜虫防治。用一遍净、苦参碱等多种药剂防治。

（5）红蜘蛛防治。在发生初期使用扫螨净、哒螨灵等药剂防治。

第三节 飞碟西葫芦

飞碟西葫芦为葫芦科南瓜属美洲南瓜的一个变种，其果型新颖美观，颜色漂亮，酷似飞碟，故常被称为“碟瓜”。飞碟西葫芦以嫩果供食，味道鲜美，果肉清香，细腻，可凉拌、炒食。成熟瓜玲珑可爱，采摘后可存放 3 ~5 个月，可供观赏。近年来飞碟西葫芦作为特种蔬菜栽培，很受消费者欢迎。

一、植物学特征

茎矮生或蔓生，表面具刺。叶掌状，叶缘浅裂至深裂，叶面有或无白斑。花大、黄色，雌雄同株异花。果实为瓠果，扁圆形，腹背隆起呈碟边，形状酷似飞碟，果面绿色、白色或黄色。种子扁平，浅黄色，边缘厚，千粒重 65 ~ 85 克。

二、对环境的要求

飞碟西葫芦性喜温暖的环境。种子 10℃ 开始萌发，最适发芽温度为 25 ~ 27℃，适宜生长发育的温度白天 22 ~28℃，夜间 13 ~18℃。温度超过 35℃，呼吸作用加强，生长发育受阻，温度低于 15℃，子房发育受阻。飞碟西葫芦喜光，可耐一定程度上的弱光，但长时间的弱光条件下，植株易徒长、化瓜。飞碟西葫芦喜湿，不耐旱。飞碟西葫芦喜肥，要求土壤富含有机质并具有良好通透性，施肥应注意氮、磷、钾的配合施用。

三、类型与品种

1. 白碟

早熟，矮生，分枝较多。叶绿色，叶片中裂，叶柄刺中密，第一雌花节位低。果肉白色，品质好，果柄中长。果实从播种至始收 45 ~50 天。可露地或保护地栽培。

2. 绿碟

早熟，从播种至始收 50 天左右，矮生或半蔓生。叶绿色，叶片五角形，浅至中裂，叶柄刺稀。果浅绿色，表面光滑，有时带棱。果肉白，品质好。抗白粉病和霜霉病。

可露地或保护地栽培。

3. 金碟

植株长势中等，开放型，适合露地栽培及保护地栽培，果实扇贝形，皮色金黄，果蒂小，外形美观，食味佳。早熟品种，果实采摘后保存时间长。嫩瓜宜早收，以保证连续结果。

四、栽培技术

1. 育苗定植

在保护地育苗，苗龄 30 ~ 35 天。种植地块每 667 平方米施用腐熟有机肥 5 000千克，深翻 20 ~ 30 厘米，然后耙平整细。当幼苗长到 4 ~ 5 片真叶时定植，按大行距 90 厘米，小行距 60 厘米作畦，然后在畦内按株距 50 厘米挖穴栽植，浇足底水。

2. 田间管理

缓苗期白天温度保持在 20 ~ 30℃，夜间 15 ~ 20℃。缓苗后适当降低温度以利于雌花分化，白天控制在 20 ~ 28℃，夜间 13 ~ 15℃ 为宜。中期人工授粉提高坐瓜率。后期植株逐渐衰老，可进行根外追肥，以延长结瓜时间和提高产量。飞碟西葫芦的根瓜长不大，又影响生长，应结合采食嫩瓜及早摘除。有条件的可以选用黑籽南瓜做砧木进行嫁接，可增强抗病性和耐低温能力，增加产量。飞碟西葫芦每株可出现 10 多个雌蕾，肥水和养分消耗多，第一个瓜应及早摘除。

3. 采收

当食用嫩瓜长到直径 6 ~ 8 厘米时采摘为宜。

第四节　佛手瓜

佛手瓜又称合掌瓜、洋丝瓜、万年瓜等，为葫芦科佛手瓜属多年生攀缘性草本植物。佛手瓜原产于墨西哥及中南美洲。佛手瓜食用部位为果实和植株的嫩梢，果肉肥厚脆嫩、清香多汁，富含营养，每 100 克果实中含蛋白质 0.9 克、碳水化合物 7.7 克、维生素 C 22 毫克、维生素 B_1 0.09 毫克、维生素 B_2 0.03 毫克、钾 132.89 毫克、钙 15.69 毫克、铁 0.41 毫克、磷 23.09 毫克、烟碱酸 1.28 毫克。佛手瓜的热量很低，常食有减肥作用。佛手瓜是低钠食品，常食可减轻心、肾负担，是心脏病、高血压病患者的主选蔬菜。

一、植物学特征

佛手瓜根肥大，根系分布广，比较耐旱。茎蔓生，横切面圆形，具纵沟。

近节处被茸毛，分枝性强。叶互生，掌状五角。叶绿色被茸毛。雌雄同株异花。萼片、花冠均5裂，冠缘淡黄色。主蔓上亦能结瓜，但较迟。佛手瓜的果实，有纵沟5条，把瓜分成大小不等的五大瓣，恰似两手合拢拜佛状，故称“佛手瓜”。每个瓜内只有一颗种子，种子卵形、扁平。种皮与果皮紧密贴合，不易分离，以果实播种。

二、对环境的要求

佛手瓜喜温不耐寒。种子发芽适温18～25℃。幼苗期的生长适温为20～30℃，高于30℃生长受到抑制，但能忍受短期40℃高温。结瓜期要求的温度较低，适温15～20℃，低于15℃和高于25℃，授粉和瓜的发育受到影响。佛手瓜为典型的短日照作物，属于中光性作物，比较耐阴。喜欢较高的空气湿度。佛手瓜对土壤的要求不严格，但以物理结构良好、肥沃疏松、透水透气性良好的沙壤土为宜。适宜在微酸性土壤上生长。

三、类型与品种

（1）绿皮品种。生长势强，蔓粗壮而长，结瓜多、瓜形较长而大，上有刺，丰产性好，并能产生块根，但是味清淡。

（2）白皮品种。生长势较弱，蔓较细而短，结瓜少，产量较低。瓜形较圆而小，光滑无刺，皮色白绿。组织致密，口味浓。

四、栽培技术

1. 育苗

（1）种瓜育苗。选择个大、无病、无伤的种瓜，把首端的合缝处用刀切个口，装入塑料袋中，码到筐中，也可以直接埋入河沙中，然后放到15～20℃的环境下催芽。约15天左右，种瓜由首端合缝处开裂长出根系，子叶张开后，即可进入育苗阶段。

用肥沃、洁净的园田土和细沙各50%，混合均匀，加水至湿而不沾手为度。装入塑料桶或花盆中，然后把发芽的种瓜芽端朝上直立或斜立置于其中，上盖4～6厘米的配合土，搬到温室中进行育苗。如幼苗徒长，可在4～5片叶时摘心，促使发生侧枝。

（2）光胚育苗。将没有发芽的种瓜在25%多菌灵可湿性粉剂200倍溶液中浸蘸一下，取出晾干，进行催芽。方法有两种：一是把种瓜放进塑料袋内，折叠封严口，放到15～20℃的环境下催芽。二是用细沙催芽，整好沙畦后，将种瓜直立摆入，上覆盖2厘米厚的细沙，保持沙子的相对含水量75%～80%，温度15～20℃。当芽长出沙面5厘米时，即可转入育苗。

取幼芽长3～5厘米的种瓜，用手轻轻掰着尖端的裂缝，使其增大到1厘米左右，再轻轻拨动子叶，待整个子叶活动时，将胚整个取出。取出的光胚可以马上播种育苗，也可以在3～8℃的环境下存放10～20天。将营养土装入营养钵三四成，轻压后将光胚芽朝上栽入其中，再填入营养土，将钵摆入温室中育苗。出苗前的温度掌握在15～20℃，出苗后降为10～15℃，以培育壮苗。育苗期间的土壤水分相对湿度70%为宜。保证光照充足。

（3）扦插育苗。先催芽育苗，3月上、中旬将健壮秧苗的秧蔓剪下，切成段，每段保留2～3个节，下端在500毫克/升的萘乙酸溶液中浸蘸5分钟，取出后扦插到育苗钵或育苗床上。保持一定的湿度，控制温度在20℃左右，经1周左右即可恢复生长，10天后根系伸长，要及时浇水和根外追肥。

2. 定植

露地定植须在晚霜过后。在温室定植大约是每相距10米栽1株。每坑用农家肥100千克，氮、磷、钾复合肥5千克，分层施入，与土混匀填坑，浇水踏实。定植时，开坑将苗坨栽入，浇水覆土即可。

3. 田间管理

当植株长有40厘米左右进行摘心，促进侧枝发生。在侧枝中选2～3个生长健壮的子蔓，子蔓1米长时再行摘心。每个子蔓上选留3条孙蔓，其余的萌芽、侧枝要及时掐除。主蔓、子蔓和孙蔓在没有正式上架以前，要用绳向上牵引。

温室栽培期间，由于在进行前茬作物管理时，已经对秧苗施加了肥水，此时要适当控制，以促进根系深扎。转入露地之后，基本上进入了夏季的高温季节，气温高，生长快，必须要勤浇水，并不断加大浇水量。

入秋以后，植株的生长明显加快，但仍以营养生长为主。进入开花结果以后，特别是开花授粉后10天左右，果实的生长速度明显加快，此时更需勤浇水，保持土壤湿润。

在施足底肥的基础上，分别在6月上旬、7月上旬和8月上旬进行3次追肥。每次每667平方米开穴追施活性有机肥150千克。

第五节　金丝瓜

金丝瓜又名金瓜、搅丝瓜、金丝角瓜等，为葫芦科南瓜属一年生草本植物。金丝瓜是美洲南瓜的一个变种，是我国稀有特产的耐贮运菜用优质瓜。金丝瓜营养丰富，每100克含蛋白质0.3克，碳水化合物1克，粗纤维0.3克，灰分0.3克，热量约4 000卡，钙11毫克，磷9毫克，铁0.1毫克，胡萝卜素3毫克（南瓜只有2.4毫克），核黄素0.6毫克。金丝瓜细嫩清香味美，被誉为“植物海蜇”。

一、植物学特征

金丝瓜的根系发达，主要分布在15～20厘米的土层中。茎蔓生、五棱形，长而中空，节间叶腋中均有卷须及侧枝。叶互生，掌状深裂，心脏形或五角形，绿色，嫩芽、嫩叶呈黄绿色。叶上有白斑，叶背有毛。花单生，雌雄同株异花，花冠黄色。以主蔓结瓜为主，嫩瓜乳白色，老瓜金黄色，果实卵圆形，果面棱沟较浅，瓜肉厚，淡黄色或乳白色，瓜肉组织呈粉丝状。金丝瓜种子扁平，淡黄白色，种子寿命为5～6年。

二、对环境的要求

金丝瓜是喜温耐热作物，不耐寒，幼苗遇霜即受冻害。种子发芽适温为25～30℃，生长期间适温为20～30℃。金丝瓜是喜光作物，尤其喜强光，在光照充足的条件下生育良好，不耐荫。金丝瓜耐旱不耐涝，在生长期间和瓜膨大期需充足的水分。金丝瓜对土壤的适应性广，只要排水良好土层深厚，即可种植。对土壤养分的需求是，氮、磷、钾配合施用。

三、类型与品种

金丝瓜按瓜蔓长短不同，可分为长蔓、中蔓、短蔓3种类型；按照栽培方式不同，可分为搭架栽培和爬地栽培两种，其中大面积栽培以爬地栽培居多。

（1）面搅瓜。主产于我国河北省、山东省和江苏省北部等地。果实椭圆。成熟后果面淡黄色，亦有底色橙黄间有深褐色纵条纹的，肉厚，黄色，呈丝状纤维，入水煮熟后，用筷子一搅，取出呈面条状，用油炒食，味鲜美异常。果实老熟后，皮坚硬，较耐长期贮藏。

（2）瀛洲金瓜。上海崇明特产。果实有两种类型：一种果实较小，果皮和果肉均为金黄色，色泽较深，丝状纤维细腻，品质优良，但产量低；另一类果实较大，皮及肉色较淡，丝状物较粗，品质较差，产量高。

四、栽培方式

金丝瓜生育期90～100天，可行春季栽培和秋季栽培，但以春季栽培为主。春季育苗可在3月中、下旬播种，4月中、下旬定植；露地直播可在平均气温达13℃以上时进行，一般播种期在4月上旬。

五、栽培技术

1. 育苗

金丝瓜可以直播，也可育苗移栽。直播的要在晚霜结束后露地直播，育苗的要在保护地中进行，晚霜结束后定植到露地中。直播的是1.2米宽的垄，株距1米。播种前先施足底肥，每667平方米施腐熟有机肥3 000千克，磷酸二铵30千克、尿素15千克、硫酸钾10千克。播种时在垄中央挖3厘米深的坑，将种子扁立起来放入坑内，并覆湿土3厘米厚。

采用育苗移栽的，将配制好的营养土装入钵内，然后将金丝瓜种子外膜搓去，用30℃水浸种6小时后播种。播种后子叶未拱土前，以保温保湿。当50%子叶刚露土还未直脖时，应适当通风降温，白天控制在22～25℃，夜间控制在10～15℃，使昼夜温差在10℃左右。第1对真叶展开后，要提高温度，白天保持在29～30℃，夜间15℃左右。苗龄以25天左右为宜，在定植前5～7天，夜间要低温锻炼秧苗，一般以8℃左右为宜。尽量少浇水，不旱不浇水，一般不需追肥。

2. 定植

金丝瓜的定植，要在晚霜结束后4～5天，地下15厘米处的地温高于12℃以上时进行为宜。定植的行距1米，株距60厘米。定植时先挖穴，再将秧苗摆放在穴内，培少量土，浇足水。

3. 田间管理

（1）中耕。拉蔓期前要及时中耕，中耕2～3次，提高土温。秧苗生长过程中要及时给根培土固定幼苗，以防被风吹得摇动。当苗长大时，根培土已不起什么作用，改为采用大土块压下部叶子的叶柄，每棵秧压两处的措施。

（2）植株调整。随着蔓的伸长，由压叶柄改为压蔓，压蔓不仅防翻秧，而且还生不定根，扩大植株的营养面积，固定蔓的生长方向。在压蔓的同时，还要顺蔓，即把主蔓顺着缺苗或空地面积较大的方向压蔓。压蔓要每隔几天进行1次。在金丝瓜开花期间要及时顺蔓、压蔓、整蔓。顺蔓时要把主蔓顺向空地，顺蔓的同时压蔓，所压的位置以能固定住蔓为准，注意不要压住未开的雌花。金丝瓜是多蔓结瓜作物，在生长中期可长出3～7条蔓子，大多数蔓子都可结瓜，一般开花前不必打蔓、掐尖。但生长弱的侧蔓要剪除。当蔓子长至1米左右时，才开始结第1瓜，同一蔓结第2瓜时，蔓子已达2米左右，如田间蔓子不过于茂密，可放任其生长，坐瓜结束后，把所有的蔓都掐尖，以利所结的瓜老熟。

（3）肥水管理。金丝瓜在开花期以前一般不需追肥浇水，进入开花期前至开花初期这段时间，要及时追肥，以满足作物生长需要。以追氮肥为主，每667 平方米地可追尿素 20 千克。

（4）人工授粉。金丝瓜属异花授粉作物，主要靠蜜蜂等昆虫传粉，当蜜蜂数量不多和阴雨天达 4 天以上时，就要采取人工授粉。授粉时间一般在早晨开花时到 9 时半以前进行。

（5）采收。金丝瓜老嫩程度均可食用，但以老熟并贮存到冬春季的味最美。

（6）病虫害防治。地下害虫主要是蛴螬、地老虎等，可用敌百虫毒饵诱杀防治，或用 1 200倍液的辛硫磷灌根防治。

霜霉病可用 40% 乙磷铝 200 倍液喷雾防治。

腐烂病可用波尔多液或 30% 琥珀酸铜喷雾防治。

根茎类

第一节　球茎茴香

球茎茴香又名结球茴香、甜茴香等，为是伞形科茴香属茴香种的一个变种，原产地中海沿岸及西亚。球茎茴香营养丰富，每百克鲜食部分中含有蛋白质1.1克，脂肪0.4克，糖类3.2克，纤维素0.3克，维生素C12.4毫克，钾654.8毫克，钙70.7毫克。球茎茴香性味甘温、辛，含高钾低钠盐，并含有黄酮甙、茴香苷；果实含丰富的芳香挥发油，健胃散寒。

一、植物学特征

根系浅，须根较多，根群分布在距地表7~10厘米土壤中。茎短缩。叶片2~4回羽状深裂，裂片丝状、光滑，叶鞘基部肥厚，层层抱合形成扁球形"球茎"。复伞形花序，金黄色。双悬果，长椭圆形，种子较小，有浓香味。

二、对环境的要求

喜冷凉的气候条件，耐寒、耐热性均较强，种子发芽适宜温度16~23℃，茎叶生长适宜温度15~20℃。生长期需充足的光照。对土壤要求不太严格，喜疏松、肥沃、保水保肥、通透性好的沙壤土。吸取养分全面，氮、磷、钾和微量元素配合施用。生长期对水分要求严格，土壤应保持湿润，不宜干旱，一般空气湿度以60%~70%为宜。

三、类型与品种

1. 扁球形类型

叶色绿，植株生长旺盛，叶鞘基部膨大呈扁球形，淡绿色，左右两侧短缩茎明显，外部叶鞘不贴地面，球茎偏小。抗病性较强，早熟，适宜密植。保护地、露地均可种植。

2. 圆球形类型

株高、叶色与扁球形差异不大。球茎紧实，颜色偏白，外形似拳头，叶鞘短缩明显，抱合极紧，外侧叶鞘贴近地面，遇低温易发生菌核病。适宜在保护地种植。

四、栽培方式

江南地区以秋播露地为主，东北地区春播露地和春、秋保护地均可种植，华北地区春、秋露地和保护地均可种植。

（1）春保护地栽培。12 月至翌年 2 月上旬播种，1 月底至 3 月上旬定植，4 月底至 7 月初收获。

（2）春露地栽培。2 月中、下旬播种，3 月上旬定植，6 月下旬至 7 月中旬收获。

（3）秋露地栽培。6 月下旬至 7 月上旬播种，8 月上旬定植，10 月中、下旬收获。

（4）秋、冬保护地栽培。8 月上旬至下旬播种，9 月中、下旬定植，1 月中旬至 2 月中旬收获。

五、栽培技术

1. 育苗

播前晒种 6 ~8 小时，用手搓后浸种 20 ~24 小时，在 20℃条件下催芽，6 天左右出芽后播种。用穴盘或营养钵育苗，以草炭、蛭石为基质，播种后覆土 1 厘米厚。出苗后调节温度和湿度，夏、秋季防止温度过高，以免茎叶徒长。植株 5 ~6 片叶，株高 20 厘米时即可定植。

2. 定植

耕前每 667 平方米施入腐熟细碎有机肥 3 000千克，地整平、整细后做成长 8 米、宽 80 ~90 厘米的瓦垄高畦，畦背宽 40 ~50 厘米，畦沟宽 40 厘米。在畦背边缘定植两行，行距 40 ~45 厘米，株距 30 ~40 厘米。

3. 田间管理

定植后及时浇水，白天保持温度 20 ~28℃、夜间 15 ~20℃；茎叶生长期白天 20 ~25℃、夜间 10 ~12℃；球茎膨大期白天 18 ~25℃，夜间 10℃。

定植后 3 ~4 天浇缓苗水，缓苗后中耕蹲苗 10 天左右，以促进根系生长。球茎开始膨大期至收获前小水勤浇，保持土壤湿润；球茎开始膨大时追第 1 次肥，过 15 天再追两次肥，每次每 667 平方米穴施氮、磷、钾三元复合肥 15 千克，结合浇水进行。保护地种植防止室内湿度过大，在早晨和盖席前应通风。当球茎厚度达 6 厘米以上即可采收。

4. 病虫害防治

(1) 根腐病防治方法。与十字花科百合科蔬菜轮作；小水勤浇，及时浅中耕；播种或移栽前，用50%多菌灵可湿性粉剂或50%利克菌可湿性粉剂拌细土沟施或穴施。

(2) 菌核病防治方法。土壤高温处理；冬、春季棚室注意通风排湿；发病初期可选用40%施佳乐悬浮剂800～1 000倍液喷雾。

(3) 白粉病防治方法。与非伞形花科作物轮作；发病初期喷洒40%菌力克悬浮剂8 000倍液，10～15天1次。

(4) 蚜虫防治方法。棚室安装防虫网；适时进行药剂防治，选用10%吡虫啉1 000倍液喷雾防治。

第二节 薹干菜

薹干菜又名贡菜等，为菊科莴苣属一、二年生草本植物。薹干菜是莴苣笋中的一个尖叶品种，是江苏省睢宁、邳县及安徽省涡阳地区的特产蔬菜。薹干含有营养丰富的蛋白质、果胶及多种氨基酸、维生素和人体必须的钙、铁、锌、胡萝卜素、钾、钠、磷等多种微量元素及碳水化合物，特别是维生素E含量较高。薹干菜食之质脆、味香、色绿而盛名，是蔬菜加工产品中的一大特色。

一、植物学特征

直根系，主根多分布在20～30厘米的表土层，侧根多，须根发达。茎为短缩茎，在植株形成莲座叶后，茎伸长且肥大呈笋状。叶为根出叶，互生于短缩茎上，叶披针形，长椭圆形或倒卵形，叶缘波状，浅裂，锯齿状，花为圆锥形头状花序，淡黄色。自花授粉，种子为瘦果，灰黑色或黄褐色。

二、对环境的要求

性喜冷凉，忌高温，苗期稍耐霜冻。发芽适温15～20℃，最低温度4℃，30℃以上发芽受阻，茎叶生长适温11～18℃，开花结实要求22～28℃范围，低于15℃开花结实受影响。对光的要求不严，秋播后以幼苗越冬，春季经高温日照薹开花。根系对氧要求高，在中性或碱性土壤中均能正常生长，宜选择有机质丰富、保水、保肥力强的黏质土壤栽培为佳。栽培需氮磷钾，对钾的吸收量最多。

三、类型与品种

江苏省睢宁地区多用尖叶类型莴苣品种，茎似棒状，质地致密，含水量少，脆而甜，节间短，叶宽披针形，叶色绿。

安徽省涡阳薹干，株高 50～70 厘米，茎生叶，节间短，叶的基部为斜形包在茎上，叶阔披针形，先端渐尖，叶面平滑，质柔软，绿色，肉质茎棒状，淡绿色，质地致密。

四、栽培技术

薹干菜春、秋两季都可种植，但春种产量低、品质差，所以大多采用秋播。

1. 种子处理

薹干菜最佳播种期在立秋后 5～10 天。由于薹干菜种子发芽需要较低的温度，而秋季气温较高，播种前必须进行低温催芽处理。可以用冷水浸种 2～3 小时，捞起装入布袋，吊入井中，离水面 20 厘米左右。每天提上来淋一遍水，一般 3 天左右即可出芽。有条件的可放入冰箱中，保持温度在 5～7℃，发芽率能明显提高。

2. 播种

播前将土壤翻晒，每 667 平方米施腐熟厩肥 3 000千克，尿素 20 千克，磷肥 50 千克，精耙两遍，做成 3 米宽的畦面即可播种。薹干菜的种子细小，可掺细潮土或草木灰均匀撒播，再用短齿钉耙耧一遍，上面覆盖秸秆遮荫保湿。

3. 田间管理

播种后，因气温高，土壤蒸发量大，加之薹干菜种子小，顶土能力弱，出苗缓慢，必须保持畦面潮湿，才能利于出苗。因此，一般早晚各浇水一次，水量不宜多，以保持地面潮湿为度，并盖上稻草等覆盖物，出苗后要及时揭去覆盖物。当子叶平展时进行第一次间苗，保持 3～6 厘米的株行距；3 片真叶期进行第二次间苗，保持 10～13 厘米的株行距；3～6 片真叶时进行定苗，保持苗距 16～20 厘米见方。定苗后至茎薹伸长期要结合浇水、追肥进行除草、松土。当幼苗 7～8 叶时，结合松土追施发棵肥，每 667 平方米穴施尿素 15 千克。如土壤干旱，可结合追肥，浇灌一次发棵水，保证发棵期对肥水需求量的要求。以后酌情浇水，到采收前 5～7 天停止浇水。

4. 采收

采收过早影响产量，但采收过迟易形成空心，粗纤维增加，质量下降。薹干莱植株外叶与心叶干齐时为最佳采收期。

5. 病虫害防治

薹干菜易感染霜霉病，用40%甲霜灵可湿性粉剂500倍液喷洒防治。

第三节 牛蒡

牛蒡又名东洋萝卜、大力子等，为菊科二年生草本植物。原产亚洲，我国东北、西南各省都有野生分布，近几年江苏、山东及南方部分省市已较大面积栽培。牛蒡肉质根每100克中含蛋白质4.8克，钙2.42克，磷61克，抗坏血酸2.5克，胡萝卜素3.9克。根还可加工为酱渍品、干制品，种子含油18.2%，可作工业用油。日本视牛蒡为强身保健蔬菜。种子入药，有降血压，健脾胃，补肾壮阳之功效。

一、植物学特征

茎粗壮，有微毛，上部多分枝。叶片丛生，呈心脏形，淡绿色，叶片背面密生灰白色茸毛；叶柄较长。直根肉质，圆柱形，长达40~100厘米，表皮厚而粗糙，褐黑色，肉质灰白色，稍粗硬，易空心。植株7~8月开花，花蓝紫色。种子灰黑色。

二、对环境的要求

牛蒡喜温耐热，生育适温20~25℃，35℃高温仍能正常生长。其地上部不耐寒，地下部耐寒，可在土壤中越冬。种子发芽适温为20~25℃。牛蒡喜强光。植株长到一定大小，肉质根直径1厘米以上时，经过低温长日照后，花芽分化。种子有需光性，吸水后处于光照下有利发芽。牛蒡肉质根深入土中，所以栽培地需要土层深厚。牛蒡忌湿，如果土壤积水，两天即出现烂根。

三、类型与品种

（1）长根种。肉质根长锥形，长度在70~100厘米，要求较深的土层，栽培有一定局限性，品种较多，如：砂川、野川、山田早生等。

（2）短根种。肉质根长纺锤形，两头尖，中间粗，长度为30~35厘米，适宜加工制罐，品种较少，如：大浦、梅田等。

四、栽培方式

牛蒡栽培季节主要为春季和秋季。早熟栽培：2~3月播种，5~7月收获；一般栽培：4~5月播种，10~11月收获。秋播栽培：9~10月上旬播种，翌年4~8月收获。秋播栽培要注意一是要选择抽薹迟的品种，二是要适期播种。

五、栽培技术

1. 整地

牛蒡忌连作，应选择前作为非菊科作物的茬口，田块要求高爽、土层深厚、富含有机质、不积水。土质细而疏松，以防畸形根增多，土壤pH值为6.5~7.5为宜。

土壤深翻75厘米，选用充分腐熟优质厩、堆肥作基肥，每667平方米施入优质腐熟的土杂肥5 000千克，与土壤充分混匀，作成宽75厘米的窄畦，种1行，穴距20厘米。

2. 播种

牛蒡种子休眠期长，播种前要进行浸种处理。可用0.5%硫脲或5毫升/升的赤霉素溶液浸种一昼夜，浸种后，立即播种，以利打破种子休眠，发芽整齐。

一般多直播，不宜育苗移栽。早春2~3月早播种，播后盖小拱棚防寒。南方以4~5月春播和9~10月上旬秋播比较恰当；直播可用条播和点播，条播时先开浅沟，均匀播下；点播每隔15~20厘米点下3~4粒种子，每667平方米用种量为450克。

3. 田间管理

1~2片真叶时间苗，2~3片真叶时第2次间苗，按苗距10厘米定苗。除去劣苗及过旺苗，留大小一致的苗。早收获上市的留苗间距大一些，晚收获上市的适当密一些。

牛蒡苗期杂草较多，及时中耕除草。封行前的最后一次中耕应向根部培土，有利于直根的生长和膨大。

整个生长期可进行3次追肥，第1次在植株高30~40厘米时，在垄顶开沟追施尿素，每667平方米施10千克；第2次在植株旺盛生长时结合浇水撒在垄沟里，每667平方米施10千克尿素；第3次在肉质根膨大后，可用磷酸二铵10千克、硫酸钾5千克追施，最好把肥施入10~20厘米深处，以促进肉质根迅速吸收，达到高产优质。

4. 采收

早春播可于5～7月收获，一般春播于10月至翌年2月收获；秋播栽培在翌年4～8月采收。

5. 病虫害防治

（1）白粉病。发病初期喷25%粉锈宁2 000倍液，每7～10天喷1次，连喷2次。

（2）蚜虫。用50%灭蚜松乳油1 000～1 500倍液喷雾。

第四节　山药

山药又名薯蓣、山薯、白苕等，为薯蓣科薯蓣属的草本植物。山药食用部分为地下茎块，富含淀粉、蛋白质等碳水化合物、矿物质和维生素，每100克山药中含碳水化合物14.4克、蛋白质1.5克、钙14毫克、磷42毫克、胡萝卜素0.02毫克、维生素$B_1$0.08毫克、维生素$B_2$0.05毫克、维生素C4毫克。山药还富含皂苷黏液质、尿囊素、胆碱、淀粉酶等，有很高的医用价值，可干制入药，为滋补强壮剂，对虚弱、慢性肠炎、糖尿病、遗尿、遗精、盗汗等病有辅助疗效。

一、植物学特征

山药须根系，主要分布于20～30厘米的土层中，茎蔓长达3米以上，横断面圆或多棱形。肥大地下块茎，有长圆柱形、圆筒形、纺锤形、掌状或团块状，外皮有红褐、黑褐、紫红等色，肉白色，也有淡紫色，表现密生须根。叶呈三角状、卵形至广卵形，先端突尖，心脏形，互生或对生，叶柄长，叶腋发生侧枝或形成气生块茎，称零余子，可用作繁殖。花单生，雌雄异株，穗状花序，花小，白色或黄色。蒴果具3翅，扁卵圆形，栽培种极少结实。

二、对环境的要求

山药性喜高温干燥，块茎10℃时开始萌动，茎叶生长适温为25～28℃，块茎生长适宜地温为20～24℃，叶蔓遇霜枯死，块茎能耐－15℃低温。短日照能促进块茎和零余子的形成，对土壤要求不严，山坡平地均可栽培，但以肥沃疏松、保水力强、土层深厚的砂壤土为最好，土层越深，块茎越大，产量越高。在稍黏重的土中，块茎短小，但组织紧密，品质优良。山药对土壤有机质和钾肥的需求高。

三、类型与品种

1. 普通山药，叶对生，茎圆，无棱翼，按其块茎形状又可分为3个类型：

（1）扁块种。块茎扁形，似脚掌，入土浅，适于浅土层及黏重土壤栽培，主要分布于南方，如江西、湖南、四川、贵州的脚板薯，浙江的瑞安甘薯；

（2）圆筒种。块茎短圆形或不规则团块状，长约15厘米，分布于南方，如浙江黄岩薯药、台湾圆薯；

（3）长柱种。块茎长30～100厘米，主要分布于陕西、河南、山东、河北、江苏等省。块茎入土深，适合土层深厚的砂壤土栽培。名贵的品种有河南博爱，陕西华县怀山药，河北武骘山药，山东济宁山药，江西南城淮山药，江苏宿迁、邳县、沛县的线山药、牛腿山药、鸡腿山药等。

2. 田薯，又名大薯、柱薯。茎具棱翼，叶柄短，块茎甚大。按块茎形状分为如下类型：

（1）扁块种。如广东葵薯，福建银杏薯，江西南城脚薯；

（2）圆筒种。如台湾白圆薯，广州早白薯、大白薯，广西苍梧大薯；

（3）长柱种。如台湾长白薯、长赤薯，广西黎洞薯，江西广丰千金薯和牛腿薯。

四、栽培技术

1. 无性繁殖方法

（1）顶芽繁殖法。长柱种山药茎端即连接茎基部不堪食用的部分，称山药尾子，品质不好，但属于茎端，顶端有芽，有顶端生长优势，将此段切下直接播种作繁殖用，称顶芽繁殖法。山药尾子平均重60～80克，一般带肉质块茎愈多，长出的山药愈壮，产量也愈高。利用山药尾子繁殖可直播，发芽快，苗壮，产量高；但繁殖系数小，面积难以扩大。如连续应用三四年，组织逐渐老化，产量逐年下降。因此，用1～2年后应更新。

（2）切块繁殖法。将紧接山药尾子的食用部分切块，促使长出不定芽，以提高繁殖系数。一般长芽速度茎端比根端快，由于切块部位不同，发芽速度不等，应选出芽快的先种，未出芽的继续催芽。由于此法出芽晚，应提前10～15天播种或催芽。在切口蘸石灰或草木灰，待伤口愈合后，于断霜前在温床内催芽，床温维持25℃左右，约经二三星期后即可栽于大田。

（3）零余子繁殖法。叶腋中侧芽长成的零余子数量很多，8～9月间成熟，脱落前采收，可用以作种。选择粗壮、皮孔稀、带长三角形的留种。零余子属气生块茎，是无性繁殖器官，能用其做种，繁殖系数高，复壮效果好且花工少，占地少。但其生长速度慢。将零余子收集后与砂土混合，堆贮于温暖处过冬，次年春播或用苗床催芽定植。一般用沟种，行距6厘米、株距扩大到13～16厘米。当年只能长到13～16厘米，重200～250克的小块茎，贮藏过冬，翌年再用其整薯播种，秋季即可获得充分长大的块茎。

2. 整地

山药不宜连作，一般隔三四年轮作1次。选疏松肥沃、土层深厚的砂质壤土为宜。结合整地施充分腐熟的厩肥，撒匀后耕翻。一般栽培山药需深翻，或打洞栽培。栽培扁块圆筒种耕深较浅，耕翻30厘米后按60～100厘米宽作平畦或高畦栽培。长柱种按2～3米距离挖深沟，深60～100厘米，宽33厘米，表土与心土分两边堆放，经冻垡后，再择晴天填土。先填心土，后填表土，每次填土深不超过10～12厘米，分层填土，分层踩实。两脚贴沟壁踩实，中间留一条松土，如此分层踩实，直至将沟变成垄。在垄中间留一条松土线，上插一标记，等待播种。

3. 栽植

长江流域在3月中旬至清明前栽植。若用山药尾子栽植，应按16～20厘米株距，将山药尾子顺沟按同一方向横卧或倾斜栽入。为避免损伤芽头，在每一芽头附近插上陈芦苇秆作标记，这样，既可避免中耕培土时损伤山药芽，又可使新生的山药沿陈芦苇秆向下生长。种薯应与肥料隔开以防烂薯。

打洞栽培：播种时先用宽20厘米的地膜覆盖在洞口上，随即把山药种薯上的芽对准洞口，以便新生山药块茎顺利入洞，最后培成宽40厘米、高20厘米的垄。结合培垄，在垄间施饼肥、磷肥、尿素、酝硫酸钾作基肥，施用后用铁锹深翻30厘米，并整平。

4. 田间管理

山药属抗旱力较强的蔬菜，一般栽植时浇水后，出苗前可以不再浇水。应根据土质及气候情况浇水，出苗后第一次浇水宜晚，以利根系往下伸展，增强抗旱力。

由于吸收根系分布浅，用锄头中耕易伤根系，多采用拔草、铺粪、盖土、盖草的管理方法。应分期追肥，在苗长16～70厘米时，在山药沟两侧开沟施腐熟厩肥或饼肥，6月份茎叶生长盛期和7月份块茎大量积累养分时再各追肥1次。增施草木灰等磷、钾肥料，效果很好。

山药茎长，纤细脆弱，以“人”字形架牢固，通风透光。山药上架时应经常理蔓，使其均匀顺架盘旋而上，除去基部两三个侧枝，控制地上部零余子的产量，能集中养分，增加块茎产量。

5. 采收

应在茎叶全部枯萎时采收，过早采收产量低，含水多，易折断。长江流域在霜降后收获，如不急于上市的，可在地里保存过冬，待需要时再刨，或延迟到3月中、下旬萌芽前采收。

6. 病虫害防治

炭疽病防治：发病初期可用65%的代森锰锌可湿性粉剂500倍液或50%的多菌灵胶悬剂800倍液喷雾，间隔7~10天，共喷2~3次。

根结线虫防治：选用无病种薯，与非寄主作物实行3年以上轮作；药剂防治可在栽植前将药剂均匀地撒在10厘米深的种植沟内，并将药剂与沟内深30厘米的土层拌匀，再覆盖一层薄土后栽植；每667平方米可用50%克线磷颗粒剂10千克。

第五节 美洲防风

美洲防风，别名芹菜萝卜、蒲芹萝卜等，为伞形花科欧防风属二年生草本植物。原产欧洲和西伯利亚，欧美各国栽培较广。美洲防风主要食用肉质根，营养丰富，每100克食用部分含蛋白质1.2克、脂肪0.3克、总糖11.6克、维生素B_1 0.11毫克、维生素B_2 0.07毫克、维生素C 17~30毫克、钙40毫克、磷69毫克、铁0.7毫克。

一、植物学特征

美洲防风植株高约50厘米，叶为二回羽状复叶，叶柄较长，基部略带紫色，小叶卵形，略皱，色深绿，叶缘浅裂。肉质根长圆锥形，根皮浅黄色，肉白色。初夏抽薹开小白花，复伞形花序。果实为阔卵形、扁平，每一果实中有两粒白色种子，种子千粒重3克左右。

二、对环境的要求

美洲防风喜冷凉的气候，耐寒力较强，也较耐高温，在平均气温为28℃条件下仍能旺盛生长；气温在0℃以下，地上部叶片虽然冻死，但第二年春季根部可再萌发生长。生育期适宜温度为20~25℃。美洲防风要求中等强度光照，但在叶生长盛期和肉质根生长盛期，充足的光照有利于光合作用的扩大。美洲防风耐旱忌湿，水分过多根部易腐烂。美洲防风对土壤的适应性较广，但以土层深厚、保水和排水良好、疏松透气、富含有机质的砂质壤土最好。对肥料的需求以磷较多，氮、钾次之。

三、类型与品种

（1）圆根类型。为早熟种，根近圆形，长 8 ~ 12 厘米，髓部大。

（2）中根类型。为早中熟种，肉质根中等长，圆锥形，末端尖，上部阔大，长 10 ~ 15 厘米。

（3）长根类型。为晚熟种，叶较大有缺刻；肉质根圆锥形，末端尖，白色，生长期 120 天。

四、栽培方式

美洲防风一般在春、秋两季进行露地栽培。春季栽培的在 2 月下旬到 3 月下旬播种，6 月下旬开始采收直到第二年 3 月下旬；秋季栽培的在 8 月下旬到 9 月上旬播种，12 月下旬至第二年 3 月采收。春播若采用地膜覆盖或保护设施内播种，可提早上市。

五、栽培技术

1. 整地

宜选土层深厚、湿度稍高、背风向阳的中性砂壤土。施肥以基肥为主、追肥为辅，一般每 667 平方米施厩肥 3 000 千克，深耕 30 厘米，作成连沟宽 1.2 ~ 1.5 米的高畦。

2. 播种

播种多采用撒播，每 667 平方米播种量为 0.5 千克，播种后 15 ~ 20 天出苗。当 2 ~ 3 片真叶时进行第一次间苗，苗距 5 厘米，15 天左右当苗高 12 厘米时，进行第二次间苗，苗距为 15 厘米。两周后当苗有 4 ~ 5 片叶时，就要定苗，苗距 20 厘米左右。

3. 田间管理

加强田间管理是控制地上部和地下部生长平衡，提高产量的重要措施。土壤干燥要及时浇水，霉雨和多雨季节要注意开沟排水，以免根部腐烂。间苗结合拔草。中耕松土结合施肥，第一次追肥在第二次间苗后进行，每 667 平方米施畜粪水 1 500千克，以后根据收获的迟早酌情追肥，每次追肥以叶片发黄时施之，每 667 平方米施畜粪水 1 500千克左右。

4. 采收

由于美洲防风含有呋喃骈香豆精溶于水易引起皮炎，因此应在露水干后采收，收获后切去叶片，放在通风凉爽处贮藏。如在 0 ~2℃室内，空气湿度 85%，可贮藏 3 ~4 个月。

第六节 辣根

辣根又名西洋山葵菜等，为十字花科辣根属多年生宿根草本植物。辣根原产欧洲东部和土耳其，我国主要在黄淮地区种植。辣根的肉质根具有辛辣味，可去除海鲜晶的腥味，用其制成的辣根酱是一种常用调味品。辣根经磨碎后贮藏，可备用作煮牛肉及奶油食品的调料，也可切片入罐头做调味品，在日本、韩国、中国食用普遍。辣根亦可入药，有利尿、兴奋、刺激肠胃、增进食欲之功效。

一、植物学特征

辣根根圆柱形，多分叉，肉质白色，外皮较厚，黄白色，长 30 ~40 厘米，侧根多，易生不定根。辣根茎为短缩茎。春栽辣根不开花，秋栽辣根一般于翌年 5 月上旬开白色小花，但种子不易成熟。一般用根部不定芽进行无性繁殖。

二、对环境的要求

辣根为半耐寒植物，适应性强，具有较强的耐寒能力。冬季地上部枯死，地下肉质根能越冬。辣根生长最适温度为 20 ~22℃。气温超过 28℃，生长受阻，根的辛辣味降低；气温下降，根的辛辣味加重。辣根较耐干旱，忌水涝，喜肥耐肥。辣根以在土层深厚、疏松肥沃、排水良好的沙壤土中生长较好，pH 值为 6.0 ~6.5 较为适宜。

三、栽培技术

1. 整地

种植辣根应选用地势高、土层深厚且肥沃的地块，忌连作，前茬作物应为非十字花科植物。栽种前要深翻，施足基肥。基肥以有机肥为主，每 667 平方米施腐熟厩肥 1 500千克，施后耙平并作成高畦。

2. 栽植

辣根采用分根繁殖。在冬季辣根收获时，选取 15 厘米左右、粗 0.8 厘米的根留作繁殖用种根，上口平切，下口切成斜面，用生石灰消毒后扎成小捆，沙藏越冬。

辣根栽植时间为 2 月下旬至 3 月上旬，用细木扦或铁扦按行距 40 ~ 50 厘米、株距 25 ~ 27 厘米打洞，洞深 18 厘米。将准备好的种根插入洞中，注意种根顶部朝上，不能倒插。种根插好后盖土约 3 厘米。

辣根也可与多种作物间套种，较常与玉米间套种。这样可利用玉米的遮阳作用，形成辣根生长适宜的阴凉环境，获得辣根、玉米双丰收。

3. 田间管理

辣根除施基肥外，一般还应在 4 月下旬至 5 月初，幼苗高度在 13 ~ 20 厘米时进行第一次追肥，以促进茎叶的生长。每 667 平方米施腐熟粪肥 1 000 千克左右，对水穴施。第二次追肥在 7 月下旬至 8 月初，每 667 平方米施尿素 30 千克和适量钾肥，以满足根部膨大对养分的需要。

辣根较耐旱，忌涝渍，湿润的土壤条件有利于辣根茎叶生长和根部膨大。生长期间严防涝渍，若遇干旱也应及时灌溉。

辣根生长期间一般要中耕除草 2 ~ 3 次，第一次在全苗后进行，第二次在苗高 25 厘米左右时进行，第三次结合追肥进行，以清除杂草、适当培土、防止倒伏。

4. 采收

辣根一般是当年地上部叶片枯萎后采收。在采收时，用锹挖出辣根，去除茎叶、须根和泥土，贮藏。

5. 病虫害防治

辣根的主要病害为疮痂病，防治措施主要是实行轮作。虫害主要有菜青虫、小菜蛾和盲蝽象等，可用 50% 辛硫磷乳油 1 500 倍液喷雾防治。

豆类

第一节 四棱豆

四棱豆又名翼豆、翅豆等，为豆科四棱豆属多年生草本植物。四棱豆原产热带非洲和东南亚雨林地带。四棱豆在我国主要分布在云南、广西、广东和海南等省市、自治区。四棱豆营养极其丰富，种子蛋白质含量为34%～45%，其赖氨酸含量超过大豆和鸡蛋蛋白，含脂肪16%～28%，不饱和脂肪酸高达80%；维生素D高达356.99国际单位。四棱豆种子、鲜荚的矿质元素中，常量元素与微量元素都很丰富，尤其富含钾、钙、磷、铁、锌。四棱豆嫩叶中的胡萝卜素含量比胡萝卜高4倍以上。四棱豆还具有一定的药用价值，嫩芽中挤出的汁治牙痛；用叶汁解除消化不良；豆荚还是一种很好的减肥食品。

一、植物学特征

四棱豆的根系发达，入土深度可达80～100厘米。根上也能形成根瘤和块根。四棱豆的茎蔓生，分枝性强，枝叶繁茂。茎光滑无毛，为绿色、绿紫色或紫红色。茎的节和节间都能生长不定根。叶为三出复叶，也有少数二出复叶、四出复叶和五出复叶。叶互生，小叶阔卵形至阔菱形、阔卵圆形、卵圆形和正三角形，全缘顶端尖，光滑无毛。叶色分为绿、绿紫和紫红。四棱豆的花为腋生总状花序，花冠蝶形，花色有淡蓝、紫蓝、白色，较大，无毛；花瓣5片。四棱豆一般为自花传粉，异交率可达7%～36%。四棱豆的荚果一般为四棱形，也有扁平状。荚果横切面呈矩形或棱形，豆荚截面似杨桃，故又称之为杨桃豆。翅具皱边，状如翼，别名又称翼豆、翅豆。荚色分绿、黄绿、紫色。有的果荚颜色与翼的颜色不一样，有的翼色为紫色或白色。荚有裂片2块，内含种子6～21粒，种子间有横膈。嫩荚绿色，成熟荚深褐色。四棱豆的种子有近球形、方圆形、卵圆形等，表面平滑有光泽，种皮较坚韧，稍具蜡质。种色有白色、黄色、褐色、黑色、黑褐色、紫褐色和紫色等，色泽不一。种脐较小，生于侧面。种子无胚乳，有两片肥大的子叶，其内贮藏着大量的营养物质。

二、对环境的要求

四棱豆要求较高的温度，生育适温一般为 20～25℃左右。不耐霜冻。四棱豆属短日照植物，对日照长短反应敏感，在长日照条件下，易引起茎徒长而不能开花结荚。四棱豆植株根系发达，较抗旱，但不耐长时间干旱，要求适度的土壤水分含量，不耐涝。四棱豆对土壤要求不严格，适应性也比较强，但在黏重土壤或板结土壤中生长不良，深厚肥沃的沙壤土能获得嫩荚的最佳产量和品质。四棱豆根部的根瘤有较强的固氮作用，但因其生长期长，需肥量大，故仍需施用农家肥和化肥。生殖生长前期应增施氮、磷肥，促进开花结荚；开花结荚期需钾肥较多。

三、类型与品种

1. 印度尼西亚品系

多年生，小叶有卵圆形、披针形、三角形等。茎蔓性，茎、叶均为绿色。花白色、淡蓝色和深紫色。营养生长旺盛，晚熟，产量高。也有早熟类型，在低纬度热带地区，全年播种均能开花结实。有的品系对 12 小时的光周期甚敏感。对拟锈病具有抵抗力。我国栽培的多是这一品系。

2. 巴布亚新几内亚品系

一年生，小叶卵圆形和正三角形较多。茎蔓性，花紫色。荚表面粗糙，种子和块根的产量较低。早熟。从播种到开花需要 60～80 天。

四、栽培方式

四棱豆以种子和块根繁殖，一般多露地栽培。保护设施育苗可于 4 月中、下旬在苗床或营养钵育苗，5 月下旬定植，8～11 月陆续采食嫩荚。在栽培上四棱豆可成片种植，也可与谷类、薯芋类等作物间套作，还可种植于庭院地边供观赏、采食兼用。

五、栽培技术

1. 催芽

用纱布盛种子，浸于 55℃温水中，不断摇动盛种袋，15 分钟后用清水冲洗种子。种子用 30℃左右的温水浸种 8～10 小时。种子全吸胀后，要及时离水进行催芽。催芽温度以 25℃为宜，能变温处理效果更佳，白天 30℃左右 8 小时，夜间 20℃左右 16 小时。经 2～3 天，大部分种子胚根长达 3～5 毫米左右，其余种子已破脐露白及时播种。

2. 播种

在5厘米地温稳定在15℃以上，气温在20℃以上时播种。华北地区一般4月份播种，如用地膜覆盖可适当提前10天左右。也可以育苗移栽，每营养钵播1~2粒已萌动的种子，覆土厚1.5厘米左右。播后用薄膜覆盖，以增温保湿。这样出苗快而整齐。出苗后去膜，防止幼苗被灼伤和徒长。

3. 定植

土壤深翻，一般每667平方米施腐熟堆肥3 000千克。四棱豆苗期较长，露地播种8~10天后幼苗出土，7~8片真叶时定苗，每穴留壮苗1株。苗龄30天左右，具4~6片真叶时定植。移栽后要浇足定根水，中耕松土除草，提高地温，促进根系生长。定植后10天查苗补苗，以保证全苗。

（1）单行种植。平畦宽1.2米，株距40~50厘米，每穴播种子2粒；高畦宽50~80厘米，在畦中央按株距60厘米挖穴，每穴播种子2粒，种植密度为每667平方米1 500~2 000株。

（2）双行种植。平畦宽1.5米，其株行距为40厘米×50厘米，单株留苗，种植密度为每667平方米为3 000株。

4. 田间管理

四棱豆苗期较长，可结合除草浅中耕1~2次，以利春季提高地温和保墒。随着温度升高，植株生长加快，主茎蔓长80厘米时，结合追肥灌水再中耕1~2次。在枝叶旺盛生长，植株封行时，停止中耕，以免伤根，但应培土以利地下块根形成，也便于中后期适量浇水，若遇大雨也能及时排水。

四棱豆喜温喜湿，怕旱怕涝。育苗移栽时要灌足定植水，以保证幼苗的成活率。幼苗3片叶至抽蔓期生长缓慢，一般不浇水。抽蔓现蕾后结合施肥浇1次水，以水带肥。而后中耕、培土、起垄；开花结荚、块根膨大期，需水量最大，应及时浇水，保持土壤湿润。四棱豆耐肥，每667平方米施尿素15千克，过磷酸钙50千克，氯化钾30千克。

四棱豆茎蔓长达50厘米时，要及时搭架引蔓。四棱豆的结荚数以主茎和第一分枝为最多，所以应在主茎具10~12片叶时打去顶尖。四棱豆属无限结荚习性，在茎叶到达架顶后打去顶梢。结荚中期疏去无效分枝，打掉中下部的老叶，以避免茎蔓过旺，降低结荚率。

嫩荚革质膜未出现，未纤维化，色泽黄绿，是最佳采收期。

第二节 刀豆

刀豆又名大刀豆等，为豆科刀豆属一年生缠绕性草本植物。刀豆原产西印度、中美洲和加勒比海地区。我国刀豆主要分布在华南与西南地区。刀豆嫩荚质地脆嫩，肉厚味鲜，营养丰富，刀豆每 100 克含水分 84.0 克、蛋白质 2.5 克、脂肪 0.1 克、碳水化合物 12.0 克、粗纤维 0.7 克、钙 50.0 毫克、磷 34.0 毫克、铁 0.6 毫克。刀豆含血球凝集素、刀豆酸，种子可入药，有活血、补肾、散瘀的功效。

一、植物学特征

刀豆根系发达。茎粗，蔓生。叶为三出复叶，互生，叶柄长。总状花序腋生，蝶形花，淡红或淡紫色。荚果窄长方形，略弯曲，长 15～35 厘米。种子肾形或椭圆形，红色或褐色。

二、对环境的要求

刀豆生长发育需较高的温度。种子发芽适宜温度为 25～30℃，其生育适宜温度为 23～28℃。刀豆对光照强度要求较高，当光照减弱时，植株同化能力降低，着蕾数和开花结荚数减少，潜伏花芽数和落蕾数增加。刀豆对土壤适应性强，以土层深厚、肥沃的砂壤土为宜。

三、类型与品种

1. 蔓性刀豆

蔓性刀豆又称大刀豆。蔓粗壮，晚熟，花淡紫红色，种子淡红色或白色，椭圆形，粒大。

2. 矮性刀豆

矮性刀豆又称洋刀豆。早熟，花白色，果荚较短，种子白色，粒小。

四、栽培技术

1. 整地

刀豆露地种植需在终霜停止后播种，在初霜来临前采收完。在北方生长期短的地区，种子多不易成熟，须先行育苗而后栽植，以延长其生长期。选土层深厚、排水通气良好的砂壤土，施足基肥，进行深翻、耙地。刀豆一般用平畦栽培，畦宽 130 ~ 150 厘米，每畦种两行。

2. 播种

刀豆在长江流域一般于 5 月上、中旬直播。行距 84 厘米，穴距 50 厘米，每穴播种 1 ~2 粒。刀豆播种前先在水中浸泡 24 小时，待其充分吸水膨胀后再播种。播种不宜过深，一般播深 5 厘米为宜。如果土地黏重又过湿，通气不良，种子易烂，最好先育苗，再定植大田。

3. 田间管理

当刀豆苗高 50 厘米时，搭架引蔓。开花前不宜多浇水，宜控制水分，中耕 2 ~3 次以提高地温和保墒，以防辜花、落果。坐荚后，刀豆植株逐渐进入旺盛生长期，待幼荚 3 ~4 厘米时开始浇水，需供水充足。

刀豆是豆类中需氮较多的蔬菜，氮素不足，分枝少，影响产量和品质。在 4 叶期间追第一次肥，在坐住荚后结合浇水追第二次肥。在结荚中、后期再追 1 ~2 次肥。在开花结荚期，应适当摘除侧蔓或进行摘心、疏叶，有利于提高结荚率。

4. 采收

刀豆一般在 5 月间播种后，在 8 ~ 11 月间嫩荚长 11 ~ 20 厘米时随时可采收。

多年生及杂菜类

第一节　黄秋葵

黄秋葵又名秋葵、羊角豆等，为锦葵科秋葵属一年生草本植物，原产非洲。黄秋葵以嫩果供食，富含营养，每100克嫩果含蛋白质2.5克、脂肪0.1克、总糖2.7克、维生素A660国际单位、维生素$B_1$0.2毫克、维生素$B_2$0.06毫克、维生素C44毫克、钙81毫克、磷63毫克、铁0.8毫克。除嫩果供食外，叶、芽、花也可食用；花、种子和根均可入药。

一、植物学特征

黄秋葵主根较发达，抗旱、涝能力较强。茎直立，苗期胚轴上披有茸毛，茎秆老成后木质化。基部节间较短，叶腋间常有侧枝发生。茎绿色或暗紫红色。叶互生，叶面有茸毛，掌状3～5裂。叶柄细长中空，下部叶片阔大，缺刻浅，上部叶片狭小，深裂，且叶柄较短，花单生，二性花，花冠黄色，花瓣、萼片各5个。果实为蒴果，顶端尖细，略为弯曲似羊角，果面有5～10个棱角。果实表面密生茸毛，子房5～11室，种子近球形，灰绿色至灰黑色。种子发芽年限为3～5年。

二、对环境的要求

黄秋葵喜温暖，种子发芽适宜温度25～30℃，植株生长发育适宜温度白天25～30℃，15℃以下生长缓慢，夜间12～15℃。根系生长适宜地温18～24℃；属短日照作物，要求较强的光照条件；耐旱性较强，但开花结果期水分供应充足，产量高、品质好，耐涝性差；对土壤适应性广，pH值在6～8能生长。在土层深厚、疏松肥沃、排水良好的土壤中种植长势好，产量高；需肥量较多，适宜氮、磷、钾和微量元素配合施用。

三、类型与品种

1. 北京黄秋葵

喜温耐热，生长势强，叶片和植株均为浅绿色，抗病虫能力较强。嫩果顶端较尖，横切面呈五角形，品质好。

2. 北京红秋葵

耐热不耐寒，株型高大，植株生长旺盛，茎秆、叶片和果实均为深红色。嫩荚前端较尖，品质好。种子淡黑色，球形。

3. 新东京五号

日本引进品种，植株、叶片、嫩果均为淡绿色。嫩果质地柔软，纤维少，品质好，中熟。

四、栽培方式

黄秋葵以露地栽培为主，黄秋葵喜温暖，气温13℃以上时即可播种，南北各地多在4～6月播种，7～10月收获。北方寒冷地区常用日光温室、塑料大棚集中育苗，待早春晚霜过后，再定植于大田。

五、栽培技术

1. 育苗

黄秋葵多采用直播法。播前浸种12小时，后置于25条件下催芽，待60%～70%的种子“破嘴”时播种。播种以穴播为宜，每穴3株，穴深3厘米。各地应在终霜期过后适时播种，先浇水，后播种，再覆土厚2厘米左右。

3月上、中旬可在大棚、日光温室播种育苗，最好采用营养钵、营养土块等护根措施育苗。床土以6份菜园土，3份腐熟有机肥，1份细沙混匀配制而成。播前浸种催芽，整平苗床，按株行距10厘米点播，或将催芽后的种子播到营养钵或营养土块中，每穴2粒，然后覆土厚约2厘米。播后应保持床土温度为25℃，4～5天即发芽出土。苗龄30～40天、幼苗2～3片真叶时定植较宜。

2. 定植

每667平方米撒施腐熟厩肥5 000千克，氮磷钾复合肥20千克，草木灰100千克，混匀耙平作畦。露地栽培一是采用大小行种植，大行70厘米，小行45厘米，畦宽200厘米，每畦4行，株距40厘米，畦高15～20厘米；二是采用窄垄双行种植，垄宽100厘米，每垄种两行，行距70厘米，株距40厘米，畦沟宽50厘米。

3. 田间管理

出苗后要及时间苗，破心时进行第一次间苗，间去病、弱、小苗；2～3片真叶时进行第二次间苗，选留壮苗；3～4片真叶时定苗，每穴留苗2～3株。

幼苗出土或定植后，因气温较低，要及时中耕除草，每7～10天进行一次。开花结果后，植株生长加快，每次浇水、追肥后均应中耕。封垄前中耕培土，防止植株倒伏。

黄秋葵在生长期间，要求较高的空气和土壤湿度，尤其是开花结果期，不可缺水。

第一次施齐苗肥，在出苗后进行，每667平方米施尿素6～8千克；第二次施提苗肥，在定苗或定植后开沟撒施，每667平方米施复合肥15～20千克；开花结果期施一次重肥，每667平方米施复合肥30千克；生长中后期，酌情多次少施追肥，防止植株早衰。

在适宜的环境条件下，植株生长旺盛，主、侧枝粗壮，叶片肥大，往往开花结果延迟。这时可采取扭叶的方法，将叶柄扭成弯曲状下垂，可以控制营养生长；生育中、后期，对已采收嫩果以下的各节老叶及时摘除，既能改善通风透光条件，减少养分消耗。采收嫩果者适时摘心，可促进侧枝结果，提高早期产量。

4. 采收

黄秋葵果长8～10厘米，果外表鲜绿色，果内种子未老化为适宜采收期。

5. 病虫害防治

黄秋葵的病害较少，虫害较多。幼苗期和开花结果期常有蚜虫、蚂蚁危害，中、后期有盲蝽象危害。用40%氰戊菊酯对水6 000倍或20%灭扫利乳油对水2 000倍防治。

第二节　鱼腥草

鱼腥草又名蕺菜、侧耳根等，为三白草科蕺草属多年生草本植物。鱼腥草原产亚洲、北美，常见于路边、田埂、河边、沟边潮湿地方，目前鱼腥草已作为一种保健蔬菜，采用人工栽培成为商品性蔬菜。鱼腥草食用部分为地下嫩茎和嫩叶。每100克食用部分含蛋白质2.2克、总糖6克、脂肪0.4克、粗纤维18.4克、钙74毫克、磷53毫克、铁40毫克，还含有甲基正壬酮、月桂油烯、羊脂酸、月桂醛以及蕺耳碱、鱼腥草素等。鱼腥草的根、茎、叶、花、果实及种子均可入药，有利尿、解毒、清热、镇痛、止咳、驱风、顺气、健胃等医疗作用。

一、植物学特征

鱼腥草茎直立，紫色；地下茎细长，匍匐蔓延繁殖，白色，每节易生不定根。叶为单叶互生，叶心脏形或卵圆形，先端渐尖，全缘。夏季茎梢分枝，花生于顶部，花小，两性，无花被，花呈穗状或总状花序，花序下有苞片 4 枚，白色，花淡紫色，雄蕊 3 枚，子房 1 室，有 3 个侧膜胎座，蒴果，顶端开裂。

二、对环境的要求

鱼腥草适应性较广，生长期间要求温暖潮湿的环境条件，一年中无霜期间均能生长，温暖地区均可露地越冬。一般温度在 12℃就可发芽出苗，生长前期要求温度为 16～20℃，地下茎成熟期要求温度为 20～25℃。鱼腥草喜湿耐涝，田间最大持水量 75%～80%、土壤的 pH 值为 6.5～7.0 较为适宜。肥料氮、磷、钾的吸收比例 1：1：5。

三、类型与品种

鱼腥草按食用部分可分为嫩茎叶和食用浆果两个类型。我国多栽培食用嫩茎类型的鱼腥草，尼泊尔等国家栽培食用浆果类型的鱼腥草。

四、栽培方式

鱼腥草主要是野生和人工栽培两种方式。人工栽培多采用无性繁殖，每年早春 2～3 月为栽培季节，霜降以后地上部分枯死，以采挖地下茎为主。

反季节栽培，可采用地膜和大、中棚等保护设施，周年排开播种，可以达到周年供应。

五、栽培技术

1. 繁殖方法

采用分株、插枝和根茎繁殖均可。分株繁殖在四季均可，将母株挖出分株移栽于沙土的苗床上育苗或直接移植。插枝繁殖可在春、夏、秋季，剪取无病虫健壮枝条作插穗，截成长 12～15 厘米，插扦于沙壤土的苗床上，行株距 16 厘米×10 厘米或 14 厘米×10 厘米。插后浇水，遮荫，生根后移苗定植。根茎繁殖，一年四季都可以进行，挖出色白、粗壮的根茎，截成具有2个腋芽以上的小段，在苗床上或大田开浅沟育苗或定植。

2. 定植

选肥沃疏松、排灌方便、背风向阳的沙质壤土或富含有机质的土壤栽培。深翻松土后起畦，畦宽1.5～1.6米，畦高30厘米，沟底宽20厘米。每667平方米施农家土杂肥3 000千克作基肥，按株行距20厘米×30厘米开浅沟或挖穴定植，种植后浇水，保持土壤湿润。

3. 田间管理

幼苗期遇干旱，应早晚浇水，湿润畦土。幼苗成活至封行前，中耕除草和追肥2～3次，肥料以人粪尿或化肥等氮肥为主。每次除草结合追肥，每667平方米施人粪尿1 500千克或尿素15千克。每年收割后追施氮肥为主，以促进植株萌发；第二次则施磷钾肥为主，并培土以利越冬，为来年萌芽打好基础。

4. 收获

鱼腥草定植后，苗高8～10厘米时就可以开始采摘嫩茎叶，以后每隔10～20天采收一次。采摘的嫩茎叶可以趁鲜上市，也可以晒干后上市。地下茎在定植半年以后，即可根据市场需要适时采挖，洗净后除去杂质，趁鲜上市或用于淹渍加工。留作种用的地下茎可随用随采。鱼腥草全草可供药用，随时可采收，洗净后晒干贮藏或上市销售。

第三节　金针菜

金针菜又名黄花菜、萱草等，为百合科萱草属多年生草本植物。金针菜是我国的特产蔬菜。因其含有丰富的卵磷脂，金针菜有较好的健脑、抗衰老功效。金针菜能显著降低血清胆固醇的含量，有利于高血压患者的康复，可作为高血压患者的保健蔬菜。金针菜中还含有效成分能抑制癌细胞的生长，丰富的粗纤维能促进大便的排泄，因此可作为防治肠道癌的食品。

一、植物学特征

金针菜根系发达，入土较深，有较多的肉质根。开花前茎为短缩茎，由此萌芽发叶，叶片狭长成丛。叶梢抱合成扁阔的假茎。在长江流域每年发生2次叶，第一次在2～3月间，称“春苗”，第二次在8～9月间，称“冬苗”。充分长大的花蕾黄色或黄绿色，花冠为百合花型，属于离瓣花。蒴果，自然结实率低，果实长圆形，具三棱。种子坚硬，黑色，有光泽，千粒重约35克。

二、对环境的要求

黄花菜喜温暖的气候，不耐寒冷，遇霜后地上部分即枯死。短缩茎和根系抗寒力强，可安全越冬。苗期要求旬平均温度5℃以上，叶片生长的适宜温度为15～20℃。

黄花菜的根系发达，肉质根水分多，耐旱力较强，抽薹前需水较少，抽薹后要求土壤湿润，盛花期需水量最大。黄花菜对光照适应范围广，阳光充足，植株生长旺盛，盛花期日照充足，花蕾多，质量好。黄花菜在土质疏松、土层深厚的土壤中，根系发育旺盛，故要进行深耕和多施有机肥，以pH值为6.5～7.5的土壤为最适。黄花菜耐瘠薄，肥料充足长势好，产量高。施肥宜氮、磷、钾合理搭配，不宜偏施氮肥。

三、类型与品种

1. 沙苑金针菜

陕西省大荔县主栽品种。植株生长势强，花蕾金黄色，6月上旬开始采摘。

2. 荆州花

湖南省邵东县主栽品种。植株生长势强，叶片较软而披散。花蕾黄色，顶端略带紫色。花被厚，干制率高。叶枯病及红蜘蛛危害较轻，抗旱力强，干旱落蕾少。

3. 茶子花

湖南省祁东县主栽品种。黄绿色花蕾，分蘖多，分株栽植4年可进入盛产期。抗性弱，易发病和落蕾。

4. 大乌嘴

江苏省农家品种。分蘖较快，分株定植后3～4年可进入盛期。花蕾大，干制率高。花蕾下午5时开放，植株抗病性强。

5. 渠县黄花

四川省渠县、巴中等地的主栽品种。属早熟品种，植株长势强。叶色浓绿，叶片宽而短，花薹粗壮，分蘖力弱，耐干旱，抗病虫害能力强。

6. 大同黄花菜

山西省雁北地区主栽品种。6月下旬开始采收，8月中旬采收结束。

四、栽培方式

黄花菜从花蕾采收完毕到发冬苗前，或冬苗枯萎后，到春苗萌发前均可分株定植。秋季定植的，年内长冬苗，第二年可抽花薹。早春栽植的，由于种苗在冬季已积累了一部分营养物质，也可在当年抽薹。用种子繁殖的，春、秋两季都可播种。

五、栽培技术

1. 育苗

（1）分株繁殖。选生长旺盛、品质好、无病虫的植株，在花蕾采毕后到冬苗抽生前一段时间内，挖取株丛的一部分，剪除老根和块状肉质根，并将根适当剪短即可栽植。

（2）种子繁殖。在江南以秋播为好，苗床地先施足基肥，做成130～170厘米宽的苗床，开3厘米深的浅沟，沟距17～20厘米。在浇稀腐熟粪肥后，把种子均匀播人沟中，覆土并加盖草保湿。种子播前可用25～30℃的温水浸种1～2天，苗床用种子2.5千克，可育苗5万～6万株。

2. 定植

深翻田地30厘米以上，平整后开定植穴，再施腐熟堆肥、厩肥等作为基肥，在基肥上加一层细土后栽种苗。在保水力弱的坡地可适当多覆土。一般每穴栽2～4株，每穴栽苗数少，前期产量较低。

从花蕾采毕到抽生冬苗前，或冬苗枯后到翌年发春苗前都可进行栽植。在长江流域秋季栽植的，当年即可发生冬苗，并抽生新根、积累养分，为翌年春苗奠定良好基础，促进提早抽薹开花。

3. 田间管理

（1）春苗管理。春季在出苗前进行第一次中耕，耕深约13厘米，并施催苗肥。在抽薹前浅中耕，深6厘米，并施催薹肥。每次追肥以速效氮肥为主，配合磷、钾肥。不可偏施氮肥，以免叶丛过嫩引起病害。

（2）冬苗管理。秋季花蕾采收完毕，拔除枯薹和老叶，并在行间进行深翻，深约30厘米以上，晒垡。深翻后在冬苗未抽生前施粪肥每667平方米150千克，促进早发冬苗。施肥对翌年产量影响很大，要尽量多施。冬苗枯死后应及时培土。

4. 采收

金针菜采摘时间要求较严，采时花蕾饱满、颜色黄绿，以充分长大而又未开裂为宜。采蕾时，在花蕾的花梗基部轻轻折断，轻摘、轻放。采后的鲜蕾应当天加工，分蒸制和干燥两步。蒸制是用蒸气快速杀青。一般蒸制 20 ~ 25 分钟，笼内温度达到 65℃左右保持 10 ~ 15 分钟，当花蕾变软、色泽由黄绿色变成淡黄时，即可从笼中取出进行干燥。

5. 病虫害防治

（1）锈病防治。注意排除田间积水，及时清除病株，并用粉锈宁可湿性粉剂加水 700 倍喷雾防治。

（2）叶斑病防治。发病初期用 25% 多菌灵可湿性粉剂 500 倍液或 70% 甲基托布津可湿性粉剂 800 倍液喷雾防治。

（3）蚜虫防治。用溴氰菊酯或功夫菊酯加水 2 500倍喷雾防治。

（4）红蜘蛛防治。用克螨特加水 1 000倍或双甲脒加水 1 000倍喷雾防治。

第四节　紫背天葵

紫背天葵又名紫背菜、观音苋等，为菊科土三七属多年生宿根草本植物。紫背天葵原产我国南部地区及马来西亚，以四川、台湾栽培较多。紫背天葵主要以嫩梢和嫩叶供食，所含营养丰富，每 100 克嫩茎叶中含碳水化合物 2.49 克、粗蛋白 1.98 克、维生素 A 原 2794 国际单位，维生素 $B_1$0.08 毫克、维生素 $B_2$0.12 毫克、维生素 C23.90 毫克、钙 152.91 毫克、铁 7.48 毫克、磷 30.17 毫克，特别含有黄酮甙成分，可提高人体抗寄生虫和抗病毒能力。

一、植物学特征

植株半直立生长，生长势及分枝性均强，根粗状。茎直立，肉质，横断面圆形，绿色，节部带紫红色，易生不定根。叶互生，长卵状阔披针形，叶缘有锯齿，叶面绿色，略带紫色，叶背紫红色，且蜡质，有光泽，叶柄短。深秋开花，头状花序，花黄色，均为筒状两性花，很少结籽，瘦果，矩圆形种子。

二、对环境的要求

紫背天葵喜温暖湿润的环境，耐高温多雨，耐热且耐旱，在夏季高温条件下也能正常生长。不耐寒，虽能忍耐 3 ~ 5℃的低温，在北方栽培不能在露地越冬。紫背天葵较耐荫，日照充足之处生长更健壮。紫背天葵对土壤的适应性很强，极耐瘠薄。土壤水分充足有利于植株生长。紫背天葵主要收获嫩梢和嫩叶，需氮肥最多，其次是钾和磷。

三、栽培技术

1. 育苗

紫背天葵的节部易生不定根，通常采用扦插繁殖。扦插在南方可周年进行，但以春、秋两季生根最快。

扦插繁殖的方法：春季从健壮的母株上剪取枝条，枝条要求：带顶芽的枝条6~8厘米长；顶梢以下的茎节段，每段带3~5片叶剪断。摘去枝条基部1~2叶，其余叶保留，扦插于事先准备好的苗床上。苗床可用土壤、或细沙加草灰，也可扦插在水槽中。扦插后，经常浇水，保持床土湿润，10天左右发根成活后，即可移栽定植。

2. 定植

用土杂肥作基肥，每667平方米施土杂肥3 000千克，与土充分混匀，翻耕，耙平，做成宽1.2~1.5米平畦。

定植行株距为40厘米×30厘米，每穴单株或双株。种植密度视地力而定，肥沃地密些，瘠薄地稀些。定植后浇足水。

3. 田间管理

紫背天葵的适应性和抗逆性都很强，粗放管理也能良好生长。但适当追施肥，有利于茎叶生长，提高产量，改进品质。浇水的原则是土壤见干见湿，雨季注意排水降涝。开始采收后，每采收1次追施肥料1次，每667平方米施尿素10千克。

4. 采收

当植株25~30厘米高，嫩梢长15厘米左右时，即可采收。

第五节　百合

百合又名夜合、番韭、中蓬花等，为百合科百合属多年生宿根草本植物。我国的百合主要产区有湖南省邵阳、江苏省宜兴、江西省万载、山东省莱阳、甘肃省兰州、浙江省湖州等。百合以肥大的肉质鳞茎供食用，每100克鳞茎中含蛋白质3.36克、蔗糖10.39克、还原糖3.0克、果胶5.61克、淀粉11.46克、脂肪0.18克，以及维生素、磷和钙等矿物质。鳞茎可入药，具补中益气、养阴润肺、止咳平喘之功效。

一、植物学特征

百合是多年生宿根植物，根为须根系，分肉质根和纤维状根，分别着生于鳞茎盘底部及地下茎上。茎分为鳞茎和地上茎，鳞茎由披针形肉质鳞片抱合而成，着生于鳞茎盘上，鳞茎中心为顶芽，顶芽出土后，旁侧又形成 2 ~ 7 个新发芽点，次年或 3 年后各自分离成独立的鳞茎。叶披针形或带形，互生，无叶柄，绿至深绿色，叶尖有的呈紫红，叶表有白色蜡粉。花为总状或伞状花序，单花，钟形或呈喇叭状，花大且美，红、黄或白色。果实为蒴果，种子多，扁平，黄褐色，一般多开花少结果。

二、对环境的要求

百合地上部不耐霜冻，茎叶耐高、低温，地下鳞茎能耐低温。早春平均气温 10℃以上时顶芽萌动，14 ~ 16℃时顶芽出土，地上茎生长适温 16 ~ 24℃，24 ~ 29℃适宜开花。百合要求土层深厚、肥沃的砂质壤土。由于百合的肉质根根毛很少，吸收能力差，故要求土壤应潮湿，但又不能渍水。

三、类型与品种

原产我国的百合有 60 多种，大多为野生百合，栽培食用的百合较少。生产上广泛应用的有宜兴百合、兰州百合和龙牙百合。

1. 宜兴百合

又名虎皮百合、苦百合。鳞茎扁圆，鳞片白色微黄，外层有时有紫色小斑点，鳞片宽卵形。质地绵软，略有苦味。5 月上旬中上部叶腋着生紫褐色珠芽，可供繁殖或加工制粉。7 月中下旬开花，为太湖流域主栽品种。江西省万载、湖南省邵阳、甘肃省平凉等地亦有零星种植。

2. 兰州百合

即川百合，是山丹类百合中川百合的一个变种。花火红色，有紫黑色斑点。7 月初开花，花蕾可供食用。鳞茎扁圆形，白色，鳞片宽卵形至卵状披针形，白色，抱合紧密，味甜质优。

3. 龙牙百合

鳞茎球形，鳞片披针形，白色、无节，因鳞片狭长肥厚，故称“龙牙百合”。味淡不苦。花白色有香气，称之为“白花百合”，湖南邵阳主栽的龙牙百合属此类型。

四、栽培技术

1. 整地

百合忌连作，适于耕作层深厚、排水良好的砂壤土栽培，土壤 pH 值为 6.5～8 为宜，应选土层深、肥沃、疏松排水好的田块耕翻，施入腐熟有机肥和磷、钾肥，整平后作畦，北方作平畦，南方作高畦。

2. 繁殖方法

百合可用珠芽、小鳞茎、鳞片等无性繁殖和种子繁殖，亦可用组织培养脱毒苗。先用这些方法培育成种球，然后播种。卷丹百合可用珠芽繁殖，兰州百合可用小鳞茎繁殖，一般秋收秋播，培养二年做种球。夏季采收成熟的珠芽，9～10 月播于苗床，至第三年秋，采收种球播种。凡能产生小鳞茎的品种，即籽球品种如兰州百合，收取土中小鳞茎播种，经 1～2 年可达到种球标准。生产上多见用鳞片繁殖，将成品百合的鳞瓣剥成单个鳞片，播种后 30 天基部形成愈伤组织，在维管束所在处形成鳞茎体，再经 30～40 天发育成 1～2 厘米小鳞茎，在其上生根并形成 1～2 片基生叶，翌年抽生地上茎，早的当年茎顶可开花，3 年达到种球标准，种球定植后经 3 年生长形成产品。

3. 田间管理

南方处暑到秋分间播种，北方在冻土前和早春融冻后播种。冬前播种成活率高。播前选健壮无病的成品鳞茎做种球，分瓣后种球重 50 克左右，小鳞茎重 25～30 克。百合的栽植密度依品种而异，宜兴百合行株距 25 厘米×20 厘米，兰州百合行株距 20 厘米×40 厘米，龙牙百合行株距 60 厘米×20 厘米。小球和鳞茎覆土厚度 3～5 厘米，大球覆土厚度 5.5 厘米。百合播种至翌年 4 月才能出苗，可在行间间套秋冬蔬菜，前作收获后早春可套种瓜类生姜。冬季注意施肥，中耕和培土，行间还可覆盖稻草。6 月份宜兴百合会形成珠芽，影响鳞茎膨大，应及时摘除。植株已有 60 片叶时要摘心打蕾，以防养分消耗。当地上部茎叶变黄、枯死时，鳞茎成熟应及时采收。

第六节　藤三七

藤三七又称落葵薯、川七、疑洛葵等，为落葵科落葵薯属多年生蔓生藤本植物，主要分布在我国云南、四川、台湾等省。藤三七以叶片、珠芽、块茎、嫩梢供食用，质滑嫩，多汁，纤维少，富含蛋白质、碳水化合物、维生素、胡萝卜素等，尤以胡萝卜素含量较高，每 100 克成长叶片含蛋白质 1.85 克、脂肪0.17克、总酸0.10克、粗纤维0.41克、干物质5.2克、还原糖0.44克、维生素C6.9毫克、氨基酸总量1.64克、铁1.05毫克、钙158.87毫克、锌0.56毫克。藤三七具有滋补、壮腰健膝、消肿散淤及活血等功效，是一种新型保健蔬菜。

一、植物学特征

藤三七为多年生肉质藤本植物，植株地下部有块茎，地卜部茎蔓肉质。茎圆形至长椭圆形，初期为浅紫红色，后期转呈绿色，缠绕性强，节间处易发生不定根。单叶互生，深绿色，嫩叶淡绿色，心脏形，肉质肥厚，光滑无毛，有蜡质光泽，叶脉不明显，叶片脆，叶柄极短或无明显的叶柄，叶腋均能长出瘤块状的绿色珠芽。珠芽着生于叶腋或地上茎基部，常见多个珠芽簇聚成球状。入秋后自叶腋上方抽生花序，穗状花序，花小，下垂，无柄，花瓣5片，绿白色，两性花。盛花期10～11月，多数花而不实。

二、对环境的要求

藤三七喜湿润，耐旱，耐湿，对土壤的适应性较强，根系分布较浅，根系好气性较强，在茎蔓分枝处易发生气生根，因此，以选择通气性良好的沙壤土栽培为宜。藤三七喜温暖气候，生长适温为17～25℃，能忍耐0℃以上的低温，但霜冻会受害。在35℃以上的高温下，病害严重，生长不良。在水源充足、有遮光的条件下，植株能顺利越夏。藤三七对光照要求较弱，耐阴。

三、栽培方式

藤三七在秋、冬、春三季均可栽培，以冬、春两季种植生长和生产效益最好。藤三七是蔓性蔬菜，以采摘嫩梢或叶片供食。以采摘叶片为主，应爬地栽培。藤三七茎节易生根，爬地栽培有利于植株吸收土壤营养，茎叶生长迅速。但爬地栽培前期植株由于着地，沙及其他污物附着于叶片影响了品质，后期不能中耕，不利于补充有机肥，需通过摘心、修剪等措施来加强田间管理。以采摘嫩梢为主的，采取搭架栽培较好。嫩梢及叶片兼收的，则以爬地栽培较好。

四、栽培技术

1. 育苗

藤三七花而不实，通常采用茎蔓扦插、珠芽繁殖、地下块茎繁殖等繁殖方法。藤三七在湿润的地面容易发生不定根，采用扦插繁殖能够在短时间内获得大量的种苗。扦插前，预先备好育苗床，床土要求疏松、湿润，富含有机质。在夏、秋季用竹木或遮阳网架设遮阴棚。在冬季可结合温床或塑料薄膜拱棚等保温设备进行育苗。一般在成株上剪取枝条，枝条长 10 厘米左右，具3 ~4 个节位，插入土中 5 厘米，入土部分枝条一般 5 ~7 天后发根。早春、秋季和冬季扦插成活率高，在炎热的夏季成活率低。成活后的幼苗需追肥 1 ~2 次，可薄施复合肥或人畜粪尿水。一般扦插 15 天后即可移植至大田。

2. 定植

选样排水良好的沙壤土，667 平方米施腐熟有机肥 3 000千克，以 1.7 米宽包沟起畦，株行距 17 厘米 ×20 厘米，亩植 5 000 ~5 500株。适当密植有利于提高前期产量。定植后应浇足定根水。

在春、秋、冬三季，茎蔓扦插成活率高，珠芽和块茎繁殖的成活率更高，因此在成株中剪取有气生根的分生节、珠芽或块茎，直接定植于大田。在炎热的夏季，茎蔓扦插成活率低，可以珠芽或块茎直接种植，但珠芽或块茎直接种植的苗期较长。

3. 田间管理

藤三七生长要求有充足的氮肥和适量的磷钾肥供应。追肥以腐熟的粪尿肥并加入复合肥为好，一般每隔 7 ~10 天追肥 1 次。

膝三七生长期间水分蒸发量大，需给予充足的水分，特别是在高温季节，宜保持土壤湿润。在多雨季节，则应注意排水，防止土壤积水，以免根系受害。

藤三七分枝性强，茎蔓交叠，生长繁茂，在生产中需通过繁枝、修剪、摘心等措施来控制植株的生长和发育。具体应根据植株生长势、栽培方式、定植密度、气候条件等而定。采用爬地栽培的，在蔓长 30 ~40 厘米时摘除植株生长点，可促发粗壮的新梢、促进叶腋新梢的萌发。入秋后应将地上部的老茎蔓剪除，用有机肥拌土进行培肥培土，以利于植株复壮。采用搭架栽培的，秋季植株会出现花序，要及时摘除这些嫩梢，以控制花序的发生。整枝、摘心可促使叶片肥厚柔嫩、新梢粗壮，提高产量和品质。

4. 采收

藤三七通常以采收嫩梢或成长叶片为产品。嫩梢产品通常在嫩梢长 12 ~15 厘米摘取，叶片产品则是采摘厚大、成熟、无病虫的叶片。

5. 病虫害防治

藤三七的虫害主要有斜纹夜蛾、甜菜夜蛾等，可用 20% 灭扫利乳油等防

治。藤三七的病害主要是蛇眼病，可通过加强田间管理，夏季露地栽培的宜用遮阳网覆盖，及时喷水增大田间湿度，减少氮肥的施用，多施有机肥，同时在发病初期可用斑即脱等药剂防治。

第七节 树仔菜

树仔菜又名守宫木、越南菜、天绿香等，为大戟科守宫木属多年生小灌木。树仔菜原产于东南亚与中国，是热带小灌木，在我国海南及云南西双版纳有野生分布。树仔菜以采收嫩茎叶供食用，产品质地脆嫩，风味独特，富含多种氨基酸、维生素、纤维素、糖等，品质优良，每 100 克含蛋白质 4.56 克、脂肪 0.29 克、总酸 0.14 克、粗纤维 1.49 克、干物质 11.3 克、还原糖 1.20 克、维生素 C15.3 毫克、氨基酸总量 4.11 克、铁 1.24 毫克、钙 55.39 毫克和锌 1.74 毫克。树仔菜能补充人体对各种氨基酸的需要，减少疾病，同时具有清凉去热、消除头痛、降低血压等功效。

一、植物学特征

根系发达。株高 1～1.5 米，小枝绿色，略有棱角。叶为复叶，互生，小叶也是互生，复叶具托叶，小叶表面深绿色，全缘，披针形。夏、秋季开花，雌雄同株异花，花紫红色，无花瓣，具花盘，雌蕊由 3 个心皮合成，上位子房 3 室。果实为蒴果，球形，果柄短，蒴果 3 室，种子呈二棱形，黑色。

二、对环境的要求

树仔菜喜温暖气候，耐热，不耐寒。在 25～30℃ 下植株生长发育良好，低于 18℃ 和干旱的条件下生长缓慢，产品易木质化。树仔菜是喜光，强光、长日照有利于茎叶的生长，阳光不足会抑制嫩梢的萌发，而干旱、短日照有利于花芽的形成和开花。树仔菜耐旱能力强，对土壤适应性较好，但宜在偏酸性、潮湿、肥沃的土壤中生长。

三、类型与品种

树仔菜有多个品种类型，生产上有硬枝小叶、软枝大叶、软枝青梢、软枝黄梢等。现已推广的多属于软枝黄梢型，该类型新梢萌发较快，植株粗壮，节间距长，商品性状好，质量高。

四、栽培技术

1. 育苗

一般采用扦插繁殖进行种苗繁殖。在生长季节剪取具有 3～4 个节位的强壮的枝条，插入土中即可。苗床精耕细耙后施入农家肥、复合肥作基肥。扦插后，要适时浇水保持土壤湿润，在高温季节育苗可用稻草覆盖，以保持土壤湿润，10～15 天便能生根。由于树仔菜一般春植，而其耐寒能力较差，早春种植苗木需在秋后繁育，所以育苗需用塑料薄膜覆盖或移入温室保温以便顺利越冬。

2. 定植

选择富含有机质的土壤是高产的基础。作畦可根据地形或土壤条件进行，双行种植，株距 30 厘米，行距 45 厘米。种植前施足基肥有利于提早采收和提高产量。

3. 田间管理

树仔菜生长量大，连续采收时间长，需要供应充足的肥料，除种植前施足基肥外，在开始采收后，需每个月增施 1 次有机肥，每周施 1 次追肥。淋施腐熟的有机肥和速效肥对促进新梢萌发、提高产量及品质的作用显著。另外，用 0.2% 的尿素加 0.2% 的磷酸二氢钾进行叶面喷施，可促进嫩梢萌发，降低产品纤维含量。

树仔菜在整个生长期对水分需求较大，追肥应结合浇水。高温季节应增加浇水次数，雨季则要防止涝渍。进入采收期后，由于雨水冲刷，造成表土和肥分的流失，根据情况增加培土和施有机肥的次数，以利于根系的生长。当进入秋、冬季，要结合剪除植株，施肥培土，以利于翌年植株早生快发。

树仔菜种植后 15～20 天，结合采收进行整枝。植株全部控制在 40 厘米的高度，如果过于茂密，需剪除植株中部部分老枝、弱叶和紧贴地面的基叶，以提高通风透光性，促进枝梢的萌发。树仔菜的分枝能力极强，但新梢的萌发速度会逐步下降，并会出现新梢木质化加快等现象，此时需结合中耕施肥和通过修剪剪去植株上部 10 厘米，以增强下部侧枝分枝能力。

4. 采收

过早采收，产品质地柔嫩，但产量太低；过迟采收，产品木质化程度高，粗纤维增多，品质差。一般每隔 1 天采收 1 次。

树仔菜不耐寒，易受冻害。在冬季气温低于 0℃ 的地区必须覆盖保温越冬，秋季可剪取枝条扦插育苗，越冬期间用塑料薄膜对植株进行覆盖，可提早采收。

5. 病虫害防治

树仔菜具有较强的抗病虫能力，偶见斜纹夜蛾、毒蛾、茎枯病、灰霉病等病害，可用70%五氯硝基苯600倍液、75%百菌清可湿性粉剂400倍液喷施防治。

第八节　朝鲜蓟

朝鲜蓟又称法国百合、洋蓟、菊蓟等，为菊科菜蓟属多年生草本植物，原产于欧洲地中海沿岸，我国上海、北京、云南、广西、浙江等地有少量栽培。朝鲜蓟的花蕾营养丰富，每100克含水分86.5%，蛋白质2.8克，脂肪0.2克，碳水化合物9.9克，维生物A 160国际单位，维生素$B_1$0.06毫克，维生素$B_2$0.08毫克，维生素C11毫克，钙51毫克，磷69毫克，铁1.1毫克。供食部分为花蕾的总苞和花托部位，有似板栗的香味，叶片含菜蓟素有治疗慢性肝炎和降低胆固醇的功效。

一、植物学特征

圆锥形直根系，根质脆，易折断。茎直立，茎上有纵条纹，多分枝。抽薹前为短缩茎，基部腋芽易萌发分蘖，显蕾后茎节伸长抽薹，主茎上又抽生次生枝，花枝顶端着生花苞。叶互生，大而肥厚，宽披针形，羽状深裂，绿色，叶柄肥厚，两侧裂片呈齿状排列。头状花序，花紫色，花盘外有总苞包围。果实卵形，果皮灰色或白色，并密布褐色的斑纹。种子瘦果，棕褐色。

二、对环境的要求

喜温和的气候条件，发芽适宜温度20~30℃，茎叶生长的适宜温度18~20℃，花苞形成适宜温度16~24℃，高于33℃生长受到抑制，可耐轻霜。属长日照作物，喜充足的光照，不耐阴，若光照不足，植株生长弱，养分积累少，产量低，而且不利越冬。对土壤水分要求较严格，不能过分干旱，也不能湿度过大。在疏松、肥沃、通气、透水性好以及灌水、排水均方便、pH值为6.5~7的土壤中种植最适宜生长。需肥量大，宜氮、磷、钾和钙、镁、硫、锌、铜、铁等微量元素配合施用。

三、类型与品种

朝鲜蓟按引种来源分为法国种和意大利种两个类型；按苞片颜色可分为紫色、绿色和紫绿相间三个类型；按花蕾形状又可分为鸡心形、球形、平顶圆形三种。

四、栽培方式

1. 种子繁殖

在温室大棚用塑料穴盘或营养钵育苗。其种皮厚且坚硬，将种子在55℃温水中浸泡，不停搅动种子，约30分钟左右，当水温降至30℃时，再浸12～16小时，捞出用清水冲净后再用湿棉布包好，放在25℃条件下催芽，经2～4天，挑选破嘴露白的种子播种。覆土1厘米，4～5天后出苗，温度白天22～28℃，夜间12～15℃，阴天应降低2～3℃，三叶期后，适当追肥和叶面喷肥。育苗后期加大通风量，定植前5～7天低温炼苗。苗龄40～45天，有6～8片真叶时定植。

2. 无性繁殖

分株繁殖的部位主要集中在植株基部20～60个茎节，各茎节所分化的腋芽均可萌发成苗。在10月上、中旬选生长健壮的成年植株，将有5片叶以上的大分蘖苗切下，南方地区直接定植大田，北方地区要挖1.5米深的贮藏沟进行假植，冬季上面盖草帘保温，保持贮藏温度2～3℃，翌年春天再定植大田。4片叶以下的小苗切下栽在日光温室或塑料棚的苗床中，株、行距15厘米×20厘米，调节室温15～20℃，并及时中耕松土和浇水、追肥。翌年春季带坨定植。

五、栽培技术

1. 整地

每667平方米施用充分腐熟优质有机肥3 000千克以上，耕深25厘米，充分平整，按12～15米的间距，做成高出地面15厘米的高畦，覆盖地膜。

2. 定植

气温稳定在15℃时，10厘米地温稳定在10℃以上即可定植。过早容易受冻害，过迟进入6月常遇阴雨天，土壤湿度大成活率低。大小苗要分开栽植，以利田间生长整齐，一般行距12～15米，株距80～120厘米，栽植深度20厘米左右，可开沟定植，也可挖穴定植，栽后及时浇水。

3. 田间管理

定植后3～5天再浇1次缓苗水，并中耕松土2次，结合除草，蹲苗10～15天，以促进根系生长。结束蹲苗后视土壤墒情浇水，要小水勤浇，雨天及时排水防涝。进入11月份不再浇水，要松土准备越冬。

蹲苗结束后和8～9月要追肥2～4次，可穴施也可开沟深施，每667平方米追施氮、磷、钾三元复合肥15千克，追肥后浇水。

因朝鲜蓟不能忍受低温，入冬前要采取保护措施，初霜之后，要打去下部叶片，刨垄晒土降低水分。在平均气温降至3～5℃时，割去植株中、上部，仅留基部15～20厘米，然后逐株用土将叶柄以上10厘米和叶柄以下的茎秆埋住，并在四周和顶部覆盖麦秸或稻草15～20厘米厚，顶部再加一层土。

长江以北地区3月上旬清除顶部覆土，适当扒开植株四周的秸秆，以利通风，直到断霜清除顶部秸草，并进行松土提高地温。4月上旬在植株两侧开穴追肥，一般每667平方米追氮、磷、钾三元复合肥30千克，然后清沟培垄。5月份再追肥1次。可用0.2%磷酸二氢钾叶面喷肥3～4次。在晴天浇水，在抽花茎至花苞采收要及时浇水，一般10天左右1次。雨水过多要及时排水，以防积水烂根。

一年生以花苞开放前1～2天采收为宜，若采收过早产量低，过迟商品价值低，以花苞外部萼片青绿或淡紫色，具有光泽，基部萼片欲开未放时最佳。

花苞采收后，要进行平茬施肥，将老茎距地面10厘米处的地上部分割去，清除残叶，在植株四周松土，然后开沟或开穴追肥，每667平方米追腐熟有机肥1 000千克，或氮、磷、钾三元复合肥20千克，并结合浇水，促进分枝萌发。在整枝过程中，可在多余的分枝中挑选15～20厘米的健壮枝，贴茎切离母茎作为插条，插入沙壤土的苗床中，30天左右可生根培育成幼苗。

4. 病虫害防治

（1）根腐病防治。生长期间加强田间管理，防止田间雨后积水，加强中耕松土；发病初期选用50%多菌灵可湿性粉剂500倍液，或50%多硫悬浮剂600倍液灌根或喷浇；

（2）蚜虫防治。可以覆盖银灰色地膜，发生初期喷50%辟蚜雾可湿性粉剂2 000～3 000倍液防治。

（3）小地老虎防治。用90%敌百虫拌炒香的麦麸傍晚撒在根际土壤；发生严重时，用20%康福多可溶剂2 000倍液灌根防治。

第九节 薄荷

薄荷又名蕃荷菜，为屑唇形科薄荷属多年生宿根性草本植物，原产于日本、朝鲜和中国，我国南北方各地都有分布。薄荷以嫩茎叶为食用部分，富含薄荷油，其主要成分为薄荷醇、薄荷酮，此外还含有薄荷霜、樟脑萜、柠檬萜等物质，是一种开发前景很好的绿叶蔬菜。

一、植物学特征

薄荷根系发达。一般匍匐地面而生，茎四棱，地上茎赤色或青色，地下茎为白色。叶绿色或赤绛色，对生，椭圆形或柳叶形，叶面有核桃纹，叶缘有锯齿，每一叶腋都可抽生侧枝。花淡紫色，很小，有雄蕊 4 枚，雌蕊 1 枚。种子极小，黄色。

二、对环境的要求

薄荷耐热又耐寒，喜湿却不耐涝，比较耐阴。对土壤要求不严，除过于瘠薄或酸性太强的土壤外，都能栽培，但选择肥沃的沙质壤土或冲积土，可获得高产优质。宜和其他作物间套作，如果园、桑园和玉米间作，生长茂盛，品质佳。肥料以氮肥为主，钾肥次之，磷肥再次之。

三、类型与品种

1. 短花梗类型

短花梗类型花梗极短，为轮伞花序，我国大多栽种这一类型。代表品种有赤茎圆叶、青茎圆叶及青茎柳叶等。

2. 长花梗类型

长花梗类型花梗很长，常高出全株之上，为穗状花序，含油量较少，欧美栽种的大多是这一类型。代表品种有欧洲薄荷、美国薄荷及荷兰薄荷等。

四、栽培方式

薄荷的栽培季节主要根据各地气候条件而定。广东、海南等省一年四季都可栽培；江浙一带，清明前后温度回升、常有雨水、湿度大，栽植后易于成活；西南地区，雨季开始后栽植最好；华北和东北地区可采用露地栽培和保护地栽培并举的方式。栽植一次，可连续采收 2 ~ 3 年再更新。

薄荷以露地栽培为主要方式。薄荷可以用种子繁殖，但生产上多用无性繁殖。无性繁殖有根茎繁殖、分株繁殖和插枝繁殖 3 种方式。大面积栽培多采用简单易行的分株繁殖。

五、栽培技术

1. 秧苗准备

薄荷的茎比较细软，长到一定高度即匍匐地面。茎与地面接触后，每一节上向下发生不定根，向上抽生一新枝；接触地面的节数愈多，新枝愈多。把这种匍匐茎在老根处切断，再一节一节剪开，每一节便是一个分株，用作繁殖。

2. 整地定植

种植前要深翻土地，施足基肥，每 667 平方米施腐熟有机肥 3 000千克，开沟作畦，南方地区作高畦，北方地区用平畦或低畦，以利排灌。畦宽连沟 1.5 米，行株距 50 厘米 ×35 厘米，每穴栽植 1 株。定植后浇足定根水。

3. 田间管理

栽植后及时浇水，保持土壤湿润；中耕除草，保持土面疏松而无杂草。在每次采收后即中耕和追肥一次。疏拔地上茎和地下茎。

当主茎高达 20 厘米上下时，即可采摘嫩尖供食。温暖季节 15 ~20 天采收一次；冷凉季节 30 ~40 天采收一次。

4. 病虫害防治

薄荷的主要病害是锈病，可通过拔除病株，降低地下水位，清洁田园来减轻危害；药剂防治锈病可用 65% 代森锌可湿粉剂 500 倍液喷洒。

薄荷的虫害主要是小地老虎，可用 90% 敌百虫 800 倍液进行喷洒。

第十节 茭白

茭白又称茭瓜、茭笋等，为禾本科菰属多年生、水生草本植物。茭白原产中国，长江流域及以南地区栽培较多，但以太湖周边地区最为集中。茭白外披绿色叶鞘，内呈三节圆柱状，色黄白或青黄，肉质肥嫩，纤维少，蛋白质含量高。茭白的肉质茎中富含维生素、矿物质、氨基酸，味道鲜美，营养价值较高。茭白是我国的特产蔬菜，与莼菜、鲈鱼并称为“江南三大名菜”。

一、植物学特征

茭白为须根系，主要分布于 5 ~25 厘米深的表土层内。地下匍匐茎在土中横向生长，一般具有4叶龄以上的茎蘖在条件适宜时就能产生分蘖芽，抽生分蘖。春季开始抽生叶片，叶梢高度随抽生叶片数逐渐递增，直至孕茭。

二、对环境的要求

茭白5℃以上开始萌芽，生长适温为15～30℃，孕茭适温为15～25℃。茭白为浅水植物，生长期间不能缺水，休眠期间也要保持土壤充分润湿。茭白不耐阴，生长和孕茭需阳光充足。茭白生长要求耕作层深20～25厘米，土壤有机质含量达1.5%以上，以保水保肥的黏壤土为宜。

三、类型与品种

（1）蒋墅茭。原产江苏丹阳，为熟茭类型。该品种是从无锡中介茭变异单株选育而得，株高略高于中介茭，分蘖性较弱。茭肉表皮略有皱点，耐肥，品质优，产量高，早熟性好。

（2）小蜡台。原产江苏苏州，为两熟茭类型。植株高大，秋茭于9月底开始采收，夏茭于5月中旬开始采收。茭肉洁白，皮细滑，品质优，产量高，分蘖中等，分株力强，对肥水要求不高。

（3）广益茭。原产江苏无锡，为两熟茭类型。株高略矮，株形较紧凑，秋茭于9月中旬开始采收，夏茭于5月下旬开始采收。茭肉皮白，有细皱纹，顶部弯曲，产量较高，品质佳，分蘖力强，对肥水要求高。

四、栽培方式

茭白属喜温性植物，分株繁殖，不耐寒冷和高温干旱，无霜期需在150天以上，休眠期能耐－10℃的低温。在长江中下游地区，单季茭在4月份定植；双季茭可分春栽和秋栽两种，春栽在4月中下旬，秋栽在7月下旬至8月上旬。秋茭早熟品种多春栽，秋茭晚熟品种可秋栽。

五、栽培技术

茭白连作容易发生病虫害及缺素症，因此要进行轮作。一般在低洼水田常与莲藕、慈姑、荸荠、水芹等轮作，在地势较高的水田常与水稻轮作，也可水旱轮作。

1. 育苗

将秋季选中的母株丛挖起，在茭秧田中寄植，行距为20厘米，株距为15厘米，每隔5～6行留出宽约80厘米的操作走道。寄秧田应保持1～2厘米深的浅水。寄植一段时间后再分苗定植于大田。

茭白生长期长、生长量大，要求土壤富含有机质，在栽植前要施足基肥，深耕冻垡。低洼水田也要带水耕耙，达到田平、泥烂、肥足，以满足茭白生长的需要。

2. 定植

双季茭春栽在长江中下游地区于 4 月中下旬，当茭苗高 20 厘米左右、平均地温达 15℃以上时进行。大田栽植一般行距70 ~ 100 厘米，株距 70 厘米左右，分大小行或等行距栽植。秋栽一般在 7 月下旬至 8 月上旬进行，苗高 150 厘米以上，并有较多的分蘖。栽前先打去基部老叶，然后起苗，用手将苗墩的分蘖顺势扒开，每株带 1 ~ 2 苗，且剪去叶梢 45 厘米左右。夏秋高温时，应选阴天栽植，以减少叶面水分蒸腾。栽植行距 40 ~ 50 厘米，株距 25 ~ 30 厘米。

3. 田间管理

茭白萌芽期及分蘖前期宜浅水，保持 4.5 ~ 6 厘米水层。分蘖后期将水层逐渐加深到 10 厘米左右，到 7 月下旬气候炎热，水层要加深到 12 ~ 15 厘米，以降低土温，控制后期小分蘖，促进孕茭。秋茭采收时期，宜保持 6 厘米左右浅水层，以利采收作业。秋茭采收后，水位应逐渐回落，保持田间潮湿状态，准备越冬。

茭田的追肥应掌握前促、中控、后促的原则。在分蘖初期（一般为栽植后 10 天左右，约 5 月上旬）追施尿素或腐熟粪肥，孕茭期追肥应在全田有 20% ~ 30% 的株丛开始进入扁秆期时进行，秋栽茭田只在栽植后 10 ~ 15 天追肥一次。及时去除杂草、黄叶、劣株，增加田间通风透光。

茭白适宜的采收时间是在茭白孕茭部位明显膨大、叶鞘一面因肉质茎的膨大而被挤开、茭肉露出 0.5 ~ 2 厘米时。在秋茭采收后期，如果整个茭墩都已结茭，则应在该茭墩上留 1 ~ 2 支小茭白不采，作为通气之用，以避免地下茎和老墩因水淹缺氧而死亡。

4. 病虫害防治

稻瘟病在发病初期可用 40% 异稻瘟净乳油 600 倍液喷雾防治，纹枯病在发病初期用 40% 异稻瘟净乳油 600 倍液防治。

长绿飞虱可用 20% 三氯杀螨醇乳油 1 000倍液或 50% 辛硫磷乳油 1 500倍液喷雾防治，螟虫可用 25% 杀虫双水剂 200 倍液或 50% 杀虫灵 500 倍液喷雾防治。

芽苗菜类

第一节 豌豆苗

一、概述

豌豆俗称寒豆、麦豆、淮豆，别名荷兰豆。《尔雅》中称为“戎菽”，《唐史》中称之为“毕豆”，《辽志》中称之为“回鹘豆”，《四民月令》中称之为“宛豆”。原产于亚洲西部和地中海沿岸。豌豆由西域先传入我国西北部地区，再传入内地，又经我国传到日本等亚洲国家。豌豆驯化的历史至少要追述到6000年前，我国栽培的历史也有2000年了。

豌豆的品种按花色分为紫、白两大色系。常用的品种却多以种子的色泽来命名，如白豌豆、青豌豆、灰豌豆和花斑豌豆等等。

豌豆在适宜的温度、湿度条件下，种子萌动，胚根伸长，幼胚生长形成豌豆苗。豌豆苗又叫龙须豌豆苗，主要成分是水、粗纤维、叶绿素、菸酸和糖类，属于低脂肪食品。每百克豌豆苗中含蛋白质5克、胡萝卜素0.15毫克、维生素$B_1$0.54毫克、维生素$B_2$0.28毫克、尼克酸2.8毫克、维生素C14毫克、钙13毫克、磷90毫克、铁0.8毫克。豌豆苗含有的豌豆素具有抗真菌作用。

豌豆苗性味甘平，无毒，具有补益气血、健脾和胃、清热解毒、消渴化湿、利尿止泄、除痈消痘、消除真菌、增强免疫的功效。《本草纲目》曰：“涂抹肿痘疮，令人面色光”。《本草拾遗》曰：“消渴，煮淡食之良”。《随息居饮食谱》曰：“煮食，和中生津，止渴下气，通乳消胀”。可用于呕吐泻痢、消渴、气虚血亏之浮肿尿少、产后缺乳、消化不良、高血压、血管硬化、糖尿病、肥胖等症，还能增强人体的新陈代谢功能，提高人体免疫力，抗皮肤衰老。

二、栽培技术

1. 消毒

生产前，要确保生产场地、栽培容器、器具清洁无污染。栽培容器及器具可用0.2%～0.3%高锰酸钾溶液或0.2%漂白粉溶液浸泡刷洗，再用清水冲洗干净，在太阳下曝晒。生产场所用硫磺2克熏蒸10小时消毒，然后开窗通风换气。

2. 选种

用于生产豆苗的豌豆品种很多。选择生长速度快、饱满、品质柔嫩的品种，冬季生产以脆嫩的白豌豆、青豌豆为好，夏季用不易烂豆的灰豌豆或花斑豌豆为宜。将挑选好的豌豆种子用簸箕簸去破残粒、虫蛀粒和杂质，用清水淘洗，漂去瘪籽，将种子清洗干净。

3. 浸种

将选好的豌豆种浸泡在水中，容器内要多放些水。浸种温度维持在20～23℃左右较为适宜。浸种时间一般为24小时，冬季可以延长至27小时左右，夏季缩短至22小时左右。浸种期间换水2次，除去浮在水面的杂质，保持洁净，浸泡好的种子用清水冲洗2～3遍。

4. 播种

选用吸水性能较好的报纸作为基质，将报纸平铺在干净的苗盘上，用水浸湿，然后捞出种子，放入苗盘，并双手摇动，使种子分布均匀。播种时要注意挑出坏种、硬豆和杂质。

5. 催芽

将播好种的苗盘整齐重叠堆放，高度为5～6盘一摞，上层、下层各加一个铺有报纸的空盘，既能防止失水风干，又能保持透气。盖布催芽时，即要防止失水风干，又要保持通风透气。催芽温度维持在20～23℃为宜。

第二天开始喷水，一般每2天喷水1次，催芽阶段要控制好用水量，切忌用水过多。

叠盘应放置在通风条件良好的地方。每2天进行1次苗盘上下位置的调整。

待芽苗长到1厘米左右时，催芽阶段完成。上架前，如发现有个别烂种，用镊子将盘内的烂种挑出，防止感染其他种芽。

6. 产品培育

（1）光照。将苗盘平摊在育苗架上进行培养，刚上架的苗盘应放在光照较弱的育苗架下层。每2天调整苗盘方向1次，以保证受光、受热均匀，避免生长不齐现象的发生。随着上架成品苗的运出，苗盘也应从下架向上架移动。调向和移盘可以同时进行。可以通过控制光照强度来获得嫩黄或绿色豌豆苗。在无光或弱光的条件下，能形成纤维化程度很低的嫩黄色芽苗，实现软化栽培。龙须豌豆苗随着光照加强，颜色逐渐变绿，形成绿化产品。在夏季，龙须豌豆苗只须半天室内光照，就能变绿。

（2）温度。温度的高低直接影响豌豆苗的产量和质量。豌豆苗生长适应范围较广，为保证正常生长，冬季白天最低温度应在18℃以上；冬季，夜间不得低于8℃，否则会发生冻害。夏季白天最高温度应不超过33℃，否则温度太高容易烂根、烂苗。

（3）湿度。每天喷水2次，浇水的量控制在使种芽和纸张完全湿润，苗盘又不大量滴水的程度为宜。空气干燥时可增加喷水1～2次。湿度对豌豆苗生长影响很大，空气相对湿度控制在80%最佳。湿度过小，生长缓慢，纤维化程度高；湿度过大，特别是根部积水时，很容易在高温、低温或淋雨后出现烂豆、烂苗或倒苗现象。

（4）通风。要保持良好的通风条件，用来调节温度、湿度和减少空气霉菌的污染，防止芽苗腐烂。

7. 采收

豌豆苗一般8～10天长成。长成的豌豆苗顶端复叶刚开始展开或已充分展开，色泽呈黄绿色或绿色，苗高10厘米时采摘。商品豌豆苗应达到芽苗生长整齐，无烂根、无烂脖、无异味，茎高7～8厘米，柔嫩未纤维化的标准。每个标准育苗盘可产豌豆苗400～800克。夏季可以提前采收，每盘采收量在350～600克左右。一般出苗前应喷少量水，能防止芽苗吹风后干燥老化。

8. 生产中注意的问题

（1）催芽期间由于种子质量不好，精选不彻底，或是温度过高，湿度过大，空气不清新等因素，导致烂种、产品形成期的烂根，出现黑、白霉菌现象。

所以，豌豆苗生产应选用抗病品种，并对种子进行认真精选；播种前对种子进行消毒；不定期进行生产场地的消毒，尤其是在病虫害发生严重时，立即停止芽苗菜生产，在密闭条件下每平方米用硫磺粉2克加5克锯末或45%百菌清烟剂按规定用量熏蒸8～12小时后，打开通风口、门窗进行通风换气；撤底清洗苗盘，用3%石灰水或0.1%的漂白粉水浸泡苗盘，然后用刷子仔细洗刷苗盘内外，再用清水冲净；要严格控制浇水次数和浇水量，尤其在催芽阶段；及时通风换气，避免室内空气相对湿度过高。严格控制室内温度，避免高温烂种、烂芽。

（2）豌豆苗根部发生根蛆虫害，是因为烂种、烂根未及时清除而导致虫卵孳生。发现烂种烂芽，要及时用镊子拣出，避免殃及其他种子。在芽苗生长中后期，如果出现烂根而影响生长时，要提前切割采收。

（3）生长不整齐，是小环境差异所造成的影响。注意勤倒盘，勤调位，协调好光、温、水、气等环境因素，促进芽苗生长整齐。

第二节 蕹菜芽

一、概述

蕹菜又名空心菜、竹叶菜、藤菜等，为旋花科甘薯属一年生草本植物。蕹菜性喜温暖、潮湿，有较强的耐热能力。种子在15℃左右开始发芽，蕹菜芽生长适温为25～35℃，蕹菜不耐寒，10℃以下生长停止，蕹菜耐热，35℃以上高温仍能正常生长。蕹菜生长需见弱或中光，但对光照要求不严，蕹菜生长期间喜湿润。

蕹菜种子接近圆形，黑褐色，由种皮和胚组成，种皮厚、坚硬。小叶蕹菜种子千粒重32～37克，大叶蕹菜种子千粒重45～52克。

蕹菜种子在适宜的温度、氧气条件下，吸收水分，胚根突出种皮，幼胚生长，继而下胚轴伸长，种皮脱落，露出胚芽，当胚轴充分伸长，子叶展开并充分肥大，真叶未露时，即可采收蕹菜芽上市，蕹菜芽的主要食用部分为子叶和下胚轴。

蕹菜芽品质柔嫩，口感极佳，风味独特，色泽鲜艳，易于消化。蕹菜芽营养丰富，富含蛋白质、钙、铁、维生素B_2和维生素C等人体所需的各种营养物质。蕹菜芽味甘性寒，有清热、解毒、凉血、利尿的功用。

二、栽培技术

1. 苗盘栽培法

（1）消毒。生产场地每平方米用2克硫磺点燃，密封场地10小时，熏蒸消毒后通风待用。栽培容器用0.1%～0.2%漂白粉或0.1%～0.3%高锰酸钾刷洗消毒，用清水冲洗净。栽培基质可采用日光曝晒、蒸煮等方法消毒。

（2）选种。蕹菜种子宜选发芽率高、饱满、无病虫害的优良品种，如南昌空心菜、吉安大叶蕹菜、泰国青梗空心菜等。在生产前，用人工清选或筛选等方法，剔除嫩籽、破残籽、虫蛀籽、霉籽和杂质等。

（3）浸种。蕹菜种子种皮厚、坚硬，一般播前要进行浸种处理，使种子充分吸收水分，达到出苗整齐、迅速的目的。将适量的种子置于水中，搅拌、清洗，并漂去浮在水面的杂质和瘪籽。取出沥干置于55℃热水中，浸泡10分钟，取出冲凉，淘洗 1 ~ 2 次，再放进 20 ~ 30℃ 水中，水量为种子重量的 1.5 ~2 倍，浸种时间为 12 小时（冬季时间稍长，夏季时间稍短），使种子充分吸水膨胀。浸种过程中每 5 ~6 小时换水一次。浸种结束后，清洗去种子表面黏液，沥干水。

（4）催芽。用潮湿的纱布、棉布等包裹种子，温度控制在 30℃ 左右，当 75% 左右种子露白，催芽结束。

（5）播种。珍珠岩铺垫在育苗盘底部，把催好芽的蕹菜籽撒在苗盘内，要均匀、不叠籽，每盘约 200 克左右，种子上覆盖湿的基质材料，采用大水方法喷淋种子 1 次，水温保持 25℃。叠盘培育，10 盘一摞，上下各放一保湿盘。

（6）培育。培育期间，注意调节好温、光、水等各种环境因子，确保蕹菜芽苗正常生长。

在生长期间，光照不能过强或过弱，在夏秋季节，为避免光照过强，必须用遮阳网进行遮荫。生长期间苗有向光性，必须经常倒盘。

在水分供应上，要小水勤浇，每 5 ~6 小时喷水一次，水温保持 25℃，保持苗盘呈湿润状态即可。在低温阴雨时少浇或不浇，一般生长前期浇水量小一点，生长中、后期量大，并适当增加浇水次数。

蕹菜芽生长适温 25 ~35℃。尽可能把生长环境内温度调控在适宜范围内。在生长环境温度能保证的同时，每天应通风至少 2 次以上。

（7）采收。夏季 5 ~6 天，冬季 10 ~12 天即可采收 5 ~6 倍用种量的芽苗菜。一般芽苗 10 ~12 厘米、子叶展开、真叶未露时剪割包装，或带根装盒，或整盘活体上市。销售要快，避免脱水萎蔫，影响品质。

2. 席地栽培法

（1）准备苗床。选平坦的地块做苗床，选肥沃的园田土做营养土，在苗床内铺 10 厘米厚，浇足底水后盖地膜保温保湿。当土温稳定在 15℃ 以上时，即可播种。

（2）播种。播种时将地膜揭开，趁墒将催好芽的种子播在苗床里，然后覆细土 1.5 厘米厚，覆盖地膜保温、保湿。当幼苗拱土时，撤掉地膜，支小拱继续培养幼苗。播后 20 天左右，苗高 10 厘米时即可定苗或移栽。

（3）定植。整地施肥，每 667 平方米施有机肥 5 000 千克，耕翻 20 厘米，做 1 米宽的高畦，然后按 20 厘米行距，10 厘米穴距，每穴 3 株，在畦内定植。

（4）定植后管理。定植后及时浇水，支塑料小拱棚保温、保湿促缓苗，缓苗后中耕松土促生根，加强水肥管理，一般每周施 1 次肥，每 667 平方米施尿素 10 千克，施肥后及时浇水。

（5）采收。一般播种后约 40 天，也即定植后约 25 天，株高可达 25 厘米左右，就可以采收，每次采收后要及时追肥浇水。采摘嫩梢芽的方法是采大留小，采密留疏。将采收的嫩茎叶分级装袋或扎把上市销售。

第三节 香椿芽

一、概述

香椿又名椿芽，楝科楝属高大落叶乔木。作为菜用的香椿树因为年年采收而呈灌木状。香椿种子椭圆形、扁平，一端有膜质长翅，种子粒小。

香椿大体分为两类，即紫香椿和绿香椿。紫香椿的芽孢紫褐色，芽绛红色，有光泽，香味浓郁，纤维少，含油脂多，品质佳，主要的品种有黑油椿、红油椿。绿香椿的香味稍差，含油量较少，品质稍差，品种有青油椿等。

香椿芽以营养丰富、芳香浓郁、鲜嫩脆美而成为蔬菜中之上品。每 100 克鲜香椿芽含蛋白质 9. 8 克、钙 143 毫克、维生素 C115 毫克、锌 5. 7 毫克、镁 3. 21 毫克、抗坏血酸 56 毫克、磷 120 毫克、铁 34 毫克、钾 548 毫克、纤维素 1. 6 克、维生素 $B_1$0. 21 毫克、维生素 $B_2$0. 13 毫克、硫胺素 0. 21 毫克、核黄素 0. 13 毫克。香椿芽无论炒食、盐渍，还是凉拌，均能提味增色。

香椿芽还具有较好的食疗作用。香椿芽味甘，有清热解毒、健胃理气、杀虫之效；同时，其特有的浓郁芳香味能提神、刺激味觉、增进食欲，适量的咖啡碱能促进脑神经迅速解除疲劳。

香椿芽生产方法主要有两种：一是利用香椿种子直接生产香椿芽，即种芽，其特点是生长期短、方法简单、见效快，只要环境条件（温度、湿度、光照）满足生长需要，即可分期播种、排开上市、周年供应。其产品品质脆嫩、营养价值高、易达到无公害要求；二是利用香椿种子育苗或无性繁殖育苗，再定植，植株萌生嫩芽，即体芽。此法生长期较长，受气候条件影响较大，产品品质较种芽稍差，但产量较高。香椿苗子叶圆厚翠绿，香味浓郁，多为半软化或绿化产品。种芽香椿成苗期 18 ~25 天，由于香椿种子油性较大，栽培起来稍有难度。

二、栽培技术

1. 选择种子

栽培香椿芽常用的种子有黑油椿、红油椿、褐香椿、青油椿和紫芽香椿等，其中适于种植芽菜的品种以陕西、河南产的红香椿为最佳。

香椿种粒较小，香椿种子平均千粒重为 9 克左右，其中饱满种子约占 42%，平均发芽率为 40% ~60%。经过挑选的饱满新种子的发芽率可达 90% 以上。香椿种子寿命短，在常温条件下，贮藏半年后发芽率下降到 50%，贮藏一年后的种子就完全丧失发芽力，所以，香椿种子应在低温（4 ~5℃）干燥条件下贮存。栽培香椿芽选用当年采收的饱满种子，才能确保发芽率。大量购买香椿种子时，应选择带膜翅的香椿种子。

2. 种子处理

播种前轻轻搓去香椿种子的翅膜，簸去杂质，再经过人工挑除走油、霉烂、破损、虫蛀的种子，用水选等方法除去瘪粒种子。

3. 浸种

香椿种子最好采用烫种，既可杀死附着在种子表面的病菌，也可杀死潜伏在种子内部的病菌，防止香椿种子发芽时遭受病菌污染。将精选的香椿种子，用 55℃的热水烫种 15 分钟，并不断搅拌，直到水温降至室温，然后进行浸种 8 ~12 小时，浸种期间最好每隔 4 小时用室温水淘洗 1 次，直到种子充分吸水膨胀（用手捻破种皮，露出两片白色种瓣）为止，再用 25℃左右的室温水淘洗种子，至种子无粘滑感。

浸种时间应掌握得恰当。浸种时间短，会造成催芽和种植难度增加，浸种时间长，很容易使种芽失去生命力，有时还会引起烂种。

4. 催芽

香椿催芽可以采用两段式催芽法，即先将经过处理的种子用清水清洗干净后，用纱布包裹，放在 20 ~23℃左右的环境中催芽，每天用温水搓洗 2 ~3 次，当有 30% 的种子露白时即可播种。

5. 播种

将苗盘洗刷干净，底部铺 1 ~2 层纸，或者再铺 1 ~2 厘米润湿的珍珠岩和蛭石的混合基质，浇透底水，将露白的种子用温水淘洗 1 次，顺便仔细挑出变质的种子，均匀撒播在基质上，上面再覆盖 1 ~1. 5 厘米厚的基质，用温水喷湿基质表层。6 个苗盘一摞叠盘，上下各有一个盘底铺 1 ~2 层基质纸的保湿盘或盖湿麻袋保湿，保持 20 ~23℃的恒温继续催芽。4 ~5 天后，芽苗高 2 厘米时，或芽伸出基质层，即可出盘。

6. 产品形成期管理

（1）苗盘移入栽培室后，应放置在空气温度相对稳定的弱光区过渡一天，然后再移入中光区进行培育。香椿苗在生长期间，光照过弱或不足，茎叶徒长，易引起下胚轴细弱导致倒伏；光线过强，会使纤维提前形成而影响品质。光照以 1 000勒克斯的强度为好。采用温室、日光温室或塑料大棚作为生产场地，进入夏秋季节后，为避免光照过强，可以利用黑色遮阳网进行遮荫。

（2）香椿喜欢温暖和湿润的气候，适宜温度为 20～23℃，最低室温为 16℃。培育过程中要对湿度进行及时调整，每天喷雾 1～2 次，并保持空气相对湿度在 80%～85% 左右。喷水要从上层开始，由上往下逐次进行，苗盘内不能积水，既要防止大水冲苗，又要防止干旱。

（3）在栽培管理过程中，还要经常注意开窗通风换气，每天至少换气 1～2 次，有利于保持室内空气清新，也可以降低室内空气的相对湿度，有效地防止和减少病害的发生。

7. 采收

在适宜的环境条件下，香椿芽上架后 15～20 天，苗高 7～10 厘米，子叶平展，充分肥大，心叶未出，香味浓郁，便可采收。每盘香椿苗产量为 400～450 克。

采收时连根拔起，抖去基质，剪去根部，装入透明塑料盒内，用保鲜膜覆盖或者采用塑料袋包装，也可以整盘上市。

8. 生产中注意的问题

香椿芽生产周期相对较长，只要管理得当，香椿苗基本上不会发生病害。如果有烂种、烂芽、烂根、倒苗的现象，应采取有效的预防措施。

（1）严格精选种子，保证种子质量，并进行烫种消毒。

（2）对苗盘、基质和生产场所进行严格消毒，尤其是病害发生严重时，应停止生产，将房间密封，每平方米用硫磺 2 克或 45% 百菌清烟剂熏蒸 8～12 小时，然后通风换气。苗盘可用 3% 的石灰水或 0.1% 的漂白粉溶液浸泡清洗消毒。重复使用的基质必须进行清洗、曝晒或蒸煮消毒。

（3）催芽期间要防止高温、高湿情况的出现。

（4）发现烂种、烂芽要连同基质一起清除干净，并用生石灰消毒。

（5）幼苗期因低温、高湿或连阴天导致猝倒病的发生，可采取适当控水，增加温度和光照等措施加以预防。

（6）产品培育期，注意通风换气，防止室内空气过于污浊。

（7）香椿芽生长不整齐，多因小环境的差异或浇水不均匀造成，应经常调换苗盘上下、左右、前后的位置，使香椿芽均匀接受温度、湿度和光照，尤其是催芽期间，更要注意倒盘，使受温均衡。另外，还要注意浇水均匀一致。

（8）减少高温、干旱和强光照射，能有效防止香椿芽苗纤维过早形成，保证产品鲜嫩。

第四节　萝卜芽

一、概述

萝卜芽又名娃娃萝卜芽，为十字花科萝卜属二年生草本植物。萝卜芽营养价值高，每100克含蛋白质2.5克、维生素A 356毫克、维生素B_1 0.1毫克、维生素B_2 0.11毫克、维生素C 12.3毫克，比结球甘蓝、大白菜等含量高几倍至十几倍。萝卜苗的维生素A的含量是柑橘的50倍，维生素C含量超过柠檬的1.4倍。萝卜芽还富含铁、钙、钾、磷等矿物质，也含有多量的淀粉分解酶、纤维素、胡萝卜素，是营养价值很高的蔬菜。

由于萝卜苗营养丰富，吃起来清爽沥口，日本人对萝卜苗情有独钟，普遍将萝卜苗看作是理想的美容食品。经中医学证实，萝卜苗可以增加食欲、杀菌通气，并能祛毒防癌。经常食用萝卜苗，可以保持青春，延年益寿。

萝卜芽喜温暖湿润，不耐干旱和高温，对光照要求不严，温度适宜，播种后7～10天，下胚轴长8～9厘米就可收获了，若生长期水分不足，温度过高或过低都会影响生长，萝卜芽生长迟缓或过速，纤维素增多，品质下降。为保证品质，萝卜芽生产要求遮光的环境。

二、栽培技术

1. 消毒

生产场地每平方米用2克硫磺点燃，密封场地10小时，熏蒸消毒后通风待用。栽培容器用0.1%～0.2%漂白粉或0.3%高锰酸钾刷洗消毒，用清水冲洗净。

2. 种子选择

用于生产萝卜芽菜的品种要选用籽粒较大、抗病性较强的种子，这样的种子长出的芽苗菜子叶和下胚轴较肥大粗壮，产量高。萝卜品种较多，有四季萝卜和秋冬萝卜，青萝卜和红萝卜之分，以秋冬萝卜为好，四季萝卜不太适用，秋冬萝卜中又分为青、红品种。最适宜生产芽苗菜的品种有：石白萝卜、国光萝卜、德日萝卜、大红袍萝卜。生产萝卜芽的种子要选择纯度、净度、发芽率都较高的种子，并且籽粒要饱满一致。

3. 播前处理

通过筛选，风选或人工挑选，除去瘪粒、破残粒、虫蛀粒等劣质种子和杂质，以提高种子在催芽期间的抗烂能力和发芽整齐度。

4. 浸种

种子清选后，即可进行浸种。浸种前先用室温水淘洗 2 遍，除去瘪粒、杂质，然后加入种子量 2 倍以上的水浸种 6～8 小时，直至种子充分吸水膨胀。

5. 播种

播种前先将育苗盘洗刷干净，在盘底铺 1～2 层洁净的纸张并润湿。然后将浸泡好的种子均匀地撒播一层在纸床上，浇一次透水，叠盘催芽，10 盘一摞，上下各放一保湿盘。

6. 催芽

催芽期间要注意检查温度、湿度，温度保持在 23～26℃，空气湿度保持在 80%。催芽期间要经常倒盘，使芽苗受热采水均匀，这样才能使得出芽整齐。催芽后期有的种芽长出毛根，属于正常现象，但是毛根使根部通风不畅，容易引起霉变，因此应降低盘内湿度，减少水分。催芽 1～2 天后，种芽长至 0.5～1 厘米时，即可出盘，转入栽培室培育。

7. 产品培育

控制白天的室温在 20～25℃，夜间 15℃。每天喷水 3～4 次，并根据具体情况适当增减喷水次数。喷水从顶层开始向下逐层喷浇，以不击倒芽苗为宜。掌握喷水量，以苗盘内不积水为宜。室内空气相对湿度保持在 70%～80% 左右，每天要开窗通风换气 1～2 次，以保持室内空气清新。出盘后的光照要由弱逐渐过渡到强。

8. 采收

萝卜芽商品苗应整齐，无烂种、烂根，无异味。待萝卜芽苗子叶充分平展，肥大，色泽翠绿，下胚轴白色、红色或呈绿色，苗高 6～10 厘米时采收。采收时连根拔起，漂洗掉种壳，即可食用，也可以装入塑料盒小包装上市，或整盘活体上市。

9. 生产中注意的问题

（1）由于萝卜苗生长速度快，很容易出现生长不齐的状况，因此，萝卜苗的栽培要经常倒盘，使萝卜苗接受均匀的温度和光照。

（2）萝卜芽苗菜生产在适宜的环境条件下，一般很少发生病害。但是如果苗盘等工具消毒、洗刷不彻底，或温湿度调控不当，浇水过大，会造成烂芽、烂根，发生麻点病。病害发生后，要及时清除干净，并用石灰局部消毒，以防烂根等病害扩大感染。另一方面，还要注意生产场所的消毒。每平方米可用硫磺 2 克或 45% 百菌清烟雾剂，密闭门窗熏蒸 8 ~ 12 小时，然后开窗通风换气。栽培容器可以用 80℃以上烫水浸泡 15 ~ 30 分钟，可以用日光曝晒 3 ~ 5 天，或者用 3% 的石灰水、0.2% 的漂白粉溶液浸泡洗刷，再用清水冲洗 2 ~ 3 次。

第五节　苦荞芽

一、概述

荞麦属蓼科荞麦属双子叶一年生草本植物，有甜荞麦和苦荞麦两个主要栽培种。荞麦苗营养丰富，每 100 克鲜芽含粗蛋白 1.7 克、膳食纤维 0.9 克、碳水化合物 2.8 克、胡萝卜素 6.74 毫克、维生素 C10.2 毫克、维生素 E0.37 毫克及钾、钠、锌、铜、铁、钙、磷、硒等多种矿物质和微量元素。荞麦苗的芦丁含量比种子的芦丁含量高，所以，苦荞麦苗是高血压和糖尿病人的良好食品，越来越受到人们的重视。

二、栽培技术

1. 消毒

生产场所每平方米用硫磺 2 克熏蒸 10 小时消毒，通风换气。栽培容器用 0.2% ~0.5% 高锰酸钾或 0.2% 漂白粉浸泡刷洗，再用清水冲洗干净，曝晒。

2. 选种

选用本地区有稳定货源、价格便宜的品种，如山西苦荞麦、内蒙古苦荞麦、河北苦荞麦等作为生产种。苦荞种子的成熟度越高，种子活力越高。所以，生产上选择纯净度高、籽粒饱满、成熟度高、无污染的新种子。

3. 种子处理

苦荞麦种皮坚硬，不易萌发。浸种前先晒种 1 ~2 天，可以提高种子的活力和发芽率。苦荞大粒种子的活力高于小粒种子的活力。用泥水选种比用清水可以显著提高苦荞种子的发芽势、发芽率。根据种子比重不同，用泥水除去浮在水面上不饱满、成熟度差，破碎的种子和杂质。

4. 浸种

用清水淘洗干净种子，再用种子体积 2 ~3 倍水，水温为20 ~30℃，浸泡 24 小时。浸种时每 4 ~6 小时搅动一次，浸种期间酌情换水 1 ~2 次。泡过的种子用清水冲去种皮上的粘液，沥干待用。也可用0.2%漂白粉溶液或0.2%小苏打溶液进行洗种，有助于种子表皮的消毒或灭菌，减少发病率。

5. 播种

蔬菜育苗盘用0.2%漂白粉溶液消毒。如果消毒不好，会造成病菌危害，污染大，损失也大。将浸好的荞麦种均匀地播在标准蔬菜育苗盘上，使用纸张基质。一般每只标准蔬菜育苗盘播150~175克。

6. 催芽

将播种的育苗盘整齐地叠放起来，每6盘1摞，上盖经消毒的湿麻袋保湿。放到栽培架上，每层放3摞，每摞空间40厘米。催芽期间保证温度23~26℃，每天浇2~3次水，以浇水后盘内不存水为度，并进行2次倒盘（调换育苗盘上下、前后的位置），保证种子受热均匀。2~3天后芽苗直立，苗高2~3厘米时出盘管理。

7. 培育

育苗盘单层平铺在栽培架上，使其见光生长，光照不宜过强。用喷雾器小水勤浇，每天3~4次，以苗盘湿润、苗盘不滴水为度。阴天气温低少浇，高温、空气湿度小应多浇，保持空气相对湿度85%左右。苦荞芽生长后期，温度保持30℃，有利于苦荞芽维生素C和黄酮的积累。此外，用0.05%硫酸锰或硫酸锌浸种，也有利于提高苦荞芽的黄酮含量。

8. 采收

播后8~10天后，当苗高12~15厘米时采收。质量较好的荞麦芽整齐、子叶平展、充分肥大、不倒伏、不烂脖。如果荞麦芽种壳未脱落，保持空气相对湿度85%左右，可以促使种芽生长，种壳脱落。

第六节　花生芽

一、概述

花生又名落花生、长生果、万寿果等，豆科一年生草本植物。花生是荚果。我国花生主要类型有普通型、多粒型、珍珠豆型、龙生型等四种。种子呈长圆、长卵、短圆等型，有淡红、红等色。花生小粒种千粒重约300~500克，大粒种千粒重为800~1 300克。花生种应带荚果壳贮存。花生属高脂高蛋白食品，贮藏性差，过夏易渗油，产生致癌物质黄曲霉素，花生种应随用随剥。

花生营养丰富，每100克鲜花生含蛋白质26.2克，钙67毫克，还含有泛酸、生物素、维生素 E 等。花生是主要的油料植物之一，种子约含 40% 的脂肪，主要是油酸、花生酸、棕榈酸、落花生油酸及亚仁油酸等不饱和脂肪酸；含 20% ~40% 的蛋白质，所含蛋白质中谷氨酸与谷酰氨酸的含量最高，除色氨酸外，含硫的蛋氨酸和半胱氨酸的含量最低。花生的蛋白质是一种完全蛋白质，含人体所必需的多种氨基酸，其中赖氨酸含量是大米、面粉、玉米的 3 ~8 倍，花生蛋白质有效利用率达 98%。花生蛋白是供给人类优质蛋白质的一个良好来源。花生营养丰富，对提高智力、防衰老、降低胆固醇、降低血压、维持有机体的正常生长及生理功能等有重要作用。

花生芽呈乳白色，长度一般在 6 厘米左右，投入产出比大约为 1∶5。商品花生芽只需催芽到一定长度即可食用，此时种皮未脱落，子叶未张开，下胚轴长 1 ~2 厘米，色白，胚根长 2 厘米左右。家庭自栽花生芽的长度可以长至 7 ~8 厘米，此时种皮有脱落、子叶偶有种皮色，子叶张开、白色或米黄色，下胚轴长 6 ~7 厘米、白色，有 2 厘米左右的须根。花生芽是一种优质芽菜，含十七种人体必需的氨基酸，脂肪含量经转化降低到 10%，维生素含量增加，营养成分更加丰富，更易被人体吸收。花生芽口味上与原来的花生迥然不同，食之香脆可口，别有特色。

二、栽培技术

1. 消毒

密闭栽培室门窗，每平方米面积用固体硫磺 2 克点燃熏蒸 10 小时，然后通风换气。用 0.1% 漂白粉溶液刷洗器具后用清水冲洗干净，可以防止霉菌和细菌的滋生。

2. 种子选择

选择中等大小或颗粒较小的、种皮色泽均匀、含油量低的花生品种。如天府花生、伏花生。含油量高的花生品种在温度高于 35℃ 时易出汗，易走油，有哈喇味，易产生致癌物质黄曲霉素，同时发芽率降低，霉菌易传染周围的花生。花生芽生产必须选择当年生产的新花生种，要求颗粒饱满，发芽率高，无霉变。花生不易过夏天，家庭中贮存花生时可先阴干，存于塑料袋内，袋内放些花椒，存放在干燥低温避光场所，随用随剥。

3. 浸种

剥好的花生米，装入容器内，倒入花生体积 3 倍的水，利用花生比重不同选种，剔除瘪、霉、蛀、出过芽、破碎种子，淘洗 2 ~3 次，用种子体积 2 ~3 倍的水（夏天用自来水，冬天用20 ~25℃ 温水）浸泡 24 小时浸种，浸种期间每3小时换水一次，直到花生米吸水膨胀、表皮没有皱纹、胀足为止，再用2%的石灰清水浸泡5分钟杀菌，浸泡时要不断搅拌，然后立即捞出，用温水冲干净。也可用0.1%漂白粉溶液浸泡搅拌消毒5分钟后，捞出用温水冲洗干净。

4. 催芽

花生芽的苗盘通常不用放置栽培基质，每个标准盘播种500克左右，在20～25℃的温度下催芽。催芽管理上要求每昼夜浇20～25℃温水5～6次，每次2～3遍，浇水的量一定要加大，即浇水时要冲洗种子和芽苗，由于苗盘排水过畅，每天要适当增加喷水次数，每次水浇透浇匀。2天后可以出盘管理，也可以食用，可以继续培养。

5. 培育

花生芽的管理过程中应保持无光的环境，以便生成软化芽苗。湿度和通风按照常规操作。种植花生芽的过程中，一定要及时挑出不良种芽，以免感染其他好种芽。

另外，栽培花生芽时，也可以采用“沙埋栽培法”：苗盘底覆盖纸张基质，播种后在种子上覆盖干净细沙，将水直接喷洒到细沙上，但用水量不要过多，否则会引起苗盘积水造成烂种或细沙流失。细沙在苗盘内起到保水遮光的作用。此法种植管理比较简单，但苗盘太重，容易损坏苗盘。

6. 采收

花生芽也要及时采收，采收迟了纤维增加，影响品质。一般8～10天，芽高8厘米，子叶不展开（个别展开），就可以采收花生芽，也可以采收芽长为2～3厘米的短花生芽食用。

7. 生产中注意的问题

（1）温度低于15℃或高湿情况时就会烂种烂芽，所以温度应控制在20℃以上，每次喷淋后必须及时排净多余的水分。

（2）因为花生种子富含蛋白质、脂肪，种子发芽时呼吸强度大，产生的热量多，必须通过定时翻动种子、仔细喷淋措施才能及时散发热量。

（3）生产花生芽禁用铁制品的容器，否则种皮易出现锈色而影响品质。花生芽用水必须是清洁无菌的自来水或井水，水温必须达到20℃以上，否则将影响花生芽的正常生长。

（4）花生芽的种植有一定难度，而且目前市场上花生芽消费量还不大，应根据市场需求，经试验种植后，再扩大规模。

第七节　姜芽

一、概述

生姜又称姜、黄姜，为姜科姜属多年生草本植物，通常以根茎供食，但幼嫩的姜芽也可供鲜食或加工腌渍。生姜因含有姜辣素、姜油酮、姜烯酚和姜醇而具有特殊的香辣味，有健胃、去寒、发汗等保健功效。生姜原产我国及东南亚等热带地区，我国的山东省、河南省、湖南省、湖北省、安徽省、江西省、四川省、云南省、广东省、台湾省等中、南部省份均有栽培，其中山东等地为著名产区。姜根据根茎和姜芽的颜色分为黄皮姜、嫩紫红黄姜、遵义大白姜和四川竹根姜等。

姜通过根茎进行无性繁殖。姜喜温暖而不耐寒。发芽需经历萌动、破皮、鳞片发生和成芽等过程。生姜地下根茎不耐霜冻。姜属于浅根作物，根系为不发达的弦线状根，吸水吸肥力弱，不耐旱，生长盛期必须保持土壤湿润。姜是耐阴作用，在弱光下生长良好。根茎膨大期需要经常培土以形成黑暗条件，有利于根茎的形成。姜喜土层深厚、松软、通气、肥沃的砂壤土，在生长旺期需增施水肥。

二、栽培技术

1. 选种

选择出芽率高的白肉姜种，要小姜，不要大姜，每千克小姜出芽率一般比大姜多出芽 8 个左右。选择健壮姜种，不要病虫姜，姜色要正、芽痕要明显。山东莱芜生姜比较适宜生产姜芽。

2. 催芽

将整块姜切成 3 ~5 块小块，每 1 千克大块生姜分块后可多出芽 3 ~5 个。为了提高萌芽数，还可将姜切成更小的块，每块 1 个芽，使每个姜芽得到均匀的养分，这样每千克生姜又可多萌芽 7 ~10 个。将切碎的姜种堆至 10 厘米左右高，适量喷水，而后覆盖珍珠岩或细沙，保温、保湿，保持温度 25℃左右，当大部分生姜萌芽后即停止催芽。

3. 排种

将水泥板（2 米 ×0. 5 米或 3 米 ×0. 5 米）上、下分层排列，每层相距 50 厘米。四周用砖砌成围墙作为培养床。用细沙（或珍珠岩）作床土，铺沙 4 ~

5 厘米厚，铺平，然后排种。姜块芽眼朝上，不可上下栽倒，姜块要排紧，不要歪斜，排成上平下不平。一般每平方米排姜种 20 ~25 千克。排好种后，上盖细沙4 ~5 厘米左右。

4. 水分管理

姜种排好后，立即喷水。水量以湿透沙土为度。根据床上干湿情况，在多数姜芽出沙土时，喷第二次水，水量以湿透沙土接触姜种为度。整个生育期间既要保持床土湿润，又不要积水。另外，还要注意喷水后，用细沙把芽床四周及顶面露出沙土的姜块培严，使姜种上面的细沙厚度不低于 5 厘米，以免长出的幼芽下部根茎过短，降低产品质量。

5. 温度管理

姜芽生长的适宜温度是 23 ~30℃。为促进多发芽，在姜芽出土前后，床温掌握在 25 ~28℃，以后保持在 25℃左右。温度低时需加盖薄膜、稻草等覆盖物增温；温度高时可采取通风、喷水等措施降温。

6. 通风换气

姜种上床后，室内一般封严保温。出芽后，特别在采收前4 ~5 天，要根据芽苗长相适当通风换气，可以提高芽苗质量。

7. 采收

姜芽采收过早，成品芽率低，过晚又影响经济效益。一般自姜种上床后 40 ~45 天，芽苗高 30 厘米左右时采收最为适宜。可用短铁锹将姜块起出，然后将姜块的芽苗掰下。

将掰下的姜芽摘掉须根，再将姜芽苗 30 厘米以上的顶芽苗切掉。洗净泥土，切下姜芽苗，制成长 25 ~30 厘米、直径 1 厘米的产品，装盒出售。

第八节　蒲公英苗

一、概述

蒲公英又称婆婆丁菜、黄花地丁等，为菊科蒲公英属多年生草本植物。蒲公英根系发达，主根垂直，圆柱状，耐寒，耐涝。根生叶，叶丛贴地面生长，叶倒披针形。顶生头状花序，总苞钟形，淡绿色，外层总苞片披针形，边缘膜质。花瓣舌状，黄色。果实褐色，瘦果，有白色冠毛，成熟时，随风漂移。花期 4 ~8 月，果期 5 ~9 月。

蒲公英喜冷凉环境，土壤化冻后就可萌发，气温在 5℃时就可生长，生长适温为15～20℃，超过25℃则生长发育不良，老化快。较耐干旱，耐盐碱，对湿度要求不严，但在营养生长期要求土壤湿润。它对光的适应性强，在弱光下有利于营养生长，对营养要求不严，但在肥沃的砂壤土中更能获得优质高产。

蒲公英营养丰富，每100克蒲公英嫩叶含水分84克、蛋白质4.8克、脂肪1.1克、碳水化合物5克、粗纤维2.1克、灰分3.1克、钙216毫克、磷93毫克、铁10.3毫克、胡萝卜素7.35毫克、硫胺素0.03毫克、核黄素0.39毫克、尼克酸1.9毫克、抗坏血酸47毫克、天冬氨酸1 073.2毫克、苏氨酸709.9毫克、丝氨酸381.8毫克、谷氨酸1 073.2毫克、甘氨酸466.0毫克、丙氨酸500.0毫克、胱氨酸40.2毫克、酪氨酸325.6毫克、苯丙氨酸498.4毫克、赖氨酸325.6毫克、组氨酸180.9毫克、精氨酸550.6毫克、脯氨酸536.5毫克。蒲公英的嫩苗、嫩叶用清水浸泡，除去苦味，蘸酱、凉拌，口感清爽，风味极佳。

蒲公英维生素A含量居蔬菜之首，含铁量超过除菜豆、扁豆以外的所有蔬菜，且含大量的钙和维生素。蒲公英不仅营养丰富，而且还有良好的药用价值，其味苦、甘、寒，具有清热解毒、消痛散结、泻肝明目、健胃利水之效，可治疗咽喉肿痛、肺痛咳嗽、消化不良、虫蛇咬伤、疔疮解毒、烫烧伤等症。

二、栽培技术

由于野外采集的蒲公英肉质根不肥大，一般进行人工培育。

1. 采种

我国主要采集野生蒲公英种子，采种时选择叶片肥大、锯齿较多和根茎粗壮的植株作为采种栽培。在河北于六月上旬至六月中旬，8：00～9：00，待花托由绿变黄时，将花序剪下，放室内后熟1天，待花序全部散开，再阴干1～2天，用手搓掉冠毛，晒干备用。

2. 肉质根培育

（1）播前准备。选择疏松、肥沃、富含有机质的沙壤土播种。播种前每667平方米施入4 000～5 000千克腐熟的优质农家肥，耕翻整地，按1.2米宽做畦。

（2）播种。当土温达到10℃以上时可以播种。在畦内开浅沟，深2～3厘米，沟距10厘米、宽10厘米，踏实浇透水，将种子掺细沙，拌均匀，撒播于沟内，覆土1～2厘米，盖上塑料薄膜，保温保湿。

（3）苗期管理。播种后约10～12天出苗。幼苗出齐后，去掉薄膜，并及时中耕除草、追肥浇水，促使苗子生长旺盛，但应防止徒长与倒伏。结合中耕除草分别进行3次间苗：蒲公英幼苗2~3片叶时，第一次间苗；5~6片叶时，第二次间苗；7~9片真叶时，第三次间苗。最后1次按株距5厘米、行距10厘米选壮苗定苗。定苗后追肥1~2次，每次每平方米追尿素15~20克，磷酸二氢钾7~8克，施肥后及时浇水。

（4）田间管理。蒲公英定苗后很快进入莲座期，此期是为肉质根膨大的关键时期。此后一段时间适当控制浇水，直到肉质根进入迅速膨大期，再保证水肥供应。田间管理的重点主要是清除杂草和肥水管理。要根据植株生长状况和土壤墒情适时浇水追肥，也可采用叶面喷肥。播种当年不采收叶片，以促其繁茂生长，积累营养，为来年生产优质的体芽菜培养粗大的肉质根。

（5）病虫害防治。蒲公英抗病虫能力极强，一般很少发生病虫害。如发现斑枯病，应喷洒75%百菌清可湿性粉剂600倍液，隔7~10天喷1次，连喷2~3次。

（6）肉质根收获。上冻前，收获肉质根，将挖出的根进行整理，摘掉老叶，保留完整的根系及顶芽。与此同时，挖好贮藏窖。最好选择背阴地块挖宽1~1.2米，深1.5米（东西延长）的贮藏窖。将肉质根放入窖内，码好，高不超过50厘米。贮藏前期要防止温度过高而引起肉质根腐烂或发芽，贮藏后期要防冻。

3. 蒲公英囤栽技术

（1）囤栽床准备。在保护设施内做40~50厘米厚的栽培床，栽培基质用洁净的土壤或河沙等。囤栽前，设施内用烟熏剂熏蒸消毒。

（2）囤栽方法。囤栽前，将肉质根提前1天从贮藏窖内取出阴晾。将蒲公英肉质根按长度分极，然后按级别码埋，码埋间距2~3厘米，码埋要整齐，埋入深度以露出根头生长点为度。码埋完毕后立即浇透水，浇水后2~3天插小拱棚、覆盖黑色薄膜，保温保湿。

（3）囤栽后管理。囤栽后的管理主要是设施内温湿度的调控。一般床内温度保持在15~20℃，空气相对湿度控制在60%~75%为好。由于幼叶生长主要靠肉质根贮藏营养，所以生长期内不用施肥，保证高产的关键是培育粗大、肥壮和充实的肉质根，并且冬季合理贮藏，减少营养消耗。

（4）收获。收获一般在清晨进行，当叶片达到10~15厘米时，用刀割取叶片，注意保护生长点。幼叶清洗后包装上市。为延长市场供应期，可以分期分批囤栽。

第九节　芦笋芽

一、概述

芦笋又名石刁柏，为百合科天门冬属多年生宿根草本植物，原产于地中海沿岸地区。

芦笋的嫩茎芽是由地下茎的先端肥大发育而成的芽苗菜。芦笋分为白芦笋和绿芦笋两种。白芦笋是石刁柏在出土前就采收的白色柔嫩的肥大芽体，绿芦笋则是肥大芽体出土后见光生长后变绿的嫩芽。

根可分为初生根、贮藏根和吸收根。初生根为种子盟发时的根。贮藏根是由地下茎上发生的肉质根，寿命较长，可贮藏养分，供芦笋嫩茎生长，贮藏根无再生能力。藏根上发生吸收根，具有吸食水分和养分的功能。茎分为地上茎和地下茎，地下茎是由芦笋幼株根冠形成的，为短缩茎，其上着生许多鳞芽，随着逐年采笋，地下茎惭分离，形成自然的分株。鳞芽生长破土而出形成地上茎，茎有密集的分枝。芦笋叶针状，是枝的变态，称为拟叶，含有丰富的叶绿素，光合功能与正常的叶片相同，其生长直接影响芦笋的产量。芦笋是雌雄异株，花较小、淡黄色，雄花比雌花大。果实是浆果，球形，成熟后为绯红色。有6粒种子，球形黑色，千粒重20克左右，寿命3~4年。

芦笋生长需要冷凉的气候，地下鳞茎在地温10℃时就长出土面。嫩茎生长最适宜的温度为15~17℃，气温高时虽然长得快，但易老化变质味苦。种子发芽的适温为25~30℃。芦笋对土壤的适应性强，在深厚肥沃的砂壤土中生长得更好。芦笋根系强大较耐旱，但土壤潮湿有利于嫩茎的优质高产。芦笋要求强光照和通风良好的栽培条件，这样可以减少病害的发生。

芦笋的营养价值很高，每100克鲜芦笋中，含蛋白质2.5克、脂肪0.2克、碳水化合物5克、粗纤维0.7克、钙22毫克、磷62毫克、钠2毫克、镁20毫克、钾278毫克、铁1毫克、铜0.04毫克、维生素A 900国际单位、维生素C 33毫克、维生素B_1 0.18毫克、维生素B_2 0.2毫克、烟酸1.5毫克、泛酸0.62毫克、维生素B_6 0.15毫克、叶酸109微克、生物素1.7微克。芦笋质地鲜嫩，风味鲜美，除了能增食欲、助消化、补充维生素和矿物质外，因含有较多的天门冬酰胺、天门冬氨酸及其他多种甾体皂甙物质，对心血管病、水肿、膀胱等疾病均有疗效。

二、栽培技术

北方地区早春温室育苗，5 月下旬定植，第二年春季即可采笋。春季露地育苗，7 月初定植，第二年春也可少量采笋。夏、秋季育苗可于当年年末冬初，地上部分开始枯黄，即植株开始休眠时定植，隔年采收，产量高。

1. 品种

目前芦笋的主要栽培品种有玛丽华盛顿和玛丽华盛顿500 号，二者都是优良抗病的品种。它们既可以采白芦笋，也可采绿芦笋。

2. 育苗

播前进行种子消毒，可用50% 多菌灵 250 ~300 倍液浸种 24 小时，用药量为种子重量的 1%，消毒后用清水洗净种子，用 40 ~50℃热水烫种，水温下降至 25℃后，浸泡 1 天，其间换水 2 次。然后在 20 ~30℃下催芽。春季要在 10 厘米地温上升到 15 ~20℃时才可播种，每 667 平方米苗床播种量 570 克，按 20 厘米 ×10 厘米点播，播后覆土 2 厘米。出苗前覆盖稻草保温保湿，70 天以后，幼苗有 3 ~4 个地上茎，株高约 30 厘米，有贮藏根 5 ~7 条时，带土定植。

3. 定植

定植前每 667 平方米施腐熟有机肥 4 000千克，以采收白芦笋为目的，畦宽 1.8 米，如果行距小于 1.5 米，培土时会伤根约 40%；以采收绿芦笋为目的，行距 1.4 米。定植时畦中央挖定植沟，深 30 ~40 厘米，宽 40 ~50 厘米。在定植沟内每 667 平方米施有机肥 2 000千克，铺在沟底，与土拌匀，其上撒磷酸二铵 8 千克、尿素 3 千克、氯化钾 7 千克、充分拌匀，覆土踏实，使沟深仍有 15 厘米左右，而后按株距 30 厘米摆苗，覆土 5 ~6 厘米，踏实浇水。成活后再分次覆土，填满定植沟。

4. 田间管理

管理目标主要是促进地上部生长，并使地下部分积累营养物质。定植后及时施肥、中耕、除草。一般每 20 ~30 天追肥 1 次，每次按每 667 平方米施入粪稀 700 千克或三元复合肥 6 千克，穴施。结合中耕，在定植沟培土，使地下茎距离畦面 15 厘米。8 月重施 1 次肥，促进茎叶生长和养分积累。冬季地上部枯黄后，封冻前浇好封冻水。

5. 采收

每年只在春季采笋，采收期的长短，依芦笋生长发育情况而定，初期为 20 ~30 天，以后逐渐延长，生长高峰期可达 60 ~80 天，早期芦笋管理以壮株养根为主，采收持续期控制在 40 天以下，以延长植株生长期，为以后增产创造良好条件。

采收白芦笋，要在嫩茎出土前培土成垄，土厚25～30厘米。初春，见垄土表面出现裂纹，嫩茎顶土时，清晨用手扒开表土，一手握住笋头，另一手用采笋刀在笋下17厘米处切断嫩茎，取出笋。采收绿芦笋不必培土，当嫩茎24～27厘米，顶部鳞片未展开时收割。采收后加强田间管理，促使株丛健壮生长，促进根系生长，可有效地延长芦笋的生育期。根株中贮藏养分越多，第二年嫩茎产量也越高，这是芦笋持续增产的关键。

第十节　芽球菊苣

一、概述

菊苣，又称欧洲菊苣、比利时苣荬菜、苞菜等，为菊科菊苣属多年生草本植物，以嫩叶、叶球或软化后的芽球供食用。菊苣原产地中海沿岸、中亚和北非。

菊苣主花枝高1.5米左右，主花枝叶腋能抽生侧花枝，主侧枝各叶节均能簇生小花，花序头状，花冠舌状，青蓝色，雄蕊蓝色、聚药。菊苣的果实是瘦果，果实就是播种用的种子，果面有棱，顶端戟形，褐色，有光泽。

芽球菊苣属于半耐寒性蔬菜，地上部能耐短期的-2～-1℃低温，而直根具有更强的抗寒能力，有的品种遇短期-7～-6℃的低温，在缓慢化冻后仍有60%以上的直根保持生命力。植株生长所要求的温度以17～20℃为最适，超过20℃时同化作用减弱，超过30℃时同化作用所累积的物质几乎为呼吸所消耗，但处于幼苗期的植株却有较强的耐高温能力，在7～8月高温季节播种，也能顺利出苗、健壮生长。菊苣适于富含有机质、疏松、湿润、排水良好的砂壤土或壤土生长，pH值6.5～7。菊苣在10℃以上的温度才生长，菊苣种子发芽及菊苣软化栽培适温是10～15℃。菊苣属低温长日照作物，在低温下通过春化，经长日照抽薹开花。北方地区进行春季露地直播将引起植株发生不同程度的未熟抽薹。

菊苣的品种很多，大致可分为结球菊苣、散叶菊苣、芽球菊苣、根用菊苣等几种类型。结球菊苣以叶球直接供食用；散叶菊苣也可直接供食用，但多作饲料种植；根用菊苣主要以肉质直根作原料，制成咖啡添加料；芽球菊苣则以软化栽培后所形成的芽球供食。菊苣芽的生产一般以体芽生产为主，即用种子在春天播种，培育出大而健壮的根，秋季挖出，冬季软化栽培生产菊苣芽。用于软化栽培的芽球菊苣，一般多选用软化后芽球为乳白色或乳黄色的品种。

菊苣以肉质根软化栽培形成的芽球供食，每100克鲜重含蛋白质1.7克、脂肪0.1克、糖类2.9克、维生素C13毫克、钙17毫克、磷32毫克、铁0.6毫克。菊苣因含有马栗树皮素、野莴苣甙、山莴苣苦素等物质而略带苦味，具有清肝利胆之功效，食用后能促进胃液、消化液、胆汁的分泌，增进食欲。菊苣不易感染病虫害，芽球外观洁白或鹅黄，可凉拌、做汤或炒食，脆嫩爽口，味道甘苦，独具风味。

二、栽培技术

1. 播种

选择土壤疏松、土层深厚、排涝良好、富含有机质的沙壤土或壤土，多施有机肥料，每667平方米施腐熟堆肥4 000~50 000千克，旋耕平整，按40~50厘米做成小高垅待播。

一般均进行直播，若育苗移栽，可采用塑料钵育苗，3~4叶展开前定植，否则易因移植伤根。为避免未熟抽薹，通常进行秋季栽培，华北地区多在7月下旬至8月上旬播种，适当早播，生长期长，肉质直根膨大充分，养分累积多，软化栽培后所形成的芽球商品性好。过早播种，莲座叶数多、短缩茎较长，囤栽时易长侧芽，影响主芽球生长；播种过迟，则生长期不足、肉质直根细小。

播种时选上一年采收的新种。因为夏秋播种一般不再进行浸种催芽，所以要求种子的质量更高，必须进行筛选才能使用。播种可采用条播或穴播。每667平方米播种量约150~250克，播种行距为40~50厘米。具体播种技术与大白菜类似，采用条播方法时可在垅背中央或两侧划0.6~1厘米深浅一致的沟。把种子均匀撒入沟底，覆土，踩实。为了将种子撒得均匀，也可在种子中掺入一些细沙。采用穴播可节约用种，但在开穴时必须按规定的定苗株距进行，一般1~1.5厘米即可，每穴播种子4~5粒，覆土，踩实，播完后应立即进行浇水。

夏秋播种芽球菊苣时，正值华北地区的高温多雨季节，播种后需做好排涝工作，做到“三水齐苗、五次定棵”，即菊苣播种后，未遇降雨天气，在幼苗出齐前连浇3次小水，至定苗时共连浇5次水。通过连续浇水，可以降低地温、保持土壤湿润，有利于苗齐、苗全、苗壮和减少苗期病毒病的发生。

2. 生长期管理

（1）间苗和定苗。菊苣的2~3片真叶期和5~6片真叶期时，应分别进行1~2次间苗和1次定苗，同时结合浇水进行中耕和锄草。通过间苗疏去病苗、弱苗和畸形苗，保留壮苗，定苗行距40~50厘米，株距20~27厘米或宽垅2行，行距33厘米，株距33厘米，每667平方米约留苗6 000~8 000株。

（2）肥水管理。定苗至菊苣肉质根迅速膨大前应视雨量多少等天气状况适当浇水，前期保持土壤“见干见湿”为度，后期则适当控水，避免因“莲座”叶疯长而影响肉质直根的迅速膨大。

菊苣定苗以后簇生叶很快呈“莲座”状，植株进入叶生长盛期，此期也是为肉质根膨大打基础的关键阶段。定苗后，应进行一次追肥。在行间开深12~15厘米的沟，每667平方米施入200~250千克腐熟的饼肥或1 000~1 500千克腐熟优质有机肥。追肥后浇一次大水，水干后进行深中耕，耕深6~7厘米，此后控制浇水，进行蹲苗，直到肉质直根进入迅速膨大期为止。进入肉质直根迅速膨大期后，增加浇水量和浇水次数，直至肉质直根充分膨大。

3. 肉质根的收获

秋季栽培的芽球菊苣，华北地区一般在11月上中旬收获肉质直根。收获时若土壤过于干旱，则应提前5~7天浇一次水。收获后切去肉质直根地上部叶丛，留叶柄3~4厘米长，注意尽量保护肉质直根和根颈部生长点不受损伤，不要留叶柄过短，否则易误将生长点切去。收获后就地将菊苣根堆成小堆，用切下的叶片覆盖，避免肉质直根失水和霜冻危害。

贮藏窖最好选择背阴、地势高的地块。挖宽1~1.2米、深1.2~1.5米、东西延长的土窖，窖口用蒲席覆盖。华北地区约在11月中下旬，土上冻前，把肉质直根整齐地码放于窖内，20~30厘米为一层，码一层盖一层5~10厘米厚的土，一般码2~3层。贮藏前期要防止温度偏高引起肉质根发芽或腐烂，最上一层覆土要薄。贮藏中、后期要防止低温冻害，应加强防寒保温措施，可根据天气变化，逐渐加厚覆土或加盖蒲席。最严寒时可盖双席，入春后再逐渐撤席、撤土，应尽量保持窖温在0~4℃。贮藏期间应保证肉质直根不严重失水、不腐烂、不受冻、不长芽。采用此法贮藏，一般菊苣根可贮藏至翌年3月上中旬。为了延长芽球菊苣的生产供应期，可在3月上中旬以后，将肉质直根用保鲜袋分装，放入纸箱后再置于-1~1℃的冷库中继续存放。

4. 菊苣芽球囤栽方法

（1）场地选择。选择温度能稳定保持在8~14℃的场地，华北地区冬季多利用日光温室、早春多用半拱圆塑料小拱棚和简易阳畦作为囤植栽培场地。

（2）囤栽方法。按1.2~1.3米做囤栽畦床，畦深约30厘米。将畦土挖松，不施底肥，整平后待用。囤栽前，囤栽床及其周围环境应进行消毒，每667 平方米可用百菌清烟剂 250 克于夜晚密闭熏烟，12 小时后通风换气。

囤栽时可将菊苣肉质直根按长度分为大、中、小三级，分级标准可按直根具体情况酌情制定。按级分别码埋，码埋时要求根际均匀相距 2～3 厘米，埋入深度以露出根头部生长点为度，根头部应在一个水平面上。如使用窖藏的肉质直根，还应将根颈部已发霉或腐烂的残留叶柄剥去，并在通风处摊晾 1 天，然后再分级码埋。码埋完毕后应立即浇一次透水，一般宜采用地面灌溉，而不采用喷淋，以免根颈部残留叶柄间因积水引起腐烂。浇水后 2～3 天在畦床上插小弓架，覆盖黑色农膜，以造成黑暗环境。应注意浇水后不要立即覆膜，以免膜内空气湿度过大，引起根颈部腐烂。

（3）囤栽后管理。囤栽后至芽球形成，主要受囤栽床内温度的影响，温度高则芽球形成所需时间短，温度低则芽球形成所需时间长。另外，温度偏高时所形成的芽球往往不够紧实、容易散叶、苦味变浓。一般囤栽后，床内气温以控制在 8～14℃为最适，囤栽后形成产品约需 20～25 天。

菊苣芽球囤栽一般都在保护地内进行，加之又有黑色农膜覆盖，因此水分不易散失，通常在收获前不再进行浇水，也可避免因浇水而大幅度降低地温引起生长滞缓或生长不良。在囤栽期间，若发现床内空气相对湿度连续达到饱和状态，应在夜晚将覆盖的黑色农膜适当进行“拉缝”通风，否则易引起芽球的腐烂。

菊苣芽球形成所需要的营养主要依靠肉质直根贮藏的营养提供，囤植期间一般既不必施底肥，也不必施追肥。因此，培育粗壮的肉质直根是获得优质高产菊苣芽球产品的基础。

5. 采收

收获时一手用小刀在根颈部与芽球交接处轻轻切割，另一手捏住芽球轻轻向另一侧推压。应注意下刀切割部位不要过高，否则芽球就会散叶。芽球采收后宜及时进行简单的整理，剥去有斑痕、破折或烂损的外叶，然后用塑料封口袋或塑料盒进行小包装上市。

6. 病虫害防治

菊苣较少发生病虫害，但靠近温室、大棚的地块多发生白粉虱，因此应选择远离保护地设施的地块种植菊苣。在白粉虱发生初期，可用黄板涂机油来诱杀成虫，或及早用 25% 扑虱灵可湿性粉剂 1 500倍液和 2. 5% 天王星乳油 2 000倍液进行喷雾防治。

第十一节　枸杞梢

一、概述

枸杞又名枸杞头，为茄科枸杞属多年生灌木。枸杞原产我国，广泛分布于热带和亚热带地区。我国南北方均有栽培，但北方主要收取果实，作为药用，尤以宁夏枸杞最为著名。南方多见菜用栽培，其中以广东、江苏等地栽培较多。

枸杞野生实生株主根明显而发达，菜用栽培中用枝条扦插的植株一般为须根，根系入土较浅，多分布在耕作层。枸杞为直立落叶灌木，在自然状态下茎干高1.5~2米，具针刺，茎基最粗能达到6~10厘米。分枝性强，扦插后的每个插条能抽生3~5个枝条，摘取叶片未老化的幼梢后，每个枝条又能抽生若干侧枝，因此扦插一次可采收多次。菜用枸杞多为大叶枸杞，一般呈阔披针形或卵圆形，叶长5~8厘米，宽3~5厘米，叶型较大。花为完全花，一般2~8朵，簇生于叶腋，花冠淡紫红色。果实是浆果，成熟时为鲜红色、橙红色或橙黄色，呈圆柱形、卵圆形至秤锤形。每果含种子20~50粒，种皮黄白色或黄褐色，肾形，种子细小而扁平。

枸杞在15~20℃生长良好，温度降到10℃左右时生长减缓，温度高于25℃时则容易生长不良，迅速落叶。枸杞虽属于喜光性树种，生长发育需要充足的光照，但在北方冬季保护地较弱光照下，仍能良好地生长。菜用枸杞在采收期需要经常浇水，但雨季高温季节又怕渍涝。枸杞对栽培土壤要求不很严格，但较耐肥，故仍以肥沃疏松、土层深厚、排水良好、pH值为7.8~8.2的壤土为宜。

枸杞以幼梢供食用，每百克鲜品含水分84克，蛋白质3克，脂肪1克，碳水化合物8克，钙15.5毫克，磷67毫克，铁3.4毫克，胡萝卜素3.96毫克，维生素B_1 0.23毫克，维生素B_2 0.33毫克，维生素C 3毫克，尼克酸1.7毫克，还含有甜菜碱、芸香甙等，有明目、解热的保健功效。

二、栽培技术

1. 品种选择

枸杞有宁夏枸杞和枸杞两个栽培种。前者主要采收根皮、叶、花和果实入药，后者主要采收柔嫩的幼梢或嫩枝叶供菜用。

菜用枸杞中又有大叶枸杞和细叶枸杞两种类型，主要分布在广东等地。大叶枸杞株高 65 厘米，茎粗 0.7 厘米，青绿色，叶互生，椭圆形，叶肉较薄，长 8 厘米，宽 7 厘米，绿色，叶背浅绿色，节无刺或具小软刺。插条至初收约 60 天，可延续采收 6 个月，易生侧枝，耐寒、耐风雨，不耐热，遇高温易发病或落叶，味较淡。细叶枸杞株高 70 厘米，嫩茎青绿色，收获时青褐色，茎粗 0.6 厘米，叶互生，卵形，长 5 厘米，宽 3 厘米，叶肉较厚，绿色，叶背浅绿色，节有刺或无刺，插条至初收 50 ~ 60 天，可延续采收约 5 个月。易生侧枝，耐寒、耐风雨，不耐热，高温下易发病或落叶。在北方日光温室栽培宜选用味较淡的大叶枸杞，以获得高产。

2. 准备插条

枸杞的栽培，可采用种子繁殖或扦插繁殖。菜用栽培的枸杞，由于连续采收幼梢，一般均不开花结籽，因此菜用枸杞的栽培多采用扦插繁殖。

选用一年生枝条作为扦插的插条，要求芽比较饱满，枝条中部充实。露地栽培多在 3 ~4 月扦插，可用上一年新发的枝条。高效节能日光温室等保护地栽培多在 9 ~10 月扦插，可采用 5 ~6 月停止采收后的当年生枝条。入夏后，气温逐渐升高，枸杞枝叶生长渐趋缓慢，及时停止采收。进入雨季后，注意田间排涝，适当进行追肥，雨后追施少量化肥，每 667 平方米追 8 ~ 10 千克硫铵，以促进枸杞安全越夏。入秋后气温下降，枸杞枝叶重新繁茂生长，9 ~ 10 月时，一般枝条的枝芽较充实、饱满，可作为截取扦插用插条的母株。截取枝条时应选择生长健壮的植株，将枝条截下后，从枝条基端往上按 8 ~ 10 厘米长度截成小段，即为插条。每段插条应保证有 3 ~ 5 个芽眼，下部削成斜面，插条粗度 0.5 ~ 1.2 厘米左右为宜。

3. 扦插

将截成段的插条按一定数量捆成小把，注意基端和顶端切勿颠倒，以免影响成活。将捆扎好的插穗放入 50 毫克/升浓度的生根粉中浸泡，浸泡深度为插穗的 1/3 ~ 1/2，浸泡时间一般以20 ~ 24 小时为宜，有利于插条发根。

生产中可将插条直接扦插在栽培畦中，但在预先设置的苗床中集中扦插，成活后再移栽更有利于管理和生产。华北地区于 9 月中旬 ~10 月上旬，在高效节能型日光温室中进行集中扦插。在温室中挖东西走向、深 15 ~ 20 厘米的栽培床，平整后在畦面铺约 10 厘米厚的洁净过筛细河沙或珍珠岩作为扦插基质，然后将插条以 2 ~ 3 厘米见方的密度插入基质中，插入深度约 5 ~ 7 厘米。扦插时要分清上下，不能倒插，插穗露出土表 1 ~ 2 厘米。扦插后浇一次透水，在畦面搭小拱棚，覆盖遮阳网，以遮荫降温、保湿。若扦插时间较迟，夜晚室温较低，则可在小棚上覆盖农膜保温，白天适当通风。扦插后室温保持20~25℃，土壤湿度约20%，插条经7~15天后，基部和中、下部生出不定根，上部萌发新芽，标志着插条已经完全成活。但也有些插条地上部虽萌发了新芽而地下部却未发生不定根，生产上称这种插条为“假活”，不能算作真正的成活。一般在地温较低、气温偏高时，插条地上部常常先萌发成芽，故生产上应采取在保证适宜温度范围内，增高地温，稍降低气温，保持较高的空气相对湿度，以促进插条扦插后及早成活。在正常条件下扦插后一般经20~25天插条即可进行移栽。

4. 插条生长期管理

插条成活后的枝叶生长中、后期，栽培上正处于多次分枝，枝叶连续生长，各茬产品不断形成的阶段，这一时期管理的主要目标是调控枝叶的田间密度，并避免植株出现早衰，以保证产品的质量和产量。

5. 定植

枸杞较喜肥，由于采收期较长，而且又是多次连续采收，因此要求土壤肥沃和大量施肥。扦插苗定植前，高效节能型日光温室中的前茬作物应及早拉秧，每667平方米施腐熟有机肥3 000~5 000千克和三元复合肥50千克，深翻、旋耕后做成1.5米宽的平畦。然后开沟或挖穴定植，栽植深度6~7厘米，行距20~30厘米，株距15~20厘米。定植后立即浇一次定植水，浇水后2~3天进行中耕，以促进缓苗、加速发根。生产上为使第一茬芽梢产品在元旦至春节前上市，定植期最迟一般不应迟于10月中旬。

6. 定植后管理

华北地区9月底和10月上中旬天气已较凉爽，一般白天气温在15~20℃，夜间气温逐渐降低，此时高效节能型日光温室内温、湿度条件极有利于枸杞枝叶生长。插条苗在缓苗后枝叶迅速生长，定植后约15天，插条所萌发的新芽已逐步形成新梢。在这一段时间内，应注意中耕除草，追一次速效氮肥，每667平方米施硫酸铵15千克左右并结合进行浇水，促进枝叶健壮生长。此期应通过薄膜放风和蒲席揭盖管理，尽量使室内温度保持在15~20℃，并适当灌溉保持土壤湿润。

7. 采收

50~60天后，新梢已长达20~30厘米，此时可根据市场需要，采摘10~15厘米长的幼梢上市销售。每采收一次，应及时追一次肥料，每667平方米施入20~25千克硫酸铵或10~12.5千克尿素，并进行一次磷酸二氢钾叶面喷肥。在严冬低温季节，应适当减少浇水次数和浇水量，并应加强防寒保温管理。随着温室温度变化，约每隔 30 ~40 天左右即可采收一次，直至 5 月下旬。每 667 平方米总产量可达 2 000 ~2 500千克。

越夏养枝期栽培上正处于最后一次收获后，植株进入缓慢生长期，并为形成秋后扦插母枝打下基础的重要阶段。此期管理措施的主要目标是促使枸杞植株安全越夏，并为培养健壮的扦插母枝创造良好的栽培环境。

在最后一次收获后，应对枝条进行一次缩剪，并在行间疏松土壤，每 667 平方米施入 500 ~1 000千克腐熟优质有机肥，浇灌一次大水，4 ~5 天后再浇一水，2 ~3 天后进行中耕。此后温室薄膜逐渐加大放风量，直至撤去。炎夏高温季节应在棚架上覆盖遮阳网，注意排涝和病虫害防治。9 月中下旬至 10 月上旬枝条芽苞充实，即可成为截取插条的母株。截取插条后行间再重新松土施肥，即进入芽梢产品生产期。

8. 病虫害防治

枸杞的病虫害主要有白粉病、枸杞木虱、枸杞瘿螨和枸杞蚜虫等，防治措施如下。

（1）选用植株健壮、无病虫害的插条，扦插前应对母株或插条有针对性地喷药，杀灭木虱、瘿螨或蚜虫。

（2）在同一高效节能型日光温室中不要混种其他蔬菜。扦插前或越夏前，要对棚室内环境进行清理，清除杂草和落叶，每 667 平方米用 45% 百菌清烟剂 250 克熏蒸消毒。

（3）应在扦插苗定植后，在棚室放风口设置防虫网，并调节好棚室内温、湿度，控制病虫害的发生。

（4）在枸杞生长期间，尽量不喷用农药或少喷用农药，不得已使用时，应在采收前一星期进行，农药的使用要符合无公害蔬菜生产标准。

第十二节　菊花脑

一、概述

菊花脑又名菊花叶，为菊科菊属多年生宿根性草本植物。菊花脑在我国云南省、贵州省、江苏省、浙江省等地多有野生和栽培分布。

菊花脑为直根系。株高 30 ~50 厘米，茎直立，直径 0. 3 ~0. 5 厘米，光滑或在上部稍有细绒毛，有地下匍匐茎，分枝性强。叶长 2 ~6 厘米，宽 1. 0 ~2. 5 厘米，叶片互生，卵圆形或长椭圆形，叶缘具有粗大的复锯齿或二回羽状深裂，表面绿色，背面淡绿色，叶脉上有稀疏的细毛，楔形，叶柄有窄翼。头状花序，聚集成圆锥状，总苞半球形，直径1.0～1.5厘米。花为舌状花，黄色。果实是瘦果，10～11月成熟。

菊花脑耐寒不耐热，4℃以上种子开始萌动，发芽适温为15～20℃，幼苗生长适温12～20℃，低于5℃或高于30℃生长受阻，成株在高温下产量低，品质差，20℃时采收嫩茎叶品质最好。菊花脑耐瘠薄，适应性强，但在富含有机质、土质疏松、排灌方便的地块生长最好，高产优质。菊花脑为短日照植物。对光照强度要求不严，充足光照有利于茎叶生长，但盛夏强光下应采取适当的遮光措施。菊花脑耐旱不耐涝，发芽期要求土壤保持湿润，高温季节要勤浇水，但土壤过湿，易发生叶斑病和锈病。

按叶片的大小，可把菊花脑分为大叶菊花脑和小叶菊花脑。大叶菊花脑，又称板叶菊花脑，是从小叶菊花脑中选育出来的，叶卵圆形，先端较钝，叶缘裂刻细而浅，品质较好，产量高。是目前生产上栽培较多的一种。小叶菊花脑，叶片较小，先端尖，叶缘缺刻深，产量低，品质较差。

菊花菜富含蛋白质、脂肪、维生素等，并含有黄酮类和挥发油等，每100克食用部分含蛋白质4.33克、脂肪0.34克、总酸0.09克、粗纤维1.13克、干物质10.7克、还原糖0.40克、维生素C 13.0毫克、氨基酸总量3.74克、铁1.68毫克、钙113.1毫克、锌0.62毫克。菊花菜茎叶性苦、辛、凉，有清热解毒、凉血、降血压、调中开胃等功效，可治疗便秘、高血压、头痛、目赤等疾病。

二、栽培技术

1. 繁殖方法

（1）种子繁殖。播种前施足腐熟的有机肥为基肥，并深翻细耙，做成平畦。用细沙混匀种子撒播，上覆盖细土厚0.5厘米左右，播种后覆盖遮阳网并浇透水。在早春阴冷多雨时覆塑料薄膜，以保持土壤湿度和温度。浇水宜细喷，以防土壤表面板结。约10天后小苗出土，揭去遮阳网或塑料薄膜，在幼苗具2、3片真叶时进行间苗；去除部分弱苗、病苗。苗龄30天左右、植株具真叶2～3片时即可移栽到大田。菊花脑可直播，在我国南方2月即可播种，在北方寒冷地区于4月上旬方可播种，每亩用种量约0.2千克。

（2）分株繁殖。在3月中下旬将老茬菊花脑挖出，露出根颈部，将已有根系的侧芽连同老根切下，移植到大田中。分株繁殖在萌发新梢时进行较适宜。

（3）扦插繁殖。在整个生长季节均可进行扦插繁殖，以4～6月扦插的成

社，2010
31. 李海平，李灵芝．硼锌对苦荞芽菜生长和品质的影响．蔬菜，2006，5：40～41
32. 李海平，李灵芝．铜对苦荞种子萌发生理的影响．山西农业大学学报，2009，29（5）：404～406
33. 李海平，李灵芝．硫酸锰浸种对苦荞种子活力及芽菜产量与品质的影响．西北农业学报，2010，19（2）：75～77
34. 李海平，李灵芝，任彩文等．温度、光照对苦荞麦种子萌发、幼苗产量及品质的影响．西南师范大学学报，2009，34（5）：158～161
35. 李海平，邢国明等．UV-C 照射对苦荞芽生长及品质的影响．激光生物学报，2010，19（2）：169～173
36. 李海平，李灵芝等．氮素对温室番茄果实发育及其氮吸收量的影响．核农学报，2010，24（2）：365～369
37. Lingzhi Li，P. H. B. de Visser，Yaling Li. Dry matter production and partitioning in tomato：evaluation of a general crop growth model. International symposiums on crop modeling and decision support 2008. Springer and Tsinghua University Press，219～224
38. 李灵芝，郭荣，李海平等．不同氮浓度对温室番茄生长发育和叶片光谱特性的影响．植物营养与肥料学报，2010，16（4）：965～969
39. 吕炯璋，李灵芝，桑鹏图等．不同配方不同浓度的营养液对番茄幼苗生长的影响．山西农业大学学报，2010，30（2）：112～117
40. 李灵芝，李海平．微量元素锌对苦荞种子萌发及生理特性的影响．西南大学学报，2008，30（3）：80～83
41. 李灵芝，李海平，梁二妮．水杨酸对黄瓜种子萌发和幼苗生长的影响．安徽农业科学，2008，36（10）：3983～3984
42. 高江林，李灵芝．晋中地区节能日光温室光照和温度特性研究．山西农业科学，2007，35（6）：83～86
43. 李灵芝，弓志青，李海平．温室番茄长季节栽培中叶片生长特性的研究．园艺学进展，2004，（6）：545～549
44. 李灵芝，李海平，弓志青，李亚灵，温祥珍．现代化温室番茄植株各器官鲜物质和干物质分配规律的研究．江西农业大学学报，2003，25（4）：553～557
45. 李灵芝，弓志青，李亚灵，温祥珍，李海平．温室番茄长季节栽培生长发育特性的研究．华中农业大学学报．2003，22（4）：395～398
46. 薛义霞，栗东霞，李亚灵．番茄叶面积测量方法的研究．西北农林科技大学学报，2006，34（08）：116～120
47. 栗东霞．冬春日光温室酸浆栽培技术．现代农业科技，2007（12）：32～34
48. 栗东霞，韩旭娟．两种外源激素对促进芹菜种子发芽的研究．现代农业科技，2008（8）：8～10

后　　记

本书在编撰过程中与时俱进，注重用最新农业技术引领稀特蔬菜的可持续发展，书中部分引用了不同学科领域专家的学术研究成果，在此，谨向原著者表示衷心的感谢！对张孝安老师、李灵芝同志、赵赟同志给予的支持和帮助表示诚挚的谢意！